普通高等院校数学类课程教材

# 概率统计
# 及应用学习指导

主　编　龙　松
副主编　朱祥和　徐　彬



华中科技大学出版社
中国·武汉

## 内 容 提 要

本书是龙松主编的《概率统计及应用》(华中科技大学出版社 2016 年出版)一书的配套学习指导书.

本书的主要内容包括六个部分:大纲基本要求、内容提要、典型例题分析、课后习题全解、考研真题选讲、自测题.本书旨在帮助读者掌握知识要点,学会分析问题和解决问题的方法技巧,并且提高学习能力和应试能力.本书通俗易懂,详略得当,在选题和叙述上尽量做到突出基本内容的掌握和基本方法的训练,同时还适当增添了一些较典型的例题分析和考研真题选讲.

本书既可以作为工科、管理、财经及非数学类的理科学生学习"概率论与数理统计"课程的辅导教材,也可以作为考研的强化训练指导书,同时还适合概率统计专业的教师及相关工程技术人员参考.

**图书在版编目(CIP)数据**

概率统计及应用学习指导/龙松主编.—武汉:华中科技大学出版社,2017.1(2021.8 重印)
ISBN 978-7-5680-2407-5

Ⅰ.①概… Ⅱ.①龙… Ⅲ.①概率统计-高等学校-教学参考资料 Ⅳ.①O211

中国版本图书馆 CIP 数据核字(2016)第 287021 号

**概率统计及应用学习指导**
GaiLü Tongji Ji YingYong Xuexi Zhidao

龙 松 主编

策划编辑:谢燕群
责任编辑:熊 慧
封面设计:原色设计
责任校对:张 琳
责任监印:周治超

出版发行:华中科技大学出版社(中国·武汉) 电话:(027)81321913
武汉市东湖新技术开发区华工科技园 邮编:430223

录 排:武汉市洪山区佳年华文印部
印 刷:武汉科源印刷设计有限公司
开 本:710mm×1000mm 1/16
印 张:18
字 数:370 千字
版 次:2021 年 8 月第 1 版第 5 次印刷
定 价:38.00 元

# 前　　言

“概率论与数理统计”是大学工科、经济、管理等各学科专业学生必修的基础课，也是硕士研究生入学考试的考查科目，其应用几乎遍及所有学科领域，更是大学生后续学习必不可少的数学基础. 近年来，由于高等学校教学改革的实施，“概率论与数理统计”授课时间大大减少，从而导致知识面的拓展受到了一定的影响，然而后续课程的学习以及研究生的入学考试对该课程的要求并没有降低. 为了妥善解决这个矛盾，帮助学生更好地学习，我们编写了这本学习指导书，同时这本书也是《概率统计及应用》（龙松主编，华中科技大学出版社 2016 年出版）一书的配套学习指导书.

本书的主要内容包括如下六个部分.

(1) 大纲基本要求：列出了教学大纲对本章内容的基本要求，一目了然，简明扼要，使学生明白学习本章后必须掌握的数学概念和相关知识.

(2) 内容提要：体系完整，系统归纳了本章所学习的全部内容，帮助学生理解并整理书本知识.

(3) 典型例题分析：每章精选了大量的各种例题，题型灵活多变，解题方法灵巧，思路开阔，举一反三，内容覆盖全面.

(4) 课后习题全解：该部分对课本——《概率统计及应用》（龙松主编，华中科技大学出版社 2016 年出版）的每一道习题做了详细的解答，可解除学生的疑惑，从而帮助学生更加全面地掌握解题思路、方法和技巧.

(5) 考研真题选讲：精选了历届考研试题中涉及本章内容的试题，开阔了学生的视野，使准备报考硕士研究生的学生更加明了考研的题型和难度，做到有的放矢. 每一道例题都标明了具体的年份和数学类型，如(2016.1)表示 2016 年数学一，其他可类推.

(6) 自测题：每章给出了适量的自测题，并附有自测题的参考答案，便于学生在学习完本章知识后自我检查并巩固所学内容.

本书在编写过程中，力求做到通俗易懂、详略得当、取材全面，在选题和叙述上尽量做到突出基本内容的掌握和基本方法的训练，同时还适当增添了一些较典型的例题分析和考研真题选讲. 本书既可以作为工科、管理、财经及非数学类的理科学生学习“概率论与数理统计”课程的辅导教材，也可以作为考研的强化训练指导书，同时还适合概率统计专业的教师及相关工程技术人员参考.

本书由龙松主编，朱祥和、徐彬担任副主编. 其中龙松编写了第 1、2、3、4、5、6、9 章的内容，朱祥和编写了第 7 章的内容，徐彬编写了第 8 章的内容. 另外参与讨论的还有李春桃、张丹丹、沈小芳、张文钢、张秋颖等，在此，对他们的工作表示感谢！

在内容的选取过程中，多次与华中科技大学齐欢教授、中国地质大学叶牡才教授、第二炮兵指挥学院阎国辉副教授进行讨论，他们提出了许多宝贵的意见，对本书的编写与出版产生了十分积极的影响，在此表示由衷的感谢！

在本书编写过程中参考的相关书籍均列于书后的参考文献中，在此也向有关作者表示感谢！

最后，在此再次向所有支持和帮助过本书编写和出版的单位和个人表示衷心的感谢！

尽管一直对概率统计辅导教材的编写进行着各种努力和尝试，很想奉献给读者一本非常满意的辅导教材，但由于作者水平的限制，书中的错误和缺点在所难免，欢迎广大读者批评与指教，以期不断完善，谢谢！

作　者

2016 年 12 月

# 目　录

# 第 1 章　概率论的基本概念

## 1.1　大纲基本要求

(1) 了解样本空间(基本事件空间)的概念,理解随机事件的概念,掌握事件的关系及运算.

(2) 理解概率、条件概率的概念,掌握概率的基本性质,会计算古典概率和几何概率,掌握概率的加法公式、减法公式、乘法公式、全概率公式,以及贝叶斯(Bayes)公式.

(3) 理解事件独立性的概念,掌握用事件独立性进行概率计算;理解独立重复试验的概念,掌握计算有关事件概率的方法.

## 1.2　内容提要

### 一、基本概念

(1) 随机试验 $E$:① 可以在相同的条件下重复地进行;② 每次试验的可能结果不止一个,并且能事先明确试验的所有可能结果;③ 进行一次试验之前不能确定哪一个结果会出现.

(2) 样本点 $\omega$ :随机试验 $E$ 的每一个可能出现的结果.

(3) 样本空间 $\Omega$ 或 $S$:随机试验 $E$ 的样本点的全体.

(4) 随机事件:由样本空间中的若干个样本点组成的集合,即随机事件是样本空间的一个子集.

(5) 必然事件:每次试验中必定发生的事件.

(6) 不可能事件 $\varnothing$:每次试验中一定不发生的事件.

(7) 基本事件:只含有一个不可再分的试验结果,即由单个样本点构成的集合.

### 二、事件间的关系和运算

#### 1) 事件间的关系

(1) $A\subset B$(事件 $B$ 包含事件 $A$ ):事件 $A$ 发生必然导致事件 $B$ 发生.

(2) $A\cup B$(和事件):事件 $A$ 与 $B$ 至少有一个发生.

(3) $A\cap B=AB$(积事件):事件 $A$ 与 $B$ 同时发生.

(4) $A-B$(差事件):事件 $A$ 发生而 $B$ 不发生.

(5) $AB=\varnothing$ ($A$ 与 $B$ 互不相容或互斥):事件 $A$ 与 $B$ 不能同时发生.

(6) $AB=\varnothing$ 且 $A\cup B=\Omega$ ($A$ 与 $B$ 互为逆事件或对立事件):表示一次试验中 $A$ 与 $B$ 必有一个且仅有一个发生.

**2) 运算规则**

(1) 交换律:$A\cup B=B\cup A, AB=BA$.

(2) 结合律:$(A\cup B)\cup C=A\cup(B\cup C), (AB)C=A(BC)$.

(3) 分配律:$(A\cup B)C=(AC)\cup(BC), (AB)\cup C=(A\cup C)(B\cup C)$.

(4) 德·摩根律:$\overline{A\cup B}=\overline{A}\overline{B}, \overline{AB}=\overline{A}\cup\overline{B}$.

另有部分常用公式如下:

$$A\cup A=A,\quad A\cup\Omega=\Omega,\quad A\cup\varnothing=A,\quad A\cap A=A,\quad A\cap\Omega=A,\quad A\cap\varnothing=\varnothing$$

$$A-B=A-AB=A\overline{B},\quad A\cup B=A\cup B\overline{A}=B\cup\overline{B}A$$

**3) 概率论中事件与集合论的对应关系表**

概率论中事件与集合论的对应关系如表 1.1 所示。

**表 1.1**

| 记号 | 概率论 | 集合论 |
|---|---|---|
| $\Omega$ | 样本空间,必然事件 | 全集 |
| $\varnothing$ | 不可能事件 | 空集 |
| $\omega$ | 样本点 | 元素 |
| $A$ | 事件 | 全集中的一个子集 |
| $\overline{A}$ | $A$ 的对立事件 | $A$ 的补集 |
| $A\subset B$ | 事件 $A$ 发生导致事件 $B$ 发生 | $A$ 是 $B$ 的子集 |
| $A=B$ | 事件 $A$ 与事件 $B$ 相等 | $A$ 与 $B$ 相等 |
| $A\cup B$ | 事件 $A$ 与事件 $B$ 至少有一个发生 | $A$ 与 $B$ 的并集 |
| $AB$ | 事件 $A$ 与事件 $B$ 同时发生 | $A$ 与 $B$ 的交集 |
| $A-B$ | 事件 $A$ 发生但事件 $B$ 不发生 | $A$ 与 $B$ 的差集 |
| $AB=\varnothing$ | 事件 $A$ 与事件 $B$ 互不相容(互斥) | $A$ 与 $B$ 没有相同的元素 |

## 三、概率的定义与性质

**1) 概率的公理化定义**

要求函数 $P(A)$ 满足以下公理:

(1) 非负性：有 $P(A)\geqslant 0$.

(2) 规范性：$P(\Omega)=1$.

(3) 可列可加性：$A_1,A_2,\cdots,A_n\cdots$两两互不相容，并有 $P(\bigcup_{i=1}^{+\infty}A_i)=\sum_{i=1}^{+\infty}P(A_i)$.

**2) 性质**

(1) $P(\varnothing)=0$.

(2) 有限可加性：对于 $n$ 个两两互不相容的事件 $A_1,A_2,\cdots,A_n$，有

$$P(A_1\cup A_2\cup\cdots\cup A_n)=P(A_1)+P(A_2)+\cdots+P(A_n)$$

(有限可加性与可列可加性合称加法定理.)

(3) 若 $A\subset B$，则 $P(A)\leqslant P(B)$，$P(B-A)=P(B)-P(A)$.

(4) 对于任意事件 $A$、$B$，有 $P(B-A)=P(B\overline{A})=P(B)-P(AB)$(无条件差公式).

(5) 对于任一事件 $A$，有 $P(A)\leqslant 1$，$P(\overline{A})=1-P(A)$.

(6) 广义加法定理：对于任意两个事件 $A$、$B$，有

$$P(A\cup B)=P(A)+P(B)-P(AB)$$

对于任意三个事件，有

$$P(A\cup B\cup C)=P(A)+P(B)+P(C)-P(AB)-P(AC)-P(BC)+P(ABC)$$

对于任意 $n$ 个事件 $A_1,A_2,\cdots,A_n$，有

$$P(A_1\cup A_2\cup\cdots\cup A_n)=\sum_{i=1}^{n}P(A_i)-\sum_{1\leqslant i<j\leqslant n}P(A_iA_j)+\sum_{1\leqslant i<j<k\leqslant n}P(A_iA_jA_k)+\cdots+(-1)^{n-1}P(A_1A_2\cdots A_n)$$

## 四、等可能(古典)概型

**1) 定义**

如果试验 $E$ 满足：

(1) 样本空间的元素只有有限个，即 $\Omega=\{e_1,e_2,\cdots,e_n\}$；

(2) 每一个基本事件的概率相等，即 $P(e_1)=P(e_2)=\cdots=P(e_n)$.

则称试验 $E$ 所对应的概率模型为等可能(古典)概型.

**2) 计算公式**

$$P(A)=k/n$$

式中：$k$ 是 $A$ 中包含的基本事件数；$n$ 是 $\Omega$ 中包含的基本事件总数.

## 五、条件概率

**1) 定义**

$$P(A|B)=\frac{P(AB)}{P(B)}\quad (P(B)>0)$$

$P(A|B)$表示事件 $B$ 发生的条件下，事件 $A$ 发生的概率.

**2）乘法定理**

$$P(AB)=P(A)P(B|A) \quad (P(A)>0); \quad P(AB)=P(B)P(A|B) \quad (P(B)>0)$$

$$P(A_1A_2\cdots A_n)=P(A_1)P(A_2|A_1)P(A_3|A_1A_2)\cdots P(A_n|A_1A_2\cdots A_{n-1})$$
$$(n\geqslant 2, P(A_1A_2\cdots A_{n-1})>0)$$

**3）全概率公式与贝叶斯公式**

$B_1,B_2,\cdots,B_n$ 是样本空间 $\Omega$ 的一个划分（$B_iB_j=\varnothing, i\neq j, i,j=1,2,\cdots,n$，$B_1\cup B_2\cup\cdots\cup B_n=\Omega$），则

(1) 当 $P(B_i)>0$ 时，有全概率公式 $P(A)=\sum_{i=1}^{n}P(B_i)P(A\mid B_i)$.

(2) 当 $P(A)>0$，$P(B_i)>0$ 时，有贝叶斯公式

$$P(B_i\mid A)=\frac{P(AB_i)}{P(A)}=\frac{P(B_i)P(A\mid B_i)}{\sum_{i=1}^{n}P(B_i)P(A\mid B_i)}$$

## 六、事件的独立性

**1）定义**

两个事件 $A$、$B$，满足 $P(AB)=P(A)P(B)$时，称 $A$、$B$ 为相互独立的事件.

**2）性质**

(1) 两个事件 $A$、$B$ 相互独立$\Leftrightarrow P(B)=P(B|A)$.

(2) 若 $A$ 与 $B$、$A$ 与 $\overline{B}$、$\overline{A}$ 与 $B$、$\overline{A}$ 与 $\overline{B}$ 中有一对相互独立，则另外三对也相互独立.

**3）三个事件两两相互独立与三个事件相互独立**

三个事件 $A$、$B$、$C$ 满足 $P(AB)=P(A)P(B)$，$P(AC)=P(A)P(C)$，$P(BC)=P(B)P(C)$，称 $A$、$B$、$C$ 三个事件两两相互独立. 若再满足 $P(ABC)=P(A)P(B)P(C)$，则称 $A$、$B$、$C$ 三个事件相互独立.

**4）$n$ 个事件 $A_1,A_2,\cdots,A_n$ 相互独立**

有 $n$ 个事件 $A_1,A_2,\cdots,A_n$，如果对任意 $k(1<k\leqslant n)$满足 $1\leqslant i_1<i_2<\cdots<i_k\leqslant n$，有

$$P(A_{i_1}A_{i_2}\cdots A_{i_k})=P(A_{i_1})P(A_{i_2})\cdots P(A_{i_k})$$

则称这 $n$ 个事件 $A_1,A_2,\cdots,A_n$ 相互独立.

# 1.3 典型例题分析

**例 1** 设 $0<P(A)<1, 0<P(B)<1$，证明：

(1) 若 $A$ 与 $B$ 互不相容，则 $A$ 与 $B$ 一定不独立；

(2) 若 $A$ 与 $B$ 相互独立，则 $A$ 与 $B$ 一定是相容的.

**【知识点】** 互不相容和相互独立的定义.

**【证明】** (1) 由于 $AB=\varnothing$，则 $P(AB)=0$，而 $P(A)P(B)\neq 0$，因此 $P(AB)\neq P(A)P(B)$，即 $A$ 与 $B$ 一定不独立.

(2) 由于 $A$ 与 $B$ 相互独立，故有 $P(AB)=P(A)P(B)>0$，因此 $AB\neq\varnothing$，即 $A$ 与 $B$ 一定是相容的.

**例 2**　一批产品共 $N$ 件，其中 $M$ 件正品. 从中随机地取出 $n$ 件($n<N$). 试求下列三种情况下其中恰有 $m$ 件($m\leqslant M$)正品(记为 $A$)的概率.

(1) $n$ 件是同时取出的；

(2) $n$ 件是无放回逐件取出的；

(3) $n$ 件是有放回逐件取出的.

**【知识点】** 排列组合、有放回抽样、无放回抽样.

**【解】** (1)
$$P(A)=\mathrm{C}_M^m\mathrm{C}_{N-M}^{n-m}/\mathrm{C}_N^n$$

(2) 由于是无放回逐件取出，故可用排列法计算. 样本点总数有 $\mathrm{A}_N^n$ 种，$n$ 次抽取中有 $m$ 次为正品的组合数为 $\mathrm{C}_n^m$ 种. 对于固定的一种正品与次品的抽取次序，从 $M$ 件正品中取 $m$ 件的排列数有 $\mathrm{A}_M^m$ 种，从 $N-M$ 件次品中取 $n-m$ 件的排列数为 $\mathrm{A}_{N-M}^{n-m}$种，故
$$P(A)=\frac{\mathrm{C}_n^m\mathrm{A}_M^m\mathrm{A}_{N-M}^{n-m}}{\mathrm{A}_N^n}$$
由于无放回逐件抽取也可以看成一次取出，故上述概率也可写成
$$P(A)=\frac{\mathrm{C}_M^m\mathrm{C}_{N-M}^{n-m}}{\mathrm{C}_N^n}$$
可以看出，用第二种方法简便得多.

(3) 由于是有放回的抽取，每次都有 $N$ 种取法，故所有可能的取法总数为 $N^n$ 种，$n$ 次抽取中有 $m$ 次为正品的组合数为 $\mathrm{C}_n^m$ 种，对于固定的一种正、次品的抽取次序，$m$ 次取得正品，每次都有 $M$ 种取法，共有 $M^m$ 种取法，$n-m$ 次取得次品，每次都有 $N-M$ 种取法，共有 $(N-M)^{n-m}$ 种取法，故
$$P(A)=\mathrm{C}_n^mM^m(N-M)^{n-m}/N^n$$
此题也可用伯努利概型. 共做了 $n$ 重伯努利试验，每次取得正品的概率为 $\dfrac{M}{N}$，则取得 $m$ 件正品的概率为
$$P(A)=\mathrm{C}_n^m\left(\frac{M}{N}\right)^m\left(1-\frac{M}{N}\right)^{n-m}$$

**例 3**　袋中有 $a$ 个白球和 $b$ 个红球，现按无放回抽样，依次把球一个个取出来，试求第 $k$ 次取出的球是白球的概率($1\leqslant k\leqslant a+b$).

【知识点】 无放回抽样、排列组合.

【解 1】 把 $a+b$ 个球编号，把球按摸出的先后次序排队，则基本事件总数为 $a+b$ 个相异元素的全排列，有 $(a+b)!$ 种，设 $A=\{$第 $k$ 次取出的球是白球$\}$，这相当于在第 $k$ 个位置上放一个白球，在其余 $a+b-1$ 个位置上放另外的 $a+b-1$ 个球，从而 $A$ 事件包含的基本样本点数为 $a(a+b-1)!$，故所求的概率为

$$P(A)=\frac{a(a+b-1)!}{(a+b)!}=\frac{a}{a+b}$$

【解 2】 将球看作是各不相同的，只考虑前 $k$ 个位置，此时基本事件总数为 $A_{a+b}^{k}$，设 $A=\{$第 $k$ 次取出的球是白球$\}$，这相当于在第 $k$ 个位置上放一个白球，有 $a$ 种放法，在其余 $k-1$ 个位置上从余下的 $a+b-1$ 个球中任取 $k-1$ 个球，有 $A_{a+b-1}^{k-1}$ 种放法，从而 $A$ 事件包含的基本样本点数为 $aA_{a+b-1}^{k-1}$，故所求的概率为

$$P(A)=\frac{aA_{a+b-1}^{k-1}}{A_{a+b}^{k}}=\frac{a}{a+b}$$

**例 4** 一架升降机开始时有六位乘客，并等可能地停于十层楼的每一层. 试求下列事件的概率：

(1) $A=\{$某指定的一层有两位乘客离开$\}$；

(2) $B=\{$没有两位及两位以上的乘客在同一层离开$\}$；

(3) $C=\{$恰有两位乘客在同一层离开$\}$；

(4) $D=\{$至少有两位乘客在同一层离开$\}$.

【知识点】 排列组合、互逆事件的概率性质.

【解】 由于每位乘客均可在十层楼中的任一层离开，故所有可能结果为 $10^6$ 种.

(1) $P(A)=\dfrac{C_6^2 9^4}{10^6}$，也可由 6 重伯努利模型得

$$P(A)=C_6^2\left(\frac{1}{10}\right)^2\left(\frac{9}{10}\right)^4$$

(2) 六位乘客在十层中任意六层离开，故

$$P(B)=\frac{A_{10}^6}{10^6}$$

(3) 由于没有规定在哪一层离开，故可在十层中的任一层离开，有 $C_{10}^1$ 种可能结果，再从六位乘客中选两位在该层离开，有 $C_6^2$ 种离开方式. 其余四位中不能再有两位同时离开的情况，因此可包含以下三种离开方式：① 四位中有三位在同一层离开，另一位在其余八层中任一层离开，共有 $C_9^1C_4^3C_8^1$ 种可能结果；② 四位同时离开，有 $C_9^1$ 种可能结果；③ 四位都不在同一层离开，有 $A_9^4$ 种可能结果，故

$$P(C)=\frac{C_{10}^1C_6^2(C_9^1C_4^3C_8^1+C_9^1+A_9^4)}{10^6}$$

(4) $D=\overline{B}$，故

$$P(D)=1-P(B)=1-\frac{A_{10}^{6}}{10^{6}}$$

**例 5**　把一个表面涂有颜色的立方体等分为1000个小立方体，在这些小立方体中，随机地取出1个，试求它有 $i$ 面涂有颜色的概率 $P(A_i)(i=0,1,2,3)$.

**【知识点】**　样本空间、样本点、古典概率的计算.

**【解】**　设 $A_i=\{$小立方体有 $i$ 面涂有颜色$\}$，$i=0,1,2,3$.

在1000个小立方体中，只有位于原立方体的角上的小立方体是三面有色的，这样的小立方体共有8个. 只有位于原立方体的棱上(除去八个角外)的小立方体是两面涂色的，这样的小立方体共有96(12×8)个. 同理，原立方体的六个面上(除去棱)的小立方体是一面涂色的，共有384(8×8×6)个. 其余512(1000－(8＋96＋384))个内部的小立方体是无色的，故所求概率为

$$P(A_0)=\frac{512}{1000}=0.512,\quad P(A_1)=\frac{384}{1000}=0.384$$

$$P(A_2)=\frac{96}{1000}=0.096,\quad P(A_4)=\frac{8}{1000}=0.008$$

**例 6**　在一个盒中装有15个乒乓球，其中有9个新球，在第一次比赛中任意取出3个球，比赛后放回原盒中，第二次比赛同样任意取出3个球，求第二次取出的3个球均为新球的概率.

**【知识点】**　全概率公式.

**【解】**　设 $A_i=\{$第一次取出的3个球中有 $i$ 个新球$\}$，$i=0,1,2,3$. $B=\{$第二次取出的3个球均为新球$\}$.

由全概率公式，有

$$\begin{aligned}P(B)&=\sum_{i=0}^{3}P(B\mid A_i)P(A_i)\\&=\frac{C_6^3}{C_{15}^3}\cdot\frac{C_9^3}{C_{15}^3}+\frac{C_9^1C_6^2}{C_{15}^3}\cdot\frac{C_8^3}{C_{15}^3}+\frac{C_9^2C_6^1}{C_{15}^3}\cdot\frac{C_7^3}{C_{15}^3}+\frac{C_9^3}{C_{15}^3}\cdot\frac{C_6^3}{C_{15}^3}=0.089\end{aligned}$$

**例 7**　按以往概率论考试结果分析，努力学习的学生有90%的可能考试及格，不努力学习的学生有90%的可能考试不及格. 据调查，学生中有80%的人是努力学习的，试问：

(1) 考试及格的学生有多大可能是不努力学习的人？

(2) 考试不及格的学生有多大可能是努力学习的人？

**【知识点】**　全概率公式、贝叶斯公式.

**【解】**　设 $A=\{$被调查学生是努力学习的$\}$，则 $\overline{A}=\{$被调查学生是不努力学习的$\}$. 由题意知，$P(A)=0.8$，$P(\overline{A})=0.2$，又设 $B=\{$被调查学生考试及格$\}$. 由题意知，$P(B|A)=0.9$，$P(\overline{B}|\overline{A})=0.9$，故由贝叶斯公式知

(1)
$$P(\overline{A}|B)=\frac{P(\overline{A}B)}{P(B)}=\frac{P(\overline{A})P(B|\overline{A})}{P(A)P(B|A)+P(\overline{A})P(B|\overline{A})}$$

$$=\frac{0.2\times 0.1}{0.8\times 0.9+0.2\times 0.1}=\frac{1}{37}=0.02703$$

即考试及格的学生中不努力学习的学生仅占 2.703%.

(2)
$$P(A|\bar{B})=\frac{P(A\bar{B})}{P(\bar{B})}=\frac{P(A)P(\bar{B}|A)}{P(A)P(\bar{B}|A)+P(\bar{A})P(\bar{B}|\bar{A})}$$

$$=\frac{0.8\times 0.1}{0.8\times 0.1+0.2\times 0.9}=\frac{4}{13}=0.3077$$

即考试不及格的学生中努力学习的学生占 30.77%.

**例 8** 有朋友从远方来访，他乘火车、轮船、汽车、飞机的概率分别为 3/10、1/5、1/10、2/5，而乘火车、轮船、汽车、飞机迟到的概率分别为 1/4、1/3、1/12、1/8.

(1) 求此人来迟的概率；

(2) 若已知此人来迟了，求乘火车来的概率.

**【知识点】** 全概率公式、贝叶斯公式.

**【解】** 设事件 $A$ 表示“此人来迟了”，事件 $A_i$ 分别表示“此人乘火车、轮船、汽车、飞机来”$(i=1,2,3,4)$，则 $\bigcup_{i=1}^{4}A_i=\Omega$，且 $P(A_i)>0$，$A_1$、$A_2$、$A_3$、$A_4$ 两两互不相容.

(1) 由全概率公式得

$$P(A)=\sum_{i=1}^{4}P(A_i)-P(A\mid A_i)=\frac{3}{10}\times\frac{1}{4}+\frac{1}{5}\times\frac{1}{3}+\frac{1}{10}\times\frac{1}{12}+\frac{2}{5}\times\frac{1}{8}=\frac{1}{5}$$

(2) 由贝叶斯公式得

$$P(A_1\mid A)=\frac{P(A_1)P(A\mid A_1)}{\sum_{j=1}^{4}P(A_j)P(A\mid A_j)}=\frac{\frac{3}{10}\times\frac{1}{4}}{1/5}=\frac{3}{8}$$

**例 9** 袋中装有 $m$ 枚正品硬币、$n$ 枚次品硬币(次品硬币的两面均印有国徽). 在袋中任取一枚，将它投掷 $r$ 次，已知每次都得到国徽. 试问这只硬币是正品的概率是多少？

**【知识点】** 全概率公式、贝叶斯公式.

**【解】** 设 $A=\{$投掷硬币 $r$ 次都得到国徽$\}$，$B=\{$这枚硬币为正品$\}$，由题知

$$P(B)=\frac{m}{m+n},\quad P(\bar{B})=\frac{n}{m+n}$$

$$P(A|B)=\frac{1}{2^r},\quad P(A|\bar{B})=1$$

则由贝叶斯公式知

$$P(B|A)=\frac{P(AB)}{P(A)}=\frac{P(B)P(A|B)}{P(B)P(A|B)+P(B)P(A|\bar{B})}$$

$$=\frac{\frac{m}{m+n}\cdot\frac{1}{2^r}}{\frac{m}{m+n}\cdot\frac{1}{2^r}+\frac{n}{m+n}\cdot 1}=\frac{m}{m+2^r n}$$

**例 10**　设有来自三个地区考生的报名表,分别为 10 份、15 份和 25 份,其中女生的报名表分别为 3 份、7 份和 5 份.随机地取一个地区的报名表,从中先后抽出两份.

(1) 求先抽到的一份是女生的报名表的概率 $p$;

(2) 已知后抽到的一份是男生的报名表,求先抽到的一份是女生的报名表的概率 $q$.

**【知识点】**　条件概率、乘法公式、全概率公式、贝叶斯公式.

**【解】**　设 $A_i=\{$报名表是取自第 $i$ 区的考生$\}(i=1,2,3)$,$B_j=\{$第 $j$ 次取出的是女生的报名表$\}(j=1,2)$,则

$$P(A_i)=\frac{1}{3},\quad i=1,2,3$$

$$P(B_1|A_1)=\frac{3}{10},\quad P(B_1|A_2)=\frac{7}{15},\quad P(B_1|A_3)=\frac{5}{25}$$

(1)
$$p=P(B_1)=\sum_{i=1}^{3}P(B_1\mid A_i)=\frac{1}{3}\left(\frac{3}{10}+\frac{7}{15}+\frac{5}{25}\right)=\frac{29}{90}$$

(2)
$$q=P(B_1|\overline{B_2})=\frac{P(B_1\overline{B_2})}{P(\overline{B_2})}$$

而
$$P(\overline{B_2})=\sum_{i=1}^{3}P(\overline{B_2}\mid A_i)P(A_i)=\frac{1}{3}\left(\frac{7}{10}+\frac{8}{15}+\frac{20}{25}\right)=\frac{61}{90}$$

$$P(B_1\overline{B_2})=\sum_{i=1}^{3}P(B_1\overline{B_2}\mid A_i)P(A_i)=\frac{1}{3}\left(\frac{3}{10}\times\frac{7}{9}+\frac{7}{15}\times\frac{8}{14}+\frac{5}{25}\times\frac{20}{24}\right)=\frac{2}{9}$$

故

$$q=P(B_1|\overline{B_2})=\frac{P(B_1\overline{B_2})}{P(\overline{B_2})}=\frac{2/9}{61/90}=\frac{20}{61}$$

**例 11**　设电路由三个相互独立且串联的电子元件构成,它们分别以 0.03、0.04、0.06 的概率被损坏而发生断路,求电路发生断路的概率.

**【知识点】**　随机事件的加法公式、随机事件相互的独立性质.

**【解】**　设 $A_i$ 表示"第 $i$ 个电子元件被损坏"$(i=1,2,3)$,则有 $P(A_1)=0.03$,$P(A_2)=0.04$,$P(A_3)=0.06$.依题意,所求概率为

$$\begin{aligned}P(A_1\cup A_2\cup A_3)&=P(A_1)+P(A_2)+P(A_3)-P(A_1A_2)-P(A_1A_3)\\&\quad-P(A_2A_3)+P(A_1A_2A_3)\\&=0.03+0.04+0.06-0.03\times0.04-0.04\times0.06-0.03\\&\quad\times0.06+0.03\times0.04\times0.06\\&=0.124672\end{aligned}$$

**例 12** 若 $P(A|B)=P(A|\bar{B})$，证明事件 $A$ 与事件 $B$ 相互独立.

**【知识点】** 随机事件的关系和运算、全概率公式、随机事件的独立性质.

**【证明】** 由于 $A=AB\cup A\bar{B}$，且 $AB\cap A\bar{B}=\varnothing$，因此

$$\begin{aligned}P(A)&=P(B)P(A|B)+P(\bar{B})P(A|\bar{B})\\&=P(B)P(A|B)+P(\bar{B})P(A|B)\\&=[P(B)+P(\bar{B})]P(A|B)=P(A|B)\end{aligned}$$

从而有

$$P(AB)=P(A|B)P(B)=P(A)P(B)$$

故由独立性定义知，事件 $A$ 与事件 $B$ 相互独立.

## 1.4 课后习题全解

### 习 题 1.1

**1.** 写出下列随机试验的样本空间：

(1) 同时掷出两颗骰子，观察两颗骰子点数之和.

**【解】** $\Omega=\{2,3,4,\cdots,12\}$.

(2) 抛出一枚硬币，观察其正反面出现的情况.

**【解】** $\Omega=\{$正，反$\}$.

(3) 抽查某位同学概率论考试通过与否.

**【解】** $\Omega=\{$通过，没通过$\}$.

(4) 观察某十字路口红绿灯的颜色.

**【解】** $\Omega=\{$红，黄，绿$\}$.

**2.** 设 $A$、$B$、$C$ 是三个随机事件，试用 $A$、$B$、$C$ 表示下列事件：

(1) $A$ 与 $B$ 都发生，而 $C$ 不发生.

**【解】** $AB\bar{C}$.

(2) $A$、$B$、$C$ 中恰好发生一个.

**【解】** $A\bar{B}\bar{C}\cup\bar{A}B\bar{C}\cup\bar{A}\bar{B}C$.

(3) $A$、$B$、$C$ 中至少发生一个.

**【解】** $A\cup B\cup C=\overline{\bar{A}\bar{B}\bar{C}}$.

(4) $A$、$B$、$C$ 都不发生.

**【解】** $\bar{A}\bar{B}\bar{C}=\overline{A\cup B\cup C}$.

(5) $A$、$B$、$C$ 中至少有两个发生.

**【解】** $AB\cup BC\cup AC=AB\bar{C}+A\bar{B}C+\bar{A}BC+ABC$.

**3.** 若事件 $A$、$B$ 满足 $B\subset A$，则下列命题中正确的是(　　).

A. $A$ 与 $B$ 必同时发生　　　B. $A$ 发生，$B$ 必发生

C. $A$ 不发生，$B$ 必不发生　　　　D. $B$ 不发生，$A$ 必不发生

**【答案】** C.

**【解】** 由于事件 $A$、$B$ 满足 $B\subset A$，即表示 $B$ 发生时，$A$ 一定发生，则由逆否命题可知，$A$ 不发生，$B$ 必不发生，即选项 C 正确.

## 习　题　1.2

**1.** 计算下列事件的概率.

(1) 某班有 20 名男生、10 名女生，从中任意抽选 3 人参加比赛，则抽到的 3 人是 2 男 1 女的概率是多少？

**【解】** 由于班上共有 30 名学生，从中任意抽选 3 人参加比赛，所有可能的取法有 $C_{30}^3$，设事件 $A=\{$抽到的 3 人是 2 男 1 女$\}$，则事件 $A$ 所含的样本点数为 $C_{20}^2C_{10}^1$，因此由古典概率定义可知

$$P(A)=\frac{C_{20}^2C_{10}^1}{C_{30}^3}$$

(2) 将数字 1、2、3、4、5 写在 5 张卡片上，任意取出 3 张排列成 3 位数，则这个数是奇数的概率为多少？

**【解】** 将数字 1、2、3、4、5 写在 5 张卡片上，任意取出 3 张排列成 3 位数，则将共有 $A_5^3$ 种不同的 3 位数，设事件 $A=\{$这个数是奇数$\}$，则事件 $A$ 所含的样本点数为 $A_4^2C_3^1$，因此由古典概率定义可知 $P(A)=\dfrac{A_4^2C_3^1}{A_5^3}=0.6$.

(3) 设公共汽车每 5 分钟一班车，求乘客候车时间不超过 1 分钟的概率.

**【解】** 设乘客的到站时刻为 $t$，他到站后到来的第一辆车的到站时刻为 $t_0$. 由于乘客在 $t_0-5$ 与 $t_0$ 之间的任一时刻到站是等可能的，问题就归结为向直线区域 $\Omega=\{t\mid t_0-5<t\leqslant t_0\}$ 随机投一点，而 $A=\{$等车不超过 1 分钟$\}=\{t\mid t_0-1<t\leqslant t_0\}$，由几何概率公式得

$$P(A)=\frac{\mu(A)}{\mu(\Omega)}=\frac{t_0-(t_0-1)}{t_0-(t_0-5)}=0.2$$

(4) 在边长为 1 的正方形区域内任取一点，求该点到每个顶点的距离都大于 $\dfrac{1}{2}$ 的概率.

**【解】** 设事件 $A=\left\{\text{该点到每个顶点的距离大于}\dfrac{1}{2}\right\}$，以 4 个顶点为圆心作半径为 $\dfrac{1}{2}$ 的圆，则由几何概率公式得

$$P(A)=\frac{\mu(A)}{\mu(\Omega)}=\frac{1-\left[\pi\times\left(\frac{1}{2}\right)^2\right]}{1\times 1}=1-\frac{\pi}{4}$$

**2.** 从 10 个分别记有标号 1 到 10 的球中任意取 3 个球，求所取的球

(1) 最小号码为 5 的概率.

**【解】** 从 10 个分别记有标号 1 到 10 的球中任意取 3 个球，共有 $C_{10}^3$ 种取法，设事件 $A=\{$最小号码为 5$\}$，若 $A$ 发生，则标号为 5 的球一定已取出，剩下应在标号为 6、7、8、9、10 这 5 个数中再任取 2 个，因此有利于 $A$ 发生的样本点数为 $C_5^2$，由古典概率定义可知

$$P(A)=\frac{C_5^2}{C_{10}^3}$$

(2) 最大号码为 5 的概率.

**【解】** 设事件 $B=\{$最大号码为 5$\}$，若 $B$ 发生，则标号为 5 的球一定已取出，剩下应在标号为 1、2、3、4 的球中再任取 2 个，因此有利于 $B$ 发生的样本点数为 $C_4^2$，由古典概率定义可知

$$P(B)=\frac{C_4^2}{C_{10}^3}$$

**3.** 设 $A$、$B$ 为两个随机事件：

(1) 若 $P(A)=0.8$，$P(B)=0.5$，$P(A\cup B)=0.9$，则 $P(AB)=$______，$P(A-B)=$______.

**【答案】** 0.4，0.4.

**【解】** $P(AB)=P(A)+P(B)-P(A\cup B)=0.8+0.5-0.9=0.4$

$$P(A-B)=P(A)-P(AB)=0.8-0.4=0.4$$

(2) 若 $P(A)=0.6$，$P(A-B)=0.3$，则 $P(\overline{AB})=$______.

**【答案】** 0.7.

**【解】** 因为 $P(A-B)=P(A)-P(AB)=0.3$，故 $P(AB)=P(A)-P(A-B)=0.6-0.3=0.3$，所以 $P(\overline{AB})=1-P(AB)=1-0.3=0.7$.

**4.** 设随机事件 $A$、$B$、$C$ 两两互不相容，且 $P(A)=0.2$，$P(B)=0.3$，$P(C)=0.4$，试求 $P((A\cup B)-C)$.

**【解】** 因为随机事件 $A$、$B$、$C$ 两两互不相容，即 $AB=\varnothing$，$AC=\varnothing$，$BC=\varnothing$，所以

$$\begin{aligned}P((A\cup B)-C)&=P(A\cup B)-P((A\cup B)\cap C)\\&=P(A)+P(B)-P(AB)-P((AC)\cup(BC))\\&=P(A)+P(B)-P(\varnothing)-P(\varnothing)\\&=0.2+0.3=0.5\end{aligned}$$

**5.** 设 $A$、$B$ 为两事件，$P(A)=0.5$，$P(B)=0.3$，$P(AB)=0.1$，求：

(1) $A$ 发生但 $B$ 不发生的概率；

(2) $A$ 不发生但 $B$ 发生的概率；

(3) 至少有一个事件发生的概率；

(4) $A$、$B$ 都不发生的概率；

(5) 至少有一个事件不发生的概率.

**【解】** (1) $P(A\bar{B})=P(A-B)=P(A-AB)=P(A)-P(AB)=0.4$；

(2) $P(\bar{A}B)=P(B-AB)=P(B)-P(AB)=0.2$；

(3) $P(A\cup B)=0.5+0.3-0.1=0.7$；

(4) $P(\bar{A}\bar{B})=P(\overline{A\cup B})=1-P(A\cup B)=1-0.7=0.3$；

(5) $P(\bar{A}\cup\bar{B})=P(\overline{AB})=1-P(AB)=1-0.1=0.9$.

**6.** 两人相约某天下午 2:00—3:00 在预定地方见面，先到者最多等候 20 分钟，过时则离去. 如果每人在这指定的 1 小时内任一时刻到达是等可能的，求约会的两人能会到面的概率.

**【解】** 设 $x$、$y$ 分别为两人到达预定地点的时刻，那么，两人到达时间的一切可能结果落在边长为 60 的正方形内，这个正方形就是样本空间 $\Omega$，而两人能会面的充要条件是 $|x-y|\leqslant 20$，即

$$x-y\leqslant 20 \quad 且 \quad y-x\leqslant 20$$

令事件 $A$ 表示"两人能会到面"，这区域如图 1.1 中的 $A$ 所示，则

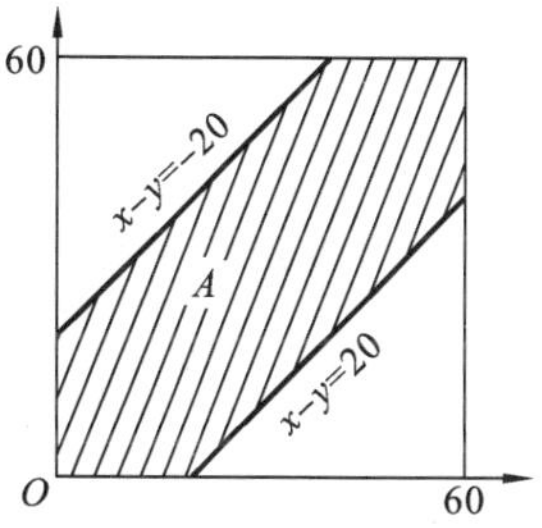


图 1.1

$$P(A)=\frac{S(A)}{S(\Omega)}=\frac{60^2-40^2}{60^2}=\frac{5}{9}$$

## 习　题　1.3

**1.** 设 $A$、$B$ 为两个事件：

(1) 若 $P(A)=a$，$P(B)=b(b\neq 0)$，$A\subset B$，则 $P(A|B)=$______.

**【答案】** $\dfrac{a}{b}$.

**【解】** 因为 $A\subset B$，则 $P(AB)=P(A)$，所以，$P(A|B)=\dfrac{P(AB)}{P(B)}=\dfrac{P(A)}{P(B)}=\dfrac{a}{b}$.

(2) 若 $P(A)=0.6$，$P(B)=0.8$，$P(B|\bar{A})=0.5$，则 $P(A|B)=$______.

**【答案】** 0.75.

**【解】** $P(B|\bar{A})=0.5=\dfrac{P(B\bar{A})}{P(\bar{A})}=\dfrac{P(B)-P(AB)}{1-P(A)}$，则 $P(AB)=0.6$，所以

$$P(A|B)=\frac{P(AB)}{P(B)}=\frac{0.6}{0.8}=0.75$$

(3) 若 $P(A)=\dfrac{1}{4}$，$P(B|A)=\dfrac{1}{3}$，$P(A|B)=\dfrac{1}{2}$，则 $P(\bar{A}\bar{B})=$______.

**【答案】** $\dfrac{2}{3}$.

【解】 $P(B|A)=\frac{1}{3}=\frac{P(AB)}{P(A)}$,则 $P(AB)=\frac{1}{12}$, $P(A|B)=\frac{1}{2}=\frac{P(AB)}{P(B)}$,则 $P(B)=\frac{1}{6}$,所以

$$P(\overline{A}\overline{B})=P(\overline{A\cup B})=1-P(A\cup B)=1-[P(A)+P(B)-P(AB)]=\frac{2}{3}$$

**2.** 设 $A$、$B$ 两个事件互不相容,且 $P(A)>0$,$P(B)>0$,则有(　　).

A. $P(B|A)>0$　　B. $P(A|B)=P(A)$

C. $P(A|B)=0$　　D. $P(AB)=P(A)P(B)$

【答案】 C.

【解】 因为 $A$、$B$ 两个事件互不相容,即 $AB=\varnothing$,所以 $P(A|B)=\frac{P(AB)}{P(B)}=0$,即选项 C 正确.

**3.** 假设随机事件 $A(P(A)>0)$与 $B$ 满足 $P(B|A)=1$,则(　　).

A. $A=B$　　B. $A\subset B$　　C. $P(A-B)=0$　　D. $P(B|\overline{A})=0$

【答案】 C.

【解】 $P(B|A)=\frac{P(AB)}{P(A)}=1$,即 $P(A)=P(AB)$,所以 $P(A-B)=P(A)-P(AB)=0$,即选项 C 正确.

**4.** 求证下列命题:

(1) 设 $P(A)=a$,$P(B)=b$,则 $P(A|B)\geqslant\frac{a+b-1}{b}$.

【证明】 因为 $P(A\cup B)=P(A)+P(B)-P(AB)$,则 $P(AB)=P(A)+P(B)-P(A\cup B)\geqslant P(A)+P(B)-P(\Omega)=a+b-1$,所以 $P(A|B)=\frac{P(AB)}{P(B)}\geqslant\frac{a+b-1}{b}$.

(2) 若 $P(A|B)>P(A)$,则 $P(B|A)>P(B)$.

【证明】 因为 $P(A|B)=\frac{P(AB)}{P(B)}>P(A)$,所以 $P(AB)>P(A)P(B)$,故

$$P(B|A)=\frac{P(AB)}{P(A)}>\frac{P(A)P(B)}{P(A)}=P(B)$$

**5.** 一批彩电,共 100 台,其中有 10 台次品,采用不放回抽样依次抽取 3 次,每次抽 1 台,求第 3 次才抽到合格品的概率.

【解】 设 $A_i(i=1,2,3)$为第 $i$ 次抽到合格品的事件,则有

$$\begin{aligned}P(\overline{A_1}\,\overline{A_2}A_3)&=P(\overline{A})P(\overline{A_2}|\overline{A_1})P(A_3|\overline{A_1}\,\overline{A_2})\\&=10/100\times9/99\times90/98\approx0.0083\end{aligned}$$

**6.** 甲盒有正品 6 只、次品 4 只;乙盒有正品 5 只、次品 2 只.现从中任取 1 盒,再从盒中任取 1 只产品,求其恰为正品的概率.

【解】 设 $A=\{$任取1盒为甲盒$\}$，$B=\{$任取1盒为乙盒$\}$，$C=\{$任取1只产品为正品$\}$，则

$$P(A)=P(B)=\frac{1}{2},\quad P(C|A)=\frac{6}{10},\quad P(C|B)=\frac{5}{7}$$

由全概率公式可得

$$P(C)=P(A)P(C|A)+P(B)P(C|B)=\frac{1}{2}\times\frac{6}{10}+\frac{1}{2}\times\frac{5}{7}=\frac{23}{35}$$

**7.** 两批相同的产品各有12件和10件，在每批产品中都有1件废品. 今从第一批中任意抽取2件放入第二批中，再从第二批中任取1件，求从第二批中取出废品的概率为多少？

【解】 设 $A=\{$从第一批中任意抽取2件中有1件废品$\}$，则 $\bar{A}=\{$从第一批中任意抽取2件中没有废品$\}$，设 $B=\{$再从第二批中取出1件是废品$\}$，则

$$P(A)=\frac{C_{11}^1}{C_{12}^2}=\frac{2}{12},\quad P(\bar{A})=\frac{10}{12},\quad P(B|A)=\frac{2}{12},\quad P(B|\bar{A})=\frac{1}{12}$$

由全概率公式有

$$P(B)=P(A)P(B|A)+P(\bar{A})P(B|\bar{A})=\frac{2}{12}\times\frac{2}{12}+\frac{10}{12}\times\frac{1}{12}=\frac{7}{72}$$

**8.** 在一批同一规格的产品中，甲乙两厂生产的产品分别为30%和70%，其产品的合格率分别为98%和90%.

(1) 从该批产品中任意抽取1件，是合格品的概率为多少？

(2) 今有一位顾客买了1件产品，发现是次品，那么这件次品是甲厂生产的概率为多少？

【解】 设 $A_1=\{$产品为甲厂生产$\}$，$A_2=\{$产品为乙厂生产$\}$，$B=\{$产品为合格品$\}$，则

$$P(A_1)=0.3,\quad P(A_2)=0.7,\quad P(B|A_1)=0.98,\quad P(B|A_2)=0.9$$

(1) 由全概率公式得

$$P(B)=P(A_1)P(B|A_1)+P(A_2)P(B|A_2)=0.3\times0.98+0.7\times0.9=0.924$$

(2) $$P(A_1|\bar{B})=\frac{P(A_1\bar{B})}{P(\bar{B})}=\frac{P(A_1)-P(A_1B)}{1-P(B)}=\frac{P(A_1)-P(A_1)P(B|A_1)}{1-P(B)}$$

$$=\frac{0.3-0.3\times0.98}{1-0.924}\approx7.89\%$$

**9.** 某单项选择题有四个答案可供选择. 已知有60%的考生对相关知识完全掌握，他们可选出正确答案；20%的考生对相关知识部分掌握，他们可剔除两个不正确的答案，然后随机选一个答案；20%的考生对相关知识完全不掌握，他们任意选一个答案. 现任选一位考生，求：

(1) 其选对答案的概率.

(2)若已知该考生选对答案，问其确实完全掌握相关知识的概率为多少？

**【解】** 设 $A_1$={该考生完全掌握相关知识}，$A_2$={该考生掌握部分相关知识}，$A_3$={该考生完全不掌握相关知识}，$B$={该考生选对答案}，则

$$P(A_1)=0.6,\quad P(A_2)=0.2,\quad P(A_3)=0.2$$

$$P(B|A_1)=1,\quad P(B|A_2)=0.5,\quad P(B|A_3)=0.25$$

(1) 由全概率公式得

$$\sum_{i=1}^{3}P(A_i)P(B\mid A_i)=0.6\times1+0.2\times0.5+0.2\times0.25=0.75$$

(2) 由贝叶斯公式得

$$P(A_1|B)=\frac{P(A_1B)}{P(B)}=\frac{0.6\times1}{0.75}=0.8$$

**10.** 某工厂生产的产品以 100 件为一批，假定每一批产品中的次品数最多不超过 4 件，且具有如表 1.2 所示概率：

**表 1.2**

| 一批产品中的次品数 | 0 | 1 | 2 | 3 | 4 |
|---|---|---|---|---|---|
| 概率 | 0.1 | 0.2 | 0.4 | 0.2 | 0.1 |

现进行抽样检验，从每批中随机取出 10 件来检验，若发现其中有次品，则认为该批产品不合格，求一批产品通过检验的概率.

**【解】** 以 $A_i$ 表示一批产品中有 $i$ 件次品，$i=0,1,2,3,4$，$B$ 表示通过检验，则由题意得

$$P(A_0)=0.1,\quad P(B|A_0)=1$$

$$P(A_1)=0.2,\quad P(B|A_1)=\frac{C_{99}^{10}}{C_{100}^{10}}=0.9$$

$$P(A_2)=0.4,\quad P(B|A_2)=\frac{C_{98}^{10}}{C_{100}^{10}}=0.809$$

$$P(A_3)=0.2,\quad P(B|A_3)=\frac{C_{97}^{10}}{C_{100}^{10}}=0.727$$

$$P(A_4)=0.1,\quad P(B|A_4)=\frac{C_{96}^{10}}{C_{100}^{10}}=0.652$$

由全概率公式，得

$$\begin{aligned}P(B)&=\sum_{i=0}^{4}P(A_i)P(B\mid A_i)\\&=0.1\times1+0.2\times0.9+0.4\times0.809+0.2\times0.727+0.1\times0.652\\&\approx0.814\end{aligned}$$

**11.** 设某工厂有甲、乙、丙三个车间生产同一种产品，产量依次占全厂的 45%、

35%、20%，且各车间的次品率分别为4%、2%、5%，现在从一批产品中检查出1个次品，问该次品是由哪个车间生产的可能性最大？

**【解】** 设$A_1$、$A_2$、$A_3$表示产品来自甲、乙、丙三个车间，$B$表示产品为次品，易知$A_1,A_2,A_3$是样本空间$\Omega$的一个划分，且有

$$P(A_1)=0.45,\quad P(A_2)=0.35,\quad P(A_3)=0.20$$

$$P(B|A_1)=0.04,\quad P(B|A_2)=0.02,\quad P(B|A_3)=0.05$$

由全概率公式得

$$\begin{aligned}P(B)&=P(A_1)P(B|A_1)+P(A_2)P(B|A_2)+P(A_3)P(B|A_3)\\&=0.45\times0.04+0.35\times0.02+0.2\times0.05=0.035\end{aligned}$$

由贝叶斯公式得

$$P(A_1|B)=(0.45\times0.04)/0.035=0.514$$

$$P(A_2|B)=(0.35\times0.02)/0.035=0.200$$

$$P(A_3|B)=(0.20\times0.05)/0.035=0.286$$

由此可见，该次品由甲车间生产的可能性最大.

## 习　题　1.4

**1.** 假设事件$A$、$B$独立，证明$\overline{A}$、$\overline{B}$也相互独立.

**【证明】** 因为$A$、$B$独立，所以$P(AB)=P(A)P(B)$，则

$$\begin{aligned}P(\overline{A}\overline{B})&=P(\overline{A\cup B})=1-P(A\cup B)=1-[P(A)+P(B)-P(AB)]\\&=1-[P(A)+P(B)-P(A)P(B)]\\&=[1-P(A)][1-P(B)]=P(\overline{A})P(\overline{B})\end{aligned}$$

**2.** 试证概率为零的事件与任一事件相互独立.

**【证明】** 设事件$A$的概率$P(A)=0$，任意事件为$B$，由于$AB\subset A$，则

$$P(AB)=0=0\times P(B)=P(A)P(B)$$

即事件$A$与事件$B$相互独立.

**3.** 设两个事件$A$、$B$独立.

(1) 若$P(A)=0.6$，$P(B)=0.7$，则$P(A-B)=$______，$P(\overline{A}-B)=$______.

**【答案】** 0.18，0.12.

**【解】** 因为$A$、$B$独立，所以

$$P(A-B)=P(A)-P(AB)=P(A)-P(A)P(B)=0.6-0.6\times0.7=0.18$$

$$P(\overline{A}-B)=P(\overline{A}\overline{B})=P(\overline{A})P(\overline{B})=[1-P(A)][1-P(B)]=0.12$$

(2) 若$P(A\cup B)=0.6$，$P(A)=0.4$，则$P(B)=$______.

**【答案】** $\frac{1}{3}$.

**【解】** 因为$A$、$B$独立，所以

$$P(A\cup B)=0.6=P(A)+P(B)-P(AB)=P(A)+P(B)-P(A)P(B)$$
$$=0.4+P(B)-0.4P(B)$$

即
$$P(B)=\frac{1}{3}$$

(3) 若只有 $A$ 发生的概率和只有 $B$ 发生的概率都等于 0.25，则 $P(A)=$______，$P(B)=$______.

**【答案】** 0.5，0.5.

**【解】** 由题意可知：$P(A\overline{B})=P(\overline{A}B)=0.25$，又因为 $A$、$B$ 独立，所以

$$P(A)P(\overline{B})=P(\overline{A})P(B)=0.25$$

即
$$P(A)[1-P(B)]=[1-P(A)]P(B)=0.25$$

所以
$$P(A)=0.5,\quad P(B)=0.5$$

**4.** 一射手对同一目标射击 4 次，设每次是否命中目标是相互独立的，已知至少命中一次的概率为 $\frac{80}{81}$，试求该射手的命中率为多少？

**【解】** 设命中率为 $p$，则由题意可知

$$P(\text{一次都没有命中})=1-P(\text{至少命中一次})=1-\frac{80}{81}$$

即
$$C_4^0p^0(1-p)^4=1-\frac{80}{81}$$

故
$$p=\frac{2}{3}$$

**5.** 一人看管三台机器，一段时间内，三台机器要人看管的概率分别为 0.1、0.2、0.15，各台机器是否要看管相互独立，求一段时间内：

(1) 没有一台机器要看管的概率；

(2) 至少一台机器不要看管的概率；

(3) 至多一台机器要看管的概率.

**【解】** 设 $A_i$ 表示第 $i$ 台机器需要看管，$i=1,2,3$.

(1) $P(\text{没有一台机器要看管})=P(\overline{A_1}\,\overline{A_2}\,\overline{A_3})=P(\overline{A_1})P(\overline{A_2})P(\overline{A_3})$
$=(1-0.1)(1-0.2)(1-0.15)=0.612$

(2) $P(\text{至少一台机器不要看管})=1-P(\text{三台都要看管})$
$=1-P(A_1A_2A_3)=1-P(A_1)P(A_2)P(A_3)$
$=1-0.1\times0.2\times0.15=0.997$

(3) $P(\text{至多一台机器要看管})=P(\text{恰好有一台机器要看管})+P(\text{没有一台机器要看管})$
$=P(A_1\,\overline{A_2}\,\overline{A_3})+P(\overline{A_1}A_2\,\overline{A_3})+P(\overline{A_1}\,\overline{A_2}A_3)$
$+P(\overline{A_1}\,\overline{A_2}\,\overline{A_3})$

$$=P(A_1)P(\overline{A_2})P(\overline{A_3})+P(\overline{A_1})P(A_2)P(\overline{A_3})$$
$$+P(\overline{A_1})P(\overline{A_2})P(A_3)+P(\overline{A_1}\,\overline{A_2}\,\overline{A_3})$$
$$=0.1\times(1-0.2)\times(1-0.15)+(1-0.1)\times0.2$$
$$\times(1-0.15)+(1-0.1)\times(1-0.2)\times0.15$$
$$+0.612$$
$$=0.941$$

**6.** 设随机事件 $A$、$B$ 相互独立，且 $P(A-B)=P(B-A)=\frac{1}{4}$，求 $P(AB|A\cup B)$.

**【解】** 因为 $P(A-B)=P(A)-P(AB)=P(B-A)=P(B)-P(AB)=\frac{1}{4}$，又由 $A$、$B$ 相互独立，有

$$P(AB)=P(A)P(B)$$

所以

$$P(A)=P(B)=\frac{1}{2}$$

则

$$P(AB|A\cup B)=\frac{P(AB(A\cup B))}{P(A\cup B)}=\frac{P(AB)}{P(A)+P(B)-P(AB)}=\frac{1}{3}$$

**7.** 设随机事件 $A$、$B$、$C$ 两两独立，且 $C$ 与 $A-B$ 相互独立，求证 $A$、$B$、$C$ 相互独立.

**【证明】** 因为 $C$ 与 $A-B$ 相互独立，即

$$P(C(A-B))=P(C)P(A-B)$$

而

$$P(C(A-B))=P(CA\overline{B})=P(AC)-P(ABC)=P(A)P(C)-P(ABC)$$

又

$$P(C)P(A-B)=P(C)[P(A)-P(AB)]=P(A)P(C)-P(C)P(AB)$$
$$=P(A)P(C)-P(C)P(A)P(B)$$

比较可得

$$P(ABC)=P(C)P(A)P(B)$$

又由于随机事件 $A$、$B$、$C$ 两两独立，因此 $A$、$B$、$C$ 相互独立.

**8.** 设一系统由 $n$ 个独立工作的电子元件并联而成，且每个电子元件正常工作的概率为 0.3，试求该系统正常工作的概率. 若要求系统正常工作的概率至少为 0.99，问 $n$ 至少取多少?

**【解】** (1) 设 $A_i$ 表示第 $i$ 个电子元件正常工作，$i=1,2,\cdots,n$，$B$ 表示该系统工作正常，则

$$P(B)=P(A_1\cup A_2\cup\cdots\cup A_n)=1-P(\overline{A_1\cup A_2\cup\cdots\cup A_n})$$
$$=1-P(\overline{A_1}\,\overline{A_2}\cdots\overline{A_n})=1-P(\overline{A_1})P(\overline{A_2})\cdots P(\overline{A_n})=1-0.7^n$$

(2) 若 $P(B)\geqslant0.99$，即 $1-0.7^n\geqslant0.99$，解得 $n\geqslant13$.

## 综合练习 1

**1.** 填空题.

(1) 设 $A$、$B$ 为互不相容的两个事件，$P(A)=0.6$，则 $P(B)$的最大值是______.

【答案】 0.4.

【解】 因为 $A$、$B$ 为互不相容的两个事件，所以 $P(A\cup B)=P(A)+P(B)$. 故

$$P(B)=P(A\cup B)-P(A)$$

而 $P(A\cup B)$ 的最大值为 1，所以 $P(B)$ 的最大值等于 $1-0.6=0.4$.

(2) 红、黄、蓝 3 个球随意放入 4 个盒子中，恰有一个盒子无球放入的概率是______.

【答案】 $\frac{3}{8}$.

【解】 3 个球随意放入 4 个盒子中，共有 $4^3$ 种放法，恰有一个盒子无球放入意味着这 3 个球在 4 个盒子中全排列，共有 $A_4^3$ 种放法，因此恰有一个盒子无球放入的概率是 $\frac{A_4^3}{4^3}=3/8$.

(3) 已知 $P(A)=0.4$，$P(A\bar{B})=0.1$，则 $P(AB)=$______.

【答案】 0.3.

【解】 因为 $P(A\bar{B})=P(A)-P(AB)=0.1$，所以

$$P(AB)=P(A)-P(A\bar{B})=0.4-0.1=0.3$$

(4) 设 $P(A)=0.7$，$P(A-B)=0.3$，则 $P(\overline{AB})=$______.

【答案】 0.6.

【解】 因为 $P(A-B)=P(A)-P(AB)=0.3$，所以 $P(AB)=P(A)-P(A-B)=0.7-0.3=0.4$，故

$$P(\overline{AB})=1-P(AB)=1-0.4=0.6$$

(5) 已知 $P(A)=\frac{1}{4}$，$P(A|B)=\frac{1}{2}$，$P(B|A)=\frac{1}{3}$，则 $P(A\cup B)=$______.

【答案】 $\frac{1}{3}$.

【解】 因为 $P(A|B)=\frac{P(AB)}{P(B)}=\frac{1}{2}$，$P(B|A)=\frac{P(AB)}{P(A)}=\frac{1}{3}$，$P(A)=\frac{1}{4}$

解得

$$P(AB)=\frac{1}{12},\quad P(B)=\frac{1}{6}$$

所以

$$P(A\cup B)=P(A)+P(B)-P(AB)=\frac{1}{4}+\frac{1}{6}-\frac{1}{12}=\frac{1}{3}$$

(6) 设 $P(A)=P(B)=0.4$，$P(B\cup A)=0.5$，则 $P(A|\bar{B})=$______.

【答案】 $\frac{1}{6}$.

【解】 因为 $P(A)=P(B)=0.4$，$P(B\cup A)=P(A)+P(B)-P(AB)=0.5$，解得 $P(AB)=0.3$，所以

$$P(A|\bar{B})=\frac{P(A\bar{B})}{P(\bar{B})}=\frac{P(A)-P(AB)}{1-P(B)}=\frac{0.4-0.3}{1-0.4}=\frac{1}{6}$$

(7) 设 $A$、$B$ 是相互独立的两个事件，$P(A)=0.4$，则 $P(\bar{A}|\bar{B})=$______.

【答案】 0.6.

【解】 因为 $A$、$B$ 是相互独立的两个事件，所以 $\bar{A}$ 与 $\bar{B}$ 也相互独立，即有

$$P(\bar{A}|\bar{B})=P(\bar{A})=1-P(A)=0.6$$

(8) 设事件 $A$、$B$ 相互独立，且 $P(A)=0.6$，$P(B)=0.5$，则 $P(\bar{A}-B)=$______.

【答案】 0.2.

【解】 因为 $A$、$B$ 是相互独立的两个事件，所以 $\bar{A}$ 与 $\bar{B}$ 也相互独立，即有

$$P(\bar{A}-B)=P(\bar{A}\bar{B})=P(\bar{A})P(\bar{B})=[1-P(A)][1-P(B)]=0.4\times0.5=0.2$$

**2.** 选择题.

(1) 设 $A$、$B$ 为随机事件，$P(B)>0$，则(　　).

A. $P(A\cup B)\geqslant P(A)+P(B)$　　B. $P(A-B)\geqslant P(A)-P(B)$

C. $P(AB)\geqslant P(A)P(B)$　　D. $P(A|B)\geqslant\dfrac{P(A)}{P(B)}$

【答案】 B.

【解】 因为 $P(AB)\leqslant P(B)$，所以 $P(A-B)=P(A)-P(AB)\geqslant P(A)-P(B)$，因此选项B正确，同理选项D错误.

对于选项A，显然 $P(A\cup B)=P(A)+P(B)-P(AB)\leqslant P(A)+P(B)$.

对于选项C，若 $A$、$B$ 互不相容，则结论错误.

(2) 设 $0<P(A)<1$，$0<P(B)<1$，$P(A|B)+P(\bar{A}|\bar{B})=1$，则(　　).

A. 事件 $A$ 与事件 $B$ 互不相容　　B. 事件 $A$ 与事件 $B$ 互相对立

C. 事件 $A$ 与事件 $B$ 相互独立　　D. 事件 $A$ 与事件 $B$ 互不独立

【答案】 C.

【解】 因为 $0<P(A)<1$，$0<P(B)<1$，$P(A|B)+P(\bar{A}|\bar{B})=1$，所以

$$P(A|B)=1-P(\bar{A}|\bar{B})=P(A|\bar{B})$$

即

$$\frac{P(AB)}{P(B)}=\frac{P(A\bar{B})}{P(\bar{B})}=\frac{P(A)-P(AB)}{1-P(B)}$$

可得 $P(AB)=P(A)P(B)$，所以事件 $A$ 与事件 $B$ 相互独立，因此选项 $C$ 正确，从而可排除其他选项.

(3) 设随机事件 $A$、$B$、$C$ 相互独立，$P(A)$，$P(B)$，$P(C)\in(0,1)$，则必有(　　).

A. $A-B$ 与 $B-A$ 独立　　B. $AC$ 与 $BC$ 独立

C. $P(AB|C)=P(A|C)P(B|C)$　　D. $A-C$ 与 $B-C$ 独立

【答案】 C.

【解】 由于 $P(A-B)>0$，$P(B-A)>0$，且 $A-B$ 与 $B-A$ 互斥，故选项A不正确. 由于 $P(C)\neq0,1$，故选项B和D也不正确.

对于选项 C，$P(AB|C)=\frac{P(ABC)}{P(C)}=\frac{P(A)P(B)P(C)}{P(C)}=P(A)P(B)$，同理可得 $P(A|C)=P(A)$，$P(B|C)=P(B)$，显然选项 C 正确.

(4) 设两两独立且概率相等的三个事件 $A$、$B$、$C$ 满足条件 $P(A\cup B\cup C)=\frac{9}{16}$，且 $ABC=\varnothing$，则 $P(A)$的值为(　　).

A. $\frac{1}{4}$　　　B. $\frac{3}{4}$　　　C. $\frac{1}{4}$或$\frac{3}{4}$　　　D. $\frac{1}{3}$

**【答案】** A.

**【解】** 设 $P(A)=x$，则 $P(A)=P(B)=P(C)=x$，且 $P(AB)=P(BC)=P(AC)=x^2$，由公式 $P(A\cup B\cup C)=P(A)+P(B)+P(C)-P(AC)-P(BC)-P(AB)+P(ABC)=\frac{9}{16}$，得$\frac{9}{16}=3x-3x^2+0$，解得 $x=\frac{1}{4}$ 或 $x=\frac{3}{4}$. 由于 $P(A\cup B\cup C)\geqslant P(A)$，$\frac{9}{16}\geqslant\frac{3}{4}$不成立，故只有 $P(A)=\frac{1}{4}$，因此选项 A 正确.

**3.** 设 $A$、$B$、$C$ 是三个事件，试用 $A$、$B$、$C$ 间的关系表示以下事件：

(1) $A$、$C$ 发生但 $B$ 不发生；

(2) $A$、$B$、$C$ 中仅有两个发生；

(3) $A$、$B$、$C$ 中至多有一个发生.

**【解】** 由事件的关系及运算，很容易可得

(1) $A\bar{B}C$.

(2) $\bar{A}BC\cup A\bar{B}C\cup AB\bar{C}$.

(3) $A$、$B$、$C$ 中至多有一个发生意味着至少有两个不发生，因此可表示为 $\overline{A}\overline{B}\cup\overline{A}\overline{C}\cup\overline{B}\overline{C}$.

**4.** 已知在 10 个晶体管中有 2 个次品，在其中任取两次，每次任取 1 个，作不放回抽样，求下列事件的概率.

(1) 取出的 2 个都是正品；

(2) 取出的 2 个中一个是正品，一个是次品；

(3) 第二次取出的是次品.

**【解】** 设 $A_i$ 表示第 $i$ 次取出的是正品$(i=1,2)$，则

(1) $$P(A_1A_2)=P(A_1)P(A_2|A_1)=\frac{8}{10}\times\frac{7}{9}=\frac{28}{45}\approx 0.6222$$

(2) $$\begin{aligned}P(A_1\overline{A_2}+\overline{A_1}A_2)&=P(A_1)P(\overline{A_2}|A_1)+P(\overline{A_1})P(A_2|\overline{A_1})\\&=\frac{8}{10}\times\frac{2}{9}+\frac{2}{10}\times\frac{8}{9}=\frac{16}{45}\approx 0.3556\end{aligned}$$

(3) $$P(A_1\overline{A_2}+\overline{A_1}\,\overline{A_2})=P(A_1)P(\overline{A_2}|A_1)+P(\overline{A_1})P(\overline{A_2}|\overline{A_1})$$

$$=\frac{8}{10}\times\frac{2}{9}+\frac{2}{10}\times\frac{1}{9}=\frac{1}{5}=0.2$$

**5.** 有甲、乙、丙三个盒子.甲盒中装有2个红球、4个白球;乙盒中装有4个红球、2个白球;丙盒中装有3个红球、3个白球.设到三个盒子中取球的机会均等,今从中任取一球,求它是红球的概率是多少?又已知取出的球是红球,问它来自甲盒的概率是多少?

**【解】** 设$B$表示取出的球为红球.$A_1$表示取出的球来自甲盒;$A_2$表示取出的球来自乙盒;$A_3$表示取出的球来自丙盒.由题设知

$$P(A_i)=\frac{1}{3}(i=1,2,3),\quad P(B|A_1)=\frac{1}{3},\quad P(B|A_2)=\frac{2}{3},\quad P(B|A_3)=\frac{1}{2}$$

由全概率公式可知

$$P(B)=\sum_{i=1}^{3}P(A_i)P(B\mid A_i)=\frac{1}{3}\times\frac{1}{3}+\frac{1}{3}\times\frac{2}{3}+\frac{1}{3}\times\frac{1}{2}=0.5$$

由贝叶斯公式有

$$P(A_1|B)=\frac{P(A_1)P(B|A_1)}{P(B)}=\frac{\frac{1}{3}\times\frac{1}{3}}{0.5}=\frac{2}{9}$$

**6.** 设某班级有学生100人,在概率论学习过程中按照学习态度可分为以下三类:甲类,学习很用功;乙类,学习较用功;丙类,学习不用功.这三类人数依次为20人、60人、20人.这三类学生概率论考试能及格的概率依次为0.95、0.70、0.05.

(1) 求该班级概率论考试的及格率;

(2) 如果某学生概率论考试没有及格,求该学生是丙类的概率.

**【解】** 设$A_1$、$A_2$、$A_3$分别表示甲、乙、丙这三类学生,$B$表示考试及格,则有

$$P(A_1)=0.2,\quad P(A_2)=0.6,\quad P(A_3)=0.2$$

$$P(B|A_1)=0.95,\quad P(B|A_2)=0.70,\quad P(B|A_3)=0.05$$

(1) 由全概率公式得

$$\begin{aligned}P(B)&=P(A_1)P(B|A_1)+P(A_2)P(B|A_2)+P(A_3)P(B|A_3)\\&=0.2\times0.95+0.6\times0.70+0.2\times0.05=0.62\end{aligned}$$

(2)
$$P(A_3|\bar{B})=\frac{P(A_3)P(\bar{B}|A_3)}{P(\bar{B})}=\frac{0.2\times0.95}{0.38}=0.5$$

**7.** 某厂有甲、乙、丙三个车间生产同一种产品,各车间产量分别占全厂的30%、30%、40%,各车间产品的合格品率分别为95%、96%、98%.

(1) 求全厂该种产品的合格率;

(2) 若任取一件产品发现为合格品,求它分别是由甲、乙、丙车间生产的概率.

**【解】** 设$A_1$、$A_2$、$A_3$分别表示甲、乙、丙车间生产产品这一事件,$B$表示任取一件产品是合格品这一事件,则有

$$P(A_1)=0.3,\quad P(A_2)=0.3,\quad P(A_3)=0.4$$
$$P(B|A_1)=0.95,\quad P(B|A_2)=0.96,\quad P(B|A_3)=0.98$$

(1) 由全概率公式得

$$\begin{aligned}P(B)&=P(A_1)P(B|A_1)+P(A_2)P(B|A_2)+P(A_3)P(B|A_3)\\&=0.3\times0.95+0.3\times0.96+0.4\times0.98=0.965\end{aligned}$$

(2) $$P(A_1|B)=\frac{P(A_1)P(B|A_1)}{P(B)}=\frac{0.3\times0.95}{0.965}\approx0.2953$$

$$P(A_2|B)=\frac{P(A_2)P(B|A_2)}{P(B)}=\frac{0.3\times0.96}{0.965}\approx0.2984$$

$$P(A_3|B)=\frac{P(A_3)P(B|A_3)}{P(B)}=\frac{0.4\times0.98}{0.965}\approx0.4062$$

**8.** 从数 1,2,3,4 中任取一个数,记为 $X$,再从 $1,2,\cdots,X$ 中任取一个数,记为 $Y$,试求 $P(Y=2)=$ ______.

**【解】** $$\begin{aligned}P(Y=2)&=P(X=1)P(Y=2|X=1)+P(X=2)P(Y=2|X=2)\\&\quad+P(X=3)P(Y=2|X=3)+P(X=4)P(Y=2|X=4)\\&=\frac{1}{4}\times\left(0+\frac{1}{2}+\frac{1}{3}+\frac{1}{4}\right)=\frac{13}{48}\end{aligned}$$

**9.** 甲、乙两人同时向一目标射击,设甲击中目标的概率为 0.7,乙击中目标的概率为 0.6,并假设甲、乙中靶与否是独立的,求:

(1) 两人都未中靶的概率;

(2) 两人中至少有一个中靶的概率;

(3) 两人中至多有一人中靶的概率.

**【解】** 设 $A$ 表示甲中靶,$B$ 表示乙中靶,由题得 $P(A)=0.7,P(B)=0.6$,则

(1) $P(\overline{A}\overline{B})=P(\overline{A})P(\overline{B})=0.12$.

(2) $P(A\cup B)=P(A)+P(B)-P(AB)=0.88$.

(3) $P(\overline{AB})=1-P(AB)=0.58$ 或 $P(\overline{A}B\cup A\overline{B}\cup\overline{A}\overline{B})=P(\overline{A}B)+P(A\overline{B})+P(\overline{A}\,\overline{B})=0.58$.

**10.** 设高射炮每次击中飞机的概率为 0.2,问至少需要多少门这种高射炮同时独立发射(每门射一次)才能使击中飞机的概率达到 95%以上.

**【解】** 设需要 $n$ 门高射炮,$A$ 表示飞机被击中,$A_i$ 表示第 $i$ 门高射炮击中飞机($i=1,2,\cdots,n$),则

$$\begin{aligned}P(A)&=P(A_1\cup A_2\cup\cdots\cup A_n)=1-P(\overline{A_1\cup A_2\cup\cdots\cup A_n})\\&=1-P(\overline{A_1})P(\overline{A_2})\cdots P\overline{A}_1=1-(1-0.2)^n\end{aligned}$$

令 $1-(1-0.2)^n\geqslant0.95$,得 $0.8^n\leqslant0.05$,即

$$n\geqslant14$$

即至少需要 14 门高射炮才能有 95%以上的把握击中飞机.

**11.** 设电路如图1.2所示，其中1、2、3、4、5为继电器接点，设各继电器接点闭合与否相互独立，且每一继电器闭合的概率为 $p$，求L至R为通路的概率.

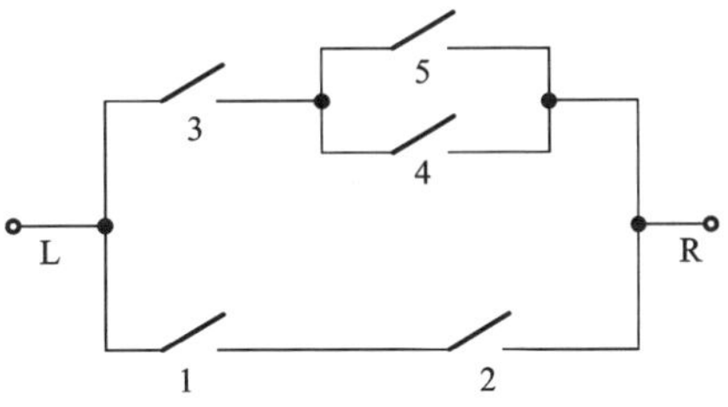


图1.2

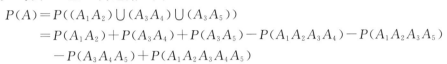

**【解】** 设事件 $A_i(i=1,2,3,4,5)$ 表示"第 $i$ 个继电器接点闭合"，于是

$$A=(A_1A_2)\cup(A_3A_4)\cup(A_3A_5)$$

设 $A$ 表示"L至R为通路"，则

$$\begin{aligned}P(A)&=P((A_1A_2)\cup(A_3A_4)\cup(A_3A_5))\\&=P(A_1A_2)+P(A_3A_4)+P(A_3A_5)-P(A_1A_2A_3A_4)-P(A_1A_2A_3A_5)\\&\quad-P(A_3A_4A_5)+P(A_1A_2A_3A_4A_5)\end{aligned}$$

由 $A_1$、$A_2$、$A_3$、$A_4$、$A_5$ 相互独立性可知

$$P(A)=3p^2-2p^4-p^3+p^5$$

## 1.5 考研真题选讲

**例1**(2016.3) 设 $A$、$B$ 为随机事件，$0<P(A)<1$，$0<P(B)<1$，若 $P(A|B)=1$，则下面正确的是(  ).

A. $P(\bar{B}|\bar{A})=1$  B. $P(A|\bar{B})=0$  C. $P(A+B)=1$  D. $P(B|A)=1$

**【答案】** A.

**【解】** 根据条件得 $P(AB)=P(B)$，则

$$P(\bar{B}|\bar{A})=\frac{P(\bar{A}\bar{B})}{P(\bar{A})}=\frac{P(\overline{A\cup B})}{1-P(A)}=\frac{1-P(A)-P(B)+P(AB)}{1-P(A)}=\frac{1-P(A)}{1-P(A)}=1$$

**例2**(2015.1) 若 $A$、$B$ 为任意两个随机事件，则(  ).

A. $P(AB)\leqslant P(A)P(B)$  B. $P(AB)\geqslant P(A)P(B)$

C. $P(AB)\leqslant\frac{P(A)+P(B)}{2}$  D. $P(AB)\geqslant\frac{P(A)+P(B)}{2}$

**【答案】** C.

**【解】** 由于 $AB\subset A$，$AB\subset B$，按概率的基本性质，我们有 $P(AB)\leqslant P(A)$ 且 $P(AB)\leqslant P(B)$，从而 $P(AB)\leqslant\sqrt{P(A)P(B)}\leqslant\frac{P(A)+P(B)}{2}$，选C.

**例3**(2014.3) 设事件 $A$、$B$ 相互独立，$P(B)=0.5$，$P(A-B)=0.3$ 则 $P(B-A)=$(  ).

A. 0.1  B. 0.2  C. 0.3  D. 0.4

**【答案】** B.

**【解】** 因为 $P(A-B)=0.3=P(A)-P(AB)=P(A)-P(A)P(B)$

$$=P(A)-0.5P(A)=0.5P(A)$$

所以 $P(A)=0.6$，$P(B-A)=P(B)-P(AB)=0.5-0.5P(A)=0.2$. 故选择 B.

**例 4**(2009.3) 设事件 $A$ 与事件 $B$ 互不相容，则(　　).

A. $P(\overline{A}\overline{B})=0$　　B. $P(AB)=P(A)P(B)$

C. $P(\overline{A})=1-P(B)$　　D. $P(\overline{A}\cup\overline{B})=1$

**【答案】** D.

**【解】** 因为 $A$、$B$ 互不相容，所以 $P(AB)=0$.

$P(\overline{A}\overline{B})=P(\overline{A\cup B})=1-P(A\cup B)$，因为 $P(A\cup B)$ 不一定等于 1，所以 A 不正确. 当 $P(A)$、$P(B)$ 不为 0 时，B 不成立，故排除. 只有当 $A$、$B$ 互为对立事件的时候 C 才成立，故排除. $P(\overline{A}\cup\overline{B})=P(\overline{AB})=1-P(AB)=1$，故 D 正确.

**例 5**(2016.3) 设袋中有红、白、黑球各 1 个，从中有放回地取球，每次取 1 个，直到三种颜色的球都取到为止，则取球次数恰为 4 的概率为______.

**【答案】** $\frac{2}{9}$.

**【解】**
$$P(A)=C_3^2\times\left(\frac{1}{3}\right)^2\times\frac{1}{3}\times2\times C_3^1\times\frac{1}{3}=\frac{2}{9}$$

或
$$P(A)=\frac{C_3^1C_3^1C_2^1}{3^4}=\frac{2}{9}$$

**例 6**(2012.3) 设 $A$、$B$、$C$ 是随机事件，$A$、$C$ 互不相容，$P(AB)=\frac{1}{2}$，$P(C)=\frac{1}{3}$，则 $P(AB|\overline{C})=$______.

**【答案】** $\frac{3}{4}$.

**【解】** 因为 $P(AB|\overline{C})=\frac{P(AB\overline{C})}{P(\overline{C})}=\frac{P(AB)-P(ABC)}{1-P(C)}$，又因为 $AC=\varnothing$，所以 $ABC=\varnothing$. 于是

$$P(AB|\overline{C})=\frac{P(AB)}{1-P(C)}=\frac{\frac{1}{2}}{\frac{2}{3}}=\frac{3}{4}$$

# 1.6 自　测　题

## 一、填空题

**1.** 从装有 3 个红球和 2 个白球的袋中任取 2 个球，记 $A=\{$取到 2 个白球$\}$，则 $\overline{A}=$______.

**2.** 一个袋子中有 5 个黑球、3 个白球，从袋中任取 2 个球，若以 $A$ 表示“取到的 2 个球均为白球”，$B$ 表示“取到的 2 个球同色”，$C$ 表示“取到的 2 个球至少有一个白球”，则 $P(A)=$______，$P(B)=$______，$P(C)=$______.

**3.** 设 $P(A)=0.4$，$P(B)=0.3$，$P(A\cup B)=0.6$，则 $P(A\bar{B})=$______.

**4.** 若事件 $A$、$B$ 满足 $P(AB)=P(\bar{A}\cap\bar{B})$ 且 $P(A)=1/3$，则 $P(B)=$______.

**5.** 设事件 $A$ 与 $B$ 相互独立，已知 $P(A)=0.5$，$P(A\cup B)=0.8$，则 $P(A\bar{B})=$______，$P(\bar{A}\cup\bar{B})=$______.

**6.** 设事件 $A$、$B$ 相互独立，已知 $P(A)=0.5$，$P(B)=0.4$，则 $P(A\cup B)=$______，$P(A\bar{B})=$______，$P(\bar{A}\cup\bar{B})=$______.

## 二、选择题

**1.** 设 $A$ 和 $B$ 是任意概率不为零的互斥事件，则以下结论正确的是(　　).

A. $P(A-B)=P(A)$　　B. $\bar{A}$ 与 $\bar{B}$ 不互斥

C. $P(AB)=P(A)P(B)$　　D. $\bar{A}$ 与 $\bar{B}$ 互斥

**2.** 设 $A$ 和 $B$ 为任意两个事件，且 $A\subset B$，则必有(　　).

A. $P(A)<P(AB)$　　B. $P(A)\geqslant P(AB)$

C. $P(A)>P(AB)$　　D. $P(A)=P(AB)$

**3.** 设事件 $A$、$B$、$C$ 满足 $AB\subset C$，则下列结论正确的是(　　).

A. $P(C)\leqslant P(A)+P(B)-1$　　B. $P(C)\geqslant P(A)+P(B)-1$

C. $P(C)=P(AB)$　　D. $P(C)=P(A\cup B)$

**4.** 对于任意概率不为零的事件 $A$ 和 $B$，下列命题肯定正确的是(　　).

A. 如果 $A$ 和 $B$ 互不相容，则 $\bar{A}$ 与 $\bar{B}$ 也互不相容

B. 如果 $A$ 和 $B$ 相容，则 $\bar{A}$ 与 $\bar{B}$ 也相容

C. 如果 $A$ 和 $B$ 互不相容，则 $A$ 和 $B$ 相互独立

D. 如果 $A$ 和 $B$ 相互独立，则 $\bar{A}$ 与 $\bar{B}$ 也相互独立

**5.** 设 $P(A)=P(B)>0$，则(　　).

A. $A=B$　　B. $P(A|B)=1$

C. $P(A|B)+P(B|A)=1$　　D. $P(A|B)=P(B|A)$

**6.** 已知 $P(A)=0.5$，$P(B|A)=0.8$，则 $P(AB)$(　　).

A. 3/5　　B. 2/5　　C. 2/3　　D. 1/3

**7.** 已知 $P(A)=0.5$，$P(B)=0.6$，$P(B|A)=0.8$，则 $P(A\cup B)=$(　　).

A. 0.6　　B. 0.7　　C. 0.8　　D. 0.9

## 三、解答题

**1.** 对一个五人学习小组考虑生日问题：

(1) 求五个人的生日都在星期日的概率；

(2) 求五个人的生日都不在星期日的概率；

(3) 求五个人的生日不都在星期日的概率.

**2.** 一批产品共有 10 个正品、2 个次品，从中任取两次，每次取 1 个(有放回).求：

(1) 第二次取出次品的概率；

(2) 两次都取到正品的概率；

(3) 第一次取到正品，第二次取到次品的概率.

**3.** 设 $P(\overline{A})=0.3$，$P(B)=0.4$，$P(A\overline{B})=0.5$，求 $P(B|A\cup\overline{B})$.

**4.** 一盒子中黑球、红球、白球各占 50%、30%、20%，从中任取一球，结果不是红球，求：

(1) 取到的是白球的概率；

(2) 取到的是黑球的概率.

**5.** 某地某天下雪的概率为 0.3，下雨的概率为 0.5，既下雪又下雨的概率为 0.1，求：

(1) 在下雨条件下下雪的概率；

(2) 这天下雨或下雪的概率.

**6.** 已知工厂 A、B 生产产品的次品率分别为 1% 和 2%，现从由 A、B 生产的产品分别占 60% 和 40% 的一批产品中随机抽取一件，求：

(1) 该产品是次品的概率；

(2) 若取到的是次品，那么该产品是 B 工厂生产的概率.

**7.** 已知 5% 的男人和 0.25% 的女人是色盲，现随机地挑选一人，此人恰为色盲，问此人是男人的概率(假设男人和女人各占人数的一半).

**8.** 甲、乙两人各自同时向敌机射击，已知甲击中敌机的概率为 0.8，乙击中敌机的概率为 0.5，求下列事件的概率：

(1) 敌机被击中；

(2) 甲击中，乙击不中；

(3) 乙击中，甲击不中.

**9.** 设事件 $A$、$B$ 相互独立，已知 $P(A)=0.5$，$P(A\cup B)=0.8$，求：

(1) $P(A\overline{B})$；

(2) $P(\overline{A}\cup\overline{B})$.

10. 证明确定的原则(Sure-thing)：若 $P(A|C)\geqslant P(B|C)$，$P(A|\overline{C})\geqslant P(B|\overline{C})$，则 $P(A)\geqslant P(B)$.

## 参考答案

### 一、填空题

**1.** {至少取到一个红球}　　**2.** 3/28　13/28　9/14　　**3.** 0.3　　**4.** 2/3

**5.** 0.2　0.7　　**6.** 0.7　0.3　0.8

## 二、选择题

**1.** A　**2.** D　**3.** B　**4.** D　**5.** D　**6.** B　**7.** B

## 三、解答题

**1.【解】** (1) 设 $A_1=\{$五个人的生日都在星期日$\}$，基本事件总数为 $7^5$，有利事件仅1个，故

$$P(A_1)=\frac{1}{7^5}=\left(\frac{1}{7}\right)^5 \quad \text{(亦可用独立性求解,下同)}$$

(2) 设 $A_2=\{$五个人生日都不在星期日$\}$，有利事件数为 $6^5$，故

$$P(A_2)=\frac{6^5}{7^5}=\left(\frac{6}{7}\right)^5$$

(3) 设 $A_3=\{$五个人的生日不都在星期日$\}$

$$P(A_3)=1-P(A_1)=1-\left(\frac{1}{7}\right)^5$$

**2.【解】** 设 $A_i$ 表示"第 $i$ 次取出的是正品"($i=1,2$).

(1) 第二次取到次品的概率为

$$P(A_1\overline{A}_2\cup\overline{A}_1\overline{A}_2)=\frac{10}{12}\times\frac{2}{12}+\frac{2}{12}\times\frac{2}{12}=\frac{1}{6}$$

(2) 两次都取到正品的概率为

$$P(A_1A_2)=P(A_1)P(A_2|A_1)=\frac{10}{12}\times\frac{10}{12}=\frac{25}{36}$$

(3) 第一次取到正品，第二次取到次品的概率为

$$P(A_1\overline{A}_2)=\frac{10}{12}\times\frac{2}{12}=\frac{5}{36}$$

**3.【解】** $$P(B|A\cup\overline{B})=\frac{P(AB)}{P(A\cup\overline{B})}=\frac{P(A)-P(A\overline{B})}{P(A)+P(\overline{B})-P(A\overline{B})}$$

$$=\frac{0.7-0.5}{0.7+0.6-0.5}=\frac{1}{4}$$

**4.【解】** 设 $A_i$ 分别表示"取到的是黑球、红球、白球"($i=1,2,3$)，则问题(1)化为求 $P(A_3|\overline{A}_2)$，问题(2)化为求 $P(A_1|\overline{A}_2)$. 由题意，$A_1$、$A_2$、$A_3$ 两两互不相容，所以，

(1) $$P(A_3\overline{A}_2)=P(A_3-A_2)=P(A_3)$$

因此由条件概率公式得

$$P(A_3|\overline{A}_2)=\frac{P(A_3\overline{A}_2)}{P(\overline{A}_2)}=\frac{P(A_3)}{P(\overline{A}_2)}=\frac{0.2}{1-0.3}=\frac{2}{7}$$

(2)
$$P(A_1\overline{A}_2)=P(A_1-A_2)=P(A_1)$$

$$P(A_1|\overline{A}_2)=\frac{P(A_1\overline{A}_2)}{P(\overline{A}_2)}=\frac{P(A_1)}{P(\overline{A}_2)}=\frac{0.5}{1-0.3}=\frac{5}{7}$$

**5.【解】** 设 $A=\{$下雨$\}$，$B=\{$下雪$\}$.

(1)
$$P(B|A)=\frac{P(AB)}{P(A)}=\frac{0.1}{0.5}=0.2$$

(2) $P(A\cup B)=P(A)+P(B)-P(AB)=0.3+0.5-0.1=0.7$

**6.【解】** 设 $C$ 表示"取到的产品是次品"，$A$ 表示"取到的产品是 A 工厂的"，$B$ 表示"取到的产品是 B 工厂的"，则

(1) 取到的产品是次品的概率为

$$P(C)=P(A)P(C|A)+P(B)P(C|B)=\frac{60}{100}\times\frac{1}{100}+\frac{40}{100}\times\frac{2}{100}=\frac{7}{500}$$

(2) 若取到的是次品，那么该产品是 B 工厂生产的概率为

$$P(B|C)=\frac{P(BC)}{P(C)}=\frac{P(B)P(C|B)}{P(A)P(C|A)+P(B)P(C|B)}$$

$$=\frac{\frac{40}{100}\times\frac{2}{100}}{\frac{7}{500}}=\frac{4}{7}$$

**7.【解】** 设 $A=\{$此人是男人$\}$，$B=\{$此人是色盲$\}$，则由贝叶斯公式

$$P(A|B)=\frac{P(AB)}{P(B)}=\frac{P(A)P(B|A)}{P(A)P(B|A)+P(\overline{A})P(B|\overline{A})}$$

$$=\frac{0.5\times0.05}{0.5\times0.05+0.5\times0.0025}=\frac{20}{21}$$

**8.【解】** 设事件 $A$ 表示"甲击中敌机"，事件 $B$ 表示"乙击中敌机"，事件 $C$ 表示"敌机被击中"，则

(1) $P(C)=P(A\cup B)=1-P(\overline{A\cup B})=1-P(\overline{A}\overline{B})=1-0.1=0.9$

(2)
$$P(A\overline{B})=P(A)P(\overline{B})=0.8\times(1-0.5)=0.4$$

(3)
$$P(\overline{A}B)=P(\overline{A})P(B)=(1-0.8)\times0.5=0.1$$

**9.【解】** 由条件得

$$P(A\cup B)=P(A)+P(B)-P(AB)=P(A)+P(B)-P(A)P(B)=0.8$$

即
$$0.5+P(B)-0.5P(B)=0.8$$

解得 $P(B)=0.6$，所以

(1)
$$P(A\overline{B})=P(A)P(\overline{B})=0.5\times0.4=0.2$$

(2)　$P(\overline{A}\cup\overline{B})=P(\overline{A})+P(\overline{B})-P(\overline{A}\cap\overline{B})=0.5+0.4-0.5\times0.4=0.7$

**10.【证明】** 由 $P(A|C)\geqslant P(B|C)$，得

$$\frac{P(AC)}{P(C)}\geqslant\frac{P(BC)}{P(C)}$$

即有

$$P(AC)\geqslant P(BC)$$

同理由

$$P(A|\overline{C})\geqslant P(B|\overline{C})$$

得

$$P(A\overline{C})\geqslant P(B\overline{C})$$

故

$$P(A)=P(AC)+P(A\overline{C})\geqslant P(BC)+P(B\overline{C})=P(B)$$

# 第2章　一维随机变量及其分布

## 2.1　大纲基本要求

(1) 理解随机变量的概念,理解分布函数的概念及性质,会计算与随机变量相联系的事件的概率.

(2) 理解离散型随机变量及其概率分布的概念,掌握0-1分布、二项分布、几何分布、超几何分布、泊松(Poisson)分布及其应用.

(3) 了解泊松定理的结论和应用条件,会用泊松分布近似表示二项分布.

(4) 理解连续型随机变量及其概率密度的概念,掌握均匀分布、正态分布、指数分布及其应用.

(5) 会求随机变量函数的分布.

## 2.2　内容提要

### 一、随机变量及其分布函数

**1) 随机变量的定义**

设$E$为一随机试验,$\Omega$为它的样本空间,若$X=X(\omega)$,$\omega\in\Omega$为单值实函数,则称$X$为随机变量,简记为R.V.X.

**2) 分布函数的定义**

设$X$为一个随机变量,$x$为任意实数,称函数$F(x)=P(X\leqslant x)$为$X$的分布函数.分布函数$F(x)$实质上表示随机事件$\{X\leqslant x\}$发生的概率.

**3) 分布函数的性质**

(1) $0\leqslant F(x)\leqslant 1$,$F(-\infty)=0$,$F(+\infty)=1$.

(2) $F(x)$单调不减,即若$x_1<x_2$,则$F(x_1)\leqslant F(x_2)$.

(3) $F(x)$右连续,即$F(x+0)=F(x)$.

(4) $P(x_1<X\leqslant x_2)=F(x_2)-F(x_1)$.

### 二、离散型随机变量(只能取有限个或可列无限多个值的随机变量)

(1) 离散型随机变量的分布律$P(X=x_k)=p_k(k=1,2,\cdots)$也可以列表表示. 其性质如下：

① 非负性：$0\leqslant p_k\leqslant 1$.

② 归一性：$\sum\limits_{k=1}^{\infty} p_k = 1$.

(2) 离散型随机变量的分布函数 $F(x)=\sum\limits_{x_k\leqslant x} p_k$ 为阶梯函数，它在 $x=x_k(k=1,2,\cdots)$ 处具有跳跃点，其跳跃值为 $p_k=P(X=x_k)$.

(3) 三种重要的离散型随机变量的分布.

① 0-1 分布，记为 $X\sim B(1,p)$，分布律为：$P(X=1)=p$，$P(X=0)=1-p$ $(0<p<1)$.

② 二项分布，记为 $X\sim B(n,p)$，分布律为：$P(X=k)=\binom{n}{k}p^k(1-p)^{n-k}$ $(k=0,1,2,\cdots,n$，且 $0<p<1)$.

③ 泊松分布：记为 $X\sim P(\lambda)$，分布律为：$P(X=k)=\dfrac{\lambda^k}{k!}\mathrm{e}^{-\lambda}$ $(k=0,1,2,\cdots$，且 $\lambda>0)$.

## 三、连续型随机变量

**1）定义**

如果随机变量 $X$ 的分布函数 $F(x)$ 可以表示成某一非负函数 $f(x)$ 的积分 $F(x)=\int_{-\infty}^{x} f(t)\,\mathrm{d}t$，$-\infty<x<+\infty$，则称 $X$ 为连续型随机变量，其中 $f(x)$ 称为 $X$ 的概率密度(函数).

**2）概率密度的性质**

(1) 非负性：$f(x)\geqslant 0$.

(2) 归一性：$\int_{-\infty}^{+\infty} f(x)\,\mathrm{d}x = 1$.

(3) $P(x_1<X\leqslant x_2)=\int_{x_1}^{x_2} f(x)\,\mathrm{d}x$.

(4) 若 $f(x)$ 在点 $x$ 处连续，则 $f(x)=F'(x)$.

注意：① 连续型随机变量 $X$ 取任一指定实数值 $a$ 的概率为零，即 $P(X=a)=0$.

② 连续型随机变量 $X$ 的分布函数 $F(x)$ 为连续函数.

**3）三种重要的连续型随机变量的分布**

(1) $X$ 服从区间 $[a,b]$ 上的均匀分布，记为 $X\sim U[a,b]$ 或 $X\sim R[a,b]$.

概率密度为

$$f(x)=\begin{cases}\dfrac{1}{b-a} & a\leqslant x\leqslant b\\ 0 & \text{其他}\end{cases}$$

分布函数为
$$F(x)=\begin{cases}0 & x<a\\ \dfrac{x-a}{b-a} & a\leqslant x<b\\ 1 & x\geqslant b\end{cases}$$

(2) $X$ 服从参数为 $\lambda$ 的指数分布，记为 $X\sim E(\lambda)$，则概率密度为
$$f(x)=\begin{cases}\lambda e^{-\lambda x} & x\geqslant 0\\ 0 & x<0\end{cases}$$

分布函数为
$$F(x)=\begin{cases}1-e^{-\lambda x} & x\geqslant 0\\ 0 & x<0\end{cases}$$

(3) $X$ 服从参数为 $\mu$、$\sigma$ 的正态分布，记为 $X\sim N(\mu,\sigma^2)$，则概率密度为
$$f(x)=\frac{1}{\sqrt{2\pi}\sigma}e^{-\frac{(x-\mu)^2}{2\sigma^2}}\ (-\infty<x<+\infty,\sigma>0)$$

特别地，当 $\mu=0$，$\sigma^2=1$ 时，称 $X$ 服从标准正态分布，记为 $X\sim N(0,1)$，其概率密度为
$$\varphi(x)=\frac{1}{\sqrt{2\pi}}e^{-\frac{x^2}{2}}\quad(-\infty<x<+\infty)$$

其分布函数为
$$\Phi(x)=\frac{1}{\sqrt{2\pi}}\int_{-\infty}^{x}e^{-\frac{t^2}{2}}dt$$

且
$$\Phi(-x)=1-\Phi(x),\quad \Phi(0)=0.5$$

**4) 正态分布的性质**

若 $X\sim N(\mu,\sigma^2)$，则
$$Z=\frac{X-\mu}{\sigma}\sim N(0,1),\quad P(x_1<X\leqslant x_2)=\Phi\left(\frac{x_2-\mu}{\sigma}\right)-\Phi\left(\frac{x_1-\mu}{\sigma}\right)$$

**5) 分位点**

若 $P(Z>z_\alpha)=P(Z<-z_\alpha)=P(|Z|>z_{\alpha/2})=\alpha$，则点 $z_\alpha$、$-z_\alpha$、$\pm z_{\alpha/2}$ 分别称为标准正态分布的上、下、双侧α分位点. 注意：$\Phi(z_\alpha)=1-\alpha$，$z_{1-\alpha}=-z_\alpha$.

## 四、随机变量 $X$ 的函数 $Y=g(X)$ 的分布

**1) 离散型随机变量的函数**

若离散型随机变量 $X$ 的分布律如下：

| $X$ | $x_1$ | $x_2$ | …… | $x_k$ | …… |
|---|---|---|---|---|---|
| $p_k$ | $p_1$ | $p_2$ | …… | $p_k$ | …… |
| $Y=g(X)$ | $g(x_1)$ | $g(x_2)$ | …… | $g(x_k)$ | …… |

则当 $g(x_k)$ $(k=1,2,\cdots)$的值全不相等时，由以上分布律可得 $Y=g(X)$的分布律. 当 $g(x_k)$ $(k=1,2,\cdots)$的值有相等的时，应将相等的值的概率相加，得到 $Y=g(X)$的分布律.

**2）连续型随机变量的函数**

若 $X$ 的概率密度为 $f_X(x)$，则求其函数 $Y=g(X)$的概率密度 $f_Y(y)$常用如下两种方法：

(1) 分布函数法. 先求 $Y$ 的分布函数

$$F_Y(y)=P(Y\leqslant y)=P(g(X)\leqslant y)=\sum_k\int_{\Delta_k(y)}f_X(x)\mathrm{d}x$$

式中：$\Delta_k(y)$是与 $g(X)\leqslant y$ 对应的 $X$ 的可能值 $x$ 所在的区间（可能不止一个）.
然后对 $y$ 求导即得 $f_Y(y)=F'_Y(y)$.

(2) 公式法. 若 $g(x)$处处可导，且恒有 $g'(x)>0$（或 $g'(x)<0$），则 $Y=g(X)$是连续型随机变量，其概率密度为

$$f_Y(y)=\begin{cases}f_X(h(y))\,|h'(y)| & \alpha<y<\beta\\ 0 & \text{其他}\end{cases}$$

式中：$h(y)$是 $g(x)$的反函数；$\alpha=\min(g(-\infty),g(+\infty))$；$\beta=\max(g(-\infty),g(+\infty))$.

如果 $f(x)$在有限区间$[a,b]$以外等于零，则

$$\alpha=\min(g(a),g(b))\quad \beta=\max(g(a),g(b))$$

## 2.3 典型例题分析

**例1** 设 $P(X=k)=\mathrm{C}_2^k p^k(1-p)^{2-k}$，$k=0,1,2$，$P(Y=m)=\mathrm{C}_4^m p^m(1-p)^{4-m}$，$m=0,1,2,3,4$，分别为随机变量 $X$、$Y$ 的概率分布，如果已知 $P(X\geqslant 1)=\dfrac{5}{9}$，试求 $P(Y\geqslant 1)$.

**【知识点】** 二项分布、概率的性质.

**【解】** 因为 $P(X\geqslant 1)=\dfrac{5}{9}$，故

$$P(X<1)=\frac{4}{9}$$

而
$$P(X<1)=P(X=0)=(1-p)^2$$

故得
$$(1-p)^2=\frac{4}{9}$$

即
$$p=\frac{1}{3}$$

从而 $$P(Y\geqslant 1)=1-P(Y=0)=1-(1-p)^4=\frac{65}{81}\approx 0.80247$$

**例 2** 已知某种型号的雷管在一定刺激下发火率为 4/5,今独立重复地做刺激试验,直到发火为止,则消耗的雷管数 $X$ 是一个离散型随机变量,求 $X$ 的概率分布.

**【知识点】** 随机事件的独立性质.

**【解】** $X$ 的可能取值为 1,2,3,…. 记 $A_k$ 表示"第 $k$ 次试验雷管发火",则 $\overline{A}_k$ 表示"第 $k$ 次试验雷管不发火",从而得

$$p_1=P(X=1)=P(A_1)=\frac{4}{5}$$

$$p_2=P(X=2)=P(\overline{A}_1A_2)=P(\overline{A}_1)P(A_2)=\frac{1}{5}\times\frac{4}{5}$$

$$p_3=P(X=3)=P(\overline{A}_1\overline{A}_2A_3)=P(\overline{A}_1)P(\overline{A}_2)P(A_3)=\left(\frac{1}{5}\right)^2\times\frac{4}{5}$$

$$\vdots$$

$$p_k=P(X=k)=P(\overline{A}_1\overline{A}_2\cdots\overline{A}_{k-1}A_k)=\left(\frac{1}{5}\right)^{k-1}\times\frac{4}{5}$$

依次类推,得消耗的雷管数 $X$ 的概率分布为

$$P(X=k)=\frac{4}{5}\times\left(\frac{1}{5}\right)^{k-1}\quad(k=1,2,3,\cdots)$$

**例 3** 已知随机变量 $X$ 的概率密度为

$$f(x)=Ae^{-|x|}\quad(-\infty<x<+\infty)$$

求:(1) $A$ 值;

(2) $P(0<X<1)$;

(3) $F(x)$.

**【知识点】** 连续型随机变量的概率密度的性质、连续型随机变量在某区间的概率计算、连续型随机变量的分布函数的定义及计算.

**【解】** (1) 由 $\int_{-\infty}^{+\infty}f(x)\mathrm{d}x=1$ 得

$$1=\int_{-\infty}^{+\infty}Ae^{-|x|}\mathrm{d}x=2\int_0^{+\infty}Ae^{-x}\mathrm{d}x=2A$$

故 $$A=\frac{1}{2}$$

(2) $$p(0<X<1)=\frac{1}{2}\int_0^1 e^{-x}\mathrm{d}x=\frac{1}{2}(1-e^{-1})$$

(3) 当 $x<0$ 时, $$F(x)=\int_{-\infty}^{x}\frac{1}{2}e^{x}\mathrm{d}x=\frac{1}{2}e^{x}$$

当 $x\geqslant 0$ 时, $$F(x)=\int_{-\infty}^{x}\frac{1}{2}e^{-|x|}\mathrm{d}x=\int_{-\infty}^{0}\frac{1}{2}e^{x}\mathrm{d}x+\int_0^{x}\frac{1}{2}e^{-x}\mathrm{d}x$$

$$= 1 - \frac{1}{2}e^{-x}$$

故
$$F(x)=\begin{cases} \frac{1}{2}e^{x} & x<0 \\ 1-\frac{1}{2}e^{-x} & x\geqslant 0 \end{cases}$$

**例 4**　设随机变量 $X$ 的概率分布为 $f(x)=\begin{cases} Ax & 0<x<1 \\ 0 & 其他 \end{cases}$，以 $Y$ 表示对 $X$ 的三次独立重复观察中事件“$X\leqslant\frac{1}{2}$”出现的次数，试确定常数 $A$，并求概率 $P(Y=2)$.

**【知识点】**　连续型随机变量的概率密度的性质、$n$ 重伯努利实验概型.

**【解】**　由归一性

$$1=\int_{-\infty}^{+\infty} f(x)\mathrm{d}x=\int_0^1 Ax\,\mathrm{d}x=\frac{A}{2}$$

所以 $A=2$，即

$$f(x)=\begin{cases} 2x & 0<x<1 \\ 0 & 其他 \end{cases}$$

$$P\left(X\leqslant\frac{1}{2}\right)=F\left(\frac{1}{2}\right)=\int_{-\infty}^{\frac{1}{2}} f(x)\mathrm{d}x=\int_0^{\frac{1}{2}} 2x\mathrm{d}x=\frac{1}{4}$$

所以 $Y\sim B\left(3,\frac{1}{4}\right)$，从而

$$P(Y=2)=C_3^2\times\left(\frac{1}{4}\right)^2\times\frac{3}{4}=\frac{9}{64}$$

**例 5**　在电源电压(单位:V)不超过 200、200～240 和超过 240 的三种情况下，某种电子元件损坏的概率分别为 0.1、0.001 和 0.2，假定电源电压 $X\sim N(220,25^2)$，试求(提示:$\Phi(0.8)=0.788$)：

(1) 该电子元件被损坏的概率 $\alpha$；

(2) 电子元件被损坏时，电源电压在 200～240 范围内的概率 $\beta$.

**【知识点】**　正态分布的计算、全概率公式、贝叶斯公式.

**【解】**　设 $A_1$ 表示“电源电压不超过 200”；$A_2$ 表示“电源电压在 200～240”；$A_3$ 表示“电源电压超过 240”；$B$ 表示“电子元件被损坏”.

由于 $X\sim N(220,25^2)$，因此

$$P(A_1)=P(X\leqslant 200)=F(200)=\Phi\left(\frac{200-220}{25}\right)$$
$$=\Phi(-0.8)=1-\Phi(0.8)=1-0.788=0.212$$

$$P(A_2)=P(200<X\leqslant 240)=\Phi\left(\frac{240-220}{25}\right)-\Phi\left(\frac{200-220}{25}\right)$$

$$=\Phi(0.8)-\Phi(-0.8)=2\Phi(0.8)-1=0.576$$

$$P(A_3)=P(X>240)=1-\Phi\left(\frac{240-220}{25}\right)$$
$$=1-\Phi(0.8)=1-0.788=0.212$$

由题设，$P(B|A_1)=0.1$，$P(B|A_2)=0.001$，$P(B|A_3)=0.2$，所以由全概率公式得

$$\alpha=P(B)=\sum_{i=1}^{3}P(A_i)P(B\mid A_i)=0.0642$$

由条件概率公式得

$$\beta=P(A_2|B)=\frac{P(A_2)P(B|A_2)}{P(B)}=0.009$$

**例 6** 某人乘汽车去火车站乘火车，有两条路可走. 第一条路路程较短，但交通拥挤，所需时间 $X$ 服从 $N(40,10^2)$；第二条路路程较长，但阻塞少，所需时间 $X$ 服从 $N(50,4^2)$.

(1) 若动身时离火车开车只有 1 小时，问走哪条路能乘上火车的把握大些？

(2) 若离火车开车时间只有 45 分钟，问走哪条路能赶上火车的把握大些？

**【知识点】** 正态分布的计算.

**【解】** (1) 若走第一条路，$X\sim N(40,10^2)$，则

$$P(X<60)=P\left(\frac{x-40}{10}<\frac{60-40}{10}\right)=\Phi(2)=0.97727$$

若走第二条路，$X\sim N(50,4^2)$，则

$$P(X<60)=P\left(\frac{X-50}{4}<\frac{60-50}{4}\right)=\Phi(2.5)=0.9938$$

故走第二条路赶上火车的把握大些.

(2) 若 $X\sim N(40,10^2)$，则

$$P(X<45)=P\left(\frac{X-40}{10}<\frac{45-40}{10}\right)=\Phi(0.5)=0.6915$$

若 $X\sim N(50,4^2)$，则

$$P(X<45)=P\left(\frac{X-50}{4}<\frac{45-50}{4}\right)=\Phi(-1.25)$$
$$=1-\Phi(1.25)=0.1056$$

故走第一条路赶上火车的把握大些.

**例 7** 设随机变量 $X$ 分布函数为

$$F(x)=\begin{cases}A+Be^{-x\lambda} & x\geqslant 0\\ 0 & x<0\end{cases}\quad(\lambda>0)$$

(1) 求常数 $A$、$B$；

(2) 求 $P(X\leqslant 2)$、$P(X>3)$;

(3) 求概率密度 $f(x)$.

**【知识点】** 连续型随机变量分布函数的性质、概率密度与分布函数的关系.

**【解】** (1) 由 $\begin{cases}\lim\limits_{x\to+\infty}F(x)=1\\ \lim\limits_{x\to0+}F(x)=\lim\limits_{x\to0-}F(x)\end{cases}$ 得 $\begin{cases}A=1\\ B=-1\end{cases}$.

(2)
$$P(X\leqslant 2)=F(2)=1-e^{-2\lambda}$$
$$P(X>3)=1-F(3)=1-(1-e^{-3\lambda})=e^{-3\lambda}$$

(3)
$$f(x)=F'(x)=\begin{cases}\lambda e^{-\lambda x} & x\geqslant 0\\ 0 & x<0\end{cases}$$

**例 8** 设随机变量 $X$ 的概率密度为
$$f(x)=\begin{cases}x & 0\leqslant x<1\\ 2-x & 1\leqslant x<2\\ 0 & \text{其他}\end{cases}$$
求 $X$ 的分布函数 $F(x)$.

**【知识点】** 连续型随机变量的分布函数的计算.

**【解】** 当 $x<0$ 时，$F(x)=0$

当 $0\leqslant x<1$ 时，$F(x)=\int_{-\infty}^{x}f(t)\mathrm{d}t=\int_{-\infty}^{0}f(t)\mathrm{d}t+\int_{0}^{x}f(t)\mathrm{d}t=\int_{0}^{x}t\mathrm{d}t=\dfrac{x^2}{2}$

当 $1\leqslant x<2$ 时，
$$\begin{aligned}F(x)&=\int_{-\infty}^{x}f(t)\mathrm{d}t=\int_{-\infty}^{0}f(t)\mathrm{d}t=\int_{0}^{1}f(t)\mathrm{d}t+\int_{1}^{x}f(t)\mathrm{d}t\\&=\int_{0}^{1}t\mathrm{d}t+\int_{1}^{x}(2-t)\mathrm{d}t=\frac{1}{2}+2x-\frac{x^2}{2}-\frac{3}{2}\\&=-\frac{x^2}{2}+2x-1\end{aligned}$$

当 $x\geqslant 2$ 时，$F(x)=\int_{-\infty}^{x}f(t)\mathrm{d}t=1$

故
$$F(x)=\begin{cases}0 & x<0\\ \dfrac{x^2}{2} & 0\leqslant x<1\\ -\dfrac{x^2}{2}+2x-1 & 1\leqslant x<2\\ 1 & x\geqslant 2\end{cases}$$

**例 9** 设 $X\sim N(0,1)$.

(1) 求 $Y=e^X$ 的概率密度;

(2) 求 $Y=2X^2+1$ 的概率密度;

(3) 求 $Y=|X|$ 的概率密度.

**【知识点】** 一维连续型随机变量函数的计算、分布函数法.

**【解】** (1) 当 $y\leqslant 0$ 时， $F_Y(y)=P(Y\leqslant y)=0$

当 $y>0$ 时，$F_Y(y)=P(Y\leqslant y)=P(e^x\leqslant y)=P(X\leqslant \ln y)$

$$=\int_{-\infty}^{\ln y} f_X(x)\mathrm{d}x$$

故 $$f_Y(y)=\frac{\mathrm{d}F_Y(y)}{\mathrm{d}y}=\frac{1}{y}f_X(\ln y)=\frac{1}{y}\frac{1}{\sqrt{2\pi}}e^{-\frac{\ln^2 y}{2}}\quad (y>0)$$

(2) $$P(Y=2X^2+1\geqslant 1)=1$$

当 $y\leqslant 1$ 时， $F_Y(y)=P(Y\leqslant y)=0$

当 $y>1$ 时，$F_Y(y)=P(Y\leqslant y)=P(2X^2+1\leqslant y)$

$$=P\left(X^2\leqslant\frac{y-1}{2}\right)=P\left(-\sqrt{\frac{y-1}{2}}\leqslant X\leqslant\sqrt{\frac{y-1}{2}}\right)$$

$$=\int_{-\sqrt{(y-1)/2}}^{\sqrt{(y-1)/2}} f_X(x)\mathrm{d}x$$

故 $$f_Y(y)=\frac{\mathrm{d}}{\mathrm{d}y}F_Y(y)=\frac{1}{4}\sqrt{\frac{2}{y-1}}\left[f_X\left(\sqrt{\frac{y-1}{2}}\right)+f_X\left(-\sqrt{\frac{y-1}{2}}\right)\right]$$

$$=\frac{1}{2}\sqrt{\frac{2}{y-1}}\frac{1}{\sqrt{2\pi}}e^{-(y-1)/4}\quad (y>1)$$

(3) $$P(Y\geqslant 0)=1$$

当 $y\leqslant 0$ 时， $F_Y(y)=P(Y\leqslant y)=0$

当 $y>0$ 时， $F_Y(y)=P(|X|\leqslant y)=P(-y\leqslant X\leqslant y)$

$$=\int_{-y}^{y} f_X(x)\mathrm{d}x$$

故 $$f_Y(y)=\frac{\mathrm{d}}{\mathrm{d}y}F_Y(y)=f_X(y)+f_X(-y)$$

$$=\frac{2}{\sqrt{2\pi}}e^{-y^2/2}\quad (y>0)$$

**例 10** 设随机变量 $X\sim U(0,1)$，试求：

(1) $Y=e^X$ 的分布函数及概率密度；

(2) $Z=-2\ln X$ 的分布函数及概率密度.

**【知识点】** 一维连续型随机变量函数的计算、分布函数法.

**【解】** (1) $$P(0<X<1)=1$$

故 $$P(1<Y=e^X<e)=1$$

当 $y\leqslant 1$ 时， $F_Y(y)=P(Y\leqslant y)=0$

当 $1<y<e$ 时， $F_Y(y)=P(e^X\leqslant y)=P(X\leqslant\ln y)$

$$=\int_0^{\ln y}\mathrm{d}x=\ln y$$

当 $y\geqslant e$ 时，$$F_Y(y)=P(e^X\leqslant y)=1$$
即分布函数

$$F_Y(y)=\begin{cases}0 & y\leqslant 1\\ \ln y & 1<y<e\\ 1 & y\geqslant e\end{cases}$$

故 $Y$ 的概率密度为

$$f_Y(y)=\begin{cases}\dfrac{1}{y} & 1<y<e\\ 0 & \text{其他}\end{cases}$$

(2) 由 $P(0<X<1)=1$ 知

$$P(Z>0)=1$$

当 $z\leqslant 0$ 时，$$F_Z(z)=P(Z\leqslant z)=0$$
当 $z>0$ 时，

$$\begin{aligned}F_Z(z)&=P(Z\leqslant z)=P(-2\ln X\leqslant z)\\&=P\left(\ln X\leqslant -\frac{z}{2}\right)=P(X\geqslant e^{-z/2})\\&=\int_{e^{-z/2}}^{1}dx=1-e^{-z/2}\end{aligned}$$

即分布函数为

$$F_Z(z)=\begin{cases}0 & z\leqslant 0\\ 1-e^{-z/2} & z>0\end{cases}$$

故 $Z$ 的概率密度为

$$f_Z(z)=\begin{cases}\dfrac{1}{2}e^{-z/2} & z>0\\ 0 & z\leqslant 0\end{cases}$$

**例 11**　设随机变量 $X$ 的概率密度为

$$f(x)=\begin{cases}\dfrac{2x}{\pi^2} & 0<x<\pi\\ 0 & \text{其他}\end{cases}$$

试求 $Y=\sin X$ 的概率密度.

**【知识点】**　一维连续型随机变量函数的计算、分布函数法.

**【解】**　$$P(0<Y<1)=1$$
当 $y\leqslant 0$ 时，$$F_Y(y)=P(Y\leqslant y)=0$$
当 $0<y<1$ 时，

$$\begin{aligned}F_Y(y)&=P(Y\leqslant y)=P(\sin X\leqslant y)\\&=P(0<X\leqslant \arcsin y)+P(\pi-\arcsin y\leqslant X<\pi)\\&=\int_0^{\arcsin y}\frac{2x}{\pi^2}dx+\int_{\pi-\arcsin y}^{\pi}\frac{2x}{\pi^2}dx\end{aligned}$$

$$= \frac{1}{\pi^2}(\arcsin y)^2 + 1 - \frac{1}{\pi^2}(\pi - \arcsin y)^2$$

$$= \frac{2}{\pi}\arcsin y$$

当 $y \geqslant 1$ 时，$$F_Y(y) = 1$$
故 $Y$ 的概率密度为

$$f_Y(y) = \begin{cases} \dfrac{2}{\pi} \cdot \dfrac{1}{\sqrt{1-y^2}} & 0 < y < 1 \\ 0 & \text{其他} \end{cases}$$

**例 12** 设在一段时间内进入某一商店的顾客人数 $X$ 服从泊松分布 $P(\lambda)$，每个顾客购买某种物品的概率为 $p$，并且各个顾客是否购买该种物品相互独立，求进入商店的顾客购买这种物品的人数 $Y$ 的分布律.

**【知识点】** 泊松分布、全概率公式、随机事件间的独立性质、二项分布.

**【解】** $$P(X=m) = \frac{e^{-\lambda}\lambda^m}{m!}, \quad m = 0,1,2,\cdots$$

设购买某种物品的人数为 $Y$，在进入商店的人数 $X=m$ 的条件下，$Y \sim B(m,p)$，即

$$P(Y=k \mid X=m) = C_m^k p^k (1-p)^{m-k}, \quad k = 0,1,\cdots,m$$

由全概率公式有

$$\begin{aligned} P(Y=k) &= \sum_{m=k}^{+\infty} P(X=m)P(Y=k \mid X=m) \\ &= \sum_{m=k}^{+\infty} \frac{e^{-\lambda}\lambda^m}{m!} \cdot C_m^k p^k (1-p)^{m-k} \\ &= e^{-\lambda} \sum_{m=k}^{+\infty} \frac{\lambda^m}{k!(m-k)!} p^k (1-p)^{m-k} \\ &= e^{-\lambda} \frac{(\lambda p)^k}{k!} \sum_{m=k}^{+\infty} \frac{[\lambda(1-p)]^{m-k}}{(m-k)!} \\ &= \frac{(\lambda p)^k}{k!} e^{-\lambda} e^{\lambda(1-p)} \\ &= \frac{(\lambda p)^k}{k!} e^{-\lambda p}, \quad k = 0,1,2,\cdots \end{aligned}$$

此题说明：进入商店的人数服从参数为 $\lambda$ 的泊松分布，购买某种物品的人数仍服从泊松分布，但参数改变为 $\lambda p$.

**例 13** 设随机变量 $X \sim U(0,2)$，$Y \sim \min(X,1) = \begin{cases} X & X < 1 \\ 1 & X \geqslant 1 \end{cases}$，求 $Y$ 的分布函数 $F_Y(y)$.

**【知识点】** 随机变量的函数的计算、全概率公式.

【解】 $F_Y(y)=P(Y\leqslant y)=P(\min(X,1)\leqslant y)$

当 $y<0$ 时， $F_Y(y)=0$

当 $y\geqslant 1$ 时， $F_Y(y)=1$

当 $0\leqslant y<1$ 时，

$$\begin{aligned}F_Y(y)&=P(Y\leqslant y)=P(\min(X,1)\leqslant y)\\&=P(\min(X,1)\leqslant y,X<1)+P(\min(X,1)\leqslant y,X\geqslant 1)\\&=P(X\leqslant y,X<1)+P(1\leqslant y,X\geqslant 1)\\&=P(X\leqslant y)+P(\varnothing)=P(X<0)+P(0\leqslant X\leqslant y)+0\\&=P(X<0)+P(0\leqslant X\leqslant y)+0=\frac{y}{2}\end{aligned}$$

所以

$$F_Y(y)=\begin{cases}0 & y<0\\ \dfrac{y}{2} & 0\leqslant y<1\\ 1 & 1\leqslant y\end{cases}$$

# 2.4　课后习题全解

## 习　题　2.1

**1.** 分别用适当的随机变量来表示下列随机事件：

(1) 从某班上随机抽出一位同学，观察其性别，并用随机变量表示事件“性别为男”.

【解】 令 $X=\begin{cases}1 & 男性\\ 0 & 女性\end{cases}$，则“性别为男”可表示为 $X=1$.

(2) 从一批电子元件中任意抽取一只，测试它的寿命(单位：h)，用随机变量表示事件“任取一只电子元件的寿命超过 1500”“任取一只电子元件的寿命不超过 2000”.

【解】 令 $X=\{$电子元件的寿命$\}$，则事件“任取一只电子元件的寿命超过 1500”可表示为 $X>1500$，事件“任取一只电子元件的寿命不超过 2000”可表示为 $X\leqslant 2000$.

(3) 当你走到十字路口，观察信号灯的颜色，用随机变量表示事件“信号灯颜色为黄色”.

【解】 令 $X=\begin{cases}0 & 红色\\ 1 & 黄色\\ 2 & 绿色\end{cases}$，则事件“信号灯颜色为黄色”可表示为 $X=1$.

**2.** 判断题.

随机变量分为离散型和连续型两大类.　(　　)

【答案】 ×.

【解】 随机变量分为离散型和非离散型两大类,其中非离散型中最重要的是连续型随机变量.

## 习 题 2.2

**1.** 掷一枚骰子,$X$ 表示出现的点数,求 $X$ 的分布律.

【解】 由题意可得 $P(X=i)=\frac{1}{6}, i=1,2,3,4,5,6$.

**2.** 掷两枚骰子,$X$ 表示两枚骰子的点数之和,求 $X$ 的分布律.

【解】 由题意可得

$$P(X=2)=\frac{1}{36},\quad P(X=3)=\frac{2}{36},\quad P(X=4)=\frac{3}{36},\quad P(X=5)=\frac{4}{36}$$

$$P(X=6)=\frac{5}{36},\quad P(X=7)=\frac{6}{36},\quad P(X=8)=\frac{5}{36},\quad P(X=9)=\frac{4}{36}$$

$$P(X=10)=\frac{3}{36},\quad P(X=11)=\frac{2}{36},\quad P(X=12)=\frac{1}{36}$$

**3.** 设离散型随机变量 $X$ 的分布律为 $P(X=k)=\frac{k}{10}, k=1,2,3,4$,求:

(1) $P(X=2)$;

(2) $P(1<X\leqslant 3)$;

(3) $P(2<X<3)$;

(4) $P(2.5<X<5)$.

【解】 (1)
$$P(X=2)=\frac{2}{10}=0.2$$

(2)
$$P(1<X\leqslant 3)=P(X=2)+P(X=3)=\frac{2}{10}+\frac{3}{10}=0.5$$

(3)
$$P(2<X<3)=P(\varnothing)=0$$

(4)
$$P(2.5<X<5)=P(X=2)+P(X=3)+P(X=4)=\frac{2}{10}+\frac{3}{10}+\frac{4}{10}=0.9$$

**4.** 某人独立射击 10 次,每次射击命中目标的概率为 0.9,问:

(1) 10 次中恰好命中 1 次的概率为多少?

(2) 至少命中 1 次的概率为多少?

【解】 设 $X$ 为 10 次射击命中数,则 $X\sim B(10,0.9)$.

(1)
$$P(10\text{ 次中恰好命中 1 次})=P(X=1)=C_{10}^{1}0.9^{1}\ 0.1^{9}$$

(2)
$$P(\text{至少命中 1 次})=P(X\geqslant 1)=1-P(X=0)=1-0.1^{10}$$

**5.** 设 D. R. V. $X\sim B(2,p)$ 且 $P(X\geqslant 1)=\frac{3}{4}$,求 $p$.

【解】 因为
$$P(X\geqslant 1)=1-P(X=0)=1-(1-p)^{2}=\frac{3}{4}$$

所以 $$p=0.5$$

**6.** 设随机变量的分布律为 $P(X=k)=a\left(\frac{1}{4}\right)^k$，$k=1,2,\cdots$，试求常数 $a$.

**【解】** 由离散型随机变量分布律的性质可得 $\sum_{k=1}^{+\infty}P(X=k)=1$，即

$$\sum_{k=1}^{+\infty}a\left(\frac{1}{4}\right)^k=a\frac{\frac{1}{4}}{1-\frac{1}{4}}=\frac{a}{3}=1$$

所以 $$a=3$$

**7.** 某大学的校乒乓球队与数学与统计学院院乒乓球队举行对抗赛.校队的实力比院队的要强.当一个校队运动员与一个院队运动员比赛时，校队运动员获胜的概率为 0.6.现在校、院双方商量对抗赛的方式，提了三种方案：

(1) 双方各出 3 人；

(2) 双方各出 5 人；

(3) 双方各出 7 人.

三种方案中均以比赛中得胜人数多的一方为胜利.问：对院队来说，哪一种方案有利？

**【解】** 设院队得胜人数为 $X$，则在上述三种方案中，院队胜利的概率分别为

(1) $$P(X\geqslant 2)=\sum_{k=2}^{3}C_3^k(0.4)^k(0.6)^{3-k}\approx 0.352$$

(2) $$P(X\geqslant 3)=\sum_{k=3}^{5}C_5^k(0.4)^k(0.6)^{5-k}\approx 0.317$$

(3) $$P(X\geqslant 4)=\sum_{k=4}^{7}C_7^k(0.4)^k(0.6)^{7-k}\approx 0.290$$

因此第一种方案对院队最为有利.

**8.** 设随机变量 $X$ 服从参数为 $\lambda(\lambda>0)$ 的泊松分布，且已知 $P(X=1)=P(X=2)$，试求 $P(X=4)$.

**【解】** 由题意可知 $P(X=1)=\frac{\lambda^1 e^{-\lambda}}{1!}=P(X=2)=\frac{\lambda^2 e^{-\lambda}}{2!}$，可得 $\lambda=2$，所以

$$P(X=4)=\frac{2^4 e^{-2}}{4!}=\frac{2}{3}e^{-2}$$

**9.** 有一个繁忙的汽车站，每天都有大量的汽车通过.设每辆汽车在一天的某时间段内出事故的概率为 0.0001.在某天的该段时间内有 2000 辆汽车通过，求出事故的次数不小于 2 次的概率(利用泊松定理近似计算).

**【解】** 设 $X$ 为 2000 辆汽车中出事故的车辆数，则 $X\sim B(2000,0.0001)$，若利用泊松定理，则

$$\lambda=2000\times0.0001=0.2$$

$$P(\text{出事故的次数不小于 2 次})=P(X\geqslant2)=1-P(X=0)-P(X=1)$$
$$\approx1-\sum_{k=0}^{1}\frac{0.2^k\mathrm{e}^{-0.2}}{k!}=0.01752$$

## 习 题 2.3

**1.** 已知离散型随机变量 $X$ 的分布律为

| $X$ | 1 | 2 | 3 |
|---|---|---|---|
| $P$ | 0.2 | 0.3 | 0.5 |

试求其分布函数.

**【解】** 当 $x<1$ 时，$P(X\leqslant x)=P(\varnothing)=0$

当 $1\leqslant x<2$ 时，$P(X\leqslant x)=P(X=1)=0.2$

当 $2\leqslant x<3$ 时，$P(X\leqslant x)=P(X=1)+P(X=2)=0.5$

当 $x\geqslant3$ 时，$P(X\leqslant x)=P(X=1)+P(X=2)+P(X=3)=1$

即
$$F(x)=P(X\leqslant x)=\begin{cases}0 & x<1\\0.2 & 1\leqslant x<2\\0.5 & 2\leqslant x<3\\1 & x\geqslant3\end{cases}$$

**2.** 设随机变量 $X$ 的分布函数为

$$F(x)=P(X\leqslant x)=\begin{cases}0 & x<0\\0.2 & 0\leqslant x<1\\0.6 & 1\leqslant x<2\\1 & 2\leqslant x\end{cases}$$

试求其分布律.

**【解】**
$$P(X=0)=F(0)-F(0^-)=0.2-0=0.2$$
$$P(X=1)=F(1)-F(1^-)=0.6-0.2=0.4$$
$$P(X=2)=F(2)-F(2^-)=1-0.6=0.4$$

即

| $X$ | 0 | 1 | 2 |
|---|---|---|---|
| $P$ | 0.2 | 0.4 | 0.4 |

**3.** 设随机变量 $X$ 的分布函数 $F(x)=\begin{cases}0 & x\leqslant a\\x^2-b & a<x\leqslant\sqrt{2}\\c & x>\sqrt{2}\end{cases}$，求：

(1) 常数 $a$、$b$、$c$ 的值;

(2) $P(X=a)$;

(3) $P(1<X<3)$.

【解】 (1) 由 $F(+\infty)=1$,可得 $c=1$,又由 $F(x)$ 在 $x=a$、$x=\sqrt{2}$ 处右连续,可得 $\begin{cases} F(a)=F(a^+) \\ F(\sqrt{2})=F(\sqrt{2}^+) \end{cases}$,即 $\begin{cases} a^2-b=0 \\ 2-b=1 \end{cases}$,解得 $a=\pm 1, b=1$.

但是当 $a=-1$ 时,$F(x)$ 在 $(-1,0)$ 单调递减且 $F(x)<0$,所以舍去 $a=-1$,从而 $a=b=c=1$.

(2)
$$P(X=a)=P(X=1)=F(1)-F(1^-)=0$$

(3) 因为
$$P(X=3)=F(3)-F(3^-)=0$$
所以
$$P(1<X<3)=P(1<X\leqslant 3)=F(3)-F(1)=1-0=1$$

4. 设随机变量 $X$ 的概率分布 $P(X=k)=\dfrac{a}{k(k+1)}$, $k=1,2,\cdots$,其中 $a$ 为常数,$X$ 的分布函数为 $F(x)$,已知 $F(b)=\dfrac{3}{4}$,试求 $b$ 的取值范围.

【解】 由概率分布律的性质得
$$1=\sum_{k=1}^{+\infty}P(X=k)=\sum_{k=1}^{+\infty}\frac{a}{k(k+1)}=a\sum_{k=1}^{+\infty}\left(\frac{1}{k}-\frac{1}{k+1}\right)=a$$
从而
$$a=1$$
$$F(x)=P(X\leqslant x)=\sum_{k\leqslant x}\left(\frac{1}{k}-\frac{1}{k+1}\right)$$
当 $i\leqslant x<i+1$ 时, $F(x)=\displaystyle\sum_{k\leqslant i}\left(\frac{1}{k}-\frac{1}{k+1}\right)=1-\frac{1}{i+1}$

现有 $F(b)=\dfrac{3}{4}=1-\dfrac{1}{4}$,所以 $3\leqslant b<4$.

## 习　题　2.4

1. 设随机变量 $X$ 的概率密度为 $f(x)=\begin{cases} kx & 0<x<1 \\ 0 & \text{其他} \end{cases}$,求:

(1) 参数 $k$;

(2) $P(0<X<0.5)$;

(3) 分布函数 $F(x)$.

【解】 (1) 由于 $\int_{-\infty}^{+\infty}f(x)\mathrm{d}x=1$,即 $\int_0^1 kx\mathrm{d}x=\dfrac{k}{2}=1$,因此 $k=2$.

(2)
$$P(0<X<0.5)=\int_0^{0.5}2x\mathrm{d}x=x^2\Big|_0^{0.5}=0.25$$

(3) 当 $x<0$ 时，　$F(x)=\int_{-\infty}^{x}f(t)\mathrm{d}t=\int_{-\infty}^{x}0\mathrm{d}t=0$

当 $0\leqslant x<1$ 时，　$F(x)=\int_{-\infty}^{x}f(t)\mathrm{d}t=\int_{-\infty}^{0}0\mathrm{d}t+\int_{0}^{x}2t\mathrm{d}t=x^2$

当 $x\geqslant 1$ 时，　$F(x)=\int_{-\infty}^{x}f(t)\mathrm{d}t=\int_{-\infty}^{0}0\mathrm{d}t+\int_{0}^{1}2t\mathrm{d}t+\int_{1}^{x}0\mathrm{d}t=1$

即
$$F(x)=\begin{cases}0 & x<0\\ x^2 & 0\leqslant x<1\\ 1 & x\geqslant 1\end{cases}$$

**2.** 设随机变量 $X$ 具有概率密度

$$f(x)=\begin{cases}kx & 0\leqslant x<3\\ 2-\dfrac{x}{2} & 3\leqslant x\leqslant 4\\ 0 & \text{其他}\end{cases}$$

(1) 确定常数 $k$；

(2) 求 $X$ 的分布函数 $F(x)$；

(3) 求 $P\left(1<X\leqslant\dfrac{7}{2}\right)$.

**【解】** (1) 由 $\int_{-\infty}^{+\infty}f(x)\mathrm{d}x=1$，得

$$\int_{0}^{3}kx\,\mathrm{d}x+\int_{3}^{4}\left(2-\frac{x}{2}\right)\mathrm{d}x=1$$

解得 $k=1/6$，故 $X$ 的概率密度为

$$f(x)=\begin{cases}\dfrac{x}{6} & 0\leqslant x<3\\ 2-\dfrac{x}{2} & 3\leqslant x\leqslant 4\\ 0 & \text{其他}\end{cases}$$

(2) 当 $x<0$ 时，$F(x)=P(X\leqslant x)=\int_{-\infty}^{x}f(t)\mathrm{d}t=0$

当 $0\leqslant x<3$ 时，$F(x)=P(X\leqslant x)=\int_{-\infty}^{x}f(t)\mathrm{d}t=\int_{-\infty}^{0}f(t)\mathrm{d}t+\int_{0}^{x}f(t)\mathrm{d}t$

$$=\int_{0}^{x}\frac{t}{6}\mathrm{d}t=\frac{x^2}{12}$$

当 $3\leqslant x<4$ 时，$F(x)=P(X\leqslant x)=\int_{-\infty}^{x}f(t)\mathrm{d}t$

$$=\int_{-\infty}^{0}f(t)\mathrm{d}t+\int_{0}^{3}f(t)\mathrm{d}t+\int_{3}^{x}f(t)\mathrm{d}t$$

$$=\int_{0}^{3}\frac{t}{6}\mathrm{d}t+\int_{3}^{x}\left(2-\frac{t}{2}\right)\mathrm{d}t=-\frac{x^2}{4}+2x-3$$

当 $x \geqslant 4$ 时，$F(x) = P(X \leqslant x) = \int_{-\infty}^{x} f(t)\mathrm{d}t$

$$= \int_{-\infty}^{0} f(t)\mathrm{d}t + \int_{0}^{3} f(t)\mathrm{d}t + \int_{3}^{4} f(t)\mathrm{d}t + \int_{4}^{x} f(t)\mathrm{d}t$$

$$= \int_{0}^{3} \frac{t}{6}\mathrm{d}t + \int_{3}^{4}\left(2 - \frac{t}{2}\right)\mathrm{d}t = 1$$

即

$$F(x)=\begin{cases}0 & x<0\\ \dfrac{x^2}{12} & 0\leqslant x<3\\ -\dfrac{x^2}{4}+2x-3 & 3\leqslant x<4\\ 1 & x\geqslant 4\end{cases}$$

(3) $P(1<X\leqslant 7/2)=F(7/2)-F(1)=41/48$.

**3.** 设连续型随机变量 $X$ 的分布函数为

$$F(x)=\begin{cases}0 & x<0\\ Ax^2 & 0\leqslant x<1\\ 1 & x\geqslant 1\end{cases}$$

试求:(1) 系数 $A$;

(2) $X$ 落在区间(0.3,0.7)内的概率;

(3) $X$ 的概率密度.

**【解】** (1) 由于 $X$ 为连续型随机变量,故 $F(x)$是连续函数,因此有

$$1=F(1)=\lim_{x\to 1-0}F(x)=\lim_{x\to 1-0}Ax^2=A$$

即 $A=1$,于是有

$$F(x)=\begin{cases}0 & x<0\\ x^2 & 0\leqslant x<1\\ 1 & x\geqslant 1\end{cases}$$

(2) $P(0.3<X<0.7)=F(0.7)-F(0.3)=(0.7)^2-(0.3)^2=0.4$

(3) $X$ 的概率密度为

$$f(x)=F'(x)=\begin{cases}2x & 0\leqslant x<1\\ 0 & \text{其他}\end{cases}$$

**4.** 设随机变量 $X$ 的概率密度为 $f(x)=\begin{cases}\dfrac{x}{2} & 0<x\leqslant 2\\ 0 & \text{其他}\end{cases}$,对 $X$ 作 3 次独立观察,求恰有 1 次 $X$ 取值大于 1 的概率.

**【解】** $P(X>1)=\int_{1}^{+\infty}f(x)\mathrm{d}x=\int_{1}^{2}\frac{x}{2}\mathrm{d}x=\frac{3}{4}$,设 $Y$ 表示对 $X$ 作 3 次独立观

察时 $X$ 取值大于 1 的次数，则 $Y\sim B\left(3,\frac{3}{4}\right)$，所以 $P(Y=1)=C_3^1\left(\frac{3}{4}\right)^1\left(\frac{1}{4}\right)^2=\frac{9}{64}$.

**5.** 设 $K$ 在$[-2,4]$上服从均匀分布，求方程 $4x^2+4Kx+K+2=0$ 有实根的概率.

**【解】** 方程 $4x^2+4Kx+K+2=0$ 有实根等价于

$$(4K)^2-4\times4(K+2)=4\times4(K-2)(K+1)\geqslant0$$

即 $K\geqslant2$ 或 $K\leqslant-1$，所以

$$P(\text{方程 } 4x^2+4Kx+K+2=0 \text{ 有实根})=P(K\geqslant2 \text{ 或 } K\leqslant-1)$$
$$=\frac{4-2+(-1)-(-2)}{4-(-2)}=0.5$$

**6.** 已知 $X\sim N(0,1)$，求：

(1) $P(-0.4<X<1.4)$；

(2) $P(|X|<1)$；

(3) $P(X>-0.5)$.

**【解】** (1) $$P(-0.4<X<1.4)=\Phi(1.4)-\Phi(-0.4)=\Phi(1.4)+\Phi(0.4)-1$$
$$=0.9192+0.6554-1=0.5746$$

(2) $$P(|X|<1)=P(-1<X<1)=\Phi(1)-\Phi(-1)$$
$$=2\Phi(1)-1=2\times0.8413-1=0.6826$$

(3) $$P(X>-0.5)=1-P(X\leqslant-0.5)=1-\Phi(-0.5)$$
$$=1-[1-\Phi(0.5)]=\Phi(0.5)=0.6915$$

**7.** 已知 $X\sim N(1.5,(0.05)^2)$，求：

(1) $P(1.45<X<1.55)$；

(2) $P(X>1.6)$.

**【解】** (1) $$P(1.45<X<1.55)=\Phi\left(\frac{1.55-1.5}{0.05}\right)-\Phi\left(\frac{1.45-1.5}{0.05}\right)$$
$$=\Phi(1)-\Phi(-1)=2\Phi(1)-1=0.6826$$

(2) $$P(X>1.6)=1-P(X\leqslant1.6)=1-\Phi\left(\frac{1.6-1.5}{0.05}\right)=1-\Phi(2)$$
$$=1-0.9772=0.0228$$

**8.** 线路上的电压（单位：V）$U\sim N(220,25^2)$，记事件 $A_1=\{U<200\}$，$A_2=\{200<U<240\}$，$A_3=\{U>240\}$，已知某电器元件在 $A_1$ 出现时损坏的概率为 0.1，$A_2$ 出现时损坏的概率为 0.001，$A_3$ 出现时损坏的概率为 0.2，求：

(1) 事件 $A_1$、$A_2$、$A_3$ 分别出现的概率 $P(A_1)$、$P(A_2)$、$P(A_3)$；

(2) 元件损坏的概率（$\Phi(0.8)\approx0.79$）.

**【解】** (1) $$P(A_1)=P(U<200)=\Phi\left(\frac{200-220}{25}\right)$$

$$=\Phi(-0.8)=1-\Phi(0.8)=0.21$$

$$P(A_3)=P(U>240)=1-\Phi\left(\frac{240-220}{25}\right)=1-\Phi(0.8)=0.21$$

$$P(A_2)=1-P(A_1)-P(A_3)=0.58$$

(2) 设 $B$ 为元件损坏的事件，由全概率公式有

$$P(B)=\sum_{i=1}^{3}P(A_i)P(B\mid A_i)=0.1\times0.21+0.001\times0.58+0.2\times0.21=0.064$$

**9.** 已知 $X$ 的概率密度 $f(x)=Ae^{-\left(\frac{x+1}{2}\right)^2}$，$aX+b\sim N(0,1)$，$(a>0)$，试求常数 $A$、$a$、$b$.

**【解】** 因为 $X$ 的概率密度 $f(x)=Ae^{-\left(\frac{x+1}{2}\right)^2}=Ae^{-\frac{1}{2}\left(\frac{x+1}{\sqrt{2}}\right)^2}$，所以 $X\sim N(-1,2)$，故 $A=\dfrac{1}{\sqrt{2}\sqrt{2\pi}}=\dfrac{1}{2\sqrt{\pi}}$. 又由 $aX+b\sim N(0,1)$，有 $\begin{cases}aE(X)+b=0\\a^2D(X)=1\end{cases}$，即 $\begin{cases}-a+b=0\\a^2\times2=1\end{cases}$，解得 $a=b=\dfrac{\sqrt{2}}{2}$ $(a>0)$.

## 习　题　2.5

**1.** 设随机变量 $X$ 具有如下所示的分布律，试求 $Y=2X+1$，$Z=X^2$ 的分布律.

| $X$ | $-1$ | 0 | 1 | 2 | 3 |
|---|---|---|---|---|---|
| $p_k$ | 0.2 | 0.1 | 0.3 | 0.3 | 0.1 |

**【解】** 由分布律可得

| $X$ | $-1$ | 0 | 1 | 2 | 3 |
|---|---|---|---|---|---|
| $p_k$ | 0.2 | 0.1 | 0.3 | 0.3 | 0.1 |
| $Y=2X+1$ | $-1$ | 1 | 3 | 5 | 7 |
| $Z=X^2$ | 1 | 0 | 1 | 4 | 9 |

即有

| $Y$ | $-1$ | 1 | 3 | 5 | 7 |
|---|---|---|---|---|---|
| $P$ | 0.2 | 0.1 | 0.3 | 0.3 | 0.1 |

| $Z$ | 0 | 1 | 4 | 9 |
|---|---|---|---|---|
| $P$ | 0.1 | 0.5 | 0.3 | 0.1 |

**2.** 设随机变量 $X$ 服从(0,2)上的均匀分布，$Y=X^2$，试求随机变量 $Y$ 的概率密度 $f_Y(y)$.

**【解】** 由于随机变量 $X$ 服从(0,2)上的均匀分布，因此 $f_X(x)=\begin{cases}\dfrac{1}{2} & 0<x<2\\0 & \text{其他}\end{cases}$.

再求 $Y$ 的分布函数 $F_Y(y)$. 由于 $Y=g(X)=X^2\geqslant 0$,故当 $y\leqslant 0$ 时,事件"$Y\leqslant y$"的概率为 0,即 $F_Y(y)=P(Y\leqslant y)=0$. 当 $0<y<4$ 时, $F_Y(y)=P(Y\leqslant y)=P(X^2\leqslant y)=P(-\sqrt{y}\leqslant X\leqslant\sqrt{y})=\int_{-\sqrt{y}}^{\sqrt{y}}f_X(x)\mathrm{d}x=\int_0^{\sqrt{y}}\frac{1}{2}\mathrm{d}x=\frac{\sqrt{y}}{2}$.

当 $y\geqslant 4$ 时,事件"$Y\leqslant y$"的概率为 1,所以 $Y$ 的分布函数为

$$F_Y(y)=\begin{cases}0 & y\leqslant 0\\ \dfrac{\sqrt{y}}{2} & 0<y<4\\ 1 & y\geqslant 1\end{cases}$$

从而可得 $Y$ 的概率密度为

$$f_Y(y)=\begin{cases}\dfrac{1}{4\sqrt{y}} & 0<y<4\\ 0 & \text{其他}\end{cases}$$

**3**. 设连续型随机变量 $X$ 具有概率密度 $f_X(x)$, $-\infty<x<+\infty$,求 $Y=g(X)=X^2$ 的概率密度.

**【解】** 先求 $Y$ 的分布函数 $F_Y(y)$. 由于 $Y=g(X)=X^2\geqslant 0$,故当 $y\leqslant 0$ 时,事件"$Y\leqslant y$"的概率为 0,即 $F_Y(y)=P(Y\leqslant y)=0$. 当 $y>0$ 时,有

$$\begin{aligned}F_Y(y)&=P(Y\leqslant y)=P(X^2\leqslant y)=P(-\sqrt{y}\leqslant X\leqslant\sqrt{y})\\&=\int_{-\sqrt{y}}^{\sqrt{y}}f_X(x)\mathrm{d}x\end{aligned}$$

将 $F_Y(y)$ 关于 $y$ 求导,即得 $Y$ 的概率密度为

$$f_Y(y)=\begin{cases}\dfrac{1}{2\sqrt{y}}[f_X(\sqrt{y})+f_X(-\sqrt{y})] & y>0\\ 0 & y\leqslant 0\end{cases}$$

**4**. 设随机变量 $X$ 服从参数为 1 的指数分布,随机变量函数 $Y=1-\mathrm{e}^{-X}$ 的分布函数为 $F_Y(y)$,试求 $F_Y\left(\frac{1}{2}\right)$.

**【解】** 因为随机变量 $X$ 服从参数为 1 的指数分布,则有 $f_X(x)=\begin{cases}\mathrm{e}^{-x} & x>0\\ 0 & x\leqslant 0\end{cases}$,从而

$$\begin{aligned}F_Y\left(\frac{1}{2}\right)&=P\left(Y\leqslant\frac{1}{2}\right)=P\left(1-\mathrm{e}^{-X}\leqslant\frac{1}{2}\right)=P\left(\mathrm{e}^{-X}\geqslant\frac{1}{2}\right)=P(\mathrm{e}^{X}\leqslant 2)\\&=P(X\leqslant\ln 2)=\int_{-\infty}^{\ln 2}f_X(x)\mathrm{d}x=\int_0^{\ln 2}\mathrm{e}^{-x}\mathrm{d}x=1-\frac{1}{2}=\frac{1}{2}\end{aligned}$$

**5**. 设 $X$ 是服从参数为 2 的指数分布的随机变量,试求随机变量 $Y=X-\frac{1}{2}$ 的概

率密度 $f_Y(y)$.

**【解】** 因为随机变量 $X$ 服从参数为 2 的指数分布，则有 $f_X(x)=\begin{cases}2e^{-2x} & x>0\\ 0 & x\leqslant 0\end{cases}$，所以

$$F_Y(y)=P(Y\leqslant y)=P\left(X-\frac{1}{2}\leqslant y\right)=P\left(X\leqslant y+\frac{1}{2}\right)$$
$$=\int_{-\infty}^{y+\frac{1}{2}}f_X(x)\mathrm{d}x=F_X\left(y+\frac{1}{2}\right)$$

那么 $f_Y(y)=F'_Y(y)=\left(F_X\left(y+\dfrac{1}{2}\right)\right)'_y=f_X\left(y+\dfrac{1}{2}\right)\cdot 1=\begin{cases}2e^{-2y-1} & y>-\dfrac{1}{2}\\ 0 & y\leqslant -\dfrac{1}{2}\end{cases}$

## 综合练习 2

**1.** 填空题.

(1) 设随机变量 $X\sim B(3,p)$，且有 $P(X=1)=P(X=0)$，则 $P(X=2)=$______.

**【答案】** 9/64.

**【解】** 因为 $P(X=1)=P(X=0)$，即 $C_3^1p^1(1-p)^2=C_3^0p^0(1-p)^3$，解得 $p=\dfrac{1}{4}$，所以 $P(X=2)=C_3^2\left(\dfrac{1}{4}\right)^2\left(\dfrac{3}{4}\right)^1=9/64$.

(2) 设随机变量 $X$ 的分布律为 $P(X=k)=\dfrac{1}{2^k}$，$k=1,2,3,\cdots$，则 $P(X=$偶数$)=$______.

**【答案】** $\dfrac{1}{3}$.

**【解】**
$$P(X=\text{偶数})=\sum_{n=1}^{+\infty}\frac{1}{2^{2n}}=\frac{\frac{1}{4}}{1-\frac{1}{4}}=\frac{1}{3}$$

(3) 设随机变量 $X$ 服从 0-1 分布 $B(1,0.6)$，则 $P(X\geqslant 1)=$______.

**【答案】** 0.6.

**【解】**
$$P(X\geqslant 1)=P(X=1)=0.6$$

(4) 已知随机变量 $X$ 的概率密度为 $f(x)=\begin{cases}a(1-x) & 0<x<1\\ 0 & \text{其他}\end{cases}$，则常数 $a=$______.

**【答案】** 2.

**【解】** 由 $1=\int_0^1 a(1-x)\mathrm{d}x=\dfrac{a}{2}$，可得 $a=2$.

(5) 设随机变量 $X$ 的分布函数为 $F(x)=\begin{cases}0 & x<-1\\ \dfrac{x+1}{6} & -1\leqslant x<5\\ 1 & x\geqslant 5\end{cases}$，则 $P(-2<X<2)$ $=$______.

【答案】 0.5.

【解】 因为 $P(X=2)=0$，所以

$$P(-2<X<2)=P(-2<X<2)+P(X=2)=P(-2<X\leqslant 2)$$
$$=F(2)-F(-2)=0.5-0=0.5$$

(6) 设 C. R. V. $X\sim R[0,3]$（即均匀分布），且 $P(0<X<x_1)=P(x_2<X<3)=\frac{1}{3}$，则分点 $x_1=$______，$x_2=$______.

【答案】 1，2.

【解】 因为
$$P(0<X<x_1)=P(x_2<X<3)=\frac{1}{3}$$

即
$$\frac{x_1-0}{3-0}=\frac{3-x_2}{3-0}=\frac{1}{3}$$

解得
$$x_1=1,\quad x_2=2$$

(7) 某服务台在 1 分钟内接到呼唤服务的次数 $X$ 服从参数为 2 的泊松分布. 若服务员离开 1 分钟，从而会影响工作的概率为______.

【答案】 $1-\mathrm{e}^{-2}$.

【解】 由题意可知

$P$(服务员离开 1 分钟而影响工作)$=P$(在该 1 分钟内接到的呼唤次数大于等于 1 次)

$$P(X\geqslant 1)=1-P(X=0)=1-\frac{2^0\mathrm{e}^{-2}}{0!}=1-\mathrm{e}^{-2}$$

(8) 已知 C. R. V. $X\sim N(2,4)$，则 $P(1<X<3)=$______($\Phi(0.5)=0.6915$).

【答案】 0.383.

【解】 因为 C. R. V. $X\sim N(2,4)$，所以

$$P(1<X<3)=\Phi\left(\frac{3-2}{2}\right)-\Phi\left(\frac{1-2}{2}\right)=\Phi(0.5)-\Phi(-0.5)$$
$$=2\Phi(0.5)-1=0.383$$

**2.** 判断题.

(1) 设 $f(x)$ 为连续型随机变量 $X$ 的概率密度，则 $0\leqslant F(x)\leqslant 1$. (　　)

【答案】 ×.

【解】 连续型随机变量 $X$ 的概率密度只有非负，分布函数才有 $0\leqslant F(x)\leqslant 1$.

(2) 若随机变量 $X\sim N(\mu,\sigma^2)$，则 $P(|X-\mu|\leqslant\sigma)$ 随 $\sigma$ 增大而变小. (　　)

【答案】 ×.

【解】
$$P(|X-\mu|\leqslant\sigma)=P(-\sigma\leqslant X-\mu\leqslant\sigma)=P\left(-1\leqslant\frac{X-\mu}{\sigma}\leqslant 1\right)$$
$$=\Phi(1)-\Phi(-1)=2\Phi(1)-1=0.6826$$

可见是一个常数.

(3) 设 $F(x)$ 为连续型随机变量 $X$ 的分布函数,则 $F(x)$ 一定是连续函数. (　　)

【答案】 √.

【解】 由微积分知识,$f(x)$ 在 $[a,b]$ 可积,则 $F(x)=\int_{-\infty}^{x}f(t)\mathrm{d}t$ 连续,可见,连续型随机变量的分布函数一定是连续函数.

**3.** 选择题.

(1) 每次试验的成功率为 $p(0<p<1)$,重复进行试验,直到第 $n$ 次试验才取得第 $r$ 次成功的概率为(　　).

A. $C_{n-1}^{r-1}p^r(1-p)^{n-r}$　　B. $C_n^{r-1}p^{r-1}(1-p)^{n-r+1}$

C. $C_n^r p^r(1-p)^{n-r}$　　D. $C_{n-1}^{r-1}p^{r-1}(1-p)^{n-r}$

【答案】 A.

【解】 直到第 $n$ 次试验才取得第 $r$ 次成功意味着前 $n-1$ 次取得 $r-1$ 次成功,且第 $n$ 次一定成功,显然选项 A 正确.

(2) 设随机变量 $X\sim R(1,5)$,对 $X$ 作三次独立观察,则至少有两次观测值大于 3 的概率为(　　).

A. $\frac{1}{2}$　　B. $\frac{1}{4}$　　C. $\frac{3}{4}$　　D. $\frac{3}{8}$

【答案】 A.

【解】
$$P(\text{观测值大于 }3)=P(X>3)=\frac{5-3}{5-1}=\frac{1}{2}$$

设 $Y$ 表示三次观察中观测值大于 3 的次数,则 $Y\sim B\left(3,\frac{1}{2}\right)$,所以
$$P(Y\geqslant 2)=C_3^2\left(\frac{1}{2}\right)^2\left(\frac{1}{2}\right)+C_3^3\left(\frac{1}{2}\right)^3\left(\frac{1}{2}\right)^0=\frac{1}{2}$$

(3) 设随机变量 $X\sim N(2,\sigma^2)$,$P(2<X<4)=0.3$,则 $P(X\leqslant 0)=$(　　).

A. 0.8　　B. 0.5　　C. 0.2　　D. 0.1

【答案】 C.

【解】 由 $P(2<X<4)=\Phi\left(\frac{4-2}{\sigma}\right)-\Phi\left(\frac{2-2}{\sigma}\right)=\Phi\left(\frac{2}{\sigma}\right)-0.5=0.3$,得 $\Phi\left(\frac{2}{\sigma}\right)=0.8$,故
$$P(X\leqslant 0)=\Phi\left(\frac{0-2}{\sigma}\right)=1-\Phi\left(\frac{2}{\sigma}\right)=1-0.8=0.2$$

(4) 设随机变量 $X \sim N(1,4)$，$\Phi(1)=0.8413$，则概率 $P(1 \leqslant X \leqslant 3)$ 为(　　).

A. 0.1385　　B. 0.2413　　C. 0.2934　　D. 0.3413

【答案】 D.

【解】 由题意可知

$$P(1 \leqslant X \leqslant 3)=\Phi\left(\frac{3-1}{2}\right)-\Phi\left(\frac{1-1}{2}\right)=\Phi(1)-0.5=0.8413-0.5=0.3413$$

(5) 设离散型随机变量 $X$ 服从分布律 $P(X=k)=\dfrac{C}{k!}e^{-2}$，$k=0,1,2,\cdots$，则常数 $C$ 必为(　　).

A. 1　　B. e　　C. $e^{-1}$　　D. $e^{-2}$

【答案】 B.

【解】 由分布律的性质可知

$$1=\sum_{k=0}^{+\infty} P(X=k)=\sum_{k=0}^{+\infty} \frac{C}{k!} e^{-2}=C e^{-2} \sum_{k=0}^{+\infty} \frac{1}{k!}=C e^{-1}$$

所以 $C=e$. 其中：$e^{x}=\displaystyle\sum_{k=0}^{+\infty} \frac{x^{k}}{k!}, x \in \mathbf{R}$.

(6) 设随机变量 $X$ 的分布函数为 $F(x)$，概率密度为 $f(x)=af_1(x)+bf_2(x)$，其中 $f_1(x)$ 为正态分布 $N(0,\sigma^2)$ 的概率密度，$f_2(x)$ 是参数为 $\lambda$ 的指数分布的概率密度，已知 $F(0)=\dfrac{1}{8}$，则(　　).

A. $a=1, b=0$　　B. $a=\dfrac{3}{4}, b=\dfrac{1}{4}$

C. $a=\dfrac{1}{2}, b=\dfrac{1}{2}$　　D. $a=\dfrac{1}{4}, b=\dfrac{3}{4}$

【答案】 D.

【解】 $$1=\int_{-\infty}^{+\infty} f(x) \mathrm{d} x=a \int_{-\infty}^{+\infty} f_1(x) \mathrm{d} x+b \int_{-\infty}^{+\infty} f_2(x) \mathrm{d} x=a+b$$

$$\begin{aligned} F(0)=\frac{1}{8} & =\int_{-\infty}^{0} f(x) \mathrm{d} x=a \int_{-\infty}^{0} f_1(x) \mathrm{d} x+b \int_{-\infty}^{0} f_2(x) \mathrm{d} x \\ & =a \Phi\left(\frac{0-0}{\sigma}\right)+0=a \Phi(0)=\frac{a}{2} \end{aligned}$$

所以
$$a=\frac{1}{4}, \quad b=\frac{3}{4}$$

(7) 假设随机变量 $X$ 的概率密度 $f(x)$ 是偶函数，其分布函数为 $F(x)$，则(　　).

A. $F(x)$ 是偶函数　　B. $F(x)$ 是奇函数

C. $F(x)+F(-x)=1$　　D. $2F(x)-F(-x)=1$

【答案】 C.

【解】 由于 $F(x)$是单调不减的非负函数，因此选项 A、B 不成立. 已知 $f(x)$是偶函数，因此有

$$F(-x)=\int_{-\infty}^{-x}f(t)\mathrm{d}t \xlongequal{令 t=-s} -\int_{+\infty}^{x}f(-s)\mathrm{d}s=\int_{x}^{+\infty}f(-s)\mathrm{d}s$$
$$=\int_{x}^{+\infty}f(s)\mathrm{d}s=\int_{x}^{+\infty}f(t)\mathrm{d}t$$
$$F(x)+F(-x)=\int_{-\infty}^{x}f(t)\mathrm{d}t+\int_{x}^{+\infty}f(t)\mathrm{d}t=\int_{-\infty}^{+\infty}f(t)\mathrm{d}t=1$$

所以选项 C 正确.

而 $2F(x)-F(-x)=2\int_{-\infty}^{x}f(t)\mathrm{d}t-\int_{x}^{+\infty}f(t)\mathrm{d}t=2-3\int_{x}^{+\infty}f(t)\mathrm{d}t\neq 1$，选项 D 不正确.

**4.** 设一汽车在开往目的地的道路上需通过 4 盏信号灯，每盏灯以 0.6 的概率允许汽车通过，以 0.4 的概率禁止汽车通过(设各盏信号灯的工作相互独立). 以 $X$ 表示汽车首次停下时已经通过的信号灯盏数，求 $X$ 的分布律.

【解】 以 $p$ 表示每盏灯禁止汽车通过的概率，显然 $X$ 的可能取值为 0,1,2,3,4，易知 $X$ 的分布律为

| $X$ | 0 | 1 | 2 | 3 | 4 |
|---|---|---|---|---|---|
| $p_k$ | $p$ | $(1-p)p$ | $(1-p)^2p$ | $(1-p)^3p$ | $(1-p)^4$ |

或写成 $P(X=k)=(1-p)^kp, k=0,1,2,3.$

$$P(X=4)=(1-p)^4$$

将 $p=0.4, 1-p=0.6$ 代入上式，所得结果如下所示.

| $X$ | 0 | 1 | 2 | 3 | 4 |
|---|---|---|---|---|---|
| $p_k$ | 0.4 | 0.24 | 0.144 | 0.0864 | 0.1296 |

**5.** 设某种型号电子元件的寿命(单位：h)$X$ 具有以下的概率密度：

$$f(x)=\begin{cases}\dfrac{1000}{x^2} & x\geqslant 1000\\ 0 & 其他\end{cases}$$

现有一大批此种元件(设各元件工作互相独立)，问：

(1) 任取 1 只，其寿命大于 1500 的概率是多少？

(2) 任取 4 只，4 只元件中恰有 2 只元件的寿命大于 1500 的概率是多少？

【解】 (1) $$P(X>1500)=\int_{1500}^{+\infty}\frac{1000}{x^2}\mathrm{d}x=\frac{2}{3}$$

(2) 设 $Y$ 表示"4 只元件中寿命大于 1500 的只数",则 $Y\sim B\left(4,\frac{2}{3}\right)$,所以

$$P(Y=2)=C_4^2\left(\frac{2}{3}\right)^2\left(\frac{1}{3}\right)^2=\frac{8}{27}$$

**6.** 设 C. R. V. $X$ 的分布函数为

$$F(x)=\begin{cases}0 & x<-\frac{\pi}{2}\\ a(b+\sin x) & -\frac{\pi}{2}\leqslant x\leqslant\frac{\pi}{2}\\ 1 & x>\frac{\pi}{2}\end{cases}$$

求:(1) 常数 $a$、$b$;

(2) 概率密度 $f(x)$;

(3) $P\left(-\frac{\pi}{4}<X<\frac{\pi}{4}\right)$.

**【解】** (1) $F\left(-\frac{\pi}{2}+0\right)=0,F\left(\frac{\pi}{2}-0\right)=1$,由此得 $a=\frac{1}{2},b=1$.

(2)
$$f(x)=\begin{cases}0 & 其他\\ \frac{1}{2}\cos x & -\frac{\pi}{2}\leqslant x\leqslant\frac{\pi}{2}\end{cases}$$

(3) $P\left(-\frac{\pi}{4}<X<\frac{\pi}{4}\right)=F\left(\frac{\pi}{4}\right)-F\left(-\frac{\pi}{4}\right)=\frac{1}{2}\left(1+\frac{\sqrt{2}}{2}\right)-\frac{1}{2}\left(1-\frac{\sqrt{2}}{2}\right)=\frac{1}{2}\sqrt{2}$

**7.** 设随机变量 $X$ 的概率密度 $f(x)=e^{-x^2+bx+c}$($x\in\mathbf{R}$,$b$、$c$ 为常数)在 $x=1$ 处取最大值$\frac{1}{\sqrt{\pi}}$,试求概率 $P(1-\sqrt{2}<X<1+\sqrt{2})$($\Phi(2)=0.9772$).

**【解】** 由题设 $f(x)=e^{-x^2+bx+c}$ 的形式可知,$X$ 是服从正态分布 $N(\mu,\sigma^2)$的,即 $f(x)=\frac{1}{\sqrt{2\pi}\sigma}e^{-\frac{1}{2}\frac{(x-\mu)^2}{\sigma^2}}$,且当 $x=\mu$ 时,$f(x)$取最大值 $f(\mu)=\frac{1}{\sqrt{2\pi}\sigma}$,所以由题意可知,$\mu=1,\sigma=\frac{1}{\sqrt{2}}$,即 $X\sim N\left(1,\frac{1}{2}\right)$,故

$$P(1-\sqrt{2}<X<1+\sqrt{2})=\Phi\left(\frac{\sqrt{2}}{1/\sqrt{2}}\right)-\Phi\left(-\frac{\sqrt{2}}{1/\sqrt{2}}\right)=2\Phi(2)-1=0.9544$$

**8.** 由统计物理学知识可知分子运动速度的绝对值 $X$ 服从麦克斯韦(Maxwell)分布,其概率密度为

$$f(x)=\begin{cases}\frac{4x^2}{a^3\sqrt{\pi}}e^{-\frac{x^2}{a^2}} & x>0\\ 0 & x\leqslant 0\end{cases}$$

式中：$a>0$，为常数. 求分子动能 $Y=\frac{1}{2}mX^2$（$m$ 为分子质量）的概率密度.

**【解】** 已知 $y=g(x)=\frac{1}{2}mx^2$，$f(x)$ 只在区间 $(0,+\infty)$ 上非零，且 $g'(x)$ 在此区间恒单调递增，由定理得，$Y$ 的概率密度为

$$\psi(y)=\begin{cases}\dfrac{4\sqrt{2y}}{m^{3/2}a^3\sqrt{\pi}}\mathrm{e}^{-\frac{2y}{ma^2}} & y>0\\ 0 & y\leqslant 0\end{cases}$$

## 2.5　考研真题选讲

**例 1**(2016.1)　设随机变量 $X\sim N(\mu,\sigma^2)(\sigma>0)$，记 $p=P(X\leqslant\mu+\sigma^2)$，则

A. $p$ 随着 $\mu$ 的增加而增加　　B. $p$ 随着 $\sigma$ 的增加而增加

C. $p$ 随着 $\mu$ 的增加而减少　　D. $p$ 随着 $\sigma$ 的增加而减少

**【答案】** B.

**【解】** $p=P(X\leqslant\mu+\sigma^2)=P\left(\frac{X-\mu}{\sigma}\leqslant\frac{\mu+\sigma^2-\mu}{\sigma}\right)=\Phi(\sigma)$，因此 $p$ 随着 $\sigma$ 的增加而增加.

**例 2**(2013.1)　设 $X_1$、$X_2$、$X_3$ 是随机变量，且 $X_1\sim N(0,1)$，$X_2\sim N(0,2^2)$，$X_3\sim N(5,3^2)$，$p_i=P(-2\leqslant X_i\leqslant 2)$，$i=1,2,3$，则(　　).

A. $p_1>p_2>p_3$　　B. $p_2>p_1>p_3$　　C. $p_3>p_2>p_1$　　D. $p_1>p_3>p_2$

**【答案】** A.

**【解】**

$$p_1=P(-2\leqslant X_1\leqslant 2)=\Phi(2)-\Phi(-2)=2\Phi(2)-1$$

$$p_2=P(-2\leqslant X_2\leqslant 2)=P\left(\frac{-2-0}{2}\leqslant\frac{X_2-0}{2}\leqslant\frac{2-0}{2}\right)=\Phi(1)-\Phi(-1)=2\Phi(1)-1$$

$$\begin{aligned}p_3&=P(-2\leqslant X_3\leqslant 2)\\&=P\left(\frac{-2-5}{3}\leqslant\frac{X_3-5}{3}\leqslant\frac{2-5}{3}\right)\\&=\Phi(-1)-\Phi\left(-\frac{7}{3}\right)\\&=\Phi\left(\frac{7}{3}\right)-\Phi(1)\end{aligned}$$

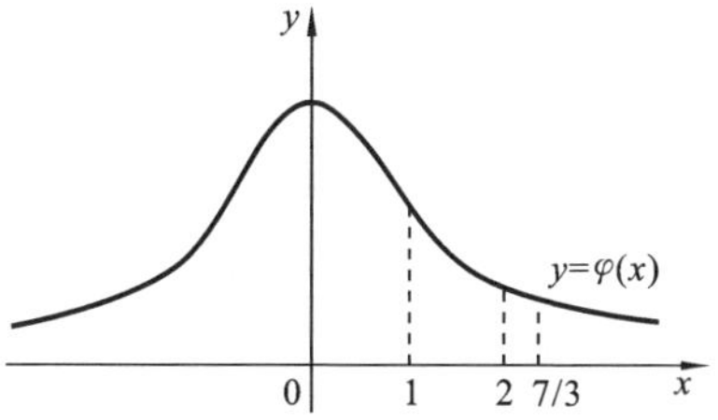


图 2.1

由图 2.1 可知，$p_1>p_2>p_3$，选 A.

**例 3**(2011.3)　设 $F_1(x)$、$F_2(x)$ 为两个分布函数，其相应的概率密度 $f_1(x)$、$f_2(x)$ 是连续函数，则必为概率密度的是(　　).

A. $f_1(x)f_2(x)$　　B. $2f_2(x)F_1(x)$

C. $f_1(x)F_2(x)$　　D. $f_1(x)F_2(x)+f_2(x)F_1(x)$

【答案】 D.

【解】 由概率密度的性质知,概率密度必须满足$\int_{-\infty}^{+\infty} f(x)\mathrm{d}x = 1$,故由题知

$$\int_{-\infty}^{+\infty}[f_1(x)F_2(x)+f_2(x)F_1(x)]\mathrm{d}x = \int_{-\infty}^{+\infty}\mathrm{d}F_1(x)F_2(x) = F_1(x)F_2(x)\Big|_{-\infty}^{+\infty} = 1$$

故选 D.

**例 4**(2010.3) 设随机变量 $X$ 的分布函数 $F(x)=\begin{cases}0 & x<0\\ \dfrac{1}{2} & 0\leqslant x<1\\ 1-\mathrm{e}^{-x} & x\geqslant 1\end{cases}$,则 $P(X=1)=($ $)$.

A. 0　　B. $\dfrac{1}{2}$　　C. $\dfrac{1}{2}-\mathrm{e}^{-1}$　　D. $1-\mathrm{e}^{-1}$

【答案】 C.

【解】 $P(X=1)=F(1)-F(1-0)=(1-\mathrm{e}^{-1})-\dfrac{1}{2}=\dfrac{1}{2}-\mathrm{e}^{-1}$,因此应选 C.

**例 5**(2010.3) 设 $f_1(x)$为标准正态分布的概率密度,$f_2(x)$为$[-1,3]$上的均匀分布的概率密度,若 $f(x)=\begin{cases}af_1(x) & x\leqslant 0\\ bf_2(x) & x>0\end{cases}$ $(a>0,b>0)$为概率密度,则 $a$、$b$ 应满足(　　).

A. $2a+3b=4$　　B. $3a+2b=4$　　C. $a+b=1$　　D. $a+b=2$

【答案】 A.

【解】 由概率密度的性质知

$$\begin{aligned} I &= \int_{-\infty}^{+\infty} f(x)\mathrm{d}x = a\int_{-\infty}^{0} f_1(x)\mathrm{d}x + b\int_{0}^{+\infty} f_2(x)\mathrm{d}x \\ &= a\Phi(0) + b\int_0^3 \frac{1}{4}\mathrm{d}x = \frac{1}{2}a + \frac{3}{4}b \end{aligned}$$

即 $2a+3b=4$,因此应选 A.

**例 6**(2006.3) 设随机变量 $X$ 服从正态分布 $N(\mu_1,\sigma_1^2)$,随机变量 $Y$ 服从正态分布 $N(\mu_2,\sigma_2^2)$,且 $P(|X-\mu_1|<1)>P(|Y-\mu_2|<1)$,则必有(　　).

A. $\sigma_1<\sigma_2$　　B. $\sigma_1>\sigma_2$　　C. $\mu_1<\mu_2$　　D. $\mu_1>\mu_2$

【答案】 A.

【解】 由题设可得

$$P\left(\frac{|X-\mu_1|}{\sigma_1}<\frac{1}{\sigma_1}\right)>P\left(\frac{|Y-\mu_2|}{\sigma_2}<\frac{1}{\sigma_2}\right)$$

则
$$2\Phi\left(\frac{1}{\sigma_1}\right)-1>2\Phi\left(\frac{1}{\sigma_2}\right)-1$$

即
$$\Phi\left(\frac{1}{\sigma_1}\right)>\Phi\left(\frac{1}{\sigma_2}\right)$$
式中：$\Phi(x)$是标准正态分布的分布函数.

又因为 $\Phi(x)$是单调不减函数，所以$\frac{1}{\sigma_1}>\frac{1}{\sigma_2}$，即 $\sigma_1<\sigma_2$. 故选 A.

**例 7**(2004.3)　设随机变量 $X$ 服从正态分布 $N(0,1)$，对给定的 $\alpha\in(0,1)$，数 $u_\alpha$ 满足 $P(X>u_\alpha)=\alpha$，若 $P(|X|<x)=\alpha$，则 $x$ 等于(　　).

A. $u_{\frac{\alpha}{2}}$　　B. $u_{1-\frac{\alpha}{2}}$　　C. $u_{\frac{1-\alpha}{2}}$　　D. $u_{1-\alpha}$

**【答案】** C.

**【解】** 由 $P(|X|<x)=\alpha$ 以及标准正态分布密度曲线的对称性可得，$P(X>x)=\frac{1-\alpha}{2}$，故正确答案为 C.

## 2.6 自　测　题

### 一、填空题

**1.** 设随机变量 $X$ 的分布律为 $P(X=k)=a\frac{\lambda^k}{k!}$，其中 $k=0,1,2,\cdots,\lambda>0$ 为常数，则常数 $a=$______.

**2.** 已知在 5 重伯努利试验中成功的次数 $X$ 满足 $P(X=1)=P(X=2)$，则概率 $P(X=4)=$______.

**3.** 设 $X$ 的分布函数为 $F(x)=\begin{cases}1-e^{-x} & x>0\\ 0 & x\leqslant 0\end{cases}$，则 $P(X\leqslant 2)=$______，$P(X>3)=$______；$X$ 的概率密度 $f(x)=$______.

**4.** 设随机变量 $X$ 的概率密度为 $f(x)=\begin{cases}A\cos x & |x|\leqslant\frac{\pi}{2}\\ 0 & \text{其他}\end{cases}$，则系数 $A=$______，$P\left(0<X<\frac{\pi}{2}\right)=$______.

**5.** 设随机变量 $X$ 的概率密度为 $f(x)=\begin{cases}Ax & 0<x<1\\ 0 & \text{其他}\end{cases}$，以 $Y$ 表示对 $X$ 的四次独立重复观察中事件“$X\leqslant\frac{1}{2}$”出现的次数，则 $P(Y=2)=$______.

**6.** 设每次试验成功的概率为 2/3，则在三次独立重复试验中至少失败一次的概率为______.

**7.** 若随机变量 $X\sim N(2,\sigma^2)$，且 $P(2<X<4)=0.3$，则 $P(X<2)=$______，$P(X<0)=$______，$P(X>4)=$______.

**8.** 设 $F_i(x)(i=1,2)$ 为 $X_i$ 的分布函数. 为使 $F(x)=aF_1(x)+\frac{1}{2}F_2(x)$ 是某一随机变量的分布函数，则 $a=$______.

## 二、选择题

**1.** 设 $X$ 和 $Y$ 均服从正态分布 $X\sim N(\mu,4^2)$，$Y\sim N(\mu,5^2)$，记 $p_1=P(X<\mu-4)$，$p_2=P(Y\geqslant\mu+5)$，则(　　).

A. 对任何实数 $\mu$ 都有 $p_1=p_2$　　B. 对任何实数 $\mu$ 都有 $p_1<p_2$

C. 仅对 $\mu$ 的个别值有 $p_1=p_2$　　D. 对任何实数 $\mu$ 都有 $p_1>p_2$

**2.** 设 $F_i(x)(i=1,2)$ 为 $X_i$ 的分布函数. 为使 $F(x)=aF_1(x)-bF_2(x)$ 是某一随机变量的分布函数，则下列给定的各组数值中应取(　　).

A. $a=3/5,b=-2/5$　　B. $a=1/3,b=2/3$

C. $a=-1/2,b=3/2$　　D. $a=1/2,b=-3/2$

**3.** 设随机变量 $X$ 服从标准正态分布，其概率密度为 $\varphi(x)$，分布函数为 $\Phi(x)$，则对任意实数 $a$ 有(　　).

A. $\Phi(-a)=1-\int_0^a\varphi(x)\mathrm{d}x$　　B. $\Phi(-a)=\frac{1}{2}-\int_0^a\varphi(x)\mathrm{d}x$

C. $\Phi(-a)=\Phi(a)$　　D. $\Phi(-a)=2\Phi(a)-1$

**4.** 设随机变量 $X$ 的概率密度为 $f(x)=\begin{cases}Ce^{-2x} & x>0\\ 0 & x\leqslant 0\end{cases}$，则 $C=$(　　).

A. 1/2　　B. 3　　C. 2　　D. 1/3

**5.** 设每次试验成功的概率为 $p(0<p<1)$，则在三次重复试验中恰有 1 次成功的概率为(　　).

A. $p^3$　　B. $3p(1-p)^2$　　C. $1-p^3$　　D. $1-(1-p)^3$

**6.** 已知

$$F(x)=\begin{cases}0 & x<0\\ x+\frac{1}{2} & 0\leqslant x<\frac{1}{2}\\ 1 & x\geqslant\frac{1}{2}\end{cases}$$

则 $F(x)$ 是(　　)随机变量的分布函数.

A. 连续型　　B. 离散型

C. 非连续亦非离散型　　D. 无法确定

**7.** 设在区间$[a,b]$上，随机变量 $X$ 的概率密度为 $f(x)=\sin x$，而在$[a,b]$外，$f(x)=0$，则区间 $[a,b]$等于(　　).

A. $[0,\pi/2]$　　B. $[0,\pi]$　　C. $[-\pi/2,0]$　　D. $\left[0,\frac{3}{2}\pi\right]$

## 三、解答题

**1.** 射手向目标独立地进行了 3 次射击，每次击中率为 0.8，求 3 次射击中击中目标次数的分布律及分布函数，并求 3 次射击中至少击中 2 次的概率.

**2.** 从学校乘汽车到火车站的途中有三个交通岗，假定在各个交通岗遇到红绿信号灯的事件是相互独立的，且概率都是 2/5. 设 $X$ 表示途中遇到红灯的次数，求 $X$ 的分布律、分布函数.

**3.** 进行某种试验，成功的概率为 $\frac{3}{4}$，失败的概率为 $\frac{1}{4}$. 以 $X$ 表示试验首次成功所需试验的次数，试写出 $X$ 的分布律，并计算 $X$ 取偶数的概率.

**4.** 设随机变量 $X$ 的分布函数为

$$F(x)=a+\frac{1}{\pi}\arctan x \quad (-\infty<x<+\infty)$$

求：(1) 系数 $a$；

(2) $X$ 落在区间 $(-1,1)$ 中的概率；

(3) 随机变量 $X$ 的概率密度(提示：$\arctan x$ 为反正切函数).

**5.** 设随机变量 $X$ 在 $[2,5]$ 上服从均匀分布. 现对 $X$ 进行三次独立观测，求至少有两次的观测值大于 3 的概率.

**6.** 设 $X\sim N(3,2^2)$.

(1) 求 $P(2<X\leqslant 5)$、$P(-4<X\leqslant 10)$、$P(|X|>2)$、$P(X>3)$；

(2) 确定 $c$，使 $P(X>c)=P(X\leqslant c)$.

7. 设随机变量 $X\sim N(0,\sigma^2)$，问：当 $\sigma$ 取何值时，$X$ 落入区间 $(1,3)$ 的概率最大？

# 参 考 答 案

## 一、填空题

**1.** $e^{-\lambda}$　　**2.** 10/243　　**3.** $1-e^{-2}$　$e^{-3}$　$\begin{cases} e^{-x} & x>0 \\ 0 & x\leqslant 0 \end{cases}$

**4.** 1/2　1/2　　**5.** 27/128　　**6.** 19/27　　**7.** 0.5　0.2　0.2

**8.** 1/2

## 二、选择题

**1.** A　　**2.** A　　**3.** B　　**4.** C　　**5.** B　　**6.** C　　**7.** A

## 三、解答题

**1.【解】** 设 $X$ 表示击中目标的次数，则 $X=0,1,2,3.$

$$P(X=0)=(0.2)^3=0.008$$
$$P(X=1)=C_3^1 0.8(0.2)^2=0.096$$
$$P(X=2)=C_3^2(0.8)^2 0.2=0.384$$
$$P(X=3)=(0.8)^3=0.512$$

故 $X$ 的分布律为

| $X$ | 0 | 1 | 2 | 3 |
|---|---|---|---|---|
| $P$ | 0.008 | 0.096 | 0.384 | 0.512 |

分布函数为

$$F(x)=\begin{cases}0 & x<0\\ 0.008 & 0\leqslant x<1\\ 0.104 & 1\leqslant x<2\\ 0.488 & 2\leqslant x<3\\ 1 & x\geqslant 3\end{cases}$$

$$P(X\geqslant 2)=P(X=2)+P(X=3)=0.896$$

**2.【解】** 由题意知 $X$ 服从二项分布 $B\left(3,\dfrac{2}{5}\right)$，从而

$$P(X=0)=\left(1-\frac{2}{5}\right)^3=\frac{27}{125}$$
$$P(X=1)=C_3^1\times\frac{2}{5}\times\left(1-\frac{2}{5}\right)^2=\frac{54}{125}$$
$$P(X=2)=C_3^2\times\left(\frac{2}{5}\right)^2\times\left(1-\frac{2}{5}\right)=\frac{36}{125}$$
$$P(X=3)=\left(\frac{2}{5}\right)^3=\frac{8}{125}$$

由分布函数的定义得

$$F(x)=P(X\leqslant x)=\begin{cases}0 & x<0\\ 27/125 & 0\leqslant x<1\\ 81/125 & 1\leqslant x<2\\ 117/125 & 2\leqslant x<3\\ 1 & x\geqslant 3\end{cases}$$

**3.【解】** $X=1,2,\cdots,k,\cdots$

$$P(X=k)=\left(\frac{1}{4}\right)^{k-1}\frac{3}{4}$$

$$\begin{aligned}&P(X=2)+P(X=4)+\cdots+P(X=2k)+\cdots\\&=\frac{1}{4}\times\frac{3}{4}+\left(\frac{1}{4}\right)^{3}\times\frac{3}{4}+\cdots+\left(\frac{1}{4}\right)^{2k-1}\times\frac{3}{4}+\cdots\\&=\frac{3}{4}\times\frac{\frac{1}{4}}{1-\left(\frac{1}{4}\right)^{2}}=\frac{1}{5}\end{aligned}$$

**4.【解】** (1) 由 $F(\mid\infty)=a+\frac{1}{\pi}\times\frac{\pi}{2}-1$，解得 $a=\frac{1}{2}$. 故得

$$F(x)=\frac{1}{2}+\frac{1}{\pi}\arctan x\quad(-\infty<x<+\infty)$$

(2)
$$\begin{aligned}P(-1<X<1)&=F(1)-F(-1)\\&=\frac{1}{2}+\frac{1}{\pi}\times\frac{\pi}{4}-\left[\frac{1}{2}+\frac{1}{\pi}\times\left(-\frac{\pi}{4}\right)\right]=\frac{1}{2}\end{aligned}$$

(3) 所求概率密度为

$$f(x)=F'(x)=\left(\frac{1}{2}+\frac{1}{\pi}\cdot\arctan x\right)'=\frac{1}{\pi(1+x^{2})}\quad(-\infty<x<+\infty)$$

**5.【解】** $X\sim U[2,5]$，即

$$f(x)=\begin{cases}\frac{1}{3} & 2\leqslant x\leqslant 5\\ 0 & \text{其他}\end{cases}$$

$$P(X>3)=\int_{3}^{5}\frac{1}{3}\mathrm{d}x=\frac{2}{3}$$

故所求概率为

$$p=C_{3}^{2}\left(\frac{2}{3}\right)^{2}\frac{1}{3}+C_{3}^{3}\left(\frac{2}{3}\right)^{3}=\frac{20}{27}$$

**6.【解】** (1) $P(2<X\leqslant 5)=P\left(\frac{2-3}{2}<\frac{X-3}{2}\leqslant\frac{5-3}{2}\right)$

$$\begin{aligned}&=\Phi(1)-\Phi\left(-\frac{1}{2}\right)=\Phi(1)-1+\Phi\left(\frac{1}{2}\right)\\&=0.8413-1+0.6915=0.5328\end{aligned}$$

$$\begin{aligned}P(-4<X\leqslant 10)&=P\left(\frac{-4-3}{2}<\frac{X-3}{2}\leqslant\frac{10-3}{2}\right)\\&=\Phi\left(\frac{7}{2}\right)-\Phi\left(-\frac{7}{2}\right)=0.9996\end{aligned}$$

$$\begin{aligned}P(|X|>2)&=P(X>2)+P(X<-2)=P\left(\frac{X-3}{2}>\frac{2-3}{2}\right)+P\left(\frac{X-3}{2}<\frac{-2-3}{2}\right)\\&=1-\Phi\left(-\frac{1}{2}\right)+\Phi\left(-\frac{5}{2}\right)=\Phi\left(\frac{1}{2}\right)+1-\Phi\left(\frac{5}{2}\right)\end{aligned}$$

$$=0.6915+1-0.9938=0.6977$$

$$P(X>3)=P\left(\frac{X-3}{2}>\frac{3-3}{2}\right)=1-\Phi(0)=0.5$$

(2) $c=3$.

**7.【解】** 因为

$$X\sim N(0,\sigma^2)$$

$$P(1<X<3)=P\left(\frac{1}{\sigma}<\frac{X}{\sigma}<\frac{3}{\sigma}\right)=\Phi\left(\frac{3}{\sigma}\right)-\Phi\left(\frac{1}{\sigma}\right)\xlongequal{令}g(\sigma)$$

利用微积分中求极值的方法,有

$$g'(\sigma)=\left(-\frac{3}{\sigma^2}\right)\Phi'\left(\frac{3}{\sigma}\right)+\frac{1}{\sigma^2}\Phi'\left(\frac{1}{\sigma}\right)$$

$$=-\frac{3}{\sigma^2}\frac{1}{\sqrt{2\pi}}e^{-9/2\sigma^2}+\frac{1}{\sigma^2}\frac{1}{\sqrt{2\pi}}e^{-1/2\sigma^2}$$

$$=\frac{1}{\sqrt{2\pi}\sigma^2}e^{-1/2\sigma^2}(1-3e^{-8/2\sigma^2})\xlongequal{令}0$$

得 $\sigma_0^2=\frac{4}{\ln 3}$,则

$$\sigma_0=\frac{2}{\sqrt{\ln 3}}$$

又

$$g''(\sigma_0)<0$$

故 $\sigma_0<\frac{2}{\sqrt{\ln 3}}$为极大值点且唯一.

故当 $\sigma=\frac{2}{\sqrt{\ln 3}}$时 $X$ 落入区间(1,3)的概率最大.

# 第 3 章　二维随机变量及其分布

## 3.1　大纲基本要求

(1) 理解多维随机变量的概念，理解多维随机变量分布的概念和性质，理解二维离散型随机变量的概率分布、边缘分布和条件分布，理解二维连续型随机变量的概率密度、边缘密度和条件密度，会求与二维随机变量相关事件的概率.

(2) 理解随机变量的独立性及不相关性的概念，掌握随机变量相互独立的条件.

(3) 掌握二维均匀分布，了解二维正态分布的概率密度，理解其中参数的概率意义.

(4) 会求两个随机变量简单函数的分布，会求多个相互独立随机变量简单函数的分布.

## 3.2　内 容 提 要

### 一、二维随机变量与联合分布函数

**1) 二维随机变量的定义**

设 $\Omega=\{e\}$ 为随机试验 $E$ 的样本空间，$X=X(e)$，$Y=Y(e)$ 是定义在 $\Omega$ 上的随机变量，则称有序数组 $(X,Y)$ 为二维随机变量或二维随机向量，称 $(X,Y)$ 的取值规律为二维分布.

**2) 联合分布函数的定义**

设 $(X,Y)$ 是二维随机变量，对于任意实数 $x$、$y$，称二元函数

$$F(x,y)=P((X\leqslant x)\cap(Y\leqslant y))\xlongequal{\text{记作}}P(X\leqslant x,Y\leqslant y)$$

为二维随机变量 $(X,Y)$ 的分布函数，或称 $(X,Y)$ 的联合分布函数.

**3) 联合分布函数的性质**

(1) $F(x,y)$ 分别关于 $x$ 和 $y$ 单调不减.

(2) $0\leqslant F(x,y)\leqslant 1$，$F(x,-\infty)=0$，$F(-\infty,y)=0$，$F(-\infty,-\infty)=0$，$F(+\infty,+\infty)=1$.

(3) $F(x,y)$ 关于每个变量都是右连续的，即 $F(x+0,y)=F(x,y)$，$F(x,y+0)$

$=F(x,y)$.

(4) 对于任意实数 $x_1<x_2$，$y_1<y_2$，有

$P(x_1<X\leqslant x_2,\ y_1<Y\leqslant y_2)=F(x_2,y_2)-F(x_2,y_1)-F(x_1,y_2)+F(x_1,y_1)$

## 二、二维离散型随机变量及其联合分布律

**1）定义**

若随机变量$(X,Y)$只能取有限对或可列无限多对值$(x_i,y_j)$ $(i,j=1,2,\cdots)$，则称$(X,Y)$为二维离散型随机变量，并称 $P(X=x_i,Y=y_j)=p_{ij}$ 为$(X,Y)$的联合分布律，也可列表表示.

**2）性质**

(1) 非负性：$0\leqslant p_{ij}\leqslant 1$.

(2) 归一性：$\sum\limits_i\sum\limits_j p_{ij}=1$.

**3）$(X,Y)$的($X$ 和 $Y$ 的联合)分布函数**

$$F(x,y)=\sum_{x_i\leqslant x}\sum_{y_j\leqslant y}p_{ij}$$

## 三、二维连续型随机变量及其联合概率密度

**1）定义**

如果存在非负的函数 $f(x,y)$，使对任意的 $x$ 和 $y$，有 $F(x,y)=\int_{-\infty}^{x}\int_{-\infty}^{y}f(u,v)\mathrm{d}u\mathrm{d}v$，则称$(X,Y)$为二维连续型随机变量，称 $f(x,y)$ 为$(X,Y)$的($X$ 和 $Y$ 的联合)概率密度.

**2）性质**

(1) 非负性：$f(x,y)\geqslant 0$.

(2) 归一性：$\int_{-\infty}^{+\infty}\int_{-\infty}^{+\infty}f(x,y)\mathrm{d}x\mathrm{d}y=1$.

(3) 若 $f(x,y)$在点$(x,y)$连续，则 $f(x,y)=\dfrac{\partial^2 F(x,y)}{\partial x\partial y}$.

(4) 若 $G$ 为 $xOy$ 平面上一个区域，则

$$P((x,y)\in G)=\iint_G f(x,y)\mathrm{d}x\mathrm{d}y$$

## 四、边缘分布

**1）$(X,Y)$关于 $X$ 和 $Y$ 的边缘分布函数**

$(X,Y)$关于 $X$ 的边缘分布函数为

$$F_X(x)=P(X\leqslant x,Y<+\infty)=F(x,+\infty)$$

$(X,Y)$关于$Y$的边缘分布函数为

$$F_Y(y)=P(X<+\infty,Y\leqslant y)=F(+\infty,y)$$

**2）二维离散型随机变量$(X,Y)$**

关于$X$的边缘分布律$P(X=x_i)=\sum_{j=1}^{+\infty}p_{ij}=p_{i\cdot}(i=1,2,\cdots)$，归一性$\sum_{i=1}^{+\infty}p_{i\cdot}=1$.

关于$Y$的边缘分布律$P(Y=y_j)=\sum_{i=1}^{+\infty}p_{ij}=p_{\cdot j}(j=1,2,\cdots)$，归一性$\sum_{j=1}^{+\infty}p_{\cdot j}=1$.

**3）二维连续型随机变量$(X,Y)$**

关于$X$的边缘概率密度$f_X(x)=\int_{-\infty}^{+\infty}f(x,y)\mathrm{d}y$，归一性$\int_{-\infty}^{+\infty}f_X(x)\mathrm{d}x=1$.

关于$Y$的边缘概率密度$f_Y(y)=\int_{-\infty}^{+\infty}f(x,y)\mathrm{d}x$，归一性$\int_{-\infty}^{+\infty}f_Y(y)\mathrm{d}y=1$.

## 五、条件分布

**1）二维离散型随机变量的条件分布**

设$(X,Y)$是二维离散型随机变量，对于固定的$j$，若$P(Y=y_j)>0$，则称

$$P(X=x_i|Y=y_j)=\frac{P(X=x_i,Y=y_j)}{P(Y=y_j)}=\frac{p_{ij}}{p_{\cdot j}}$$

为在$Y=y_j$条件下随机变量$X$的条件分布律.

同样，对于固定的$i$，若$P(X=x_i)>0$，则称

$$P(Y=y_j|X=x_i)=\frac{P(X=x_i,Y=y_j)}{P(X=x_i)}=\frac{p_{ij}}{p_{i\cdot}}$$

为在$X=x_i$条件下随机变量$Y$的条件分布律.

**2）二维连续型随机变量的条件分布**

记在$X=x$条件下$Y$的条件概率密度为$f_{Y|X}(y|x)$，则

$$f_{Y|X}(y|x)=\frac{f(x,y)}{f_X(x)}$$

同理可得在$Y=y$条件下$X$的条件概率密度为

$$f_{X|Y}(x|y)=\frac{f(x,y)}{f_Y(y)}$$

## 六、相互独立的随机变量

(1) 定义：若对一切实数$x$、$y$，均有$F(x,y)=F_X(x)F_Y(y)$，则称$X$和$Y$相互独立.

(2) 离散型随机变量$X$和$Y$相互独立$\Leftrightarrow p_{ij}=p_{i\cdot}\,p_{\cdot j}(i,j=1,2,\cdots)$对一切$x_i$、$y_j$成立.

(3) 连续型随机变量$X$和$Y$相互独立$\Leftrightarrow f(x,y)=f_X(x)f_Y(y)$对$(X,Y)$几乎所有可能的取值$(x,y)$都成立.

## 七、两个随机变量的函数的分布

### 1）两个离散型随机变量的函数的分布

当$(X,Y)$取值$(x_i,y_j)$时，$Z=\varphi(X,Y)$就取值 $z_0=\varphi(x_i,y_j)$.

(1) 如果当且仅当$(X,Y)$取值$(x_i,y_j)$时，$Z=\varphi(X,Y)$取值 $z_0=\varphi(x_i,y_j)$，则

$$P(Z=z_0)=P(X=x_i,Y=y_j)$$

(2) 如果$(X,Y)$取不同的值$(x_{i_1},y_{j_1})$，$(x_{i_2},y_{j_2})$，…，时，都有 $Z=\varphi(X,Y)$取值 $z_0=\varphi(x_{i_1},y_{j_1})=\varphi(x_{i_2},y_{j_2})=\cdots$，则

$$P(Z=z_0)=P(X=x_{i_1},Y=y_{j_1})+P(X=x_{i_2},Y=y_{j_2})+\cdots$$

### 2）两个连续型随机变量的函数的分布

设$(X,Y)$为二维连续型随机变量，若其函数 $Z=\varphi(X,Y)$仍然是连续型随机变量，则存在概率密度 $f_Z(z)$. 求概率密度 $f_Z(z)$的一般方法如下：

首先求出 $Z=\varphi(X,Y)$的分布函数

$$F_Z(z)=P(Z\leqslant z)=P(\varphi(X,Y)\leqslant z)=P((X,Y)\in G)$$
$$=\iint_G f(u,v)\,\mathrm{d}u\mathrm{d}v$$

式中：$f(x,y)$是密度函数；$G=\{(x,y)\mid\varphi(x,y)\leqslant z\}$.

其次是利用分布函数与概率密度的关系，对分布函数求导，就可得到概率密度 $f_Z(z)$.

## 八、相互独立且服从正态分布的随机变量所具有的性质

(1) 设 $X_1,X_2,\cdots,X_n$相互独立，且 $X_i\sim N(\mu_i,\sigma_i^2)$，$i=1,2,\cdots,n$，则有

$$C_1X_1+C_2X_2+\cdots+C_nX_n\sim N(C_1\mu_1+C_2\mu_2+\cdots+C_n\mu_n,C_1^2\sigma_1^2+C_2^2\sigma_2^2+\cdots+C_n^2\sigma_n^2)$$

(2) 设 $X_1,X_2,\cdots,X_n$相互独立，且 $X_1,X_2,\cdots,X_n$服从同一分布 $N(\mu,\sigma^2)$，$\overline{X}=\frac{1}{n}\sum_{i=1}^{n}X_i$ 是 $X_1,X_2,\cdots,X_n$ 的算术平均值，则有

$$\overline{X}\sim N(\mu,\sigma^2/n)\quad\text{或}\quad\frac{\overline{X}-\mu}{\sigma/\sqrt{n}}\sim N(0,1)$$

## 九、几种常见的二维随机变量及其分布

### 1）二维均匀分布

设$(X,Y)$为二维随机变量，$G$ 是平面上的一个有界区域，其面积为 $A(A>0)$，又设

$$f(x,y)=\begin{cases}\dfrac{1}{A} & \text{当}(x,y)\in G\\ 0 & \text{当}(x,y)\notin G\end{cases}$$

若$(X,Y)$的概率密度为上式定义的函数$f(x,y)$，则称二维随机变量$(X,Y)$在$G$上服从二维均匀分布.

**2）二维正态分布**

若二维随机变量$(X,Y)$的概率密度为

$$f(x,y)=\frac{1}{2\pi\sigma_1\sigma_2\sqrt{1-\rho^2}}\exp\left\{\frac{-1}{2(1-\rho^2)}\left[\frac{(x-\mu_1)^2}{\sigma_1^2}-2\rho\frac{(x-\mu_1)(y-\mu_2)}{\sigma_1\sigma_2}+\frac{(y-\mu_2)^2}{\sigma_2^2}\right]\right\}$$
$$(-\infty<x<+\infty,-\infty<y<+\infty)$$

式中$\mu_1$、$\mu_2$、$\sigma_1$、$\sigma_2$、$\rho$都是常数，且$\sigma_1>0,\sigma_2>0,|\rho|<1$，则称$(X,Y)$服从二维正态分布$N(\mu_1,\sigma_1^2;\mu_2,\sigma_2^2;\rho)$.

**注**　本章在进行各种问题的计算时，例如，在求边缘概率密度、条件概率密度、$Z=X+Y$的概率密度或在计算概率$P((X,Y)\in G)=\iint\limits_G f(x,y)\mathrm{d}x\mathrm{d}y$时，要用到二重积分，或用到二元函数固定其中一个变量对另一个变量的积分. 此时千万要搞清楚积分变量的变化范围. 题目做错，往往是由于在积分运算时，将有关的积分区间或积分区域搞错了. 在做题时，画出有关函数的积分域的图形，对于正确确定积分上下限肯定是有帮助的. 另外，所求得的边缘概率密度、条件概率密度或$Z=X+Y$的概率密度往往是分段函数，正确写出分段函数的表达式当然是必需的.

## 3.3　典型例题分析

**例1**　设二维随机变量$(X,Y)$的概率密度为

$$f(x,y)=\begin{cases}e^{-y} & 0<x<y\\ 0 & \text{其他}\end{cases}$$

求：(1) 随机变量$X$的概率密度$f_X(x)$；

(2) 概率$P(X+Y\leqslant 1)$.

**【知识点】**　边缘概率密度的计算、二维随机变量在某区间的概率的计算.

**【解】**　(1) $x\leqslant 0$时，　　$f_X(x)=0$

$x>0$时，　$f_X(x)=\int_{-\infty}^{+\infty}f(x,y)\mathrm{d}y=\int_x^{+\infty}e^{-y}\mathrm{d}y=e^{-x}$

故随机变量$X$的概率密度　$f_X(x)=\begin{cases}e^{-x} & 0<x\\ 0 & x\leqslant 0\end{cases}$

(2)　$$P(X+Y\leqslant 1)=\iint\limits_{X+Y\leqslant 1}f(x,y)\mathrm{d}x\mathrm{d}y=\int_0^{\frac{1}{2}}\mathrm{d}x\int_x^{1-x}e^{-y}\mathrm{d}y$$
$$=e^{-1}+1-2e^{-\frac{1}{2}}$$

**例2**　设随机变量$(X,Y)$的概率密度为

$$f(x,y)=\begin{cases}k(6-x-y) & 0<x<2,2<y<4\\ 0 & \text{其他}\end{cases}$$

(1) 确定常数 $k$;

(2) 求 $P(X<1,Y<3)$;

(3) 求 $P(X<1.5)$;

(4) 求 $P(X+Y\leqslant 4)$.

**【知识点】** 二维随机变量概率密度的性质、二维随机变量在某区间的概率的计算.

**【解】** (1) 由性质有

$$\int_{-\infty}^{+\infty}\int_{-\infty}^{+\infty}f(x,y)\mathrm{d}x\mathrm{d}y=\int_0^2\int_2^4 k(6-x-y)\mathrm{d}y\mathrm{d}x=8k=1$$

故
$$k=\frac{1}{8}$$

(2)
$$P(X<1,Y<3)=\int_{-\infty}^{1}\int_{-\infty}^{3}f(x,y)\mathrm{d}y\mathrm{d}x=\int_0^1\int_2^3\frac{1}{8}k(6-x-y)\mathrm{d}y\mathrm{d}x=\frac{3}{8}$$

(3)
$$P(X<1.5)=\iint\limits_{x<1.5}f(x,y)\mathrm{d}x\mathrm{d}y\xlongequal{\text{见图 3.1(a)}}\iint\limits_{D_1}f(x,y)\mathrm{d}x\mathrm{d}y=\int_0^{1.5}\mathrm{d}x\int_2^4\frac{1}{8}(6-x-y)\mathrm{d}y=\frac{27}{32}$$

(4)
$$P(X+Y\leqslant 4)=\iint\limits_{X+Y\leqslant 4}f(x,y)\mathrm{d}x\mathrm{d}y\xlongequal{\text{见图 3.1(b)}}\iint\limits_{D_2}f(x,y)\mathrm{d}x\mathrm{d}y=\int_0^2\mathrm{d}x\int_2^{4-x}\frac{1}{8}(6-x-y)\mathrm{d}y=\frac{2}{3}$$

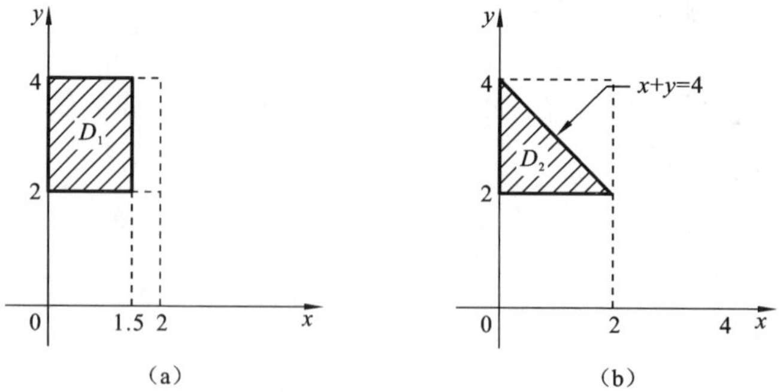


图 3.1

**例 3** 设二维随机变量$(X,Y)$的概率密度为

$$f(x,y)=\begin{cases}cx^2y & x^2\leqslant y\leqslant 1\\ 0 & \text{其他}\end{cases}$$

(1) 试确定常数 $c$;

(2) 求边缘概率密度.

**【知识点】** 二维随机变量概率密度的性质、边缘概率密度的计算.

**【解】** (1)
$$\int_{-\infty}^{+\infty}\int_{-\infty}^{+\infty} f(x,y)\mathrm{d}x\mathrm{d}y = \iint_D f(x,y)\mathrm{d}x\mathrm{d}y = \int_{-1}^{1}\mathrm{d}x\int_{x^2}^{1} cx^2 y\mathrm{d}y = \frac{4}{21}c = 1$$

得
$$c=\frac{21}{4}$$

(2)
$$f_X(x) = \int_{-\infty}^{+\infty} f(x,y)\mathrm{d}y = \begin{cases}\displaystyle\int_{x^2}^{1}\frac{21}{4}x^2y\mathrm{d}y & -1\leqslant x\leqslant 1\\ 0 & \text{其他}\end{cases} = \begin{cases}\dfrac{21}{8}x^2(1-x^4) & -1\leqslant x\leqslant 1\\ 0 & \text{其他}\end{cases}$$

$$f_Y(y) = \int_{-\infty}^{+\infty} f(x,y)\mathrm{d}x = \begin{cases}\displaystyle\int_{-\sqrt{y}}^{\sqrt{y}}\frac{21}{4}x^2y\mathrm{d}x & 0\leqslant y\leqslant 1\\ 0 & \text{其他}\end{cases} = \begin{cases}\dfrac{7}{2}y^{\frac{5}{2}} & 0\leqslant y\leqslant 1\\ 0 & \text{其他}\end{cases}$$

**例 4** 如图 3.2 所示,设随机变量 $(X,Y)$ 的概率密度为
$$f(x,y)=\begin{cases}1 & |y|<x,0<x<1\\ 0 & \text{其他}\end{cases}$$
求条件概率密度 $f_{Y|X}(y|x)$、$f_{X|Y}(x|y)$.

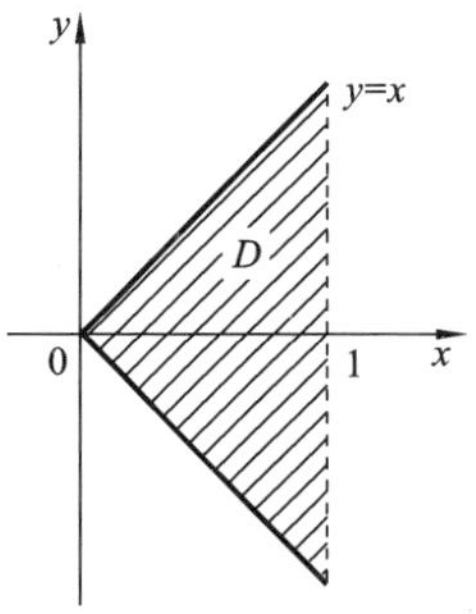


图 3.2

**【知识点】** 边缘概率密度、条件概率密度的计算.

**【解】**
$$F_X(x) = \int_{-\infty}^{+\infty} f(x,y)\mathrm{d}y = \begin{cases}\displaystyle\int_{-x}^{x} 1\mathrm{d}y = 2x & 0<x<1\\ 0 & \text{其他}\end{cases}$$

$$F_Y(y) = \int_{-\infty}^{+\infty} f(x,y)\mathrm{d}x = \begin{cases}\displaystyle\int_{-y}^{1} 1\mathrm{d}x = 1+y & -1<y<0\\ \displaystyle\int_{y}^{1} 1\mathrm{d}x = 1-y & 0\leqslant y<1\\ 0 & \text{其他}\end{cases}$$

所以

$$f_{Y|X}(y|x)=\frac{f(x,y)}{f_X(x)}=\begin{cases}\dfrac{1}{2x} & |y|<x<1\\ 0 & \text{其他}\end{cases}$$

$$f_{X|Y}(x|y)=\frac{f(x,y)}{f_Y(y)}=\begin{cases}\frac{1}{1-y} & y<x<1\\ \frac{1}{1+y} & -y<x<1\\ 0 & 其他\end{cases}$$

**例 5** 一个袋子中有三个乒乓球，分别标有数字 1、2、2. 现从袋中任意取球两次，每次取一个(有放回)，以 $X$、$Y$ 分别表示第一次、第二次取得球上标有的数字. 求：

(1) $X$ 和 $Y$ 的联合分布律；

(2) 关于 $X$ 和 $Y$ 边缘分布律；

(3) $X$ 和 $Y$ 是否相互独立？为什么？

**【知识点】** 二维离散型随机变量的联合分布、边缘分布的计算，二维离散型随机变量相互独立的充要条件.

**【解】** (1) $(X,Y)$的所有可能取值为$(1,1)$、$(1,2)$、$(2,1)$、$(2,2)$.

$$p_{11}=P(X=1,Y=1)=\frac{1}{3}\times\frac{1}{3}=\frac{1}{9}$$

$$p_{12}=P(X=1,Y=2)=\frac{1}{3}\times\frac{2}{3}=\frac{2}{9}$$

$$p_{21}=P(X=2,Y=1)=\frac{2}{3}\times\frac{1}{3}=\frac{2}{9}$$

$$p_{22}=P(X=2,Y=2)=\frac{2}{3}\times\frac{2}{3}=\frac{4}{9}$$

于是$(X,Y)$的联合分布律为

| $X$ \ $Y$ | 1 | 2 |
|---|---|---|
| 1 | 1/9 | 2/9 |
| 2 | 2/9 | 4/9 |

(2) 关于 $X$ 和 $Y$ 的边缘分布律分别为

| $X$ | 1 | 2 |
|---|---|---|
| $P$ | 1/3 | 2/3 |

| $Y$ | 1 | 2 |
|---|---|---|
| $P$ | 1/3 | 2/3 |

(3) $X$ 和 $Y$ 相互独立. 因为 $\forall i,j$，有 $P_{i\cdot}\times P_{\cdot j}=P_{ij}$.

**例 6** 设 $X$ 和 $Y$ 是两个相互独立的随机变量，如图 3.3 所示，$X$ 在$(0,1)$上服从均匀分布，$Y$ 的概率密度为

$$f_Y(y)=\begin{cases}\frac{1}{2}e^{-y/2} & y>0\\ 0 & 其他\end{cases}$$

(1) 求 $X$ 和 $Y$ 的联合概率密度；

(2) 设含有 $a$ 的二次方程为 $a^2+2Xa+Y=0$，试求 $a$ 有实根的概率.

**【知识点】** 相互独立的随机变量的联合分布与边缘分布的关系、二维随机变量在某区间的概率的计算.

**【解】** (1) 由于 $f_X(x)=\begin{cases}1 & 0<x<1\\ 0 & \text{其他}\end{cases}$，$f_Y(y)=\begin{cases}\dfrac{1}{2}e^{-\frac{y}{2}} & y>0\\ 0 & \text{其他}\end{cases}$，故

$$f(x,y)\xlongequal{X、Y\text{独立}}f_X(x)\cdot f_Y(y)=\begin{cases}\dfrac{1}{2}e^{-y/2} & 0<x<1,y>0\\ 0 & \text{其他}\end{cases}$$

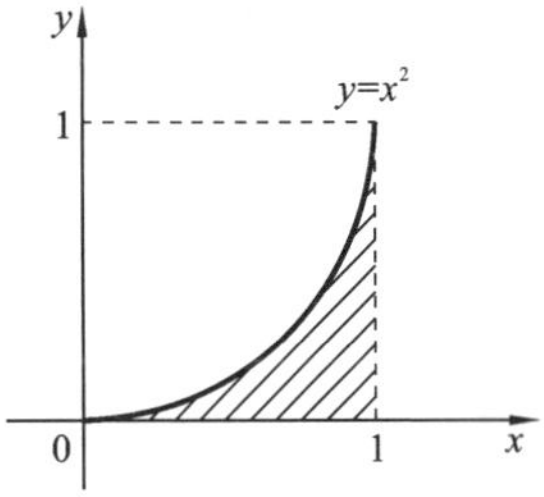


图 3.3

(2) 方程 $a^2+2Xa+Y=0$ 有实根的条件是

$$\Delta=(2X)^2-4Y\geqslant 0$$

故 $X^2\geqslant Y$，从而方程有实根的概率为

$$P(X^2\geqslant Y)=\iint\limits_{x^2\geqslant y}f(x,y)\mathrm{d}x\mathrm{d}y=\int_0^1\mathrm{d}x\int_0^{x^2}\frac{1}{2}e^{-y/2}\mathrm{d}y$$

$$=1-\sqrt{2\pi}[\Phi(1)-\Phi(0)]=0.1445$$

**例 7** 设 $X$ 和 $Y$ 分别表示两个不同电子器件的寿命(单位：h)，并设 $X$ 和 $Y$ 相互独立，且服从同一分布，其概率密度为

$$f(x)=\begin{cases}\dfrac{1000}{x^2} & x>1000\\ 0 & \text{其他}\end{cases}$$

求 $Z=X/Y$ 的概率密度.

**【知识点】** 二维随机变量的函数的分布、分布函数法.

**【解】** 如图 3.4 所示，$Z$ 的分布函数 $F_Z(z)=P(Z\leqslant z)=P\left(\dfrac{X}{Y}\leqslant z\right)$.

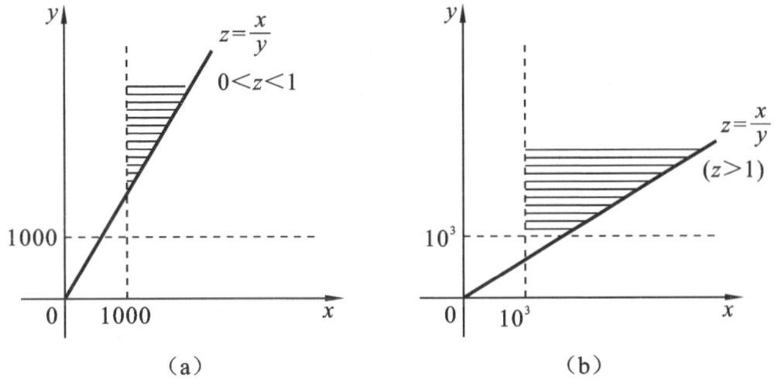


图 3.4

(1) 当 $z\leqslant 0$ 时，　　$F_Z(z)=0$

(2) 当 $0<z<1$ 时$\left(\text{这时当 } x=1000 \text{ 时}, y=\dfrac{1000}{z}, \text{如图 3.4(a)所示}\right)$，

$$F_Z(z)=\iint\limits_{y\geqslant\frac{x}{z}}\frac{10^6}{x^2y^2}\mathrm{d}x\mathrm{d}y=\int_{\frac{10^3}{z}}^{+\infty}\mathrm{d}y\int_{10^3}^{yz}\frac{10^6}{x^2y^2}\mathrm{d}x$$

$$=\int_{\frac{10^3}{z}}^{+\infty}\left(\frac{10^3}{y^2}-\frac{10^6}{zy^3}\right)\mathrm{d}y=\frac{z}{2}$$

(3) 当 $z\geqslant 1$ 时(这时当 $y=10^3$ 时，$x=10^3z$，如图 3.4(b)所示)，

$$F_Z(z)=\iint\limits_{y\geqslant\frac{x}{z}}\frac{10^6}{x^2y^2}\mathrm{d}x\mathrm{d}y=\int_{10^3}^{+\infty}\mathrm{d}y\int_{10^3}^{zy}\frac{10^6}{x^2y^2}\mathrm{d}x$$

$$=\int_{10^3}^{+\infty}\left(\frac{10^3}{y^2}-\frac{10^6}{zy^3}\right)\mathrm{d}y=1-\frac{1}{2z}$$

即

$$F_Z(z)=\begin{cases}1-\dfrac{1}{2z} & z\geqslant 1\\ \dfrac{z}{2} & 0<z<1\\ 0 & \text{其他}\end{cases}$$

故

$$F_Z(z)=\begin{cases}\dfrac{1}{2z^2} & z\geqslant 1\\ \dfrac{1}{2} & 0<z<1\\ 0 & \text{其他}\end{cases}$$

**例 8** 设 $X$、$Y$ 是相互独立的随机变量，其分布律分别为

$$P(X=k)=p(k),\quad k=0,1,2,\cdots$$
$$P(Y=r)=q(r),\quad r=0,1,2,\cdots$$

证明随机变量 $Z=X+Y$ 的分布律为

$$P(Z=i)=\sum_{k=0}^{i}p(k)q(i-k),\quad i=0,1,2,\cdots$$

**【知识点】** 随机变量相互独立的性质、二维离散型随机变量函数的分布.

**【证明】** 因为 $X$ 和 $Y$ 所有可能的值都是非负整数，所以

$$\{Z=i\}=\{X+Y=i\}=\{X=0,Y=i\}\cup\{X=1,Y=i-1\}\cup\cdots\cup\{X=i,Y=0\}$$

于是

$$P(Z=i)=\sum_{k=0}^{i}P(X=k,Y=i-k)\xlongequal{X\text{、}Y\text{ 相互独立}}\sum_{k=0}^{i}P(X=k)\cdot P(Y=i-k)$$

$$=\sum_{k=0}^{i}p(k)q(i-k)$$

**例 9** 设 $X$、$Y$ 是相互独立的随机变量，它们都服从参数为 $(n,p)$ 的二项分布. 证明 $Z=X+Y$ 服从参数为 $(2n,p)$ 的二项分布.

**【知识点】** 随机变量相互独立的性质、二维离散型随机变量函数的分布.

**【证明】** 方法一：$X+Y$ 可能取值为 $0,1,2,\cdots,2n$.

$$\begin{aligned}P(X+Y=k)&=\sum_{i=0}^{k}P(X=i,Y=k-i)=\sum_{i=0}^{k}P(X=i)\cdot P(Y=k-i)\\&=\sum_{i=0}^{k}\binom{n}{i}p^iq^{n-i}\binom{n}{k-i}p^{k-i}q^{n-k+i}=\sum_{i=0}^{k}\binom{n}{i}\binom{n}{k-i}p^kq^{2n-k}\\&=\binom{2n}{k}p^kq^{2n-k}\end{aligned}$$

方法二：设 $\mu_1,\mu_2,\cdots,\mu_n;\mu'_1,\mu'_2,\cdots,\mu'_n$ 均服从 0-1 分布(参数为 $p$)，则

$$X=\mu_1+\mu_2+\cdots+\mu_n,\quad Y=\mu'_1+\mu'_2+\cdots+\mu'_n$$

$$X+Y=\mu_1+\mu_2+\cdots+\mu_n+\mu'_1+\mu'_2+\cdots+\mu'_n$$

所以，$X+Y$ 服从参数为 $(2n,p)$ 的二项分布.

**例 10** 设随机变量 $(X,Y)$ 的分布律为

| $Y$ \ $X$ | 0 | 1 | 2 | 3 | 4 | 5 |
|---|---|---|---|---|---|---|
| 0 | 0 | 0.01 | 0.03 | 0.05 | 0.07 | 0.09 |
| 1 | 0.01 | 0.02 | 0.04 | 0.05 | 0.06 | 0.08 |
| 2 | 0.01 | 0.03 | 0.05 | 0.05 | 0.05 | 0.06 |
| 3 | 0.01 | 0.02 | 0.04 | 0.06 | 0.06 | 0.05 |

(1) 求 $P(X=2|Y=2)$、$P(Y=3|X=0)$；

(2) 求 $V=\max(X,Y)$ 的分布律；

(3) 求 $U=\min(X,Y)$ 的分布律；

(4) 求 $W=X+Y$ 的分布律.

**【知识点】** 二维离散型随机变量的边缘分布、条件分布的计算，二维离散型随机变量函数的分布.

**【解】** (1) $$P(X=2\mid Y=2)=\frac{P(X=2,Y=2)}{P(Y=2)}=\frac{P(X=2,Y=2)}{\sum\limits_{i=0}^{5}P(X=i,Y=2)}$$

$$=\frac{0.05}{0.25}=\frac{1}{5}$$

$$P(Y=3\mid X=0)=\frac{P(Y=3,X=0)}{P(X=0)}=\frac{P(X=0,Y=3)}{\sum\limits_{j=0}^{3}P(X=0,Y=j)}$$

$$=\frac{0.01}{0.03}=\frac{1}{3}$$

(2) $P(V=i)=P(\max(X,Y)=i)=P(X=i,Y<i)+P(X\leqslant i,Y=i)$

$$=\sum_{k=0}^{i-1}P(X=i,Y=k)+\sum_{k=0}^{i}P(X=k,Y=i),\quad i=0,1,2,3,4,5$$

所以 $V$ 的分布律为

| $V=\max(X,Y)$ | 0 | 1 | 2 | 3 | 4 | 5 |
|---|---|---|---|---|---|---|
| $P$ | 0 | 0.04 | 0.16 | 0.28 | 0.24 | 0.28 |

(3) $P(U=i)=P(\min(X,Y)=i)=P(X=i,Y\geqslant i)+P(X>i,Y=i)$

$$=\sum_{k=i}^{3}P(X=i,Y=k)+\sum_{k=i+1}^{5}P(X=k,Y=i),\quad i=0,1,2,3$$

于是 $U$ 的分布律为

| $U=\min(X,Y)$ | 0 | 1 | 2 | 3 |
|---|---|---|---|---|
| $P$ | 0.28 | 0.30 | 0.25 | 0.17 |

(4) 类似上述过程,有 $W$ 的分布律为

| $W=X+Y$ | 0 | 1 | 2 | 3 | 4 | 5 | 6 | 7 | 8 |
|---|---|---|---|---|---|---|---|---|---|
| $P$ | 0 | 0.02 | 0.06 | 0.13 | 0.19 | 0.24 | 0.19 | 0.12 | 0.05 |

**例 11** 雷达的圆形屏幕半径为 $R$,设目标出现点 $(X,Y)$ 在屏幕上服从均匀分布,如图 3.5 所示.

(1) 求 $P(Y>0|Y>X)$;

(2) 设 $M=\max(X,Y)$,求 $P(M>0)$.

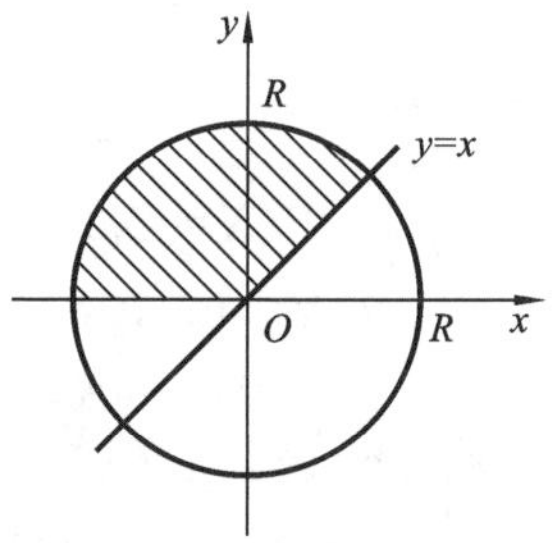


图 3.5

**【知识点】** 二维均匀分布的概念、二维随机变量的条件概率的计算、二维随机变量的函数的计算.

**【解】** 因 $(X,Y)$ 的联合概率密度为

$$f(x,y)=\begin{cases}\dfrac{1}{\pi R^2} & x^2+y^2\leqslant R^2\\ 0 & 其他\end{cases}$$

$$(1)\ P(Y>0\mid Y>X)=\frac{P(Y>0,Y>X)}{P(Y>X)}=\frac{\iint\limits_{\substack{y>0\\y>x}}f(x,y)\mathrm{d}\sigma}{\iint\limits_{y>x}f(x,y)\mathrm{d}\sigma}=\frac{\int_{\pi/4}^{\pi}\mathrm{d}\theta\int_0^R\frac{1}{\pi R^2}r\mathrm{d}r}{\int_{\pi/4}^{\frac{5}{4}\pi}\mathrm{d}\theta\int_0^R\frac{1}{\pi R^2}r\mathrm{d}r}$$

$$=\frac{3/8}{1/2}=\frac{3}{4}$$

(2) $P(M>0)=P(\max(X,Y)>0)=1-P(\max(X,Y)\leqslant 0)$

$$=1-P(X\leqslant 0,Y\leqslant 0)=1-\iint\limits_{\substack{x\leqslant 0\\ y\leqslant 0}} f(x,y)\mathrm{d}\sigma$$

$$=1-\frac{1}{4}=\frac{3}{4}$$

**例 12** 设某班车起点站上客人数 $X$ 服从参数为 $\lambda(\lambda>0)$ 的泊松分布，每位乘客在中途下车的概率为 $p(0<p<1)$，且中途下车与否相互独立，以 $Y$ 表示在中途下车的人数，求：

(1) 在发车时有 $n$ 个乘客的条件下，中途有 $m$ 人下车的概率；

(2) 二维随机变量 $(X,Y)$ 的概率分布.

**【知识点】** 泊松分布、二项分布、条件分布.

**【解】** (1) $P(Y=m|X=n)=C_n^m p^m(1-p)^{n-m},\quad 0\leqslant m\leqslant n,n=0,1,2,\cdots$

(2) $P(X=n,Y=m)=P(X=n)\cdot P(Y=m|X=n)$

$$=C_n^m p^m(1-p)^{n-m}\cdot\frac{e^{-\lambda}}{n!}\lambda^n,\quad 0\leqslant m\leqslant n,n=0,1,2,\cdots$$

**例 13** 设随机变量 $X$ 和 $Y$ 相互独立，其中 $X$ 的概率分布为 $X\sim\begin{pmatrix}1 & 2\\ 0.3 & 0.7\end{pmatrix}$，而 $Y$ 的概率密度为 $f(y)$，求随机变量 $U=X+Y$ 的概率密度 $g(u)$.

**【知识点】** 全概率公式、二维随机变量的函数的分布、随机变量间的独立性质.

**【解】** 设 $F(y)$ 是 $Y$ 的分布函数，则由全概率公式知，$U=X+Y$ 的分布函数为

$$G(u)=P(X+Y\leqslant u)=0.3P(X+Y\leqslant u|X=1)+0.7P(X+Y\leqslant u|X=2)$$
$$=0.3P(Y\leqslant u-1|X=1)+0.7P(Y\leqslant u-2|X=2)$$

由于 $X$ 和 $Y$ 独立，可见

$$G(u)=0.3P(Y\leqslant u-1)+0.7P(Y\leqslant u-2)$$
$$=0.3F(u-1)+0.7F(u-2)$$

由此，得 $U$ 的概率密度为

$$g(u)=G'(u)=0.3F'(u-1)+0.7F'(u-2)$$
$$=0.3f(u-1)+0.7f(u-2)$$

**例 14** 设二维随机变量 $(X,Y)$ 的分布函数为

$$F(x,y)=\begin{cases}0 & \min(x,y)<0\\ \min(x,y) & 0\leqslant\min(x,y)<1\\ 1 & \min(x,y)\geqslant 1\end{cases}$$

(1) 求 $X$ 与 $Y$ 的边缘分布函数；

(2) 求 $Z=F(X,Y)$ 的概率密度.

**【知识点】** 边缘分布、二维随机变量函数的分布、全概率公式.

【解】 (1)

$$F_X(x)=\lim_{y\to+\infty}F(x,y)=\begin{cases}0 & x<0\\ x & 0\leqslant x<1\\ 1 & x\geqslant 1\end{cases}$$

$$F_Y(y)=\lim_{x\to+\infty}F(x,y)=\begin{cases}0 & y<0\\ y & 0\leqslant y<1\\ 1 & y\geqslant 1\end{cases}$$

(2)

$$F_Z(z)=P(Z\leqslant z)=P(F(X,Y)\leqslant z)$$

由于 $0\leqslant F(X,Y)\leqslant 1$，因此当 $z<0$ 时，$F_Z(z)=0$，当 $z\geqslant 1$ 时，$F_Z(z)=1$，当 $0\leqslant z<1$时，

$$\begin{aligned}F_Z(z)&=P(\min(X,Y)\leqslant z)=P(X\leqslant z\cup Y\leqslant z)\\&=P(X\leqslant z)+P(Y\leqslant z)-P(X\leqslant z,Y\leqslant z)\\&=F_X(z)+F_Y(z)-F(z,z)=z+z-z=z\end{aligned}$$

所以

$$f_Z(z)=F'_Z(z)=\begin{cases}1 & 0\leqslant z<1\\ 0 & 其他\end{cases}$$

**例 15** 设 $X$ 和 $Y$ 相互独立，$X$ 的概率密度为 $f(x)$，$Y\sim\begin{pmatrix}a & b\\ p & 1-p\end{pmatrix}$，证明：$X+Y$ 的概率密度为 $h(x)=pf(x-a)+(1-p)f(x-b)$.

**【知识点】** 二维随机变量函数的分布、全概率公式.

**【解】**

$$\begin{aligned}P(X+Y\leqslant x)&=P(Y=a,X+Y\leqslant x)+P(Y=b,X+Y\leqslant x)\\&=P(Y=a,X\leqslant x-a)+P(Y=b,X\leqslant x-b)\\&=P(Y=a)P(X\leqslant x-a)+P(Y=b)P(X\leqslant x-b)\\&=p\int_{-\infty}^{x-a}f(t)\mathrm{d}t+(1-p)\int_{-\infty}^{x-b}f(t)\mathrm{d}t\end{aligned}$$

求导可得 $X+Y$ 的概率密度为 $h(x)=pf(x-a)+(1-p)f(x-b)$.

## 3.4 课后习题全解

### 习 题 3.1

**1.** 设二维随机变量$(X,Y)$取值$(0,1)$、$(0,2)$、$(1,1)$、$(1,2)$的概率分别为$\frac{a}{6}$、$\frac{a}{3}$、$\frac{a}{12}$、$\frac{a}{6}$，求其参数 $a$.

**【解】** 由二维随机变量分布律的性质可知：$\frac{a}{6}+\frac{a}{3}+\frac{a}{12}+\frac{a}{6}=1$，从而 $a=\frac{4}{3}$.

**2.** 设随机变量$(X,Y)$的分布函数为 $F(x,y)=A\left(B+\arctan\frac{x}{3}\right)(C+\arctan y)$，

试求参数 $A$、$B$、$C$.

**【解】** 由二维随机变量分布函数的性质可知

$$F(-\infty,y)=A\left(B-\frac{\pi}{2}\right)(C+\arctan y)=0$$

$$F(x,-\infty)=A\left(B+\arctan\frac{x}{3}\right)\left(C-\frac{\pi}{2}\right)=0$$

且 $A\neq 0$ 从而 $$B=C=\frac{\pi}{2}$$

又 $F(+\infty,+\infty)=A\left(B+\frac{\pi}{2}\right)\left(C+\frac{\pi}{2}\right)=1$,从而 $A=\frac{1}{\pi^2}$.

**3.** 设随机变量$(X,Y)$的概率密度为 $f(x,y)=\begin{cases}k(6-x-y) & 0<x<2,2<y<4\\ 0 & \text{其他}\end{cases}$,试求其参数 $k$.

**【解】** 由题意有 $\iint f(x,y)\mathrm{d}x\mathrm{d}y=1=\int_0^2\mathrm{d}x\int_2^4 k(6-x-y)\mathrm{d}y=8k$,所以 $k=\frac{1}{8}$.

**4.** 设随机变量$(X,Y)$的概率密度为 $f(x,y)=\begin{cases}6x & 0<x<y<1\\ 0 & \text{其他}\end{cases}$,求 $P(X+Y\leqslant 1)$.

**【解】** $$P(X+Y\leqslant 1)=\iint\limits_{x+y\leqslant 1}f(x,y)\mathrm{d}x\mathrm{d}y=\int_0^{\frac{1}{2}}\mathrm{d}x\int_x^{1-x}6x\mathrm{d}y$$

$$=\int_0^{\frac{1}{2}}(6x-12x^2)\mathrm{d}x=\frac{1}{4}$$

**5.** 设随机变量$(X,Y)$的概率密度为 $f(x,y)=\begin{cases}k\mathrm{e}^{-x} & 0<y<x\\ 0 & \text{其他}\end{cases}$.

(1) 试求其参数 $k$;

(2) 计算概率 $P(X+Y<2)$.

**【解】** (1)由题意有

$$\iint f(x,y)\mathrm{d}x\mathrm{d}y=1=\int_0^{+\infty}\mathrm{d}x\int_0^x k\mathrm{e}^{-x}\mathrm{d}y=k\int_0^{+\infty}x\mathrm{e}^{-x}\mathrm{d}x,k=1$$

(2) $$P(X+Y<2)=\iint\limits_{x+y<2}f(x,y)\mathrm{d}x\mathrm{d}y=\int_0^1\mathrm{d}y\int_y^{2-y}\mathrm{e}^{-x}\mathrm{d}x$$

$$=\int_0^1(\mathrm{e}^{-y}-\mathrm{e}^{y-2})\mathrm{d}y=(1-\mathrm{e}^{-1})^2$$

**6.** 设$(X,Y)$在圆域 $x^2+y^2\leqslant 4$ 上服从均匀分布,求:

(1) $(X,Y)$的概率密度;

(2) $P(0<X<1,0<Y<1)$.

**【解】** (1) 圆域 $x^2+y^2\leqslant 4$ 的面积 $A=4\pi$,故$(X,Y)$的概率密度为

$$f(x,y)=\begin{cases}\dfrac{1}{4\pi} & x^2+y^2\leqslant 4\\ 0 & \text{其他}\end{cases}$$

(2) $G$ 为不等式 $0<x<1,0<y<1$ 所确定的区域,所以

$$P(0<X<1,0<Y<1)=\iint\limits_G f(x,y)\mathrm{d}x\mathrm{d}y=\int_0^1\mathrm{d}x\int_0^1\frac{1}{4\pi}\mathrm{d}y=\frac{1}{4\pi}$$

**7.** 设二维随机变量$(X,Y)$的概率密度为

$$f(x,y)=\begin{cases}k\mathrm{e}^{-(2x+3y)} & x>0,y>0\\ 0 & \text{其他}\end{cases}$$

(1) 确定常数 $k$;

(2) 求$(X,Y)$的分布函数;

(3) 求 $P(X<Y)$.

**【解】** (1) 由性质有

$$\int_{-\infty}^{+\infty}\int_{-\infty}^{+\infty}f(x,y)\mathrm{d}x\mathrm{d}y=\int_0^{-\infty}\int_0^{+\infty}k\mathrm{e}^{-(2x+3y)}\mathrm{d}x\mathrm{d}y=k\int_0^{+\infty}\mathrm{e}^{-2x}\mathrm{d}x\int_0^{+\infty}\mathrm{e}^{-3y}\mathrm{d}y$$

$$=k\left[-\frac{1}{2}\mathrm{e}^{-2x}\right]_0^{+\infty}\left[-\frac{1}{3}\mathrm{e}^{-3y}\right]_0^{+\infty}=k/6=1$$

于是,$k=6$.

(2) 由定义有

$$F(x,y)=\int_{-\infty}^{y}\int_{-\infty}^{x}f(u,v)\mathrm{d}u\mathrm{d}v$$

$$=\begin{cases}\displaystyle\int_0^y\int_0^x 6\mathrm{e}^{-(2u+3v)}\mathrm{d}u\mathrm{d}v=(1-\mathrm{e}^{-2x})(1-\mathrm{e}^{-3y}) & y>0,x>0\\ 0 & \text{其他}\end{cases}$$

(3) $P(X<Y)=\iint\limits_D f(x,y)\mathrm{d}x\mathrm{d}y=\iint\limits_{x<y}f(x,y)\mathrm{d}x\mathrm{d}y$

$$=\int_0^{+\infty}\left[\int_0^y 6\mathrm{e}^{-(2x+3y)}\mathrm{d}x\right]\mathrm{d}y=\int_0^{+\infty}3\mathrm{e}^{-3y}(1-\mathrm{e}^{-2y})\mathrm{d}y=\frac{2}{5}$$

**8.** 设$(X,Y)\sim N(0,\sigma^2;0,\sigma^2;0)$,求 $P(X<Y)$.

**【解】** 易知 $f(x,y)=\dfrac{1}{2\pi\sigma^2}\mathrm{e}^{-\frac{x^2+y^2}{2\sigma^2}}(-\infty<x,y<+\infty)$,所以

$$P(X<Y)=\iint\limits_{x<y}\frac{1}{2\pi\sigma^2}\mathrm{e}^{-\frac{x^2+y^2}{2\sigma^2}}\mathrm{d}x\mathrm{d}y$$

引进极坐标 $x=r\cos\theta,y=r\sin\theta$,则

$$P(X<Y)=\int_{\frac{\pi}{4}}^{\frac{5}{4}\pi}\int_0^{+\infty}\frac{1}{2\pi\sigma^2}r\mathrm{e}^{-\frac{r^2}{2\sigma^2}}\mathrm{d}r\mathrm{d}\theta=\frac{1}{2}$$

## 习　题　3.2

**1.** 设二维随机变量$(X,Y)$的概率分布如下：

| $X$ \ $Y$ | 0 | 1 |
|---|---|---|
| 0 | 0.1 | 0.5 |
| 1 | 0.2 | 0.2 |

试求其边缘分布律.

**【解】** 由离散型随机变量的边缘分布的计算方法，很容易得出其边缘分布律：

| $X$ | 0 | 1 |
|---|---|---|
| $P$ | 0.6 | 0.4 |

| $Y$ | 0 | 1 |
|---|---|---|
| $P$ | 0.3 | 0.7 |

**2.** 设 $X\sim\begin{pmatrix}0 & 1\\ \dfrac{1}{3} & \dfrac{2}{3}\end{pmatrix}$，$Y\sim\begin{pmatrix}-1 & 0 & 1\\ \dfrac{1}{3} & \dfrac{1}{3} & \dfrac{1}{3}\end{pmatrix}$，且 $P(X^2=Y^2)=1$，求$(X,Y)$的联合分布律.

**【解】** 由 $P(X^2=Y^2)=1$ 可得出 $P(X^2\neq Y^2)=0$，即有

$$P(X=0,Y=-1)+P(X=0,Y=1)+P(X=1,Y=0)=0$$

再由联合分布律和边缘分布律的关系可得

| $X$ \ $Y$ | $-1$ | 0 | 1 |
|---|---|---|---|
| 0 | 0 | 1/3 | 0 |
| 1 | 1/3 | 0 | 1/3 |

**3.** 设二维随机变量$(X,Y)$的概率密度为 $f(x,y)=\begin{cases}e^{-x} & 0<y<x\\ 0 & \text{其他}\end{cases}$，求边缘概率密度 $f_X(x)$和 $f_Y(y)$.

**【解】** 由于 $f_X(x)=\int_{-\infty}^{+\infty}f(x,y)\mathrm{d}y$，故

当 $x\leqslant 0$ 时，$$f_X(x)=\int_{-\infty}^{+\infty}f(x,y)\mathrm{d}y=0$$

当 $x>0$ 时，$$f_X(x)=\int_0^x e^{-x}\mathrm{d}y=xe^{-x}$$

即 $$f_X(x)=\begin{cases}xe^{-x} & x>0\\ 0 & x\leqslant 0\end{cases}$$

由于 $f_Y(y)=\int_{-\infty}^{+\infty}f(x,y)\mathrm{d}x$，故

当 $y\leqslant 0$ 时，
$$f_Y(y)=\int_{-\infty}^{+\infty}f(x,y)\mathrm{d}x=0$$

当 $y>0$ 时，
$$f_Y(y)=\int_{y}^{+\infty}\mathrm{e}^{-x}\mathrm{d}x=\mathrm{e}^{-y}$$

即
$$f_Y(y)=\begin{cases}\mathrm{e}^{-y} & y>0\\ 0 & y\leqslant 0\end{cases}$$

**4.** 设随机变量 $(X,Y)$ 有概率密度 $f(x,y)=\begin{cases}cxy^2 & 0<x<1,0<y<1\\ 0 & \text{其他}\end{cases}$.

(1) 求常数 $c$；

(2) 求边缘概率密度 $f_X(x)$ 和 $f_Y(y)$.

**【解】** (1) 由题意有：$\iint f(x,y)\mathrm{d}x\mathrm{d}y=1=\int_0^1\mathrm{d}x\int_0^1 cxy^2\mathrm{d}y=\frac{c}{6}$，从而 $c=6$.

(2)
$$f_X(x)=\int_{-\infty}^{+\infty}f(x,y)\mathrm{d}y=\begin{cases}\int_0^1 6xy^2\mathrm{d}y=2x & 0\leqslant x\leqslant 1\\ 0 & \text{其他}\end{cases}$$

$$f_Y(y)=\int_{-\infty}^{+\infty}f(x,y)\mathrm{d}x=\begin{cases}\int_0^1 6xy^2\mathrm{d}x=3y^2 & 0\leqslant y\leqslant 1\\ 0 & \text{其他}\end{cases}$$

## 习　题　3.3

**1.** 已知二维随机变量 $(X,Y)$ 的联合分布律如下所示，求：

(1) 在 $Y=1$ 的条件下，$X$ 的条件分布律；

(2) 在 $X=1$ 的条件下，$Y$ 的条件分布律.

| Y \ X | 0 | 1 | 2 | $P(Y=y_j)$ |
|---|---|---|---|---|
| −1 | 0.1 | 0.2 | 0 | 0.3 |
| 0 | 0 | 0.1 | 0.2 | 0.3 |
| 1 | 0.2 | 0 | 0.2 | 0.4 |
| $P(X=x_i)$ | 0.3 | 0.3 | 0.4 | |

**【解】** 由联合分布律、边缘分布律以及条件分布律的定义，很容易得出

(1) 在 $Y=1$ 的条件下 $X$ 的条件分布律为

$$P(X=0|Y=1)=\frac{P(X=0,Y=1)}{P(Y=1)}=\frac{0.2}{0.4}=0.5$$

$$P(X=1|Y=1)=\frac{P(X=1,Y=1)}{P(Y=1)}=\frac{0}{0.4}=0$$

$$P(X=2|Y=1)=\frac{P(X=2,Y=1)}{P(Y=1)}=\frac{0.2}{0.4}=0.5$$

即有

| X | 0 | 1 | 2 |
|---|---|---|---|
| P | 0.5 | 0 | 0.5 |

(2) 同理可得，在 $X=1$ 的条件下 $Y$ 的条件分布律为

| Y | −1 | 0 | 1 |
|---|---|---|---|
| P | 2/3 | 1/3 | 0 |

**2***. 一位射手进行射击，击中的概率为 $p(0<p<1)$，射击到击中目标两次为止. 记 $X$ 表示首次击中目标时的射击次数，$Y$ 表示射击的总次数. 试求$(X,Y)$的联合分布律与条件分布律.

**【解】** 依题意，$X=m,Y=n$ 表示前 $m-1$ 次不中，第 $m$ 次击中，接着又 $n-1-m$ 次不中，第 $n$ 次击中. 因各次射击是独立的，故$(X,Y)$的联合分布律为

$$P(X=m,Y=n)=p^2(1-p)^{n-2},\quad m=1,2,\cdots,n-1,\quad n=2,3\cdots$$

又因
$$P(X=m)=\sum_{n=m+1}^{+\infty}P(X=m,Y=n)=\sum_{n=m+1}^{+\infty}p^2(1-p)^{n-2}$$

$$=p^2\sum_{n=m+1}^{+\infty}(1-p)^{n-2}=p(1-p)m-1,\quad m=1,2,\cdots$$

$$P(Y=n)=(n-1)p^2(1-p)^{n-2},\quad n=2,3,\cdots$$

所以，所求的条件分布律为

当 $n=2,3,\cdots$ 时，

$$P(X=m|Y=n)=\frac{P(X=m,Y=n)}{P(Y=n)}=\frac{1}{n-1},\quad m=1,2,\cdots,n-1$$

当 $m=1,2,\cdots$ 时，

$$P(Y=n|X=m)=\frac{P(X=m,Y=n)}{P(Y=n)}=p(1-p)^{n-m-1},\quad n=m+1,m+2,\cdots$$

**3.** 设$(X,Y)\sim N(0,1;0,1;\rho)$，求 $f_{X|Y}(x|y)$ 与 $f_{Y|X}(y|x)$.

**【解】** 易知 $f(x,y)=\dfrac{1}{2\pi\sqrt{1-\rho^2}}e^{-\frac{x^2-2\rho xy+y^2}{2(1-\rho^2)}}(-\infty<x,y<+\infty)$，所以

$$f_{X|Y}(x|y)=\frac{f(x,y)}{f_Y(x)}=\frac{1}{\sqrt{2\pi(1-\rho^2)}}e^{-\frac{x-\rho y^2}{2(1-\rho^2)}}$$

$$f_{Y|X}(y|x)=\frac{f(x,y)}{f_X(x)}=\frac{1}{\sqrt{2\pi(1-\rho^2)}}e^{-\frac{y-\rho x^2}{2(1-\rho^2)}}$$

**4.** 设随机变量 $X$ 的概率密度为 $f(x)=\begin{cases} e^{-x} & x>0 \\ 0 & x\leqslant 0 \end{cases}$，试求 $P(X\leqslant 2|X\geqslant 1)$.

**【解】** $P(X\leqslant 2\mid X\geqslant 1)=\dfrac{P(1\leqslant X\leqslant 2)}{P(X\geqslant 1)}=\dfrac{\int_1^2 e^{-x}dx}{\int_1^{+\infty}e^{-x}dx}=\dfrac{e^{-1}-e^{-2}}{e^{-1}}=1-e^{-1}$

**5.** 已知随机变量$(X,Y)$的联合概率密度为

$$f(x,y)=\begin{cases} \dfrac{6}{5}x^2(4xy+1) & 0<x<1,0<y<1 \\ 0 & \text{其他} \end{cases}$$

求条件概率密度 $f_{X|Y}(x|y)$、$f_{Y|X}(y|x)$.

**【解】** 由题意可得

$$f_X(x)=\int_{-\infty}^{+\infty}f(x,y)dy=\begin{cases} \int_0^1 \dfrac{6}{5}x^2(4xy+1)dy=\dfrac{6}{5}x^2(2x+1) & 0<x<1 \\ 0 & \text{其他} \end{cases}$$

所以，当 $0<x<1$ 时，

$$f_{Y|X}(y|x)=\frac{f(x,y)}{f_X(x)}=\begin{cases} \dfrac{4xy+1}{2x+1} & 0<y<1 \\ 0 & \text{其他} \end{cases}$$

$$f_Y(y)=\int_{-\infty}^{+\infty}f(x,y)dx=\begin{cases} \int_0^1 \dfrac{6}{5}x^2(4xy+1)dx=\dfrac{6}{5}y+\dfrac{2}{5} & 0<y<1 \\ 0 & \text{其他} \end{cases}$$

当 $0<y<1$ 时，$f_{X|Y}(x|y)=\dfrac{f(x,y)}{f_Y(y)}=\begin{cases} \dfrac{3x^2(4xy+1)}{3y+1} & 0<x<1 \\ 0 & \text{其他} \end{cases}$

## 习　题　3.4

**1.** 设二维随机变量$(X,Y)$的概率分布为

| X \ Y | 1 | 2 | 3 |
|---|---|---|---|
| 1 | 1/6 | 1/9 | 1/18 |
| 2 | 1/3 | $s$ | $t$ |

且 $X$、$Y$ 相互独立，求参数 $s$、$t$.

**【解】** 由二维随机变量的分布律可知

$$\frac{1}{6}+\frac{1}{9}+\frac{1}{18}+\frac{1}{3}+s+t=1$$

又由于 $X$、$Y$ 相互独立，则

$$P(X=1,Y=2)=P(X=1)\cdot P(Y=2)$$

即 $\frac{1}{9}=\left(\frac{1}{9}+s\right)\left(\frac{1}{6}+\frac{1}{9}+\frac{1}{18}\right)$，从而可得，$s=\frac{2}{9}$，$t=\frac{1}{9}$.

**2.** 设二维随机变量 $X$ 和 $Y$ 的分布律为 $(X,Y)\sim\begin{pmatrix}(0,-1) & (0,0) & (1,-1) & (1,0)\\ a & b & \frac{1}{8} & \frac{3}{8}\end{pmatrix}$，且随机事件 $\{X+Y=0\}$ 与 $\{X=1\}$ 相互独立，求常数 $a$、$b$ 的值.

**【解】** 由二维随机变量的分布律可得，$a+b=\frac{1}{2}$. 又由事件 $\{X+Y=0\}$ 与 $\{X=1\}$ 相互独立，有 $P(X+Y=0,X=1)=P(X+Y=0)P(X=1)$，即

$$P(X=1,Y=-1)=P(X+Y=0)P(X=1)$$

可得 $\frac{1}{8}=\left(b+\frac{1}{8}\right)\cdot\left(\frac{1}{8}+\frac{3}{8}\right)$，从而解得：$a=\frac{3}{8}$，$b=\frac{1}{8}$.

**3.** 选择题.

(1) 随机变量 $X$ 和 $Y$ 的边缘分布可以由它们的联合分布确定，联合分布(　　)由边缘分布确定.

A. 不能　　　　B. 为正态分布时可以

C. 也可　　　　D. 当 $X$ 与 $Y$ 相互独立时可以

**【答案】** D.

**【解】** 当 $X$ 与 $Y$ 相互独立时，$F(x,y)=F_X(x)F_Y(y)$，显然选项D正确. 其他选项均不正确.

(2) 若随机变量 $Y=-X_1+2X_2$，$X_i\sim N(0,1)(i=1,2)$，则(　　).

A. $Y$ 不一定服从正态分布　　　　B. $Y\sim N(0,5)$

C. $Y\sim N(0,1)$　　　　D. $Y\sim N(0,3)$

**【答案】** A.

**【解】** 只有当正态随机变量相互独立时，其线性函数才服从正态分布，显然选项B、C、D都不正确，应选A.

**4.** 设随机变量 $X\sim N(0,4)$，$Y\sim N(1,9)$，且 $X$ 与 $Y$ 相互独立，则随机变量 $Z=X-2Y\sim$______.

**【答案】** $N(-2,40)$.

**【解】** 由定理，设 $X_1,X_2,\cdots,X_n$ 相互独立，且 $X_i\sim N(\mu_i,\sigma_i^2)$，$i=1,2,\cdots,n$，则有

$$C_1X_1+C_2X_2+\cdots+C_nX_n\sim N(C_1\mu_1+C_2\mu_2+\cdots+C_n\mu_n,C_1^2\sigma_1^2+C_2^2\sigma_2^2+\cdots+C_n^2\sigma_n^2)$$

可知，$Z=X-2Y\sim N(0-2\times1,1^2\times4+(-2)^2\times9)$，即 $Z\sim N(-2,40)$.

**5.** 设二维随机变量 $X$ 和 $Y$ 具有概率密度为

$$f(x,y)=\begin{cases}ke^{-(3x+4y)} & x>0,y>0\\ 0 & 其他\end{cases}$$

(1) 求参数 $k$；

(2) 证明 $X$ 与 $Y$ 相互独立.

**【解】** (1) 由题意有：$\iint f(x,y)\mathrm{d}x\mathrm{d}y=1=\int_0^{+\infty}\mathrm{d}x\int_0^{+\infty}ke^{-(3x+4y)}\mathrm{d}y=\frac{k}{12}$，从而 $k=12$.

(2) $$f_X(x)=\int_{-\infty}^{+\infty}f(x,y)\mathrm{d}y=\begin{cases}\int_0^{+\infty}12e^{-3x}e^{-4y}\mathrm{d}y=3e^{-3x} & x>0\\ 0 & 其他\end{cases}$$

$$f_Y(y)=\int_{-\infty}^{+\infty}f(x,y)\mathrm{d}x=\begin{cases}\int_0^{+\infty}12e^{-3x}e^{-4y}\mathrm{d}x=4e^{-4y} & y>0\\ 0 & 其他\end{cases}$$

由于 $f(x,y)=f_X(x)f_Y(y)$ 处处成立，所以 $X$ 与 $Y$ 相互独立.

**6.** 设随机变量 $X\sim N(1,4)$，$Y\sim N(0,1)$，且 $X$ 与 $Y$ 相互独立，求 $P(X>Y+1)$.

**【解】** 由题意可知，$X-Y\sim N(1,5)$，所以 $P(X>Y+1)=P(X-Y>1)=0.5$.

**7.** 设二维随机变量 $X$ 和 $Y$ 相互独立，且都服从 $N(0,1)$，求 $P(X^2+Y^2\leqslant 1)$.

**【解】** 由于二维随机变量 $X$ 和 $Y$ 相互独立，且都服从 $N(0,1)$，因此 $(X,Y)$ 的概率密度为

$$f(x,y)=f_X(x)f_Y(y)=\frac{1}{2\pi}e^{-\frac{1}{2}(x^2+y^2)},\quad x,y\in\mathbf{R}$$

所以 $$P(X^2+Y^2\leqslant 1)=\iint\limits_{x^2+y^2\leqslant 1}\frac{1}{2\pi}e^{-\frac{1}{2}(x^2+y^2)}\mathrm{d}x\mathrm{d}y=\frac{1}{2\pi}\int_0^{2\pi}\mathrm{d}\theta\int_0^1 e^{-\frac{1}{2}r^2}r\mathrm{d}r=1-e^{-\frac{1}{2}}$$

**8.** 设 $(X,Y)$ 在圆域 $x^2+y^2\leqslant 1$ 上服从均匀分布，问 $X$ 和 $Y$ 是否相互独立？

**【解】** $(X,Y)$ 的联合概率密度为

$$f(x,y)=\begin{cases}\frac{1}{\pi} & x^2+y^2\leqslant 1\\ 0 & 其他\end{cases}$$

由此可得

$$f_X(x)=\int_{-\infty}^{+\infty}f(x,y)\mathrm{d}y=\begin{cases}\frac{2}{\pi}\sqrt{1-x^2} & -1\leqslant x\leqslant 1\\ 0 & 其他\end{cases}$$

$$f_Y(y)=\int_{-\infty}^{+\infty}f(x,y)\mathrm{d}x=\begin{cases}\frac{2}{\pi}\sqrt{1-y^2} & -1\leqslant y\leqslant 1\\ 0 & 其他\end{cases}$$

可见在圆域 $x^2+y^2\leqslant 1$ 上，$f(x,y)\neq f_X(x)f_Y(y)$，故 $X$ 和 $Y$ 不相互独立.

**9.** 设 $X$ 和 $Y$ 分别表示两个元件的寿命(单位：h)，又设 $X$ 与 $Y$ 相互独立，且它

们的概率密度分别为

$$f_X(x)=\begin{cases}e^{-x} & x>0\\ 0 & \text{其他}\end{cases}$$

$$f_Y(y)=\begin{cases}e^{-y} & y>0\\ 0 & \text{其他}\end{cases}$$

求 $X$ 和 $Y$ 的联合概率密度 $f(x,y)$.

**【解】** 由 $X$ 和 $Y$ 相互独立可知

$$f(x,y)=f_X(x)f_Y(y)=\begin{cases}e^{-(x+y)} & x>0,y>0\\ 0 & \text{其他}\end{cases}$$

**10.** 设内燃机气缸的直径(单位:cm)$X\sim N(42.5,0.4^2)$,活塞的直径(单位:cm)$Y\sim N(41.5,0.3^2)$,设 $X$ 和 $Y$ 相互独立.若活塞不能装入气缸则需返工,求返工的概率.

**【解】** 按题意需求概率 $P(X\leqslant Y)=P(X-Y\leqslant 0)$,由定理知

$$X-Y\sim N(42.5-41.5,0.4^2+0.3^2)$$

即

$$X-Y\sim N(1,0.25)$$

于是

$$P(X-Y\leqslant 0)=P\left(\frac{X-Y-1}{0.5}\leqslant\frac{-1}{0.5}\right)=\Phi(-2)=1-\Phi(2)$$

$$=1-0.9772=0.0228$$

## 习　题　3.5

**1.** 设 $X$、$Y$ 相互独立,分别在$[0,1]$区间上服从均匀分布,求随机变量 $Z=X+Y$ 的概率密度.

**【解】** 由题设可知

$$f_X(x)=\begin{cases}1 & 0\leqslant x\leqslant 1\\ 0 & \text{其他}\end{cases},\quad f_Y(y)=\begin{cases}1 & 0\leqslant y\leqslant 1\\ 0 & \text{其他}\end{cases}$$

由于

$$f_X(x)f_Y(z-x)=\begin{cases}1 & 0\leqslant x\leqslant 1,0\leqslant z-x\leqslant 1\\ 0 & \text{其他}\end{cases}$$

$$=\begin{cases}1 & 0\leqslant x\leqslant 1,x\leqslant z\leqslant 1+x\\ 0 & \text{其他}\end{cases}$$

因此

$$f_Z(z)=\int_{-\infty}^{+\infty}f_X(x)f_Y(z-x)\mathrm{d}x=\begin{cases}\int_0^z\mathrm{d}x=z & 0\leqslant z\leqslant 1\\ \int_{z-1}^1\mathrm{d}x=2-z & 1<z\leqslant 2\\ 0 & \text{其他}\end{cases}$$

**2.** 设 $X$ 和 $Y$ 是两个相互独立的随机变量,其概率密度分别为

$$f_X(x)=\begin{cases}1 & 0\leqslant x\leqslant 1\\ 0 & 其他\end{cases},\quad f_Y(y)=\begin{cases}e^{-y} & y>0\\ 0 & 其他\end{cases}$$

求随机变量 $Z=X+Y$ 的概率密度.

**【解】** 因为 $X$、$Y$ 相互独立,所以由卷积公式知

$$f_Z(z)=\int_{-\infty}^{+\infty}f_X(x)f_Y(z-x)\mathrm{d}x$$

由题设可知 $f_X(x)f_Y(y)$ 只有当 $0\leqslant x\leqslant 1,y>0$ 时,即当 $0\leqslant x\leqslant 1$ 且 $z-x>0$ 时才不等于零.现在所求的积分变量为 $x$,$z$ 当作参数,当积分变量满足 $x$ 的不等式组 $0\leqslant x\leqslant 1,x<z$ 时,被积函数 $f_X(x)f_Y(z-x)\neq 0$.下面针对参数 $z$ 的不同取值范围来计算积分.

当 $z<0$ 时,上述不等式组无解,故 $f_X(x)f_Y(z-x)=0$.当 $0\leqslant z\leqslant 1$ 时,不等式组的解为 $0\leqslant x\leqslant z$.当 $z>1$ 时,不等式组的解为 $0\leqslant x\leqslant 1$.所以

$$f_Z(z)=\begin{cases}\int_0^z e^{-(z-x)}\mathrm{d}x=1-e^{-z} & 0\leqslant z\leqslant 1\\ \int_0^1 e^{-(z-x)}\mathrm{d}x=e^{-z}(e-1) & z>1\\ 0 & 其他\end{cases}$$

**3.** 设$(X,Y)$的概率密度为 $f(x,y)=\begin{cases}e^{-(x+y)} & x>0,y>0\\ 0 & 其他\end{cases}$,求随机变量 $Z=2X+Y$ 的概率密度.

**【解】** 由 $f(x,y)$可知随机点只能落入第一象限,所以当 $z<0$ 时,$\{2X+Y\leqslant z\}$ 是不可能事件,故

$$F_Z(z)=P(2X+Y\leqslant z)=0$$

当 $z\geqslant 0$ 时,

$$F_Z(z)=P(2X+Y\leqslant z)=\iint\limits_{2x+y\leqslant z}f(x,y)\mathrm{d}x\mathrm{d}y$$

$$=\int_0^{\frac{z}{2}}\mathrm{d}x\int_0^{z-2x}e^{-(x+y)}\mathrm{d}y=\int_0^{\frac{z}{2}}e^{-x}(-e^{-y}\big|_0^{z-2x})\mathrm{d}x=(1-e^{-\frac{z}{2}})^2$$

因此,$Z$ 的分布函数为

$$F_Z(z)=\begin{cases}(1-e^{-\frac{z}{2}})^2 & z\geqslant 0\\ 0 & z<0\end{cases}$$

所以,$Z$ 的概率密度为

$$f_Z(z)=F'_Z(z)=\begin{cases}e^{-\frac{z}{2}}(1-e^{-\frac{z}{2}}) & z\geqslant 0\\ 0 & z<0\end{cases}$$

**4.** 设 $X$、$Y$ 分别表示两个不同型号的灯泡的寿命(单位:h),$X$、$Y$ 相互独立,它们

的概率密度依次为

$$f(x)=\begin{cases} e^{-x} & x>0 \\ 0 & 其他 \end{cases},\quad g(y)=\begin{cases} 2e^{-2y} & y>0 \\ 0 & 其他 \end{cases}$$

求 $Z=X/Y$ 的概率密度.

**【解】** 当 $z>0$ 时，$Z$ 的概率密度为

$$f_Z(z)=\int_0^{+\infty} ye^{-yz}2e^{-2y}\mathrm{d}y=\int_0^{+\infty} 2ye^{-(2+z)y}\mathrm{d}y=\frac{2}{(2+z)^2}$$

当 $z\leqslant 0$ 时，$f_Z(z)=0$. 于是

$$f_Z(z)=\begin{cases} \dfrac{2}{(2+z)^2} & z>0 \\ 0 & z\leqslant 0 \end{cases}$$

**5.** 设某种型号的电子元件的寿命(单位:h)近似服从 $N(150,10^2)$ 分布，随机选取 4 只，求其中没有一只寿命小于 160 的概率.

**【解】** 用 $X_i(i=1,2,3,4)$ 表示这 4 只电子元件的寿命，则 $X_i\sim N(150,10^2)$.

"没有一只寿命小于 160"意味着"每一只寿命都大于等于 160"，而事件

$$\{X_1\geqslant 160,X_2\geqslant 160,X_3\geqslant 160,X_4\geqslant 160\}=\{Z_2=\min(X_1,X_2,X_3,X_4)\geqslant 160\}$$

故本题所求的概率为

$$\begin{aligned} P(Z_2=\min(X_1,X_2,X_3,X_4)\geqslant 160)&=1-P(Z_2<160)=1-\{1-[1-F(160)]^4\} \\ &=[1-F(160)]^4=\left(1-\Phi\left(\frac{160-150}{10}\right)\right)^4 \\ &=[1-\Phi(1)]^4=0.00063 \end{aligned}$$

## 综合练习 3

**1.** 填空题.

(1) 设$(X,Y)$为任一二维连续型随机变量，则 $P(X+Y=1)=$______.

**【答案】** 0.

**【解】** 当 $l$ 为任意的一条曲线时，$P((X,Y)\in l)=0$，从而可知 $P(X+Y=1)=0$.

(2) 设二维随机变量$(X,Y)$的概率密度为 $f(x,y)=\begin{cases} x+y & 0<x<1,0<y<1 \\ 0 & 其他 \end{cases}$，则 $P(X+Y\leqslant 0)=$______.

**【答案】** 0.

**【解】** 很显然，在 $x+y\leqslant 0$ 的区域内，概率密度为 0，所以 $P(X+Y\leqslant 0)=0$.

(3) 设二维随机变量$(X,Y)$的概率密度为 $f(x,y)=\begin{cases} Ax & 0<x<1,0<y<x \\ 0 & 其他 \end{cases}$，则常数 $A=$______.

**【答案】** 3.

【解】 $1=\iint f(x,y)\mathrm{d}x\mathrm{d}y=\int_0^1\mathrm{d}x\int_0^x Ax\,\mathrm{d}y=\frac{A}{3}$,解得 $A=3$.

(4) 设二维随机变量$(X,Y)\sim N(\mu_1,\sigma_1^2;\mu_2,\sigma_2^2;\rho)$,则 $X$ 与 $Y$ 独立等价于______.

【答案】 $\rho=0$.

【解】 由二维正态分布的概率密度

$$f(x,y)=\frac{1}{2\pi\sigma_1\sigma_2\sqrt{1-\rho^2}}\exp\left\{\frac{-1}{2(1-\rho^2)}\left[\frac{(x-\mu_1)^2}{\sigma_1^2}-2\rho\frac{(x-\mu_1)(y-\mu_2)}{\sigma_1\sigma_2}+\frac{(y-\mu_2)^2}{\sigma_2^2}\right]\right\}$$

$$(-\infty<x<+\infty,-\infty<y<+\infty)$$

可得出各自的边缘概率密度为

$$f_X(x)=\frac{1}{\sqrt{2\pi}\sigma_1}\mathrm{e}^{-\frac{1}{2\sigma_1^2}(x-\mu_1)^2}\quad(-\infty<x<+\infty)$$

$$f_Y(y)=\frac{1}{\sqrt{2\pi}\sigma_2}\mathrm{e}^{-\frac{1}{2\sigma_2^2}(y-\mu_2)^2}\quad(-\infty<y<+\infty)$$

若 $X$、$Y$ 相互独立,则有 $f(x,y)=f_X(x)f_Y(y)$,由该等式可得出等价结论:$\rho=0$.

(5) 设随机变量$(X,Y)$的概率密度为 $f(x,y)=\begin{cases}1/2 & 0\leqslant x\leqslant 1,0\leqslant y\leqslant 2\\ 0 & \text{其他}\end{cases}$,则 $X$、$Y$ 中至少有一个小于 1/2 的概率为______.

【答案】 $\frac{5}{8}$.

【解】 由题可知,随机变量$(X,Y)$服从二维均匀分布,则所求的概率为

$$P\left(X<\frac{1}{2}\cup Y<\frac{1}{2}\right)=1-P\left(X\geqslant\frac{1}{2}\cap Y\geqslant\frac{1}{2}\right)=1-\frac{\frac{1}{2}\times\frac{3}{2}}{1\times 2}=\frac{5}{8}$$

**2.** 选择题.

(1) 若随机变量 $Y=2X_1-X_2$,$X_i\sim N(0,1)$,$i=1,2$,则(　　).

A. $Y$ 不一定服从正态分布　　B. $Y\sim N(0,5)$

C. $Y\sim N(0,3)$　　D. $Y\sim N(0,1)$

【答案】 A.

【解】 只有当正态随机变量相互独立时,其线性函数才服从正态分布,显然选项 B、C、D 都不正确,应选 A.

(2) 设随机变量$(X,Y)$的分布函数为 $F(x,y)$,边缘分布函数为 $F_X(x)$ 和 $F_Y(y)$,则概率 $P(X>x,Y>y)$等于(　　).

A. $1-F(x,y)$　　B. $1-F_X(x)-F_Y(y)$

C. $F(x,y)-F_X(x)-F_Y(y)+1$　　D. $F(x,y)+F_X(x)+F_Y(y)-1$

【答案】 C.

【解】 $P(X>x,Y>y)=1-P(X\leqslant x)-P(Y\leqslant y)+P(X\leqslant x,Y\leqslant y)$

$$=1-F_X(x)-F_Y(y)+F(x,y)$$

所以选项 C 正确.

(3) 设 $X$、$Y$ 为两个随机变量,且 $P(X\leqslant 1,Y\leqslant 1)=\frac{4}{9}$,$P(X\leqslant 1)=P(Y\leqslant 1)=\frac{2}{3}$,则 $P(\min(X,Y)\leqslant 1)=$(　　).

A. 4/9　　B. 2/3　　C. 8/9　　D. 1/9

【答案】 C.

【解】 $P(\min(X,Y)\leqslant 1)=1-P(\min(X,Y)>1)=1-P(X>1,Y>1)$

$$=1-[1-P(X\leqslant 1)-P(Y\leqslant 1)+P(X\leqslant 1,Y\leqslant 1)]$$

$$=1-\left(1-\frac{2}{3}-\frac{2}{3}+\frac{4}{9}\right)=\frac{8}{9}$$

所以应选 C.

**3.** 设随机变量 $(X,Y)$ 的分布函数为

$$F(x,y)=\begin{cases}a(b+\arctan x)(c-\mathrm{e}^{-y}) & x\in\mathbf{R},y>0\\ 0 & \text{其他}\end{cases}$$

求常数 $a$、$b$、$c$ 的值.

【解】 由 $F(+\infty,+\infty)=1$,得 $a\left(b+\frac{\pi}{2}\right)(c-0)=1$.

对任意的 $y>0$,$F(-\infty,y)=0$,得 $a\left(b-\frac{\pi}{2}\right)(c-\mathrm{e}^{-y})=0$.

对任意的 $x$,$F(x,y)$ 在 $y=0$ 处右连续,得 $F(x,0+0)=F(x,0)$,即 $a(b+\arctan x)(c-1)=0$.

综合以上,可得 $a=\frac{1}{\pi}$,$b=\frac{\pi}{2}$,$c=1$.

**4.** 若二维随机变量 $(X,Y)$ 中 $X$ 与 $Y$ 相互独立,其联合分布律为

| Y \ X | 1 | 2 | 3 |
|---|---|---|---|
| 0 | 1/15 | $q$ | 1/5 |
| 1 | $p$ | 1/5 | 3/10 |

(1) 求 $p$、$q$;

(2) 求 $X$ 与 $Y$ 的边缘分布律.

【解】 (1) 由二维随机变量分布律性质,有 $\frac{1}{15}+q+\frac{1}{5}+p+\frac{1}{5}+\frac{3}{10}=1$.

又因为 $X$ 与 $Y$ 相互独立,所以有 $\left(\frac{1}{15}+q+\frac{1}{5}\right)\left(\frac{1}{5}+\frac{3}{10}\right)=\frac{1}{5}$.

从而可解得　　$p=1/10,\quad q=2/15$

(2) 由边缘分布律的计算方法,得出各自的边缘分布律为

| $X$ | 1 | 2 | 3 |
|---|---|---|---|
| $P$ | $\frac{1}{6}$ | $\frac{1}{3}$ | $\frac{1}{2}$ |

| $Y$ | 0 | 1 |
|---|---|---|
| $P$ | $\frac{2}{5}$ | $\frac{3}{5}$ |

**5.** 设$(X,Y)$的分布律为

| $Y$ \ $X$ | 1 | 2 | 3 |
|---|---|---|---|
| $-1$ | 0.2 | 0.1 | 0 |
| 0 | 0.1 | 0 | 0.3 |
| 1 | 0.1 | 0.1 | 0.1 |

(1) 求 $X$ 和 $Y$ 的边缘分布律;

(2) 求$(X,Y)$的分布函数 $F(1,1)$的值.

**【解】** (1) 由边缘分布律的计算方法,得出各自的边缘分布律为

| $X$ | 1 | 2 | 3 |
|---|---|---|---|
| $P$ | 0.4 | 0.2 | 0.4 |

| $Y$ | $-1$ | 0 | 1 |
|---|---|---|---|
| $P$ | 0.3 | 0.4 | 0.3 |

(2) $$\begin{aligned}F(1,1)&=P(X\leqslant 1,Y\leqslant 1)\\&=P(X=1,Y=-1)+P(X=1,Y=0)+P(X=1,Y=1)\\&=0.2+0.1+0.1=0.4\end{aligned}$$

**6.** 设二维随机变量$(X,Y)$的联合分布律为

| $X$ \ $Y$ | $-1$ | 0 |
|---|---|---|
| 0 | $\frac{1}{3}$ | $\frac{1}{4}$ |
| 1 | $\frac{1}{4}$ | $\frac{1}{6}$ |

试求:(1)$(X,Y)$关于 $X$ 和关于 $Y$ 的边缘分布律;

(2) $P(X+Y=0)$.

**【解】** (1) 由边缘分布律的计算方法,得出各自的边缘分布律为

| $X$ | 0 | 1 |
|---|---|---|
| $P_{i\cdot}$ | $\frac{7}{12}$ | $\frac{5}{12}$ |

| $Y$ | $-1$ | 0 |
|---|---|---|
| $P_{\cdot j}$ | $\frac{7}{12}$ | $\frac{5}{12}$ |

(2) $P(X+Y=0)=P(X=1,Y=-1)+P(X=0,Y=0)=0.25+0.25=0.5$

**7.** 设二维随机变量$(X,Y)$概率密度为 $f(x,y)=\begin{cases}6xy^2 & 0<x<1,0<y<1\\ 0 & \text{其他}\end{cases}$.

(1) 求边缘概率密度 $f_X(x)$、$f_Y(y)$;

(2) $X$ 与 $Y$ 是否相互独立,为什么?

**【解】** (1) 由联合概率密度可得

$$f_X(x)=\int_0^1 6xy^2\,dy=\begin{cases}2x & 0<x<1\\ 0 & \text{其他}\end{cases}$$

$$f_Y(y)=\int_0^1 6xy^2\,dy=\begin{cases}3y^2 & 0<y<1\\ 0 & \text{其他}\end{cases}$$

(2) 因为 $f_X(x)f_Y(y)=f(x,y)$,所以 $X$、$Y$ 相互独立.

**8.** 设随机变量$(X,Y)$的联合概率密度为 $f(x,y)=\begin{cases}2e^{-(2x+y)} & x>0,y>0\\ 0 & \text{其他}\end{cases}$.

(1) 判断 $X$ 与 $Y$ 是否相互独立.

(2) 求 $P(X\leqslant 2|Y\leqslant 1)$.

**【解】** (1) 由联合概率密度可得

$$f_X(x)=\int_{-\infty}^{+\infty}f(x,y)\,dy=\begin{cases}2e^{-2x} & x>0\\ 0 & \text{其他}\end{cases}$$

$$f_Y(y)=\int_{-\infty}^{+\infty}f(x,y)\,dx=\begin{cases}e^{-y} & y>0\\ 0 & \text{其他}\end{cases}$$

易见:$f(x,y)=f_X(x)f_Y(y)$,所以 $X$ 与 $Y$ 相互独立.

(2) $$P(X\leqslant 2\mid Y\leqslant 1)=P(X\leqslant 2)=\int_0^2 2e^{-2x}\,dx=1-e^{-4}$$

**9.** 设$(X,Y)$服从域 $D$(见图 3.6)上的均匀分布,求关于 $X$ 和关于 $Y$ 的边缘分布,并判断 $X$、$Y$ 是否相互独立.

**【解】** 由均匀分布的定义,$(X,Y)$的联合概率密度为

$$f(x,y)=\begin{cases}1 & (x,y)\in D\\ 0 & \text{其他}\end{cases}$$

关于 $X$ 的边缘概率密度为

$$f_X(x)=\int_{-\infty}^{+\infty}f(x,y)\,dy=\begin{cases}\int_0^{2(1-x)}dy=2(1-x) & 0<x<1\\ 0 & \text{其他}\end{cases}$$

关于 $Y$ 的边缘概率密度为

$$\int_{-\infty}^{+\infty}f(x,y)\,dx=\begin{cases}\int_0^{1-\frac{y}{2}}dy=1-\frac{y}{2} & 1<y<2\\ 0 & \text{其他}\end{cases}$$

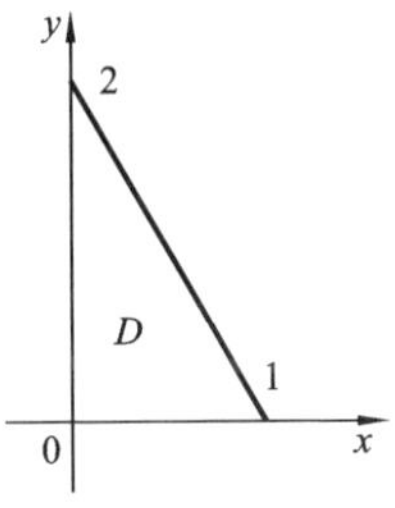

图 3.6

在 $f(x,y)$、$f_X(x)$、$f_Y(x)$ 的连续点 $\left(\frac{1}{2},\frac{3}{2}\right)$ 处，由于

$$f\left(\frac{1}{2},\frac{3}{2}\right)=0\neq f_X\left(\frac{1}{2}\right)f_Y\left(\frac{3}{2}\right)=1\times\frac{1}{4}=\frac{1}{4}$$

故 $X$、$Y$ 不相互独立.

**10.** 设二维随机变量 $(X,Y)$ 的概率密度为

$$f(x,y)=\begin{cases}1 & 0<x<1,0<y<2x\\0 & 其他\end{cases}$$

求：(1) $(X,Y)$ 的边缘概率密度 $f_X(x)$、$f_Y(y)$；

(2) $Z=2X-Y$ 的概率密度 $f_Z(z)$.

**【解】** (1) 关于 $X$ 的边缘概率密度

$$f_X(x)=\int_{-\infty}^{+\infty}f(x,y)\mathrm{d}y=\begin{cases}\int_0^{2x}\mathrm{d}y & 0<x<1\\0 & 其他\end{cases}$$

$$=\begin{cases}2x & 0<x<1\\0 & 其他\end{cases}$$

关于 $Y$ 的边缘概率密度

$$f_Y(y)=\int_{-\infty}^{+\infty}f(x,y)\mathrm{d}x=\begin{cases}\int_{\frac{y}{2}}^{1}\mathrm{d}x & 0<y<2\\0 & 其他\end{cases}$$

$$=\begin{cases}1-\dfrac{y}{2} & 0<y<2\\0 & 其他\end{cases}$$

(2) 令 $F_Z(z)=P(Z\leqslant z)=P(2X-Y\leqslant z)$，则

① 当 $z<0$ 时， $F_Z(z)=P(2X-Y\leqslant z)=0$

② 当 $0\leqslant z<2$ 时， $F_Z(z)=P(2X-Y\leqslant z)=z-\frac{1}{4}z^2$

③ 当 $z\geqslant 2$ 时， $F_Z(z)=P(2X-Y\leqslant z)=1$

即分布函数为 
$$F_Z(z)=\begin{cases}0 & z<0\\z-\dfrac{1}{4}z^2 & 0\leqslant z<2\\1 & z\geqslant 2\end{cases}$$

故所求的概率密度为 
$$f_Z(z)=\begin{cases}1-\dfrac{1}{2}z & 0<z<2\\0 & 其他\end{cases}$$

**11.** 设 $X$、$Y$ 相互独立，且都服从 $N(0,\sigma^2)$，求 $Z=\sqrt{X^2+Y^2}$ 的概率密度.

**【解】** 先求分布函数

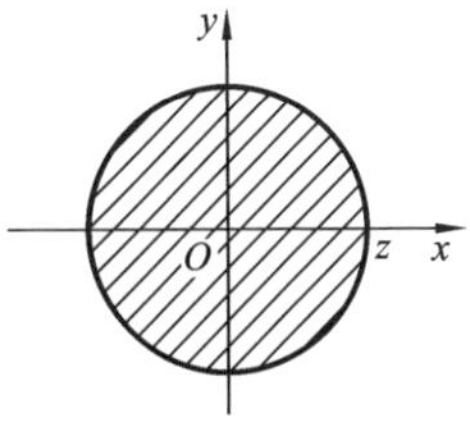

图 3.7

$$F_Z(z)=P(Z\leqslant z)=P(\sqrt{X^2+Y^2}\leqslant z)$$

当 $z\leqslant 0$ 时，　　$F_Z(z)=0$

当 $z>0$ 时，

$$F_Z(z)=P(\sqrt{X^2+Y^2}\leqslant z)=\iint\limits_{\sqrt{x^2+y^2}\leqslant z}\frac{1}{2\pi\sigma^2}e^{-\frac{x^2+y^2}{2\sigma^2}}dxdy$$

作极坐标变换 $x=r\cos\theta, y=r\sin\theta(0\leqslant r\leqslant z, 0\leqslant\theta<2\pi)$（见图 3.7），于是有

$$F_Z(z)=\frac{1}{2\pi\sigma^2}\int_0^{2\pi}d\theta\int_0^z re^{-\frac{r^2}{2\sigma^2}}dr=1-e^{-\frac{z^2}{2\sigma^2}}$$

故得所求 $Z$ 的概率密度为

$$f_Z(z)=F'_Z(z)=\begin{cases}\dfrac{z}{\sigma^2}e^{-\frac{z^2}{2\sigma^2}} & z>0\\ 0 & z\leqslant 0\end{cases}$$

此分布称为瑞利分布(Rayleigh)，它很有用. 例如，炮弹落点的坐标为$(X,Y)$，设横向偏差 $X\sim N(0,\sigma^2)$，纵向偏差 $Y\sim N(0,\sigma^2)$，$X$、$Y$ 相互独立，那么落点到原点的距离 $D$ 便服从瑞利分布，瑞利分布还在噪声、海浪等理论中得到应用.

**12.** 设 $X$、$Y$ 是相互独立的随机变量，均服从几何分布，即 $P(X=k)=P(Y=k)=q^{k-1}p, 0<p<1, p+q=1$，令 $Z=\max(X,Y)$，求 $Z$ 的分布.

**【解】**

$$\begin{aligned}P(Z=k)&=P(\max(X,Y)=k)\\&=P(X=k,Y<k)+P(X<k,Y=k)+P(X=k,Y=k)\\&=2\left(q^{k-1}p\sum_{i=1}^{k-1}q^{i-1}p\right)+q^{k-1}pq^{k-1}p\\&=2q^{k-1}p(1-q^{k-1})+q^{2k-2}p(1-q)\\&=2q^{k-1}p-2q^{2k-2}p+q^{2k-2}p-pq^{2k-1}\\&=2pq^{k-1}-pq^{2k-2}-pq^{2k-1},\quad k=1,2,3,\cdots\end{aligned}$$

**13.** 设二维随机变量$(X, Y)$的概率密度为

$$f(x,y)=\begin{cases}2-x-y & 0<x<1, 0<y<1\\ 0 & 其他\end{cases}$$

(1) 求 $P(X>2Y)$；

(2) 求 $Z=X+Y$ 的概率密度 $f_Z(z)$.

**【解】** (1) $P(X>2Y)=\iint\limits_{x>2y}f(x,y)dxdy=\int_0^{\frac{1}{2}}dy\int_{2y}^1(2-x-y)dx=\dfrac{7}{24}$

(2) 先求 $Z$ 的分布函数：

$$F_Z(z)=P(X+Y\leqslant Z)=\iint\limits_{x+y\leqslant z}f(x,y)dxdy$$

当 $z<0$ 时，$F_Z(z)=0$

当 $0\leqslant z<1$ 时，$F_Z(z)=\iint\limits_{D_1} f(x,y)\mathrm{d}x\mathrm{d}y=\int_0^z \mathrm{d}y\int_0^{z-y}(2-x-y)\mathrm{d}x$

$$=z^2-\frac{1}{3}z^3$$

当 $1\leqslant z<2$ 时，$F_Z(z)=1-\iint\limits_{D_2} f(x,y)\mathrm{d}x\mathrm{d}y=1-\int_{z-1}^1 \mathrm{d}y\int_{z-y}^1(2-x-y)\mathrm{d}x$

$$=1-\frac{1}{3}(2-z)^3$$

当 $z\geqslant 2$ 时，$F_Z(z)=1$

故 $Z=X+Y$ 的概率密度为

$$f_Z(z)=F'_Z(z)=\begin{cases}2z-z^2 & 0<z<1\\(2-z)^2 & 1\leqslant z<2\\0 & \text{其他}\end{cases}$$

**14.** 随机变量 $(X,Y)$ 在由 $x=0,y=0,x+y=1$ 所围成的区域上服从均匀分布，求：

（1）$X$ 和 $Y$ 中较大者小于等于 1/3 的概率；

（2）$Z=\min(X,Y)$ 的概率密度 $f_Z(z)$.

**【解】**（1）$P\left(\max(X,Y)\leqslant\frac{1}{3}\right)=P\left(X\leqslant\frac{1}{3},Y\leqslant\frac{1}{3}\right)=\dfrac{\frac{1}{9}}{\frac{1}{2}}=\frac{2}{9}$

（2）$Z=\min(X,Y)$ 的分布函数

$$F_Z(z)=P(Z\leqslant z)=P(\min(X,Y)\leqslant z)=1-P(X>z,Y>z)$$

当 $z<0$ 时，$F_Z(z)=0$

当 $z\geqslant\frac{1}{2}$ 时，$F_Z(z)=1$

当 $0\leqslant z<\frac{1}{2}$，$F_Z(z)=1-\dfrac{\frac{1}{2}(1-2z)^2}{\frac{1}{2}}=1-(1-2z)^2$

所以 $Z=\min(X,Y)$ 的密度函数为 $f_Z(z)=\begin{cases}4(1-2z) & 0<z<\frac{1}{2}\\0 & \text{其他}\end{cases}$

**15.** 设随机变量 $X$ 与 $Y$ 相互独立，$X$ 的概率密度为 $f(x)=\begin{cases}2x & 0<x<1\\0 & \text{其他}\end{cases}$，$Y\sim B(1,1/2)$，求 $Z=\max(X,Y)$ 的分布函数 $F_Z(z)$，并问 $Z$ 是否为连续型随机变量？

【解】 $F_Z(z)=P(Z\leqslant z)=P(\max(X,Y)\leqslant z)$

当 $z<0$ 时， $F_Z(z)=0$

当 $z\geqslant 1$ 时， $F_Z(z)=1$

当 $0\leqslant z<1$ 时， $F_Z(z)=P(Z\leqslant z)=P(\max(X,Y)\leqslant z)$

$$=P(X\leqslant z,Y\leqslant z)=P((X\leqslant z,Y\leqslant z)\cap(Y=0\cup Y=1))$$

$$=P(X\leqslant z,Y\leqslant z,Y=0)+P(X\leqslant z,Y\leqslant z,Y=1)$$

$$=P(X\leqslant z,0\leqslant z,Y=0)+P(X\leqslant z,1\leqslant z,Y=1)$$

$$=P(X\leqslant z,Y=0)+P(\varnothing)=P(X\leqslant z)P(Y=0)=\frac{1}{2}z^2$$

所以，$F_Z(z)=\begin{cases}0 & z<0\\ \frac{1}{2}z^2 & 0\leqslant z<1\\ 1 & z\geqslant 1\end{cases}$. 由于分布函数在 $z=0$ 处不连续，因此 $Z$ 不是连续型随机变量.

## 3.5　考研真题选讲

**例 1**(2012.3)　如图 3.8 所示，设随机变量 $X$ 与 $Y$ 相互独立，且都服从区间 $(0,1)$ 上的均匀分布，则 $P(X^2+Y^2\leqslant 1)=(\quad)$.

A. $\frac{1}{4}$　　B. $\frac{1}{2}$　　C. $\frac{\pi}{8}$　　D. $\frac{\pi}{4}$

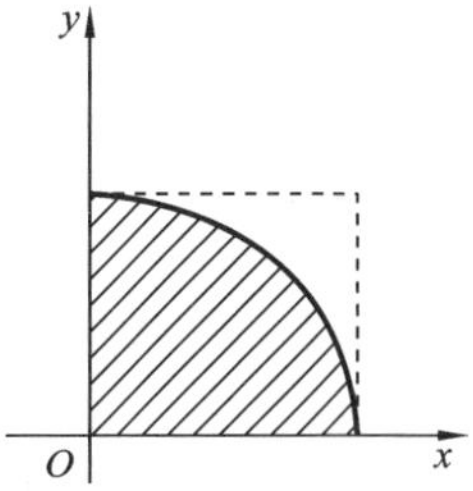

图 3.8

【答案】 D.

【解】$f(x,y)=f_x(x)f_y(y)=\begin{cases}1 & 0<x,y<1\\ 0 & 其他\end{cases}$

$$P(X^2+Y^2\leqslant 1)=\iint_D f(x,y)\mathrm{d}\sigma=\frac{S_D}{S_\Omega}=\frac{\pi}{4}$$

故选 D.

**例 2**(2009.3)　设随机变量 $X$ 与 $Y$ 相互独立，且 $X$ 服从标准正态分布 $N(0,1)$，$Y$ 的概率分布为 $P(Y=0)=P(Y=1)=\frac{1}{2}$，记 $F_Z(z)$ 为随机变量 $Z=XY$ 的分布函数，则函数 $F_Z(z)$ 的间断点个数为(　　).

A. 0　　B. 1　　C. 2　　D. 3

【答案】 B.

【解】 $F_Z(z)=P(XY\leqslant z)=P(XY\leqslant z|Y=0)P(Y=0)+P(XY\leqslant z|Y=1)P(Y=1)$

$$=\frac{1}{2}[P(XY\leqslant z|Y=0)+P(XY\leqslant z|Y=1)]$$

$$=\frac{1}{2}[P(X\cdot 0\leqslant z|Y=0)+P(X\leqslant z|Y=1)]$$

因为 $X$、$Y$ 相互独立，所以

$$F_Z(z)=\frac{1}{2}[P(X\cdot 0\leqslant z)+P(X\leqslant z)]$$

(1) 若 $z<0$，则 $$F_Z(z)=\frac{1}{2}\Phi(z)$$

(2) 若 $z\geqslant 0$，则 $$F_Z(z)=\frac{1}{2}[1+\Phi(z)]$$

所以 $z=0$ 为间断点，选 B.

**例 3**(2008.1) 设随机变量 $X$、$Y$ 独立同分布且 $X$ 的分布函数为 $F(x)$，则 $Z=\max(X,Y)$ 的分布函数为(　　).

A. $F^2(x)$　B. $F(x)F(y)$　C. $1-[1-F(x)]^2$　D. $[1-F(x)][1-F(y)]$

**【答案】** A.

**【解】**

$$F_Z(x)=P(Z\leqslant x)=P(\max(X,Y)\leqslant x)$$
$$=P(X\leqslant x)P(Y\leqslant x)=F_X(x)F_Y(x)=F^2(x)$$

故应选 A.

**例 4**(2007.1) 设随机变量 $(X,Y)$ 服从二维正态分布，且 $X$ 与 $Y$ 不相关，$f_X(x)$、$f_Y(y)$ 分别表示 $X$、$Y$ 的概率密度，则在 $Y=y$ 的条件下，$X$ 的条件概率密度 $f_{X|Y}(x|y)$ 为(　　).

A. $f_X(x)$　B. $f_Y(y)$　C. $f_X(x)f_Y(y)$　D. $\dfrac{f_X(x)}{f_Y(y)}$

**【答案】** A.

**【解】** 因 $(X,Y)$ 服从二维正态分布，且 $X$ 与 $Y$ 不相关，故 $X$ 与 $Y$ 相互独立，于是 $f_{X|Y}(x|y)=f_X(x)$. 因此选 A.

**例 5**(2015.1) 设二维随机变量 $(X,Y)$ 服从正态分布 $N(1,0;1,1;0)$，则 $P(XY-Y<0)=$______.

**【答案】** $\frac{1}{2}$.

**【解】** 由题设知，$X\sim N(1,1)$，$Y\sim N(0,1)$，而且 $X$、$Y$ 相互独立，从而

$$P(XY-Y<0)=P((X-1)Y<0)=P(X-1>0,Y<0)+P(X-1<0,Y>0)$$
$$=P(X>1)P(Y<0)+P(X<1)P(Y>0)=\frac{1}{2}\times\frac{1}{2}+\frac{1}{2}\times\frac{1}{2}=\frac{1}{2}$$

**例 6**(2013.1) 设随机变量 $X$ 服从参数为 1 的指数分布，$a$ 为常数且大于零，则 $P(X\leqslant a+1|X>a)=$______.

**【答案】** $1-e^{-1}$.

【解】　因为参数为1的指数分布的分布函数为$F(x)=\begin{cases}1-e^{-x} & x>0\\ 0 & x\leqslant 0\end{cases}$,所以

$$P(X\leqslant a+1\mid X>a)=\frac{P(a<X\leqslant a+1)}{P(X>a)}=\frac{F(a+1)-F(a)}{1-F(a)}$$

$$=\frac{1-e^{-(a+1)}-(1-e^{-a})}{1-(1-e^{-a})}=1-e^{-1}$$

**例7**(2006.3)　设随机变量$X$与$Y$相互独立,且均服从区间$[0,3]$上的均匀分布,则$P(\max(X,Y)\leqslant 1)=$______.

【答案】　$\frac{1}{9}$.

【解】　由题设知,$X$与$Y$具有相同的概率密度

$$f(x)=\begin{cases}\frac{1}{3} & 0\leqslant x\leqslant 3\\ 0 & \text{其他}\end{cases}$$

则　$$P(\max(X,Y)\leqslant 1)=P(X\leqslant 1,Y\leqslant 1)=P(X\leqslant 1)P(Y\leqslant 1)$$

$$=(P(X\leqslant 1))^2=\left(\int_0^1\frac{1}{3}\mathrm{d}x\right)^2=\frac{1}{9}$$

**例8**(2005.3)　设二维随机变量$(X,Y)$的概率分布为

| X \ Y | 0 | 1 |
|---|---|---|
| 0 | 0.4 | $a$ |
| 1 | $b$ | 0.1 |

若随机事件$\{X=0\}$与$\{X+Y=1\}$相互独立,则$a=$______,$b=$______.

【答案】　$a=0.4$, $b=0.1$.

【解】　由题设,知　$$a+b=0.5$$

又事件$\{X=0\}$与$\{X+Y=1\}$相互独立,于是有

$$P(X=0,X+Y=1)=P(X=0)P(X+Y=1)$$

即　$$a=(0.4+a)(a+b)$$

由此可解得　$$a=0.4,\quad b=0.1$$

**例9**(2016.3)　设二维随机变量$(X,Y)$在区域$D=\{(x,y)\mid 0<x<1,x^2<y<\sqrt{x}\}$上服从均匀分布,令

$$U=\begin{cases}1 & X\leqslant Y\\ 0 & X>Y\end{cases}$$

(1) 写出$(X,Y)$的概率密度.

(2) 问$U$与$X$是否相互独立?并说明理由.

(3) 求 $Z=U+X$ 的分布函数 $F(z)$.

**【解】** (1) 区域 $D$ 的面积 $s(D)=\int_0^1(\sqrt{x}-x^2)=\frac{1}{3}$,因为 $f(x,y)$ 服从区域 $D$ 上的均匀分布,所以

$$f(x,y)=\begin{cases}3 & x^2<y<\sqrt{x}\\ 0 & \text{其他}\end{cases}$$

(2) $X$ 与 $U$ 不独立.

因为 $P\left(U\leqslant\frac{1}{2},X\leqslant\frac{1}{2}\right)=P\left(U=0,X\leqslant\frac{1}{2}\right)=P\left(X>Y,X\leqslant\frac{1}{2}\right)=\frac{1}{4}$

$$P\left(U\leqslant\frac{1}{2}\right)=\frac{1}{2},\quad P\left(X\leqslant\frac{1}{2}\right)=\frac{\sqrt{2}}{2}-\frac{1}{8}$$

所以 $P\left(U\leqslant\frac{1}{2},X\leqslant\frac{1}{2}\right)\neq P\left(U\leqslant\frac{1}{2}\right)P\left(X\leqslant\frac{1}{2}\right)$,故 $X$ 与 $U$ 不独立.

(3)
$$\begin{aligned}F(z)&=P(U+X\leqslant z)\\&=P(U+X\leqslant z|U=0)P(U=0)+P(U+X\leqslant z|U=1)P(U=1)\\&=\frac{P(U+X\leqslant z,U=0)}{P(U=0)}P(U=0)+\frac{P(U+X\leqslant z,U=1)}{P(U=1)}P(U=1)\\&=P(X\leqslant z,X>Y)+P(1+X\leqslant z,X\leqslant Y)\end{aligned}$$

又
$$P(X\leqslant z,X>Y)=\begin{cases}0 & z<0\\ \frac{3}{2}z^2-z^3 & 0\leqslant z<1\\ \frac{1}{2} & z\geqslant 1\end{cases}$$

$$P(X+1\leqslant z,X\leqslant Y)=\begin{cases}0 & z<1\\ 2(z-1)^{\frac{3}{2}}-\frac{3}{2}(z-1)^2 & 1\leqslant z<2\\ \frac{1}{2} & z\geqslant 2\end{cases}$$

所以
$$F(z)=\begin{cases}0 & z<0\\ \frac{3}{2}z^2-z^3 & 0\leqslant z<1\\ \frac{1}{2}+2(z-1)^{\frac{3}{2}}-\frac{3}{2}(z-1)^2 & 1\leqslant z<2\\ 1 & z\geqslant 2\end{cases}$$

**例 10**(2013.1) 设随机变量 $X$ 的概率密度为 $f(x)=\begin{cases}\frac{1}{a}x^2 & 0<x<3\\ 0 & \text{其他}\end{cases}$,令随机

变量 $Y=\begin{cases}2 & X\leqslant 1\\ X & 1<X<2.\\ 1 & X\geqslant 2\end{cases}$

(1) 求 $Y$ 的分布函数；

(2) 求概率 $P(X\leqslant Y)$.

**【解】** (1) 先求出 $a$ 的值：$\int_0^3 \frac{x^2}{a}\mathrm{d}x=\int_0^3 \frac{1}{a}\mathrm{d}\frac{x^3}{3}=\frac{9}{a}=1$，解得 $a=9$.

设 $Y$ 的分布函数为 $F_Y(y)$，可知

$y<1$ 时，　$F_Y(y)=0$

$1\leqslant y<2$ 时，　$F_Y(y)=\int_2^3 \frac{x^2}{9}\mathrm{d}x+\int_1^y \frac{x^2}{9}\mathrm{d}x=\frac{1}{27}(y^3+18)$

$y\geqslant 2$ 时，　$F_Y(y)=1$

综上所述，$Y$ 的分布函数为　$F_Y(y)=\begin{cases}0 & y<1\\ \frac{1}{27}(y^3+18) & 1\leqslant y<2\\ 1 & y\geqslant 2\end{cases}$

(2) $P(X\leqslant Y)=P(X\leqslant 1)+P(1<X\leqslant 2)=P(X\leqslant 2)=\int_0^2 \frac{x^2}{9}\mathrm{d}x=\frac{8}{27}$

**例 11**(2012.3)　已知随机变量 $X$、$Y$ 以及 $XY$ 的分布律如下所示：

| $X$ | 0 | 1 | 2 |
|---|---|---|---|
| $P$ | $\frac{1}{2}$ | $\frac{1}{3}$ | $\frac{1}{6}$ |

| $Y$ | 0 | 1 | 2 |
|---|---|---|---|
| $P$ | $\frac{1}{3}$ | $\frac{1}{3}$ | $\frac{1}{3}$ |

| $XY$ | 0 | 1 | 2 | 4 |
|---|---|---|---|---|
| $P$ | $\frac{7}{12}$ | $\frac{1}{3}$ | 0 | $\frac{1}{12}$ |

求：(1) $P(X=2Y)$；

(2) $\mathrm{cov}(X-Y,Y)$ 与 $\rho_{XY}$.

**【解】** (1) $P(XY=4)=P(X=2,Y=2)=\frac{1}{12}$

$$P(XY=2)=P(X=2,Y=1)+P(X=1,Y=2)=0$$

因而　$P(X=2,Y=1)=0,\quad P(X=1,Y=2)=0$

$$P(XY=1)=P(X=1,Y=1)=\frac{1}{3}$$

所以$(X,Y)$的联合分布律为

| X \ Y | 0 | 1 | 2 | $p_{i\cdot}$ |
|---|---|---|---|---|
| 0 | $\frac{1}{4}$ | 0 | $\frac{1}{4}$ | $\frac{1}{2}$ |
| 1 | 0 | $\frac{1}{3}$ | 0 | $\frac{1}{3}$ |
| 2 | $\frac{1}{12}$ | 0 | $\frac{1}{12}$ | $\frac{1}{6}$ |
| $p_{\cdot j}$ | $\frac{1}{3}$ | $\frac{1}{3}$ | $\frac{1}{3}$ | 1 |

$$P(X=2Y)=P(X=0,Y=0)+P(X=2,Y=1)$$
$$=\frac{1}{4}+0=\frac{1}{4}$$

(2) $\operatorname{cov}(X-Y,Y)=\operatorname{cov}(X,Y)-D(Y)=E(XY)-E(X)E(Y)-D(Y)$

$$E(X)=\frac{2}{3},\quad E(Y)=1,\quad E(Y^2)=\frac{5}{3},\quad E(XY)=\frac{2}{3}$$

$$\operatorname{cov}(X-Y,Y)=\frac{2}{3}-\frac{2}{3}\times1-\left(\frac{5}{3}-1\right)=-\frac{2}{3}$$

因为 $\operatorname{cov}(X,Y)=E(XY)-E(X)E(Y)=0$,所以 $\rho_{XY}=0$.

**例 12**(2011.3) 设$(X,Y)$在 $G$ 上服从均匀分布,$G$ 由 $x-y=0$、$x+y=2$ 与 $y=0$ 围成.

求:(1) 边缘概率密度 $f_X(x)$;

(2) $f_{X|Y}(x|y)$.

**【解】** 由题意知二维随机变量$(X,Y)$的概率密度为

$$f(x,y)=\begin{cases}1 & (x,y)\in G\\ 0 & (x,y)\notin G\end{cases}$$

(1) 由边缘概率密度的定义知

当 $0<x\leqslant1$ 时,有

$$f_X(x)=\int_{-\infty}^{+\infty}f(x,y)\mathrm{d}y=\int_0^x\mathrm{d}y=x$$

当 $1<x<2$ 时,有

$$f_X(x)=\int_0^{2-x}\mathrm{d}y=2-x$$

所以

$$f_X(x)=\begin{cases}x & 0<x\leqslant 1\\ 2-x & 1<x<2\\ 0 & \text{其他}\end{cases}$$

(2) 同(1)可得

当 $0<y<1$ 时,有

$$f_Y(y)=\int_{-\infty}^{+\infty}f(x,y)\mathrm{d}x=\int_{y}^{2-y}\mathrm{d}x=2(1-y)$$

则有

$$f_Y(y)=\begin{cases}2(1-y) & 0<y<1\\ 0 & \text{其他}\end{cases}$$

所以

$$f_{X|Y}(x|y)=\frac{f(x,y)}{f_Y(y)}=\begin{cases}\dfrac{1}{2(1-y)} & (x,y)\in G\\ 0 & (x,y)\notin G\end{cases}$$

**例 13**(2010.3)　设二维随机变量$(X,Y)$的概率密度为 $f(x,y)=A\mathrm{e}^{-2x^2+2xy-y^2}$,$-\infty<x<+\infty$,$-\infty<y<+\infty$,求常数 $A$ 及条件概率密度 $f_{Y|X}(y|x)$.

**【解】**　先考虑 $X$ 的边缘概率密度,由公式知

$$f_X(x)=\int_{-\infty}^{+\infty}f(x,y)\mathrm{d}y=A\int_{-\infty}^{+\infty}\mathrm{e}^{-(y-x)^2}\mathrm{e}^{-x^2}\mathrm{d}y=\sqrt{\pi}A\mathrm{e}^{-x^2}\int_{-\infty}^{+\infty}\frac{1}{\sqrt{2\pi}\sqrt{\frac{1}{2}}}\mathrm{e}^{-\frac{(y-x)^2}{2\left(\sqrt{\frac{1}{2}}\right)^2}}\mathrm{d}y$$

$$=\sqrt{\pi}A\mathrm{e}^{-x^2}=\pi A\frac{1}{\sqrt{2\pi}\sqrt{\frac{1}{2}}}\mathrm{e}^{-\frac{x^2}{2\left(\sqrt{\frac{1}{2}}\right)^2}},\quad -\infty<x<+\infty$$

这里$\dfrac{1}{\sqrt{2\pi}\sqrt{\frac{1}{2}}}\mathrm{e}^{-\frac{(y-x)^2}{2\left(\sqrt{\frac{1}{2}}\right)^2}}$及$\dfrac{1}{\sqrt{2\pi}\sqrt{\frac{1}{2}}}\mathrm{e}^{-\frac{x^2}{2\left(\sqrt{\frac{1}{2}}\right)^2}}$恰好为正态分布 $N\left(x,\dfrac{1}{2}\right)$以及 $N\left(0,\dfrac{1}{2}\right)$的概率密度,故 $A=\dfrac{1}{\pi}$.

当$-\infty<x<+\infty$时,有

$$f_{Y|X}(y|x)=\frac{f(x,y)}{f_X(x)}=\frac{1}{\sqrt{\pi}}\mathrm{e}^{-(y-x)^2},\quad -\infty<y<+\infty$$

**例 14**(2009.3)　设二维随机变量$(X,Y)$的概率密度为

$$f(x,y)=\begin{cases}\mathrm{e}^{-x} & 0<y<x\\ 0 & \text{其他}\end{cases}$$

(1) 求条件概率密度 $f_{Y|X}(y|x)$;

(2) 求条件概率 $P(X\leqslant 1|Y\leqslant 1)$.

【解】 (1) 由 $f(x,y)=\begin{cases} e^{-x} & 0<y<x \\ 0 & 其他 \end{cases}$,得其边缘概率密度

$$f_x(x)=\int_0^x e^{-x}\mathrm{d}y = xe^{-x},\quad x>0$$

故
$$f_{y|x}(y|x)=\frac{f(x,y)}{f_x(x)}=\frac{1}{x},\quad 0<y<x$$

即
$$f_{y|x}(y|x)=\begin{cases} \dfrac{1}{x} & 0<y<x \\ 0 & 其他 \end{cases}$$

(2)
$$P(X\leqslant 1|Y\leqslant 1)=\frac{P(X\leqslant 1,Y\leqslant 1)}{P(Y\leqslant 1)}$$

而 $P(X\leqslant 1,Y\leqslant 1)=\iint\limits_{\substack{x\leqslant 1\\ y\leqslant 1}} f(x,y)\mathrm{d}x\mathrm{d}y=\int_0^1\mathrm{d}x\int_0^x e^{-x}\mathrm{d}y=\int_0^1 xe^{-x}\mathrm{d}x=1-2e^{-1}$

$$f_Y(y)=\int_y^{+\infty}e^{-x}\mathrm{d}x=-e^{-x}\Big|_y^{+\infty}=e^{-y},\quad y>0$$

于是
$$P(Y\leqslant 1)=\int_0^1 e^{-y}\mathrm{d}y=-e^{-y}\Big|_0^1=-e^{-1}+1=1-e^{-1}$$

所以
$$P(X\leqslant 1|Y\leqslant 1)=\frac{1-2e^{-1}}{1-e^{-1}}=\frac{e-2}{e-1}$$

**例 15**(2009.3) 袋中有一个红球、两个黑球、三个白球,现在有放回地从袋中取两次,每次取一个,求以 $X$、$Y$、$Z$ 分别表示两次取球所取得的红球、黑球与白球的个数.

(1) 求 $P(X=1|Z=0)$;

(2) 求二维随机变量 $(X,Y)$ 的概率分布.

【解】 (1) 在没有取白球的情况下取了一次红球,利用压缩样本空间则相当于只有一个红球,两个黑球有放回地取两次,其中取了一个红球,于是有

$$P(X=1|Z=0)=\frac{C_2^1\times 2}{C_3^1\cdot C_3^1}=\frac{4}{9}$$

(2) $X$、$Y$ 取值范围为 0、1、2,故

$$P(X=0,Y=0)=\frac{C_3^1\cdot C_3^1}{C_6^1\cdot C_6^1}=\frac{1}{4},\quad P(X=1,Y=0)=\frac{C_2^1\cdot C_3^1}{C_6^1\cdot C_6^1}=\frac{1}{6}$$

$$P(X=2,Y=0)=\frac{1}{C_6^1\cdot C_6^1}=\frac{1}{36},\quad P(X=0,Y=1)=\frac{C_2^1\cdot C_2^1\cdot C_3^1}{C_6^1\cdot C_6^1}=\frac{1}{3}$$

$$P(X=1,Y=1)=\frac{C_2^1\cdot C_2^1}{C_6^1\cdot C_6^1}=\frac{1}{9},\quad P(X=2,Y=1)=0$$

$$P(X=0,Y=2)=\frac{C_2^1\cdot C_2^1}{C_6^1\cdot C_6^1}=\frac{1}{9}$$

$$P(X=1,Y=2)=0,\quad P(X=2,Y=2)=0$$

| Y \ X | 0 | 1 | 2 |
|---|---|---|---|
| 0 | 1/4 | 1/6 | 1/36 |
| 1 | 1/3 | 1/9 | 0 |
| 2 | 1/9 | 0 | 0 |

**例 16**(2008.3) 设随机变量 $X$ 与 $Y$ 相互独立,$X$ 的概率分布为 $P(X=i)=\frac{1}{3}(i=-1,0,1)$,$Y$ 的概率密度为 $f_Y(y)=\begin{cases}1 & 0\leqslant y\leqslant 1\\ 0 & \text{其他}\end{cases}$,记 $Z=X+Y$.

(1) 求 $P\left(Z\leqslant\frac{1}{2}\middle|X=0\right)$;

(2) 求 $Z$ 的概率密度 $f_Z(z)$.

**【解】** (1) $P\left(Z\leqslant\frac{1}{2}\middle|X=0\right)=P\left(X+Y\leqslant\frac{1}{2}\middle|X=0\right)$

$$=P\left(Y\leqslant\frac{1}{2}\middle|X=0\right)=P\left(Y\leqslant\frac{1}{2}\right)=\int_0^{\frac{1}{2}}1\mathrm{d}y=\frac{1}{2}$$

(2) $F(z)=P(Z\leqslant z)=P(X+Y\leqslant z)$

$$=P(X+Y\leqslant z|X=-1)\cdot P(X=-1)+P(X+Y\leqslant z|X=0)\cdot P(X=0)+P(X+Y\leqslant z|X=1)\cdot P(X=1)$$

$$=P(Y\leqslant z+1|X=-1)\cdot P(X=-1)+P(Y\leqslant z|X=0)\cdot P(X=0)+P(Y\leqslant z-1|X=1)\cdot P(X=1)$$

$$=P(Y\leqslant z+1)\cdot P(X=-1)+P(Y\leqslant z)\cdot P(X=0)+P(Y\leqslant z-1)\cdot P(X=1)$$

$$=\frac{1}{3}[P(Y\leqslant z+1)+P(Y\leqslant z)+P(Y\leqslant z-1)]$$

当 $z<-1$ 时, $F(z)=0$

当 $-1\leqslant z<0$ 时, $F(z)=\frac{1}{3}\int_0^{z+1}1\mathrm{d}y=\frac{1}{3}(z+1)$

当 $0\leqslant z<1$ 时, $F(z)=\frac{1}{3}\left[1+\int_0^{z}1\mathrm{d}y+0\right]=\frac{1}{3}(z+1)$

当 $1\leqslant z<2$ 时, $F(z)=\frac{1}{3}\left[1+1+\int_0^{z-1}1\mathrm{d}y\right]=\frac{1}{3}(z+1)$

当 $z\geqslant 2$ 时, $F(z)=1$

所以
$$F(z)=\begin{cases}0 & z<-1\\ \frac{1}{3}(z+1) & -1\leqslant z<2\\ 1 & z\geqslant 2\end{cases}$$

则
$$f(z)=\begin{cases}\dfrac{1}{3} & -1\leqslant z<2\\ 0 & \text{其他}\end{cases}$$

**例 17**(2007.3) 设二维随机变量$(X,Y)$的概率密度为
$$f(x,y)=\begin{cases}2-x-y & 0<x<1,0<y<1\\ 0 & \text{其他}\end{cases}$$

(1) 求 $P(X>2Y)$;

(2) 求 $Z=X+Y$ 的概率密度 $f_Z(z)$.

**【解】** (1) $P(X>2Y)=\iint\limits_D(2-x-y)\mathrm{d}x\mathrm{d}y$,其中 $D$ 为 $0<x<1,0<y<1$ 中 $x>2y$ 的那部分区域.求此二重积分可得
$$P(X>2Y)=\int_0^1\mathrm{d}x\int_0^{\frac{1}{2}x}(2-x-y)\mathrm{d}y=\int_0^1\left(x-\frac{5}{8}x^2\right)\mathrm{d}x=\frac{7}{24}$$

(2) $$F_Z(z)=P(Z\leqslant z)=P(X+Y\leqslant z)$$

当 $z<0$ 时, $$F_Z(z)=0$$

当 $z\geqslant 2$ 时, $$F_Z(z)=1$$

当 $0\leqslant z<1$ 时, $$F_Z(z)=\int_0^z\mathrm{d}x\int_0^{z-x}(2-x-y)\mathrm{d}y=-\frac{1}{3}z^3+z^2$$

当 $1\leqslant z<2$ 时, $$F_Z(z)=1-\int_{z-1}^1\mathrm{d}x\int_{z-x}^1(2-x-y)\mathrm{d}y=\frac{1}{3}z^3-2z^2+4z-\frac{5}{3}$$

于是
$$f_Z(z)=\begin{cases}2z-z^2 & 0\leqslant z<1\\ z^2-4z+4 & 1\leqslant z<2\\ 0 & \text{其他}\end{cases}$$

**例 18**(2006.1) 设随机变量 $X$ 的概率密度为
$$f_X(x)=\begin{cases}\dfrac{1}{2} & -1<x<0\\ \dfrac{1}{4} & 0\leqslant x<2\\ 0 & \text{其他}\end{cases}$$

令 $Y=X^2$,$F(x,y)$为二维随机变量$(X,Y)$的分布函数.

(1) 求 $Y$ 的概率密度 $f_Y(y)$;

(2) 求 $F\left(-\dfrac{1}{2},4\right)$.

**【解】** (1) 设 $Y$ 的分布函数为 $F_Y(y)$,即 $F_Y(y)=P(Y\leqslant y)=P(X^2\leqslant y)$,则

① 当 $y<0$ 时, $$F_Y(y)=0$$

② 当 $0\leqslant y<1$ 时, $$F_Y(y)=P(X^2<y)=P(-\sqrt{y}<X<\sqrt{y})$$

$$=\int_{-\sqrt{y}}^{0}\frac{1}{2}\mathrm{d}x+\int_{0}^{\sqrt{y}}\frac{1}{4}\mathrm{d}x=\frac{3}{4}\sqrt{y}$$

③ 当 $1\leqslant y<4$ 时，　$F_Y(y)=P(X^2<y)=P(-1<X<\sqrt{y})$

$$=\int_{-1}^{0}\frac{1}{2}\mathrm{d}x+\int_{0}^{\sqrt{y}}\frac{1}{4}\mathrm{d}x=\frac{1}{4}\sqrt{y}+\frac{1}{2}$$

④ 当 $y\geqslant 4$ 时，　　$F_Y(y)=1$

所以

$$f_Y(y)=F'_Y(y)=\begin{cases}\dfrac{3}{8\sqrt{y}} & 0<y<1\\ \dfrac{1}{8\sqrt{y}} & 1\leqslant y\leqslant 4\\ 0 & \text{其他}\end{cases}$$

(2)　$F\left(-\frac{1}{2},4\right)=P\left(X\leqslant-\frac{1}{2},Y\leqslant 4\right)=P\left(X\leqslant-\frac{1}{2},X^2\leqslant 4\right)$

$$=P\left(X\leqslant-\frac{1}{2},-2\leqslant X\leqslant 2\right)=P\left(-2\leqslant X\leqslant-\frac{1}{2}\right)$$

$$=\int_{-1}^{-\frac{1}{2}}\frac{1}{2}\mathrm{d}x=\frac{1}{4}$$

**例 19**(2005.3)　设二维随机变量$(X,Y)$的概率密度为

$$f(x,y)=\begin{cases}0 & 0<x<1,0<y<2x\\ 1 & \text{其他}\end{cases}$$

求:(1) $(X,Y)$的边缘概率密度 $f_X(x)$、$f_Y(y)$；

(2) $Z=2X-Y$ 的概率密度 $f_Z(z)$；

(3) $P\left(Y\leqslant\frac{1}{2}\middle|X\leqslant\frac{1}{2}\right)$.

**【解】**　(1) 关于 $X$ 的边缘概率密度

$$f_X(x)=\int_{-\infty}^{+\infty}f(x,y)\mathrm{d}y=\begin{cases}\int_0^{2x}\mathrm{d}y & 0<x<1\\ 0 & \text{其他}\end{cases}=\begin{cases}2x & 0<x<1\\ 0 & \text{其他}\end{cases}$$

关于 $Y$ 的边缘概率密度

$$f_Y(y)=\int_{-\infty}^{+\infty}f(x,y)\mathrm{d}x=\begin{cases}\int_{\frac{y}{2}}^{1}\mathrm{d}x & 0<y<2\\ 0 & \text{其他}\end{cases}=\begin{cases}1-\dfrac{y}{2} & 0<y<2\\ 0 & \text{其他}\end{cases}$$

(2) 令 $F_Z(z)=P(Z\leqslant z)=P(2X-Y\leqslant z)$,则

① 当 $z<0$ 时，　　$F_Z(z)=P(2X-Y\leqslant z)=0$

② 当 $0\leqslant z<2$ 时，　$F_Z(z)=P(2X-Y\leqslant z)=z-\frac{1}{4}z^2$

③ 当 $z\geqslant 2$ 时，$\qquad F_Z(z)=P(2X-Y\leqslant z)=1$

即分布函数为
$$F_Z(z)=\begin{cases}0 & z<0\\ z-\dfrac{1}{4}z^2 & 0\leqslant z<2\\ 1 & z\geqslant 2\end{cases}$$

故所求的概率密度为
$$f_Z(z)=\begin{cases}1-\dfrac{1}{2}z & 0<z<2\\ 0 & 其他\end{cases}$$

(3)
$$P\left(Y\leqslant\frac{1}{2}\,\middle|\,X\leqslant\frac{1}{2}\right)=\frac{P\left(X\leqslant\frac{1}{2},Y\leqslant\frac{1}{2}\right)}{P\left(X\leqslant\frac{1}{2}\right)}=\frac{3/16}{1/4}=\frac{3}{4}$$

# 3.6 自 测 题

## 一、填空题

**1.** 设 $X$ 与 $Y$ 独立同分布，且 $X\sim N(2,2^2)$，若 $Z=2X+Y$，则 $Z$ 服从______分布，即 $Z\sim$______.

**2.** 设 $X$ 与 $Y$ 相互独立，都服从[0,2]上的均匀分布，则 $P(X\leqslant Y)=$______.

**3.** 设二维随机变量 $(X,Y)$ 的联合分布函数为
$$F(x,y)=\begin{cases}\sin x\sin y & 0\leqslant x\leqslant\dfrac{\pi}{2},0\leqslant y\leqslant\dfrac{\pi}{2}\\ 0 & 其他\end{cases}$$
则二维随机变量 $(X,Y)$ 在长方形域 $\left\{0<x\leqslant\dfrac{\pi}{4},\dfrac{\pi}{6}<y\leqslant\dfrac{\pi}{3}\right\}$ 内的概率为______.

**4.** 设二维随机变量 $(X,Y)$ 的概率密度为
$$f(x,y)=\begin{cases}e^{-y} & 0<x<y\\ 0 & 其他\end{cases}$$
则边缘概率密度 $f_X(x)=$______.

## 二、选择题

**1.** 设 $(X,Y)$ 的概率密度 $f(x,y)=\begin{cases}K(x+y) & 0\leqslant x\leqslant 1,0\leqslant y\leqslant 2\\ 0 & 其他\end{cases}$，则 $K=$(　　).

A. 3　　B. 1/3　　C. 1/2　　D. 2

**2.** 设 $X$ 与 $Y$ 相互独立且同分布，$P(X=-1)=P(Y=-1)=1/2$，$P(X=1)=P(Y=1)=1/2$，则下列各式中成立的是(　　).

A. $P(X=Y)=1/2$　　B. $P(X=Y)=1$

C. $P(X+Y=0)=1/4$　　D. $P(XY=1)=1/4$

**3.** 设 $X$ 和 $Y$ 相互独立，且分别服从 $N(0,1)$ 和 $N(1,1)$，则(　　).

A. $P(X+Y\leqslant 0)=1/2$　　B. $P(X+Y\leqslant 1)=1/2$

C. $P(X-Y\leqslant 0)=1/2$　　D. $P(X-Y\leqslant 1)=1/2$

**4.** 设 $X$ 和 $Y$ 相互独立，且均服从 $N(0,1)$，则(　　).

A. $P(X+Y\leqslant 0)=1/2$　　B. $P(X+Y\leqslant 1)=1/2$

C. $P(X-Y\leqslant 1)=1/2$　　D. A、B、C 都不对

**5.** 设随机变量 $X$ 和 $Y$ 相互独立，其概率分布为

$$X\sim\begin{pmatrix}-1 & 1\\ 1/2 & 1/2\end{pmatrix},\quad Y\sim\begin{pmatrix}-1 & 1\\ 1/2 & 1/2\end{pmatrix}$$

则下列式子正确的是(　　).

A. $X=Y$　　B. $P(X=Y)=0$

C. $P(X=Y)=1/2$　　D. $P(X=Y)=1$

**6.** 设 $X$、$Y$ 为连续型随机变量，$P(XY\leqslant 0)=\dfrac{3}{5}$，$P(\max(X,Y)>0)=\dfrac{4}{5}$，则 $P(\min(X,Y)\leqslant 0)=$(　　).

A. $\dfrac{1}{5}$　　B. $\dfrac{2}{5}$　　C. $\dfrac{3}{5}$　　D. $\dfrac{4}{5}$

## 三、解答题

**1.** 袋中有五个号码 1,2,3,4,5，从中任取三个，记这三个号码中最小的号码为 $X$，最大的号码为 $Y$.

(1) 求 $X$ 与 $Y$ 的联合概率分布；

(2) $X$ 与 $Y$ 是否相互独立？

**2.** 设二维随机变量 $(X,Y)$ 的联合分布函数为

$$F(x,y)=\begin{cases}(1-e^{-4x})(1-e^{-2y}) & x>0,y>0\\ 0 & \text{其他}\end{cases}$$

求 $(X,Y)$ 的联合概率密度.

**3.** 设二维随机变量 $(X,Y)$ 的概率密度为

$$f(x,y)=\begin{cases}4.8y(2-x) & 0\leqslant x\leqslant 1,0\leqslant y\leqslant x\\ 0 & \text{其他}\end{cases}$$

求边缘概率密度.

**4.** 设随机变量 $X$ 和 $Y$ 相互独立，二维随机变量 $(X,Y)$ 的联合分布律及关于 $X$ 和 $Y$ 的边缘分布律中的部分数值如下. 试将其余数值填入以下空白处.

| Y \ X | $y_1$ | $y_2$ | $y_3$ | $P(X=x_i)=p_i$ |
|---|---|---|---|---|
| $x_1$ | | 1/8 | | |
| $x_2$ | 1/8 | | | |
| $P(Y=y_j)=p_j$ | 1/6 | | | 1 |

**5.** 设 $X$ 和 $Y$ 是两个相互独立的随机变量，$X$ 在$[0,0.2]$上服从均匀分布，$Y$ 的概率密度为

$$f_Y(y)=\begin{cases}5e^{-5y} & y>0\\ 0 & \text{其他}\end{cases}$$

求：(1) $X$ 与 $Y$ 的联合概率密度；

(2) $P(Y=X)$.

**6.** 设随机变量 $X$ 与 $Y$ 相互独立，且均服从区间$[0,3]$上的均匀分布，求 $P(\max(X,Y)\leqslant 1)$.

## 参考答案

### 一、填空题

**1.** 正态分布　$N(6,20)$　　**2.** 1/2　　**3.** $\frac{\sqrt{2}}{4}(\sqrt{3}-1)$　　**4.** $\begin{cases}e^{-x} & x>0\\ 0 & \text{其他}\end{cases}$

### 二、选择题

**1.** B　**2.** A　**3.** B　**4.** A　**5.** C　**6.** D

### 三、解答题

**1.【解】** (1) $X$ 与 $Y$ 的联合分布律如下：

| Y \ X | 3 | 4 | 5 | $P(X=x_i)$ |
|---|---|---|---|---|
| 1 | $\frac{1}{C_5^3}=\frac{1}{10}$ | $\frac{2}{C_5^3}=\frac{2}{10}$ | $\frac{3}{C_5^3}=\frac{3}{10}$ | $\frac{6}{10}$ |
| 2 | 0 | $\frac{1}{C_5^3}=\frac{1}{10}$ | $\frac{2}{C_5^3}=\frac{2}{10}$ | $\frac{3}{10}$ |
| 3 | 0 | 0 | $\frac{1}{C_5^2}=\frac{1}{10}$ | $\frac{1}{10}$ |
| $P(Y=y_i)$ | $\frac{1}{10}$ | $\frac{3}{10}$ | $\frac{6}{10}$ | |

(2) 由于 $P(X=1)\cdot P(Y=3)=\frac{6}{10}\times\frac{1}{10}=\frac{6}{100}\neq\frac{1}{10}=P(X=1,Y=3)$，故 $X$ 与 $Y$ 不独立.

**2.【解】** $f(x,y)=\frac{\partial^2 F(x,y)}{\partial x\partial y}=\begin{cases}8e^{-(4x+2y)} & x>0,y>0\\ 0 & \text{其他}\end{cases}$

**3.【解】** $$f_X(x)=\int_{-\infty}^{+\infty}f(x,y)\mathrm{d}y=\begin{cases}\int_0^x 4.8y(2-x)\mathrm{d}y & 0\leqslant x\leqslant 1\\ 0 & \text{其他}\end{cases}$$

$$=\begin{cases}2.4x^2(2-x) & 0\leqslant x\leqslant 1\\ 0 & \text{其他}\end{cases}$$

$$f_Y(y)=\int_{-\infty}^{+\infty}f(x,y)\mathrm{d}x=\begin{cases}\int_y^1 4.8y(2-x)\mathrm{d}x & 0\leqslant y\leqslant 1\\ 0 & \text{其他}\end{cases}$$

$$=\begin{cases}2.4y(3-4y+y^2) & 0\leqslant y\leqslant 1\\ 0 & \text{其他}\end{cases}$$

**4.【解】** 由于 $P(Y=y_j)=P_j=\sum_{i=1}^{2}P(X=x_i,Y=y_j)$，故

$$P(Y=y_1)=P(X=x_1,Y=y_1)+P(X=x_2,Y=y_1)$$

从而 $$P(X=x_1,Y=y_1)=\frac{1}{6}-\frac{1}{8}=\frac{1}{24}$$

而 $X$ 与 $Y$ 独立，故 $P(X=x_i)\cdot P(Y=y_j)=P(X=x_i,Y=y_i)$

从而 $$P(X=x_1)\times\frac{1}{6}=P(X=x_1,Y=y_1)=\frac{1}{24}$$

即 $$P(X=x_1)=\frac{1}{24}\Big/\frac{1}{6}=\frac{1}{4}$$

又 $$P(X=x_1)=P(X=x_1,Y=y_1)+P(X=x_1,Y=y_2)+P(X=x_1,Y=y_3)$$

即 $$\frac{1}{4}=\frac{1}{24}+\frac{1}{8}+P(X=x_1,Y=y_3)$$

从而 $$P(X=x_1,Y=y_3)=\frac{1}{12}$$

同理 $$P(Y=y_2)=\frac{1}{2},\quad P(X=x_2,Y=y_2)=\frac{3}{8}$$

又 $$\sum_{j=1}^{3}P(Y=y_j)=1,$$

故 $$P(Y=y_3)=1-\frac{1}{6}-\frac{1}{2}=\frac{1}{3}$$

同理 $$P(X=x_2)=\frac{3}{4}$$

从而

$$P(X=x_2,Y=y_3)=P(Y=y_3)-P(X=x_1,Y=y_3)=\frac{1}{3}-\frac{1}{12}=\frac{1}{4}$$

故

| Y \ X | $y_1$ | $y_2$ | $y_3$ | $P(X=x_i)=p_i$ |
|---|---|---|---|---|
| $x_1$ | $\frac{1}{24}$ | $\frac{1}{8}$ | $\frac{1}{12}$ | $\frac{1}{4}$ |
| $x_2$ | $\frac{1}{8}$ | $\frac{3}{8}$ | $\frac{1}{4}$ | $\frac{3}{4}$ |
| $P(Y=y_j)=p_j$ | $\frac{1}{6}$ | $\frac{1}{2}$ | $\frac{1}{3}$ | 1 |

**5.【解】** (1) 因 $X$ 在$[0,0.2]$上服从均匀分布,所以 $X$ 的概率密度为

$$f_X(x)=\begin{cases}\frac{1}{0.2} & 0<x<0.2\\ 0 & 其他\end{cases}$$

而

$$f_Y(y)=\begin{cases}5e^{-5y} & y>0\\ 0 & 其他\end{cases}$$

所以

$$f(x,y)\xlongequal{X,Y独立}f_X(x)\cdot f_Y(y)$$

$$=\begin{cases}\frac{1}{0.2}\times 5e^{-5y} & 0<x<0.2 且 y>0\\ 0 & 其他\end{cases}$$

$$=\begin{cases}25e^{-5y} & 0<x<0.2 且 y>0\\ 0 & 其他\end{cases}$$

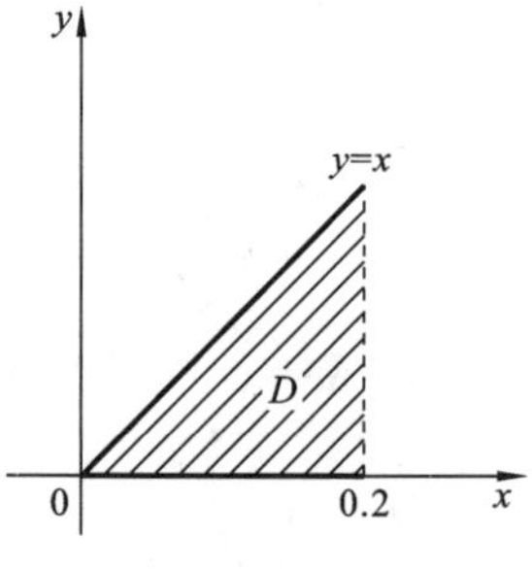


图 3.9

(2) $P(Y\leqslant X)=\iint\limits_{y\leqslant x} f(x,y)\mathrm{d}x\mathrm{d}y$

$$\xlongequal{见图 3.9}\iint\limits_D 25e^{-5y}\mathrm{d}x\mathrm{d}y=\int_0^{0.2}\mathrm{d}x\int_0^x 25e^{-5y}\mathrm{d}y$$

$$=\int_0^{0.2}(-5e^{-5x}+5)\mathrm{d}x=e^{-1}\approx 0.3679$$

**6.【解】** 因为随机变量服从$[0,3]$上的均匀分布,于是有

$$f(x)=\begin{cases}\frac{1}{3} & 0\leqslant x\leqslant 3\\ 0 & x<0,x>3\end{cases},\quad f(y)=\begin{cases}\frac{1}{3} & 0\leqslant y\leqslant 3\\ 0 & y<0,y>3\end{cases}$$

因为 $X$、$Y$ 相互独立，所以

$$f(x,y)=\begin{cases}\dfrac{1}{9} & 0\leqslant x\leqslant 3, 0\leqslant y\leqslant 3\\ 0 & x<0, y<0, x>3, y>3\end{cases}$$

推得

$$P(\max(X,Y)\leqslant 1)=\frac{1}{9}$$

# 第 4 章　随机变量的数字特征

## 4.1　大纲基本要求

（1）理解随机变量数字特征（数学期望、方差、标准差、矩、协方差、相关系数）的概念，会运用数字特征的基本性质，并掌握常用分布的数字特征.

（2）会求随机变量函数的数学期望.

## 4.2　内 容 提 要

### 一、数学期望的定义和性质

**1）数学期望的定义**

（1）离散时，　$E(X)=\sum_{i} x_i p_i$，　$E[g(X)]=\sum_{i} g(x_i) p_i$

（2）连续时，　$E(X)=\int_{-\infty}^{+\infty} x f(x)\mathrm{d}x$，　$E[g(X)]=\int_{-\infty}^{+\infty} g(x) f(x)\mathrm{d}x$

（3）二维时，　$E[g(X,Y)]=\sum_{i,j} g(x_i,y_j) p_{ij}$

$$E[g(X,Y)]=\int_{-\infty}^{+\infty}\int_{-\infty}^{+\infty} g(x,y) f(x,y)\mathrm{d}x\mathrm{d}y$$

**2）数学期望的性质**

（1）$E(C)=C$；

（2）$E(CX)=CE(X)$；

（3）$E(X+Y)=E(X)+E(Y)$；

（4）$X$、$Y$ 相互独立时，$E(XY)=E(X)E(Y)$.

特别提醒：当 $X_1$、$X_2$ 相互独立或 $X_1$、$X_2$ 不相关时，才有

$$E(X_1X_2)=E(X_1)\cdot E(X_2)$$

### 二、方差的定义和性质

**1）方差的定义**

$$D(X)=E[X-E(X)]^2=E(X^2)-[E(X)]^2$$

标准差　　　　　　$\sigma(X)=\sqrt{D(X)}$

**2）方差的性质**

（1）$D(C)=0, D(X+C)=D(X)$；

（2）$D(CX)=C^2D(X)$；

（3）$X$、$Y$ 相互独立时，$D(X+Y)=D(X)+D(Y)$.

特别提醒：

（1）设 $c$ 为常数，则有 $D(cX)=c^2D(X)$；

（2）$D(aX+bY)=a^2D(X)+b^2D(Y)+2abE\{[X-E(X)][Y-E(Y)]\}$

当 $X_1$、$X_2$ 相互独立或不相关时才有 $D(aX+bY)=a^2D(X)+b^2D(Y)$.

例如：若 $X_1$、$X_2$ 相互独立，则有 $D(3X_1-5X_2)=9D(X_1)+25D(X_2)$.

## 三、几种重要分布的数学期望和方差

几种重要分布的数学期望和方差如表 4.1 所示。

**表 4.1**

| 名称与记号 | 分布律或概率密度 | 数学期望 | 方差 |
|---|---|---|---|
| 两点分布 $B(1,p)$ | $P(X=1)=p$，　$P(X=0)=q=1-p$ | $p$ | $pq$ |
| 二项式分布 $B(n,p)$ | $P(X=k)=C_n^kp^kq^{n-k}$，　$k=0,1,2,\cdots,n$ | $np$ | $npq$ |
| 泊松分布 $P(\lambda)$ | $P(X=k)=e^{-\lambda}\dfrac{\lambda^k}{k!}$，　$k=0,1,2,\cdots$ | $\lambda$ | $\lambda$ |
| 几何分布 $G(p)$ | $P(X=k)=q^{k-1}p$，　$k=1,2,\cdots$ | $\dfrac{1}{p}$ | $\dfrac{q}{p^2}$ |
| 均匀分布 $U(a,b)$ | $f(x)=\dfrac{1}{b-a}$，　$a\leqslant x\leqslant b$ | $\dfrac{a+b}{2}$ | $\dfrac{(b-a)^2}{12}$ |
| 指数分布 $E(\lambda)$ | $f(x)=\lambda e^{-\lambda x}$，　$x\geqslant 0$ | $\dfrac{1}{\lambda}$ | $\dfrac{1}{\lambda^2}$ |
| 正态分布 $N(\mu,\sigma^2)$ | $f(x)=\dfrac{1}{\sqrt{2\pi}\sigma}e^{-\frac{(x-\mu)^2}{2\sigma^2}}$ | $\mu$ | $\sigma^2$ |

## 四、协方差的定义和性质

**1）协方差的定义**

$$\operatorname{cov}(X,Y)=E\{[X-E(X)][Y-E(Y)]\}=E(XY)-E(X)E(Y)$$

**2）协方差的性质**

（1）$\operatorname{cov}(X,Y)=\operatorname{cov}(Y,X)$，$\operatorname{cov}(aX,bY)=ab\operatorname{cov}(X,Y)$.

（2）$\operatorname{cov}(X_1+X_2,Y)=\operatorname{cov}(X_1,Y)+\operatorname{cov}(X_2,Y)$.

（3）$\operatorname{cov}(X,Y)=0$ 时，称 $X$、$Y$ 不相关. 另外，$X$、$Y$ 相互独立$\Rightarrow X$、$Y$ 不相关，反之

不成立,但正态时等价.

(4) $D(X+Y)=D(X)+D(Y)+2\mathrm{cov}(X,Y)$.

### 五、相关系数的定义和性质

**1) 相关系数的定义**

$$\rho_{XY}=\frac{\mathrm{cov}(X,Y)}{\sigma(X)\sigma(Y)}$$

**2) 相关系数的性质**

(1) $|\rho_{XY}|\leqslant 1$;

(2) $|\rho_{XY}|=1\Leftrightarrow \exists\, a,b,P(Y=aX+b)=1$.

**注** 相关系数 $\rho_{XY}$ 有时也称线性相关系数,它是一个可以用来描述随机变量 $(X,Y)$ 的两个分量 $X$、$Y$ 之间的线性关系紧密程度的数字特征.当 $|\rho_{XY}|$ 较小时,$X$、$Y$ 的线性相关的程度较差.当 $\rho_{XY}=0$ 时,称 $X$、$Y$ 不相关.不相关是指 $X$、$Y$ 之间不存在线性关系,即使 $X$、$Y$ 不相关,它们还可能存在除线性关系之外的关系,又由于 $X$、$Y$ 相互独立是针对 $X$、$Y$ 的一般关系而言的,因此有以下的结论:$X$、$Y$ 相互独立,则 $X$、$Y$ 一定不相关;反之,若 $X$、$Y$ 不相关,则 $X$、$Y$ 不一定相互独立.

特别地,对于二维正态变量 $(X,Y)$,$X$ 和 $Y$ 不相关与 $X$ 和 $Y$ 相互独立是等价的.而二元正态变量的相关系数 $\rho_{XY}$ 就是参数 $\rho$.于是,用"$\rho=0$"是否成立来检验 $X$、$Y$ 是否相互独立是很方便的.

### 六、矩的概念

设 $X$ 和 $Y$ 是随机变量.

若 $E(X^k),k=1,2,\cdots$ 存在,称它为 $X$ 的 $k$ 阶原点矩,简称 $k$ 阶矩.

若 $E\{[X-E(X)]^k\},k=1,2,\cdots$ 存在,称它为 $X$ 的 $k$ 阶中心矩.

若 $E(X^kY^l),k,l=1,2,\cdots$ 存在,称它为 $X$ 和 $Y$ 的 $k+l$ 阶混合矩.

若 $E\{[X-E(X)]^k[Y-E(Y)]^l\},k,l=1,2,\cdots$ 存在,称它为 $X$ 和 $Y$ 的 $k+l$ 阶混合中心矩.

## 4.3 典型例题分析

**例 1** 设 $X$、$Y$ 是相互独立的随机变量,其概率密度分别为

$$f_X(x)=\begin{cases}2x & 0\leqslant x\leqslant 1\\ 0 & \text{其他}\end{cases},\quad f_Y(y)=\begin{cases}\mathrm{e}^{-(y-5)} & y>5\\ 0 & \text{其他}\end{cases}$$

求 $E(XY)$.

**【知识点】** 相互独立的随机变量的期望的性质、相互独立的随机变量的性质.

【解】 方法一：先求 $X$ 与 $Y$ 的均值

$$E(X)=\int_0^1 x\cdot 2x\mathrm{d}x=\frac{2}{3}$$

$$E(Y)=\int_5^{+\infty} y\mathrm{e}^{-(y-5)}\mathrm{d}y \xlongequal{令 z=y-5} 5\int_0^{+\infty}\mathrm{e}^{-z}\mathrm{d}z+\int_0^{+\infty} z\mathrm{e}^{-z}\mathrm{d}z=5+1=6$$

由 $X$ 与 $Y$ 的独立性，得

$$E(XY)=E(X)\cdot E(Y)=\frac{2}{3}\times 6=4$$

方法二：利用随机变量函数的均值公式. 由于 $X$ 与 $Y$ 独立，故联合概率密度为

$$f(x,y)=f_X(x)\cdot f_Y(y)=\begin{cases}2x\mathrm{e}^{-(y-5)} & 0\leqslant x\leqslant 1,y>5\\ 0 & 其他\end{cases}$$

于是

$$E(XY)=\int_5^{+\infty}\int_0^1 xy\cdot 2x\mathrm{e}^{-(y-5)}\mathrm{d}x\mathrm{d}y=\int_0^1 2x^2\mathrm{d}x\cdot\int_5^{+\infty} y\mathrm{e}^{-(y-5)}\mathrm{d}y=\frac{2}{3}\times 6=4$$

**例 2** 已知随机变量 $X$、$Y$ 分别服从正态分布 $N(0,3^2)$ 和 $N(2,4^2)$，且 $X$ 与 $Y$ 的相关系数 $\rho_{XY}=-1/2$，设 $Z=X/3+Y/2$，求：

(1) 数学期望 $E(Z)$，方差 $D(Z)$；

(2) $X$ 与 $Z$ 的相关系数 $\rho_{XZ}$.

【知识点】 正态分布的性质、期望和方差的性质、相关系数的概念和性质.

【解】 (1) 由数学期望、方差的性质及相关系数的定义得

$$E(Z)=E\left(\frac{X}{3}+\frac{Y}{2}\right)=E\left(\frac{X}{3}\right)+E\left(\frac{Y}{2}\right)=\frac{1}{3}\times 0+\frac{1}{2}\times 2=1$$

$$\begin{aligned}D(Z)&=D\left(\frac{X}{3}+\frac{Y}{2}\right)=D\left(\frac{X}{3}\right)+D\left(\frac{Y}{2}\right)+2\mathrm{cov}\left(\frac{X}{3},\frac{Y}{2}\right)\\&=\frac{1}{3^2}D(X)+\frac{1}{2^2}D(Y)+2\times\frac{1}{3}\times\frac{1}{2}\rho_{XY}\sqrt{D(X)}\sqrt{D(Y)}\\&=\frac{1}{3^2}\times 3^2+\frac{1}{2^2}\times 4^2+2\times\frac{1}{3}\times\frac{1}{2}\times\left(-\frac{1}{2}\right)\times 3\times 4\\&=1+4-2=3\end{aligned}$$

(2) 由协方差的性质可得

$$\begin{aligned}\mathrm{cov}(X,Z)&=\mathrm{cov}\left(X,\frac{1}{3}X+\frac{1}{2}Y\right)=\frac{1}{3}\mathrm{cov}(X,X)+\frac{1}{2}\mathrm{cov}(X,Y)\\&=\frac{1}{3}D(X)+\frac{1}{2}\rho_{XY}\sqrt{D(X)}\sqrt{D(Y)}=0\end{aligned}$$

从而有 $X$ 与 $Z$ 的相关系数 $\rho_{XZ}=\dfrac{\mathrm{cov}(X,Z)}{\sqrt{D(X)}\sqrt{D(Z)}}=0$.

**例 3** 设 $\xi$ 与 $\eta$ 独立同分布，已知 $\xi$ 的概率分布为 $P(\xi=i)=1/3(i=1,2,3)$，又设 $X=\max(\xi,\eta)$，$Y=\min(\xi,\eta)$. 求：

(1) $E(X)$、$E(Y)$；

(2) 随机变量 $X$、$Y$ 的协方差.

【知识点】 二维离散型随机变量的联合分布的计算，随机变量相互独立的性质，期望、方差以及协方差的计算.

【解】 (1) $(X,Y)$的分布律为

| Y \ X | 1 | 2 | 3 |
|---|---|---|---|
| 1 | 1/9 | 2/9 | 2/9 |
| 2 | 0 | 1/9 | 2/9 |
| 3 | 0 | 0 | 1/9 |

关于 $X$、$Y$ 的边缘概率分布分别为

| $X$ | 1 | 2 | 3 |
|---|---|---|---|
| $P$ | 1/9 | 3/9 | 5/9 |

| $Y$ | 1 | 2 | 3 |
|---|---|---|---|
| $P$ | 5/9 | 3/9 | 1/9 |

从而得

$$E(X)=1\times\frac{1}{9}+2\times\frac{3}{9}+3\times\frac{5}{9}=\frac{22}{9}$$

$$E(Y)=1\times\frac{5}{9}+2\times\frac{3}{9}+3\times\frac{1}{9}=\frac{14}{9}$$

(2) $$E(XY)=1\times1\times\frac{1}{9}+2\times1\times\frac{2}{9}+2\times2\times\frac{1}{9}+3\times1\times\frac{2}{9}+3\times2\times\frac{2}{9}+3\times3\times\frac{1}{9}=\frac{36}{9}$$

$$\mathrm{cov}(X,Y)=E(XY)-E(X)E(Y)=\frac{36}{9}-\frac{22}{9}\times\frac{14}{9}=\frac{16}{81}$$

**例 4** 设 $X_1,X_2,\cdots,X_n$ 是相互独立的随机变量，且有 $E(X_i)=\mu,D(X_i)=\sigma^2$，$i=1,2,\cdots,n$，记

$$\overline{X}=\frac{1}{n}\sum_{i=1}^{n}X_i,\quad S^2=\frac{1}{n-1}\sum_{i=1}^{n}(X_i-\overline{X})^2$$

(1) 验证 $E(\overline{X})=\mu,D(\overline{X})=\dfrac{\sigma^2}{n}$；

(2) 验证 $S^2=\dfrac{1}{n-1}\left(\sum_{i=1}^{n}X_i^2-n\overline{X}^2\right)$；

(3) 验证 $E(S^2)=\sigma^2$.

**【知识点】** 期望和方差的性质.

**【证明】** (1) $E(\overline{X}) = E\left(\frac{1}{n}\sum_{i=1}^{n}X_i\right) = \frac{1}{n}E\left(\sum_{i=1}^{n}X_i\right) = \frac{1}{n}\sum_{i=1}^{n}E(X_i)$

$$= \frac{1}{n}\cdot n\mu = \mu$$

$$D(\overline{X}) = D\left(\frac{1}{n}\sum_{i=1}^{n}X_i\right) = \frac{1}{n^2}D\left(\sum_{i=1}^{n}X_i\right) \xlongequal{X_i\text{之间相互独立}} \frac{1}{n^2}\cdot\sum_{i=1}^{n}D(X_i)$$

$$= \frac{1}{n^2}\cdot n\sigma^2 = \frac{\sigma^2}{n}$$

(2) 因 $\sum_{i=1}^{n}(X_i - \overline{X})^2 = \sum_{i=1}^{n}(X_i^2 + \overline{X}^2 - 2\overline{X}X_i) = \sum_{i=1}^{n}X_i^2 + n\overline{X}^2 - 2\overline{X}\sum_{i=1}^{n}X_i$

$$= \sum_{i=1}^{n}X_i^2 + n\overline{X}^2 - 2\overline{X}\cdot n\overline{X} = \sum_{i=1}^{n}X_i^2 - n\overline{X}^2$$

故

$$S^2 = \frac{1}{n-1}\left(\sum_{i=1}^{n}X_i^2 - n\overline{X}^2\right)$$

(3) 由于 $E(X_i)=\mu, D(X_i)=\sigma^2$,故

$$E(X_i^2)=D(X_i)+[E(X_i)]^2=\sigma^2+\mu^2$$

同理由于 $E(\overline{X})=\mu, D(\overline{X})=\frac{\sigma^2}{n}$,故

$$E(\overline{X}^2)=\frac{\sigma^2}{n}+\mu^2$$

从而　$E(S^2) = E\left[\frac{1}{n-1}\left(\sum_{i=1}^{n}X_i^2 - n\overline{X}^2\right)\right] = \frac{1}{n-1}\left[E\left(\sum_{i=1}^{n}X_i^2\right) - nE(\overline{X}^2)\right]$

$$= \frac{1}{n-1}\left[\sum_{i=1}^{n}E(X_i^2) - nE(\overline{X}^2)\right]$$

$$= \frac{1}{n-1}\cdot\left[n\cdot(\sigma^2+\mu^2) - n\left(\frac{\sigma^2}{n}+\mu^2\right)\right] = \sigma^2$$

**例 5**　设二维随机变量$(X,Y)$的概率密度为

$$f(x,y)=\begin{cases}\frac{1}{\pi} & x^2+y^2\leqslant 1\\ 0 & \text{其他}\end{cases}$$

试验证 $X$ 和 $Y$ 是不相关的,但 $X$ 和 $Y$ 不是相互独立的.

**【知识点】** 不相关和相互独立的概念以及两者的区别.

**【解】** 设 $D=\{(x,y)\mid x^2+y^2\leqslant 1\}$.

$$E(X) = \int_{-\infty}^{+\infty}\int_{-\infty}^{+\infty}xf(x,y)\mathrm{d}x\mathrm{d}y = \frac{1}{\pi}\iint_{x^2+y^2\leqslant 1}x\mathrm{d}x\mathrm{d}y$$

$$= \frac{1}{\pi}\int_0^{2\pi}\int_0^1 r\cos\theta \cdot r\mathrm{d}r\mathrm{d}\theta = 0$$

同理 $E(Y)=0$.

而 $$\mathrm{cov}(X,Y) = \int_{-\infty}^{+\infty}\int_{-\infty}^{+\infty}[x - E(x)]\cdot[y - E(Y)]f(x,y)\mathrm{d}x\mathrm{d}y$$

$$= \frac{1}{\pi}\iint\limits_{x^2+y^2\leqslant 1} xy\,\mathrm{d}x\mathrm{d}y = \frac{1}{\pi}\int_0^{2\pi}\int_0^1 r^2\sin\theta\cos\theta r\,\mathrm{d}r\mathrm{d}\theta = 0$$

由此得 $\rho_{XY}=0$,故 $X$ 与 $Y$ 不相关.

下面讨论独立性,当 $|x|\leqslant 1$ 时,$f_X(x) = \int_{1-\sqrt{1-x^2}}^{\sqrt{1-x^2}} \frac{1}{\pi}\mathrm{d}y = \frac{2}{\pi}\sqrt{1-x^2}$.

当 $|y|\leqslant 1$ 时, $$f_Y(y) = \int_{-\sqrt{1-y^2}}^{\sqrt{1-y^2}} \frac{1}{\pi}\mathrm{d}x = \frac{2}{\pi}\sqrt{1-y^2}$$

显然 $$f_X(x)\cdot f_Y(y)\neq f(x,y)$$

故 $X$ 和 $Y$ 不是相互独立的.

**例 6** 设 $(X,Y)$ 的概率密度为

$$f(x,y)=\begin{cases}\frac{1}{2}\sin(x+y) & 0\leqslant x\leqslant\frac{\pi}{2}, 0\leqslant y\leqslant\frac{\pi}{2}\\ 0 & \text{其他}\end{cases}$$

求协方差 $\mathrm{cov}(X,Y)$ 和相关系数 $\rho_{XY}$.

**【知识点】** 协方差和相关系数的计算.

**【解】** $$E(X) = \int_{-\infty}^{+\infty}\int_{-\infty}^{+\infty} xf(x,y)\mathrm{d}x\mathrm{d}y = \int_0^{\pi/2}\mathrm{d}x\int_0^{\pi/2} x\cdot\frac{1}{2}\sin(x+y)\mathrm{d}y = \frac{\pi}{4}$$

$$E(X^2) = \int_0^{\frac{\pi}{2}}\mathrm{d}x\int_0^{\frac{\pi}{2}} x^2\cdot\frac{1}{2}\sin(x+y)\mathrm{d}y = \frac{\pi^2}{8}+\frac{\pi}{2}-2$$

从而

$$D(X)=E(X^2)-[E(X)]^2=\frac{\pi^2}{16}+\frac{\pi}{2}-2$$

同理 $$E(Y)=\frac{\pi}{4},\quad D(Y)=\frac{\pi^2}{16}+\frac{\pi}{2}-2$$

又 $$E(XY) = \int_0^{\pi/2}\mathrm{d}x\int_0^{\pi/2} xy\sin(x+y)\mathrm{d}x\mathrm{d}y = \frac{\pi}{2}-1$$

故 $$\mathrm{cov}(X,Y)=E(XY)-E(X)\cdot E(Y)=\left(\frac{\pi}{2}-1\right)-\frac{\pi}{4}\times\frac{\pi}{4}=-\left(\frac{\pi-4}{4}\right)^2$$

$$\rho_{XY}=\frac{\mathrm{cov}(X,Y)}{\sqrt{D(X)}\cdot\sqrt{D(Y)}}=\frac{-\left(\frac{\pi-4}{4}\right)^2}{\frac{\pi^2}{16}+\frac{\pi}{2}-2}=-\frac{(\pi-4)^2}{\pi^2+8\pi-32}=-\frac{\pi^2-8\pi+16}{\pi^2+8\pi-32}$$

**例 7**　已知二维随机变量$(X,Y)$的协方差矩阵为$\begin{bmatrix}1&1\\1&4\end{bmatrix}$，试求$Z_1=X-2Y$和$Z_2=2X-Y$的相关系数.

**【知识点】**　协方差的性质、相关系数的定义.

**【解】**　由题意知

$$D(X)=1,\quad D(Y)=4,\quad \operatorname{cov}(X,Y)=1$$

从而

$$D(Z_1)=D(X-2Y)=D(X)+4D(Y)-4\operatorname{cov}(X,Y)=1+4\times4-4\times1=13$$

$$D(Z_2)=D(2X-Y)=4D(X)+D(Y)-4\operatorname{cov}(X,Y)=4\times1+4-4\times1=4$$

$$\begin{aligned}\operatorname{cov}(Z_1,Z_2)&=\operatorname{cov}(X-2Y,2X-Y)\\&=2\operatorname{cov}(X,X)-4\operatorname{cov}(Y,X)-\operatorname{cov}(X,Y)+2\operatorname{cov}(Y,Y)\\&=2D(X)-5\operatorname{cov}(X,Y)+2D(Y)=2\times1-5\times1+2\times4=5\end{aligned}$$

故
$$\rho_{Z_1Z_2}=\frac{\operatorname{cov}(Z_1,Z_2)}{\sqrt{D(Z_1)}\cdot\sqrt{D(Z_2)}}=\frac{5}{\sqrt{13}\times\sqrt{4}}=\frac{5}{26}\sqrt{13}$$

**例 8**　两台同样的自动记录仪，每台无故障工作的时间$T_i(i=1,2)$服从参数为5的指数分布，首先开动其中一台，当其发生故障时停用而另一台自动开启. 试求两台记录仪无故障工作的总时间$T=T_1+T_2$的概率密度$f_T(t)$、数学期望$E(T)$及方差$D(T)$.

**【知识点】**　指数分布、随机变量函数的分布、卷积公式、随机变量的期望和方差的性质及计算.

**【解】**　由题意知

$$f_i(t)=\begin{cases}5\mathrm{e}^{-5t} & t\geqslant0\\0 & t<0\end{cases}\quad(i=1,2)$$

因$T_1$、$T_2$独立，所以　$f_T(t)=f_1(t)*f_2(t)$

当$t<0$时，　$f_T(t)=0$

当$t\geqslant0$时，利用卷积公式得

$$f_T(t)=\int_{-\infty}^{+\infty}f_1(x)\cdot f_2(t-x)\mathrm{d}x=\int_0^t5\mathrm{e}^{-5x}\cdot5\mathrm{e}^{-5(t-x)}\mathrm{d}x=25t\mathrm{e}^{-5t}$$

故得

$$f_T(t)=\begin{cases}25t\mathrm{e}^{-5t} & t\geqslant0\\0 & t<0\end{cases}$$

由于$T_i\sim E(5)$，故知

$$E(T_i)=\frac{1}{5},\quad D(T_i)=\frac{1}{25}\quad(i=1,2)$$

因此，有
$$E(T)=E(T_1+T_2)=\frac{2}{5}$$

又因 $T_1$、$T_2$ 相互独立,所以

$$D(T)=D(T_1+T_2)=\frac{2}{25}$$

**例 9** 设随机变量 $X$ 和 $Y$ 的联合分布在点(0,1)、(1,0)及(1,1)为顶点的三角形区域上服从均匀分布,试求随机变量 $U=X+Y$ 的方差.

**【知识点】** 二维均匀分布的概念、方差的性质、期望和方差的计算.

**【解】**
$$\begin{aligned}D(U)&=D(X+Y)=D(X)+D(Y)+2\text{cov}(X,Y)\\&=D(X)+D(Y)+2[E(XY)-E(X)\cdot E(Y)]\end{aligned}$$

由条件知 $X$ 和 $Y$ 的联合概率密度为

$$f(x,y)=\begin{cases}2 & (x,y)\in G\\0 & 其他\end{cases},\quad G=\{(x,y)\mid 0\leqslant x\leqslant 1,0\leqslant y\leqslant 1,x+y\geqslant 1\}$$

从而
$$f_X(x)=\int_{-\infty}^{+\infty}f(x,y)\mathrm{d}y=\int_{1-x}^{1}2\mathrm{d}y=\begin{cases}2x & 0<x<1\\0 & 其他\end{cases}$$

因此

$$E(X)=\int_0^1 xf_X(x)\mathrm{d}x=\int_0^1 2x^2\mathrm{d}x=\frac{2}{3},\quad E(X^2)=\int_0^1 2x^3\mathrm{d}x=\frac{1}{2}$$

$$D(X)=E(X^2)-[E(X)]^2=\frac{1}{2}-\frac{4}{9}=\frac{1}{18}$$

同理可得
$$E(Y)=\frac{2}{3},\quad D(Y)=\frac{1}{18}$$

$$E(XY)=\iint_G 2xy\,\mathrm{d}x\mathrm{d}y=2\int_0^1 x\mathrm{d}x\int_{1-x}^1 y\mathrm{d}y=\frac{5}{12}$$

$$\text{cov}(X,Y)=E(XY)-E(X)\cdot E(Y)=\frac{5}{12}-\frac{4}{9}=-\frac{1}{36}$$

于是
$$D(U)=D(X+Y)=\frac{1}{18}+\frac{1}{18}-\frac{2}{36}=\frac{1}{18}$$

**例 10** 设随机变量 $U$ 在区间[-2,2]上服从均匀分布,随机变量

$$X=\begin{cases}-1 & U\leqslant -1\\1 & U>-1\end{cases},\quad Y=\begin{cases}-1 & U\leqslant 1\\1 & U>1\end{cases}$$

试求:(1) $X$ 和 $Y$ 的联合概率分布;

(2) $D(X+Y)$.

**【知识点】** 联合概率分布的计算、方差的性质和计算.

**【解】** (1) 为求 $X$ 和 $Y$ 的联合概率分布,就要计算$(X,Y)$的 4 个可能取值(-1,-1)、(-1,1)、(1,-1)及(1,1)的概率.

$$\begin{aligned}P(X=-1,Y=-1)&=P(U\leqslant -1,U\leqslant 1)=P(U\leqslant -1)\\&=\int_{-\infty}^{-1}\frac{\mathrm{d}x}{4}=\int_{-2}^{-1}\frac{\mathrm{d}x}{4}=\frac{1}{4}\end{aligned}$$

$$P(X=-1,Y=1)=P(U\leqslant -1,U>1)=P(\varnothing)=0$$

$$P(X=1,Y=-1)=P(U>-1,U\leqslant 1)=P(-1<U\leqslant 1)$$
$$=\int_{-1}^{1}\frac{\mathrm{d}x}{4}=\frac{1}{2}$$

$$P(X=1,Y=1)=P(U>-1,U>1)=P(U>1)=\int_{1}^{2}\frac{\mathrm{d}x}{4}=\frac{1}{4}$$

故得 $X$ 与 $Y$ 的联合概率分布为

$$(X,Y)\sim\begin{bmatrix}(-1,-1) & (-1,1) & (1,-1) & (1,1)\\ \frac{1}{4} & 0 & \frac{1}{2} & \frac{1}{4}\end{bmatrix}$$

(2) 因 $D(X+Y)=E[(X+Y)^2]-[E(X+Y)]^2$，而 $X+Y$ 及 $(X+Y)^2$ 的概率分布相应为

$$X+Y\sim\begin{bmatrix}-2 & 0 & 2\\ \frac{1}{4} & \frac{1}{2} & \frac{1}{4}\end{bmatrix},\quad (X+Y)^2\sim\begin{bmatrix}0 & 4\\ \frac{1}{2} & \frac{1}{2}\end{bmatrix}$$

从而
$$E(X+Y)=(-2)\times\frac{1}{4}+2\times\frac{1}{4}=0$$

$$E[(X+Y)^2]=0\times\frac{1}{2}+4\times\frac{1}{2}=2$$

所以
$$D(X+Y)=E[(X+Y)^2]-[E(X+Y)]^2=2$$

**例 11**　设随机变量 $X$ 的概率密度为 $f(x)=\frac{1}{2}\mathrm{e}^{-|x|}\ (-\infty<x<+\infty)$.

(1) 求 $E(X)$ 及 $D(X)$；

(2) 求 $\mathrm{cov}(X,|X|)$，并问 $X$ 与 $|X|$ 是否不相关？

(3) 问 $X$ 与 $|X|$ 是否相互独立，为什么？

**【知识点】**　期望和方差的计算、协方差的计算、相关性和独立性的定义及判断.

**【解】**　(1)
$$E(X)=\int_{-\infty}^{+\infty}x\cdot\frac{1}{2}\mathrm{e}^{-|x|}\,\mathrm{d}x=0$$

$$D(X)=\int_{-\infty}^{+\infty}(x-0)^2\cdot\frac{1}{2}\mathrm{e}^{-|x|}\,\mathrm{d}x=\int_{0}^{+\infty}x^2\mathrm{e}^{-x}\,\mathrm{d}x=2$$

(2) $\mathrm{cov}(X,|X|)=E(X\cdot|X|)-E(X)\cdot E(|X|)=E(X\cdot|X|)$
$$=\int_{-\infty}^{+\infty}x|x|\cdot\frac{1}{2}\mathrm{e}^{-|x|}\,\mathrm{d}x=0$$

所以 $X$ 与 $|X|$ 互不相关.

(3) 为判断 $|X|$ 与 $X$ 的独立性，需依定义构造适当事件后再作出判断，为此，对定义域 $-\infty<x<+\infty$ 中的子区间 $(0,+\infty)$ 上给出任意点 $x_0$，则有

$$\{-x_0<X<x_0\}=\{|X|<x_0\}\subset\{X<x_0\}$$

所以
$$0<P(|X|<x_0)<P(X<x_0)<1$$
故由
$$P(X<x_0,|X|<x_0)=P(|X|<x_0)>P(|X|<x_0)\cdot P(X<x_0)$$
得出 $X$ 与 $|X|$ 不相互独立.

**例 12** 已知随机变量 $X$ 和 $Y$ 分别服从正态分布 $N(1,3^2)$ 和 $N(0,4^2)$，且 $X$ 与 $Y$ 的相关系数 $\rho_{XY}=-1/2$，设 $Z=\dfrac{X}{3}+\dfrac{Y}{2}$.

(1) 求 $Z$ 的数学期望 $E(Z)$ 和方差 $D(Z)$；

(2) 求 $X$ 与 $Z$ 的相关系数 $\rho_{XZ}$；

(3) 问 $X$ 与 $Z$ 是否相互独立，为什么？

**【知识点】** 正态分布的性质、期望和方差的性质、相关系数的性质和计算、独立的充要条件.

**【解】** (1)
$$E(Z)=E\left(\frac{X}{3}+\frac{Y}{2}\right)=\frac{1}{3}$$
$$D(Z)=D\left(\frac{X}{3}\right)+D\left(\frac{Y}{2}\right)+2\text{cov}\left(\frac{X}{3},\frac{Y}{2}\right)$$
$$=\frac{1}{9}\times 9+\frac{1}{4}\times 16+2\times\frac{1}{3}\times\frac{1}{2}\text{cov}(X,Y)$$
而
$$\text{cov}(X,Y)=\rho_{XY}\sqrt{D(X)}\cdot\sqrt{D(Y)}=\left(-\frac{1}{2}\right)\times 3\times 4=-6$$
所以
$$D(Z)=1+4-6\times\frac{1}{3}=3$$

(2) 因 $\text{cov}(X,Z)=\text{cov}\left(X,\dfrac{X}{3}+\dfrac{Y}{2}\right)=\dfrac{1}{3}\text{cov}(X,X)+\dfrac{1}{2}\text{cov}(X,Y)$
$$=\frac{1}{3}D(X)+\frac{1}{2}\times(-6)=\frac{9}{3}-3=0$$
所以
$$\rho_{XZ}=\frac{\text{cov}(X,Z)}{\sqrt{D(X)}\cdot\sqrt{D(Z)}}=0$$

(3) 由 $\rho_{XZ}=0$，得 $X$ 与 $Z$ 不相关. 又因 $Z\sim N\left(\dfrac{1}{3},3\right)$，$X\sim N(1,9)$，所以 $X$ 与 $Z$ 也相互独立.

**例 13** 设随机变量 $X$ 的概率密度为
$$f_X(x)=\begin{cases}\dfrac{1}{2} & -1<x<0\\[2mm] \dfrac{1}{4} & 0\leqslant x<2\\[2mm] 0 & \text{其他}\end{cases}$$

令 $Y=X^2$，$F(x,y)$为二维随机变量$(X,Y)$的分布函数，求：

(1) $Y$ 的概率密度 $f_Y(y)$；

(2) $\mathrm{cov}(X,Y)$；

(3) $F\left(-\frac{1}{2},4\right)$.

**【知识点】** 随机变量函数的分布、分布函数法、协方差的计算、分布函数的定义及计算.

**【解】** (1) $Y$ 的分布函数为

$$F_Y(y)=P(Y\leqslant y)=P(X^2\leqslant y)$$

当 $y\leqslant 0$ 时，　$F_Y(y)=0$，　$f_Y(y)=0$

当 $0<y<1$ 时，

$$F_Y(y)=P(-\sqrt{y}\leqslant X\leqslant\sqrt{y})=P(-\sqrt{y}\leqslant X<0)+P(0\leqslant X\leqslant\sqrt{y})=\frac{3}{4}\sqrt{y}$$

$$f_Y(y)=\frac{3}{8\sqrt{y}}$$

当 $1\leqslant y<4$ 时，

$$F_Y(y)=P(-1\leqslant X<0)+P(0\leqslant X\leqslant\sqrt{y})=\frac{1}{2}+\frac{1}{4}\sqrt{y}$$

$$f_Y(y)=\frac{1}{8\sqrt{y}}$$

当 $y\geqslant 4$ 时，　$F_Y(y)=1$，　$f_Y(y)=0$

故 $Y$ 的概率密度为

$$f_Y(y)=\begin{cases}\dfrac{3}{8\sqrt{y}} & 0<y<1\\ \dfrac{1}{8\sqrt{y}} & 1\leqslant y<4\\ 0 & \text{其他}\end{cases}$$

(2)
$$E(X)=\int_{-\infty}^{+\infty}xf_X(x)\mathrm{d}x=\int_{-1}^{0}\frac{1}{2}x\mathrm{d}x+\int_{0}^{2}\frac{1}{4}x\mathrm{d}x=\frac{1}{4}$$

$$E(Y)=E(X^2)=\int_{-\infty}^{+\infty}x^2f_X(x)\mathrm{d}x=\int_{-1}^{0}\frac{1}{2}x^2\mathrm{d}x+\int_{0}^{2}\frac{1}{4}x^2\mathrm{d}x=\frac{5}{6}$$

$$E(XY)=E(X^3)=\int_{-\infty}^{+\infty}x^3f_X(x)\mathrm{d}x=\int_{-1}^{0}\frac{1}{2}x^3\mathrm{d}x+\int_{0}^{2}\frac{1}{4}x^3\mathrm{d}x=\frac{7}{8}$$

故
$$\mathrm{cov}(X,Y)=E(XY)-E(X)\cdot E(Y)=\frac{2}{3}$$

(3)
$$F\left(-\frac{1}{2},4\right)=P\left(X\leqslant-\frac{1}{2},Y\leqslant 4\right)=P\left(X\leqslant-\frac{1}{2},X^2\leqslant 4\right)$$

$$=P\left(X\leqslant -\frac{1}{2},-2\leqslant X\leqslant 2\right)=P\left(-2\leqslant X\leqslant -\frac{1}{2}\right)$$

$$=P\left(-1\leqslant X\leqslant -\frac{1}{2}\right)=\frac{1}{4}$$

## 4.4 课后习题全解

### 习 题 4.1

**1.** 一批产品有一、二、三等品及废品四种，所占比例分别为 60%、20%、10%、10%，各级产品的出厂价(单位：元)分别为 6、4.8、4、1，求产品的平均出厂价.

**【解】** 设 $X$ 为任取一只产品的出厂价，$X$ 的分布律为

| $X$ | 6 | 4.8 | 4 | 1 |
|---|---|---|---|---|
| $p$ | 0.6 | 0.2 | 0.1 | 0.1 |

平均出厂价为

$$E(X)=6\times 0.6+4.8\times 0.2+4\times 0.1+1\times 0.1=5.06$$

**2.** 某商店在年末大甩卖中进行有奖销售，摇奖时从摇奖箱摇出的球的可能颜色为红、黄、蓝、白、黑五种，其对应的奖金(单位：元)分别为 10000、1000、100、10、1. 假定摇奖箱内装有很多球，其中红、黄、蓝、白、黑球的比例分别为 0.01%、0.15%、1.34%、10%、88.5%，求每次摇奖摇出的奖金 $X$ 的数学期望.

**【解】** 每次摇奖摇出的奖金 $X$ 是一个随机变量，易知它的分布律如下：

| $X$ | 10000 | 1000 | 100 | 10 | 1 |
|---|---|---|---|---|---|
| $p_k$ | 0.0001 | 0.0015 | 0.0134 | 0.1 | 0.885 |

因此

$$E(X)=10000\times 0.0001+1000\times 0.0015+100\times 0.0134+10\times 0.1+1\times 0.885$$
$$=5.725$$

可见，平均起来每次摇奖的奖金不足 6 元. 这个值对商店做计划预算是很重要的.

**3.** 按规定，某车站每天 8 点至 9 点、9 点至 10 点都有一辆客车到站，但到站的时刻是随机的，且两者到站的时间相互独立. 其分布律为

| 到站时刻 | 8:10、9:10 | 8:30、9:30 | 8:50、9:50 |
|---|---|---|---|
| 概率 | 1/6 | 3/6 | 2/6 |

一位旅客 8 点 20 分到车站，求他候车时间(单位：min)的数学期望.

**【解】** 设旅客候车时间为 $X$，易知 $X$ 的分布律为

| $X$ | 10 | 30 | 50 | 70 | 90 |
|---|---|---|---|---|---|
| $p_k$ | 3/6 | 2/6 | 1/36 | 3/36 | 2/36 |

$p_k$的求法举例如下：

$$P(X=70)=P(AB)=P(A)P(B)=1/6\times 3/6=3/36$$

其中 $A$ 为事件"第一班车在 8:10 到站"，$B$ 为事件"第二班车在 9:30 到站"，于是候车时间的数学期望为

$$E(X)=10\times 3/6+30\times 2/6+50\times 1/36+70\times 3/36+90\times 2/36\approx 27.22$$

**4.** 盒内有 5 个球，其中有 3 个白球、2 个黑球，从中随机抽取 2 个，设 $X$ 表示取得的白球的个数，求：

(1) $E(X)$；

(2) $E(2X)$；

(3) $E(X^2)$.

**【解】** 由题意可知

$$P(X=0)=\frac{C_2^2}{C_5^2}=\frac{1}{10},\quad P(X=1)=\frac{C_2^1C_3^1}{C_5^2}=\frac{6}{10},\quad P(X=2)=\frac{C_3^2}{C_5^2}=\frac{3}{10}$$

所以

(1) $$E(X)=0\times\frac{1}{10}+1\times\frac{6}{10}+2\times\frac{3}{10}=1.2$$

(2) $$E(2X)=2E(X)=2.4$$

(3) $$E(X^2)=0^2\times\frac{1}{10}+1^2\times\frac{6}{10}+2^2\times\frac{3}{10}=1.8$$

**5.** 设随机变量 $X$ 的概率密度为 $f(x)=\begin{cases}kx^2 & 0\leqslant x\leqslant 1\\ 0 & \text{其他}\end{cases}$.

(1) 求参数 $k$；

(2) 求 $E(X)$.

**【解】** (1) 因为 $1=\int_{-\infty}^{+\infty}f(x)\mathrm{d}x=\int_0^1 kx^2\mathrm{d}x=\frac{k}{3}$，所以 $k=3$.

(2) $E(X)=\int_{-\infty}^{+\infty}xf(x)\mathrm{d}x=\int_0^1 3x^3\mathrm{d}x=\frac{3}{4}$.

**6.** 设随机变量 $X$ 的概率密度为 $f(x)=\begin{cases}a+bx^2 & 0\leqslant x\leqslant 1\\ 0 & \text{其他}\end{cases}$，$E(X)=\frac{3}{5}$，试求常数 $a$ 和 $b$.

**【解】** 因为

$$1=\int_{-\infty}^{+\infty}f(x)\mathrm{d}x=\int_0^1(a+bx^2)\mathrm{d}x=a+\frac{b}{3}$$

又 $$E(X)=\int_{-\infty}^{+\infty}xf(x)\mathrm{d}x=\int_0^1 x(a+bx^2)\mathrm{d}x=\frac{a}{2}+\frac{b}{4}=\frac{3}{5}$$

从而解得 $a=0.6,b=1.2$.

**7.** 设R.V. $X$ 的概率密度为 $f(x)=\begin{cases}x & 0\leqslant x\leqslant 1\\ 2-x & 1<x\leqslant 2\\ 0 & 其他\end{cases}$，求 $E(X^2)$.

**【解】** $$E(X^2)=\int_{-\infty}^{+\infty}x^2f(x)\mathrm{d}x=\int_0^1 x^2\cdot x\mathrm{d}x+\int_1^2 x^2\cdot(2-x)\mathrm{d}x=\frac{7}{6}$$

**8.** 某厂所产设备的寿命(单位:年)$X$ 服从参数为 $\lambda=1/5$ 的指数分布. 销售合同规定:设备若在售出1年之内出故障,则必须包换. 假设工厂每售出一台设备可赢利300元,调换一台设备会开支400元,试求工厂每售出一台设备的平均净赢利值为多少?

**【解】** 设 $Y$ 表示净赢利值,则

$$P(Y=300)=P(X\geqslant 1)=1-F_X(1)=1-(1-\mathrm{e}^{-\frac{1}{5}})=\mathrm{e}^{-\frac{1}{5}}$$

$$P(Y=-400)=P(X<1)=F_X(1)=1-\mathrm{e}^{-\frac{1}{5}}$$

所以 $$E(Y)=300\times\mathrm{e}^{-\frac{1}{5}}-400\times(1-\mathrm{e}^{-\frac{1}{5}})=700\mathrm{e}^{-\frac{1}{5}}-400$$

**9.** 设随机变量 $X$ 的概率密度为 $f(x)$,分布函数为 $F(x)$,且 $f(x)$ 连续,令 $Y=F(X)$,试求 $E(Y)$.

**【解】** $$E(Y)=E[F(X)]=\int_{-\infty}^{+\infty}F(x)f(x)\mathrm{d}x=\int_{-\infty}^{+\infty}F(x)\mathrm{d}F(x)$$

$$=\frac{1}{2}F^2(x)\Big|_{-\infty}^{+\infty}=\frac{1}{2}[F^2(+\infty)-F^2(-\infty)]=\frac{1}{2}(1-0)=\frac{1}{2}$$

**10.** 假设随机变量 $X$、$Y$ 的数学期望分别为 $E(X)=2,E(Y)=3$.

(1) 函数 $Z=2X+3Y-4$ 的数学期望 $E(Z)=E(2X+3Y-4)$ 为多少?

(2) 若 $X$、$Y$ 相互独立,那么函数 $Z=2XY-1$ 的数学期望 $E(Z)=E(2XY-1)$ 为多少?

**【解】** (1) $E(Z)=E(2X+3Y-4)=2E(X)+3E(Y)-4=9$

(2) 因为 $X$、$Y$ 相互独立,所以

$$E(Z)=E(2XY-1)=2E(X)E(Y)-1=11$$

**11.** 设随机变量 $X$、$Y$ 的概率密度为

$$f(x,y)=\begin{cases}k & 0<x<1,0<y<x\\ 0 & 其他\end{cases}$$

试确定常数 $k$,并判断 $E(XY)$ 与 $E(X)\cdot E(Y)$ 是否相等.

**【解】** 因为 $1=\iint f(x,y)\mathrm{d}x\mathrm{d}y=\int_0^1\mathrm{d}x\int_0^x k\mathrm{d}y=\frac{k}{2}$,所以 $k=2$.

$$E(XY)=\int_0^1 dx\int_0^x 2xy\,dy=\frac{1}{4}$$

$$E(X)=\int_0^1 dx\int_0^x 2x\,dy=\frac{2}{3},\quad E(Y)=\int_0^1 dx\int_0^x 2y\,dy=\frac{1}{3}$$

显然
$$E(X)\cdot E(Y)\neq E(XY)$$

**12.** 有 5 个相互独立工作的电子装置，它们的寿命 $X_k(k=1,2,3,4,5)$ 服从同一指数分布，其概率密度为

$$f(x)=\begin{cases}\dfrac{1}{\theta}e^{-x/\theta} & x>0,\theta>0\\ 0 & x\leqslant 0\end{cases}$$

(1) 若将这 5 个电子装置串联组成整机，求整机寿命 $N$ 的数学期望；

(2) 若将这 5 个电子装置并联组成整机，求整机寿命 $M$ 的数学期望.

**【解】** $X_k(k=1,2,3,4,5)$ 的分布函数为

$$F(x)=\begin{cases}1-e^{-x/\theta} & x>0\\ 0 & x\leqslant 0\end{cases}$$

(1) 串联的情况：

由于当 5 个电子装置中有一个损坏时，整机就停止工作，因此这时整机寿命为

$$N=\min(X_1,X_2,X_3,X_4,X_5)$$

由于 $X_1$、$X_2$、$X_3$、$X_4$、$X_5$ 是相互独立的，因此 $N=\min(X_1,X_2,X_3,X_4,X_5)$ 的分布函数为

$$\begin{aligned}F_N(x)&=P(N\leqslant x)=1-P(N>x)=1-P(X_1>x,X_2>x,X_3>x,X_4>x,X_5>x)\\&=1-P(X_1>x)\cdot P(X_2>x)\cdot P(X_3>x)\cdot P(X_4>x)\cdot P(X_5>x)\\&=1-[1-F_{X_1}(x)][1-F_{X_2}(x)][1-F_{X_3}(x)][1-F_{X_4}(x)][1-F_{X_5}(x)]\\&=1-[1-F(x)]^5\\&=\begin{cases}1-e^{-\frac{5x}{\theta}} & x>0\\ 0 & x\leqslant 0\end{cases}\end{aligned}$$

因此 $N$ 的概率密度为

$$f_N(x)=\begin{cases}\dfrac{5}{\theta}e^{-\frac{5x}{\theta}} & x>0\\ 0 & x\leqslant 0\end{cases}$$

则 $N$ 的数学期望为

$$E(N)=\int_{-\infty}^{+\infty}xf_N(x)dx=\int_{-\infty}^{+\infty}\frac{5x}{\theta}e^{-\frac{5x}{\theta}}dx=\frac{\theta}{5}$$

(2) 并联的情况：

由于当且仅当 5 个电子装置都损坏时，整机才停止工作，所以这时整机寿命为

$$M=\max(X_1,X_2,X_3,X_4,X_5)$$

由于 $X_1$、$X_2$、$X_3$、$X_4$、$X_5$ 相互独立,类似可得 $M$ 的分布函数为

$$F_M(x)=[F(x)]^5=\begin{cases}(1-\mathrm{e}^{-\frac{x}{\theta}})^5 & x>0\\ 0 & x\leqslant 0\end{cases}$$

因而 $M$ 的概率密度为

$$f_M(x)=\begin{cases}\dfrac{5}{\theta}(1-\mathrm{e}^{-\frac{x}{\theta}})^4\mathrm{e}^{-\frac{x}{\theta}} & x>0\\ 0 & x\leqslant 0\end{cases}$$

于是 $M$ 的数学期望为

$$E(M)=\int_{-\infty}^{+\infty}xf_M(x)\mathrm{d}x=\int_0^{+\infty}\frac{5x}{\theta}(1-\mathrm{e}^{-\frac{x}{\theta}})^4\mathrm{e}^{-\frac{x}{\theta}}\mathrm{d}x=\frac{137}{60}\theta$$

这说明:5 个电子装置并联连接工作的平均寿命要大于串联连接工作的平均寿命.

**13.** 设二维随机变量 $(X,Y)$ 在区域 $A$ 上服从均匀分布,其中 $A$ 为 $x$ 轴、$y$ 轴及直线 $x+\dfrac{y}{2}=1$ 所围成的三角区域,求 $E(X)$、$E(Y)$、$E(XY)$.

**【解】** 由于 $(X,Y)$ 在 $A$ 内服从均匀分布,因此其概率密度

$$f(x,y)=\begin{cases}\dfrac{1}{A\text{ 的面积}} & (x,y)\in A\\ 0 & (x,y)\notin A\end{cases}=\begin{cases}1 & (x,y)\in A\\ 0 & (x,y)\notin A\end{cases}$$

$$E(X)=\int_{-\infty}^{+\infty}\int_{-\infty}^{+\infty}xf(x,y)\mathrm{d}x\mathrm{d}y=\iint_A x\mathrm{d}x\mathrm{d}y=\int_0^1\mathrm{d}x\int_0^{2(1-x)}x\mathrm{d}y=\frac{1}{3}$$

$$E(Y)=\int_{-\infty}^{+\infty}\int_{-\infty}^{+\infty}yf(x,y)\mathrm{d}x\mathrm{d}y=\iint_A y\mathrm{d}x\mathrm{d}y=\int_0^2 y\mathrm{d}y\int_0^{1-\frac{y}{2}}\mathrm{d}x=\frac{2}{3}$$

$$E(XY)=\int_{-\infty}^{+\infty}\int_{-\infty}^{+\infty}xyf(x,y)\mathrm{d}x\mathrm{d}y=\int_0^1 x\mathrm{d}x\int_0^{2(1-x)}y\mathrm{d}y=2\int_0^1 x(1-x)^2\mathrm{d}x=\frac{1}{6}$$

## 习　题　4.2

**1.** 一袋中装有 5 个球,编号为 1、2、3、4、5,在袋中同时取 3 个球,用 $X$ 表示取出的 3 个球中的最大号码,求 $E(X)$、$D(X)$.

**【解】** 由题意可知

$$P(X=3)=\frac{C_3^3}{C_5^3}=\frac{1}{10},\quad P(X=4)=\frac{C_3^2}{C_5^3}=\frac{3}{10},\quad P(X=5)=\frac{C_4^2}{C_5^3}=\frac{6}{10}$$

所以

$$E(X)=3\times\frac{1}{10}+4\times\frac{3}{10}+5\times\frac{6}{10}=4.5$$

$$E(X^2)=3^2\times\frac{1}{10}+4^2\times\frac{3}{10}+5^2\times\frac{6}{10}=20.7$$

$$D(X)=E(X^2)-[E(X)]^2=0.45$$

**2.** $X\sim B(n,p)$，且 $E(X)=3.6$，$D(X)=2.16$，求参数 $n$、$p$.

**【解】** 因为 $X\sim B(n,p)$，所以 $E(X)=np=3.6$，$D(X)=np(1-p)=2.16$，从而

$$n=9,\quad p=0.4$$

**3.** 设随机变量 $X$ 的概率密度为 $f(x)=\begin{cases}2x & 0\leqslant x\leqslant 1\\ 0 & \text{其他}\end{cases}$，求：

(1) $D(X)$；

(2) $D(X^2)$.

**【解】** (1) $E(X)=\int_0^1 x\cdot 2x\mathrm{d}x=\frac{2}{3}$，　$E(X^2)=\int_0^1 x^2\cdot 2x\mathrm{d}x=\frac{1}{2}$

所以
$$D(X)=E(X^2)-[E(X)]^2=\frac{1}{2}-\left(\frac{2}{3}\right)^2=\frac{1}{18}$$

(2)
$$E(X^4)=\int_0^1 x^4\cdot 2x\mathrm{d}x=\frac{1}{3}$$

所以
$$D(X^2)=E(X^4)-[E(X^2)]^2=\frac{1}{3}-\left(\frac{1}{2}\right)^2=\frac{1}{12}$$

**4.** 设随机变量 $X$ 的概率密度为 $f(x)=\begin{cases}x & 0<x<1\\ 2-x & 1\leqslant x\leqslant 2\\ 0 & \text{其他}\end{cases}$，求 $E(X)$、$D(X)$.

**【解】**
$$E(X)=\int_0^1 x\cdot x\mathrm{d}x+\int_1^2 x\cdot(2-x)\mathrm{d}x=1$$
$$E(X^2)=\int_0^1 x^2\cdot x\mathrm{d}x+\int_1^2 x^2\cdot(2-x)\mathrm{d}x=\frac{7}{6}$$

所以
$$D(X)=E(X^2)-[E(X)]^2=\frac{7}{6}-1^2=\frac{1}{6}$$

**5.** 设随机变量 $X\sim U[-2,2]$，则 $D(1-2X)=$______.

**【答案】** $\frac{16}{3}$.

**【解】** 因为 $X\sim U[-2,2]$，所以 $D(X)=\frac{[2-(-2)]^2}{12}=\frac{4}{3}$，于是

$$D(1-2X)=4\times\frac{4}{3}=\frac{16}{3}$$

**6.** 设随机变量 $X$ 和 $Y$ 相互独立，且 $D(X)=2$，$D(Y)=3$，则 $D(2X-3Y)=$______.

**【答案】** 35.

**【解】** 因为随机变量 $X$ 和 $Y$ 相互独立，所以

$$D(2X-3Y)=4D(X)+9D(Y)=35$$

**7.** 设 $X_1$、$X_2$、$X_3$ 相互独立，其中 $X_1\sim U[0,6]$，$X_2\sim N(0,1)$，$X_3\sim P\left(\frac{1}{3}\right)$，记 $Y=X_1-2X_2+3X_3$，求 $D(Y)$.

【解】 因为 $X_1 \sim U[0,6]$，$X_2 \sim N(0,1)$，$X_3 \sim P\left(\frac{1}{3}\right)$，所以

$$D(X_1)=\frac{(6-0)^2}{12}=3,\quad D(X_2)=1,\quad D(X_3)=\frac{1}{3}$$

$$D(Y)=D(X_1-2X_2+3X_3)=D(X_1)+4D(X_2)+9D(X_3)=10$$

**8.** 设 $X_1,X_2,\cdots,X_n$ 是相互独立且都服从参数为 $\lambda$ 的泊松分布的随机变量，记 $\overline{X}=\frac{1}{n}\sum_{i=1}^{n}X_i$，求 $E(\overline{X})$、$D(\overline{X})$.

【解】 由题意可知

$$E(X_i)=D(X_i)=\lambda,i=1,2,\cdots,n$$

故
$$E(\overline{X})=E\left(\frac{1}{n}\sum_{i=1}^{n}X_i\right)=\frac{1}{n}\sum_{i=1}^{n}E(X_i)=\frac{n\cdot\lambda}{n}=\lambda$$

又因为 $X_1,X_2,\cdots,X_n$ 相互独立，所以

$$D(\overline{X})=D\left(\frac{1}{n}\sum_{i=1}^{n}X_i\right)=\frac{1}{n^2}\sum_{i=1}^{n}D(X_i)=\frac{n\cdot\lambda}{n^2}=\frac{\lambda}{n}$$

**9.** 设 $X\sim U(a,b)$，且 $E(X)=1$，$D(X)=\frac{1}{3}$，求 $E(|X-1|)$.

【解】 由题意知：$E(X)=\frac{a+b}{2}=1$，$D(X)=\frac{(b-a)^2}{12}=\frac{1}{3}$，解得 $a=0$，$b=2$，则 $X$ 的概率密度

$$f(x)=\begin{cases}\frac{1}{2} & 0\leqslant x\leqslant 2\\ 0 & \text{其他}\end{cases}$$

所以
$$E(|X-1|)=\int_0^2|x-1|\cdot\frac{1}{2}\mathrm{d}x=\int_0^1(1-x)\frac{1}{2}\mathrm{d}x+\int_1^2(-1+x)\frac{1}{2}\mathrm{d}x=\frac{1}{2}$$

**10.** 设有 $n(n>1)$ 张卡片（编号为 $1\sim n$ 号），现从中有放回地任取 $k$ 张，求所取号码之和 $X$ 的数学期望 $E(X)$ 和方差 $D(X)$.

【解】 设 $X_i$ 表示第 $i$ 次取得的号码数，$i=1,2,\cdots,k$，则 $X_i\sim\begin{pmatrix}1 & 2 & \cdots & n\\ \frac{1}{n} & \frac{1}{n} & \cdots & \frac{1}{n}\end{pmatrix}$，且 $X_1,X_2,\cdots,X_k$ 相互独立，所取号码之和

$$X=X_1+X_2+\cdots+X_k$$

$$E(X_i)=1\times\frac{1}{n}+2\times\frac{1}{n}+\cdots+n\times\frac{1}{n}=\frac{1}{n}\times(1+2+\cdots+n)=\frac{1}{n}\times\frac{n(n+1)}{2}=\frac{n+1}{2}$$

$$E(X_i^2)=1^2\times\frac{1}{n}+2^2\times\frac{1}{n}+\cdots+n^2\times\frac{1}{n}=\frac{1}{n}\times(1^2+2^2+\cdots+n^2)$$

$$=\frac{1}{n}\times\frac{n(n+1)(2n+1)}{6}=\frac{(n+1)(2n+1)}{6}$$

$$D(X_i)=E(X_i^2)-[E(X_i)]^2=\frac{(n+1)(2n+1)}{6}-\left(\frac{n+1}{2}\right)^2=\frac{n^2-1}{12}$$

$$E(X)=E(X_1+X_2+\cdots+X_k)=\frac{n+1}{2}k$$

$$D(X)=D(X_1+X_2+\cdots+X_k)=\frac{n^2-1}{12}k$$

## 习　题　4.3

**1.** 设随机变量 $X$ 与 $Y$ 的相关系数 $\rho_{XY}=0$，则下列结论中不正确的是(　　).

A. $D(X-Y)=D(X)+D(Y)$　　B. $X$ 与 $Y$ 必相互独立

C. $X$ 与 $Y$ 有可能服从二维正态分布　　D. $E(XY)=E(X)\cdot E(Y)$

**【答案】** B.

**【解】** $X$ 与 $Y$ 相互独立，一定有相关系数 $\rho_{XY}=0$，但相关系数 $\rho_{XY}=0$，只是表示 $X$ 与 $Y$ 之间没有线性关系，并不能说明没有其他关系，因此选项 B 不正确. 由于相关系数 $\rho_{XY}=0$，可推出 $\mathrm{cov}(X,Y)=E(XY)-E(X)E(Y)=0$，从而可知选项 A 和选项 D 正确，而选项 C 显然是正确的.

**2.** 设二维离散型随机变量$(X,Y)$的分布律为

| $(X,Y)$ | (0,0) | (1,1) | (0,2) | (2,0) | (2,2) |
|---|---|---|---|---|---|
| $P$ | 1/4 | 1/3 | 1/4 | 1/12 | 1/12 |

求 $\mathrm{cov}(X-Y,Y)$.

**【解】**

$$E(XY)=\frac{2}{3},\quad E(X)=\frac{1}{2}\times 0+\frac{1}{3}\times 1+\frac{1}{6}\times 2=\frac{2}{3}$$

$$E(Y)=\frac{1}{3}\times 0+\frac{1}{3}\times 1+\frac{1}{3}\times 2=1,\quad E(Y^2)=\frac{5}{3}$$

$$D(Y)=\frac{2}{3},\quad \mathrm{cov}(X,Y)=E(XY)-E(X)E(Y)=0$$

所以

$$\mathrm{cov}(X-Y,Y)=\mathrm{cov}(X,Y)-D(Y)=-\frac{2}{3}$$

**3.** 设随机变量 $X\sim N(1,5)$，$Y\sim N(1,16)$，且 $X$ 与 $Y$ 相互独立，令 $Z=2X-Y-1$，试求 $E(Z)$、$D(Z)$、$Y$ 与 $Z$ 的相关系数 $\rho_{YZ}$.

**【解】** 由题意可知

$$E(X)=1=E(Y),\quad D(X)=5,\quad D(Y)=16$$

$$E(Z)=E(2X-Y-1)=2E(X)-E(Y)-1=0$$

$$D(Z)=D(2X-Y-1)=4D(X)+D(Y)=36$$

由于 $X$ 与 $Y$ 相互独立，因此 $\mathrm{cov}(X,Y)=0$.

$$\mathrm{cov}(Y,Z)=\mathrm{cov}(Y,2X-Y-1)=2\mathrm{cov}(X,Y)-D(Y)=-16$$

所以

$$\rho_{YZ}=\frac{\mathrm{cov}(Y,Z)}{\sqrt{D(Y)}\sqrt{D(Z)}}=\frac{-16}{4\times6}=-\frac{2}{3}$$

**4.** 设二维随机变量$(X,Y)$的概率密度为

$$f(x,y)=\begin{cases}1 & 0<x<1,|y|<x\\ 0 & 其他\end{cases}$$

求 $E(X)$、$E(Y)$、$\mathrm{cov}(X,Y)$.

**【解】** $E(X)=\int_0^1\mathrm{d}x\int_{-x}^{x}x\cdot1\mathrm{d}y=\frac{2}{3}$，　$E(Y)=\int_0^1\mathrm{d}x\int_{-x}^{x}y\cdot1\mathrm{d}y=0$

$$E(XY)=\int_0^1\mathrm{d}x\int_{-x}^{x}xy\cdot1\mathrm{d}y=0$$

所以

$$\mathrm{cov}(X,Y)=E(XY)-E(X)E(Y)=0$$

**5.** 设二维随机变量$(X,Y)$的概率密度为

$$f(x,y)=\begin{cases}2-x-y & 0<x<1,0<y<1\\ 0 & 其他\end{cases}$$

求相关系数 $\rho_{XY}$.

**【解】**

$$E(X)=\int_0^1\mathrm{d}x\int_0^1x\cdot(2-x-y)\mathrm{d}y=\frac{5}{12}=E(Y)$$

$$E(XY)=\int_0^1\mathrm{d}x\int_0^1xy\cdot(2-x-y)\mathrm{d}y=\frac{1}{6}$$

$$E(X^2)=\int_0^1\mathrm{d}x\int_0^1x^2\cdot(2-x-y)\mathrm{d}y=\frac{1}{4}=E(Y^2)$$

$$D(X)=E(X^2)-[E(X)]^2=\frac{11}{144}=D(Y)$$

所以

$$\rho_{XY}=\frac{E(XY)-E(X)E(Y)}{\sqrt{D(X)}\sqrt{D(Y)}}=-\frac{1}{11}$$

**6.** 设$(X,Y)$的概率密度为

$$f(x,y)=\begin{cases}x+y & 0<x<1,0<y<1\\ 0 & 其他\end{cases}$$

求 $\mathrm{cov}(X,Y)$.

**【解】** 由于

$$f_X(x)=\begin{cases}x+\frac{1}{2} & 0<x<1\\ 0 & 其他\end{cases},\quad f_Y(y)=\begin{cases}y+\frac{1}{2} & 0<y<1\\ 0 & 其他\end{cases}$$

$$E(X)=\int_0^1x\left(x+\frac{1}{2}\right)\mathrm{d}x=\frac{7}{12}$$

$$E(Y)=\int_0^1 y\left(y+\frac{1}{2}\right)\mathrm{d}y=\frac{7}{12}$$

$$E(XY)=\int_0^1\int_0^1 xy(x+y)\mathrm{d}x\mathrm{d}y=\int_0^1\int_0^1 x^2y\mathrm{d}x\mathrm{d}y+\int_0^1\int_0^1 xy^2\mathrm{d}x\mathrm{d}y=\frac{1}{3}$$

因此 $$\mathrm{cov}(X,Y)=E(XY)-E(X)E(Y)=\frac{1}{3}-\frac{7}{12}\times\frac{7}{12}=-\frac{1}{144}$$

**7.** 设随机变量 $X$ 的概率密度为 $f(x)=\begin{cases}1-|x| & |x|\leqslant 1\\ 0 & |x|>1\end{cases}$,问 $X$ 与 $X^2$ 是否不相关? $X$ 与 $X^2$ 是否相互独立?

**【解】**

$$E(X\cdot X^2)=\int_{-1}^1 x^3(1-|x|)\mathrm{d}x=0$$

$$E(X)=\int_{-1}^1 x(1-|x|)\mathrm{d}x=0$$

所以 $E(X\cdot X^2)=E(X)\cdot E(X^2)=0$,从而有 $X$ 与 $X^2$ 不相关.

由于 $P\left(X\leqslant\frac{1}{2}\right)\neq 1$,因此

$$P\left(X\leqslant\frac{1}{2},X^2\leqslant\frac{1}{4}\right)=P\left(X^2\leqslant\frac{1}{4}\right)\neq P\left(X\leqslant\frac{1}{2}\right)P\left(X^2\leqslant\frac{1}{4}\right)$$

故 $X$ 与 $X^2$ 不相互独立.

**8.** 设随机变量 $X\sim U(-1,2)$(均匀分布),$Y=\begin{cases}-1 & X<0\\ 0 & X=0\\ 1 & X>0\end{cases}$,求 $\rho_{XY}$.

**【解】** $$E(X)=\frac{-1+2}{2}=\frac{1}{2},\quad D(X)=\frac{[2-(-1)]^2}{12}=\frac{3}{4}$$

$$P(Y=-1)=P(X<0)=\frac{1}{3},\quad P(Y=0)=P(X=0)=0,\quad P(Y=1)=P(X>0)=\frac{2}{3}$$

$$E(Y)=\frac{1}{3},\quad E(Y^2)=1,\quad D(Y)=\frac{8}{9}$$

记 $$Y=g(X)=\begin{cases}-1 & X<0\\ 0 & X=0\\ 1 & X>0\end{cases},\quad X\sim f_X(x)=\begin{cases}\frac{1}{3} & -1<x<2\\ 0 & \text{其他}\end{cases}$$

$$E(XY)=E[Xg(X)]=\int_{-\infty}^{+\infty}xg(x)f_X(x)\mathrm{d}x$$

$$=\int_{-1}^0 x\cdot(-1)\cdot\frac{1}{3}\mathrm{d}x+\int_0^2 x\cdot 1\cdot\frac{1}{3}\mathrm{d}x=\frac{5}{6}$$

所以 $$\rho_{XY}=\frac{E(XY)-E(X)E(Y)}{\sqrt{D(X)}\sqrt{D(Y)}}=\frac{\sqrt{6}}{3}$$

## 综合练习 4

**1.** 填空题.

(1) 设随机变量 $X$ 的密度函数 $f(x)=\frac{1}{\sqrt{\pi}}e^{-x^2+4x-4}$，$-\infty<x<+\infty$，则 $E(X)=$______.

**【答案】** 2.

**【解】**
$$f(x)=\frac{1}{\sqrt{\pi}}e^{-x^2+4x-4}=\frac{1}{\sqrt{2\pi}\frac{\sqrt{2}}{2}}e^{-\frac{(x-2)^2}{2(\frac{\sqrt{2}}{2})^2}},\quad -\infty<x<+\infty$$

对比正态分布的概率密度，可知 $E(X)=\mu=2$.

(2) 设随机变量 $X$ 的分布函数为 $F(x)=\begin{cases}0 & x<-2\\ \frac{x+2}{4} & -2\leqslant x<2\\ 1 & x\geqslant 2\end{cases}$，则 $E(X)=$______.

**【答案】** 0.

**【解】** 由随机变量 $X$ 的分布函数可得出其概率密度为
$$f(x)=\begin{cases}0 & 其他\\ \frac{1}{4} & -2<x<2\end{cases}$$
所以
$$E(X)=\int_{-2}^{2}x\cdot\frac{1}{4}dx=0$$

(3) 设 $X\sim N(0,4)$，$Y\sim B(8,\frac{1}{4})$，且两个随机变量相互独立，则 $D(2X-Y)=$______.

**【答案】** $\frac{35}{2}$.

**【解】** 由题意可知，$D(X)=4$，$D(Y)=8\times\frac{1}{4}\times\frac{3}{4}=\frac{3}{2}$，又因为两个随机变量相互独立，所以
$$D(2X-Y)=4D(X)+D(Y)=\frac{35}{2}$$

(4) 设随机变量 $X\sim E\left(\frac{1}{2}\right)$（指数分布），则方差 $D(X)=$______.

**【答案】** 4.

**【解】** 因为 $X\sim E\left(\frac{1}{2}\right)$，所以 $D(X)=\frac{1}{\lambda^2}=4$.

(5) 设随机变量 $X\sim P(\lambda)$（泊松分布），且 $P(X=0)=e^{-1}$，则方差 $D(X)=$______.

**【答案】** 1.

**【解】** 因为 $P(X=0)=\frac{\lambda^0 e^{-\lambda}}{0!}=e^{-\lambda}=e^{-1}$，所以 $\lambda=1$. 故 $D(X)=\lambda=1$.

(6) 设随机变量 $X$ 的概率密度为 $f(x)=\begin{cases}2x & 0\leqslant x\leqslant 1\\ 0 & \text{其他}\end{cases}$，则 $D(6X-3)=$______.

**【答案】** 2.

**【解】** $E(X)=\int_0^1 x\cdot 2x\mathrm{d}x=\frac{2}{3}$，$E(X^2)=\int_0^1 x^2\cdot 2x\mathrm{d}x=\frac{1}{2}$

$$D(X)=E(X^2)-[E(X)]^2=\frac{1}{18}$$

故
$$D(6X-3)=36D(X)=2$$

(7) 设随机变量 $X$、$Y$ 的方差分别为 $D(X)=9$，$D(Y)=4$，又 $X$ 与 $Y$ 相关系数 $\rho_{XY}=-0.5$，则 $D(X-Y)=$______.

**【答案】** 19.

**【解】** $D(X-Y)=D(X)+D(Y)-2\rho_{XY}\sqrt{D(X)}\sqrt{D(Y)}$

$$=9+4-2\times(-0.5)\sqrt{9}\sqrt{4}=19$$

(8) 设随机变量 $X$ 的概率密度为 $f(x)=\begin{cases}1-x & 0<x\leqslant 1\\ 1+x & -1\leqslant x\leqslant 0\end{cases}$，则 $D(3X+2)=$______.

**【答案】** 1.5.

**【解】** $E(X)=\int_0^1 x\cdot(1-x)\mathrm{d}x+\int_{-1}^0 x\cdot(1+x)\mathrm{d}x=0$

$$E(X^2)=\int_0^1 x^2\cdot(1-x)\mathrm{d}x+\int_{-1}^0 x^2\cdot(1+x)\mathrm{d}x=\frac{1}{6}$$

$$D(X)=E(X^2)-[E(X)]^2=\frac{1}{6}$$

故
$$D(3X+2)=9D(X)=1.5$$

(9) 设 $X$ 与 $Y$ 独立，且 $E(X)=E(Y)=\frac{1}{3}$，则 $\mathrm{cov}(X,Y)=$______.

**【答案】** 0.

**【解】** 因为 $X$ 与 $Y$ 相互独立，则 $\mathrm{cov}(X,Y)=0$，$\rho_{XY}=0$.

**2.** 判断题.

(1) 对任意随机变量 $X$ 和 $Y$，总有 $D(X+Y)=D(X)+D(Y)$.　　(　　)

**【答案】** ×.

**【解】** 只有相互独立的随机变量 $X$ 和 $Y$，才有 $D(X+Y)=D(X)+D(Y)$，对任意随机变量 $X$ 和 $Y$，

$$D(X+Y)=D(X)+D(Y)+2\rho_{XY}\sqrt{D(X)}\sqrt{D(Y)}$$

(2) 随机变量 $X$ 的方差 $D(X)=0$，则 $P(X=E(X))=1$.　　(　　)

**【答案】** √.

**【解】** 设 $D(X)=0$，要证 $P(X=E(X))=1$，用反证法：假设 $P(X=E(X))<1$，则对任意一个数 $\varepsilon>0$，有 $P(|X-E(X)|\geqslant\varepsilon)>0$，但由切比雪夫不等式(参见第5章)，对于任意 $\varepsilon>0$，有 $P(|X-E(X)|\geqslant\varepsilon)\leqslant\dfrac{D(X)}{\varepsilon^2}=0$，从而矛盾，于是 $P(X=E(X))=1$ 成立.

另：若 $P(X=E(X))=1$ 成立，则也会有方差 $D(X)=0$.

因为若 $P(X=E(X))=1$，则有

$$P(X^2=[E(X)]^2)=1$$

于是
$$D(X)=E(X^2)-[E(X)]^2=[E(X)]^2-[E(X)]^2=0$$

**3.** 选择题.

(1) 设随机变量 $X$ 的二阶矩存在，则(　　).

A. $E(X^2)<E(X)$　　B. $E(X^2)\geqslant E(X)$

C. $E(X^2)<[E(X)]^2$　　D. $E(X^2)\geqslant[E(X)]^2$

**【答案】** D.

**【解】** 因为 $D(X)=E(X^2)-[E(X)]^2\geqslant 0$，很显然，选项 D 正确.

(2) 设随机变量 $X$ 的期望和方差都存在，则对任意常数 $c$，有(　　).

A. $E(X-c)^2<D(X)+E^2(X-c)$　　B. $E(X-c)^2>D(X)+E^2(X-c)$

C. $E(X-c)^2=D(X)+E^2(X-c)$　　D. $E(X-c)^2=D(X)-E^2(X-c)$

**【答案】** C.

**【解】** 因为
$$D(X)=D(X-c)=E(X-c)^2-E^2(X-c)$$
所以 $E(X-c)^2=D(X)+E^2(X-c)$，选项 C 正确.

(3) 设随机变量 $X$ 的概率密度为 $f(x)$，数学期望 $E(X)=2$，则(　　).

A. $\displaystyle\int_{-\infty}^{2}xf(x)\mathrm{d}x=\frac{1}{2}$　　B. $\displaystyle\int_{-\infty}^{2}xf(x)\mathrm{d}x=\int_{2}^{+\infty}xf(x)\mathrm{d}x$

C. $\displaystyle\int_{-\infty}^{2}f(x)\mathrm{d}x=\frac{1}{2}$　　D. $\displaystyle\int_{-\infty}^{+\infty}xf(2x)\mathrm{d}x=\frac{1}{2}$

**【答案】** D.

**【解】** $E(X)=\displaystyle\int_{-\infty}^{+\infty}xf(x)\mathrm{d}x=2$，令 $t=\dfrac{x}{2}$，则有

$$\int_{-\infty}^{+\infty}xf(x)\mathrm{d}x=\int_{-\infty}^{+\infty}2tf(2t)\mathrm{d}(2t)=4\int_{-\infty}^{+\infty}tf(2t)\mathrm{d}(t)=2$$

即
$$\int_{-\infty}^{+\infty}tf(2t)\mathrm{d}t=\int_{-\infty}^{+\infty}xf(2x)\mathrm{d}x=\frac{1}{2}$$

所以，选项 D 正确.

(4) 设随机变量 $X$ 与 $Y$ 都服从 $B\left(1,\dfrac{1}{2}\right)$ 分布，且 $E(XY)=\dfrac{1}{2}$，记 $X$ 与 $Y$ 的相关

系数为 $\rho$,则(　　).

A. $\rho=1$　　B. $\rho=-1$　　C. $\rho=0$　　D. $\rho=\frac{1}{2}$

**【答案】** A.

**【解】**

$$E(X)=E(Y)=\frac{1}{2},\quad D(X)=D(Y)=\frac{1}{4}$$

$$\text{cov}(X,Y)=E(XY)-E(X)E(Y)=\frac{1}{2}-\frac{1}{2}\times\frac{1}{2}=\frac{1}{4}$$

所以 $\rho=\dfrac{E(XY)-E(X)E(Y)}{\sqrt{D(X)}\sqrt{D(Y)}}=1$,选项 A 正确.

(5) 设随机变量 $X$ 与 $Y$ 相互独立,且方差 $D(X)>0$,$D(Y)>0$,则(　　).

A. $X$ 与 $X+Y$ 一定相关　　B. $X$ 与 $X+Y$ 一定不相关

C. $X$ 与 $XY$ 一定相关　　D. $X$ 与 $XY$ 一定不相关

**【答案】** A.

**【解】** 由于随机变量 $X$ 与 $Y$ 相互独立,故 $\text{cov}(X,Y)=0$.

$$\text{cov}(X,X+Y)=D(X)+\text{cov}(X,Y)=D(X)>0$$

所以,$X$ 与 $X+Y$ 一定相关,选项 A 正确,选项 B 不正确.

又由于

$$\begin{aligned}\text{cov}(X,XY)&=E(X^2Y)-E(X)E(XY)=E(X^2)E(Y)-E(X)^2E(Y)\\&=[E(X^2)-E(X)^2]E(Y)=D(X)E(Y)\begin{cases}=0 & E(Y)=0\\ \neq 0 & E(Y)\neq 0\end{cases}\end{aligned}$$

故选项 C、选项 D 不正确.

**4.** 设将 3 个球随机地放入 4 个杯子中去,用 $X$ 表示杯子中球的最多个数,求:

(1) $X$ 的分布律;

(2) $E(X)$;

(3) $D(X)$.

**【解】** (1) 由题意可知,随机变量 $X$ 的分布律为

| $X$ | 1 | 2 | 3 |
|---|---|---|---|
| $P$ | $\frac{A_4^3}{4^3}=\frac{3}{8}$ | $\frac{C_3^2A_4^2}{4^3}=\frac{9}{16}$ | $\frac{4}{4^3}=\frac{1}{16}$ |

(2)
$$E(X)=27/16,\quad E(X^2)=51/16$$

(3)
$$D(X)=E(X^2)-[E(X)]^2=87/256$$

**5.** 设随机变量 $X$ 的概率密度为

$$f(x)=\begin{cases}1+x & -1\leqslant x<0\\ 1-x & 0\leqslant x<1\\ 0 & \text{其他}\end{cases}$$

求 $E(X)$、$D(X)$.

**【解】**
$$E(X)=\int_{-1}^{0}x(1+x)\mathrm{d}x+\int_{0}^{1}x(1-x)\mathrm{d}x=0$$
$$E(X^2)=\int_{-1}^{0}x^2(1+x)\mathrm{d}x+\int_{0}^{1}x^2(1-x)\mathrm{d}x=1/6$$
于是
$$D(X)=E(X^2)-[E(X)]^2=1/6$$

**6.** 设 C. R. V. $X$ 的概率密度为 $f(x)=\begin{cases}ax+b & 1<x<3\\ 0 & \text{其他}\end{cases}$,并且已知 $P(2<X<3)=2P(1<X<2)$,求:

(1) 常数 $a$、$b$;

(2) $E(X^2)$;

(3) $E(9X^2-7)$.

**【解】** (1)
$$\int_{1}^{3}(ax+b)\mathrm{d}x=1=4a+2b$$
$$P(2<X<3)=2P(1<X<2)=\int_{2}^{3}(ax+b)\mathrm{d}x=2\int_{1}^{2}(ax+b)\mathrm{d}x$$
$$=\frac{5}{2}a+b=3a+2b$$
从而解得
$$a=\frac{1}{3},\quad b=-\frac{1}{6}$$

(2)
$$E(X^2)=\int_{-\infty}^{+\infty}x^2f(x)\mathrm{d}x=\int_{1}^{3}x^2\left(\frac{1}{3}x-\frac{1}{6}\right)\mathrm{d}x=\frac{47}{9}$$

(3)
$$E(9X^2-7)=9E(X^2)-7=40$$

**7.** 设离散型随机变量 $X$ 的分布律为

| $X$ | 1 | 2 | 3 |
|---|---|---|---|
| $p_k$ | $p_1$ | $p_2$ | $p_3$ |

且已知 $E(X)=2$,$D(X)=0.5$,试求:

(1) $p_1$、$p_2$、$p_3$;

(2) $X$ 的分布函数 $F(x)$;

(3) $P(0<X\leqslant 2)$.

**【解】** (1) 已知得
$$p_1+p_2+p_3=1,\quad E(X)=p_1+2p_2+3p_3=2$$
$$D(X)=E(X^2)-[E(X)]^2=p_1+4p_2+9p_3-4=0.5$$
解之得
$$p_1=0.25,\quad p_2=0.5,\quad p_3=0.25$$

(2)
$$F(x)=P(X\leqslant x)=\begin{cases}0 & x<1\\ 0.25 & 1\leqslant x<2\\ 0.75 & 2\leqslant x<3\\ 1 & x\geqslant 3\end{cases}$$

(3)
$$P(0<X\leqslant 2)=F(2)-F(0)=0.75$$

**8.** 设 $X$、$Y$ 是随机变量且有 $E(X)=1$，$E(Y)=-1$，$D(X)=1$，$D(Y)=1$，$\rho_{XY}=-\frac{1}{2}$，求：

(1) $E(X+Y)$；

(2) $D(X+Y)$.

**【解】** (1)
$$E(X+Y)=E(X)+E(Y)=0$$

(2)
$$D(X+Y)=D(X)+D(Y)+2\mathrm{cov}(X,Y)$$
$$=D(X)+D(Y)+\rho_{XY}\sqrt{D(X)}\sqrt{D(Y)}=\frac{3}{2}$$

**9.** 设二维随机变量 $(X,Y)$ 的概率密度为 $f(x,y)=\begin{cases}1 & |y|<x<1\\ 0 & 其他\end{cases}$，求：

(1) $f_X(x)$；

(2) $E(X^2)$、$E(Y)$；

(3) 相关系数 $\rho_{XY}$.

**【解】** (1) 利用公式，$X$ 的概率密度为

$$f_X(x)=\int_{-\infty}^{+\infty}f(x,y)\mathrm{d}y=\begin{cases}\int_{-x}^{x}\mathrm{d}y=2x & 0<x<1\\ 0 & 其他\end{cases}$$

(2)
$$E(X^2)=\int_0^1\mathrm{d}x\int_{-x}^{x}x^2\mathrm{d}y=\frac{1}{2},\quad E(X)=\int_0^1\mathrm{d}x\int_{-x}^{x}x\mathrm{d}y=\frac{2}{3}$$
$$E(Y)=\int_0^1\mathrm{d}x\int_{-x}^{x}y\mathrm{d}y=0,\quad E(XY)=\int_0^1\mathrm{d}x\int_{-x}^{x}xy\mathrm{d}y=0$$

(3)
$$\rho_{XY}=\frac{E(XY)-E(X)\cdot E(Y)}{\sqrt{D(X)\cdot D(Y)}}=0$$

**10.** 对球的直径作近似测量，设其值均匀分布在区间 $[a,b]$ 内，求球体积的数学期望.

**【解】** 设随机变量 $X$ 表示球的直径，$Y$ 表示球的体积，依题意，$X$ 的概率密度为

$$f(x)=\begin{cases}\dfrac{1}{b-a} & a\leqslant x\leqslant b\\ 0 & 其他\end{cases}$$

球体积 $Y=\frac{1}{6}\pi X^3$，则

$$E(Y)=E\left(\frac{1}{6}\pi X^3\right)=\int_a^b \frac{1}{6}\pi x^3\ \frac{1}{b-a}\mathrm{d}x=\frac{\pi}{6(b-a)}\int_a^b x^3\mathrm{d}x$$

$$=\frac{\pi}{24}(a+b)(a^2+b^2)$$

**11.** 设国际市场每年对我国某种出口商品的需求量 $X$(吨)服从区间[2000，4000]上的均匀分布. 若售出这种商品 1 吨，可挣得外汇 3 万元，但如果销售不出而囤积于仓库，则每吨需保管费 1 万元. 问应预备多少吨这种商品，才能使国家的收益最大？

**【解】** 设预备这种商品 $y$ 吨($2000\leqslant y\leqslant 4000$)，则收益(万元)为

$$g(X)=\begin{cases}3y & X\geqslant y\\ 3X-(y-X) & X<y\end{cases}$$

则

$$E[g(X)]=\int_{-\infty}^{+\infty}g(x)f(x)\mathrm{d}x=\int_{2000}^{4000}g(x)\cdot\frac{1}{4000-2000}\mathrm{d}x$$

$$=\frac{1}{2000}\int_{2000}^{y}[3x-(y-x)]\mathrm{d}x+\frac{1}{2000}\int_{y}^{4000}3y\mathrm{d}x$$

$$=\frac{1}{1000}(-y^2+7000y-4\times 10^6)$$

当 $y=3500$ 吨时，上式达到最大值. 所以预备 3500 吨此种商品能使国家的收益最大，最大收益为 8250 万元.

**12.** 设活塞的直径(单位：cm)$X\sim N(22.40,0.03^2)$，气缸的直径 $Y\sim N(22.50,0.04^2)$，$X$、$Y$ 相互独立，任取一只活塞，任取一只气缸，求活塞能装入气缸的概率.

**【解】** 按题意需求 $P(X<Y)=P(X-Y<0)$.

令 $Z=X-Y$，则

$$E(Z)=E(X)-E(Y)=22.40-22.50=-0.10$$

$$D(Z)=D(X)+D(Y)=0.03^2+0.04^2=0.05^2$$

即

$$Z\sim N(-0.10,0.05^2)$$

故有

$$P(X<Y)=P(Z<0)=P\left(\frac{Z-(-0.10)}{0.05}<\frac{0-(-0.10)}{0.05}\right)=\Phi\left(\frac{0.10}{0.05}\right)$$

$$=F(2)=0.9772$$

**13.** 设连续型随机变量 $(X,Y)$ 的概率密度为 $f(x,y)=\begin{cases}x+y & 0\leqslant x\leqslant 1,0\leqslant y\leqslant 1\\ 0 & \text{其他}\end{cases}$，设 $U=\max(X,Y)$，$V=\min(X,Y)$，求：

(1) 期望 $E(U)$；

(2) 期望 $E(UV)$.

**【解】** (1) $E(U)=E(\max(X,Y))=\int_{-\infty}^{+\infty}\int_{-\infty}^{+\infty}\max(x,y)f(x,y)\mathrm{d}x\mathrm{d}y$

$$= \int_0^1\int_0^1 \max(x,y)(x+y)\,\mathrm{d}x\mathrm{d}y$$
$$= \int_0^1 \mathrm{d}x\int_0^x x(x+y)\,\mathrm{d}y + \int_0^1 \mathrm{d}x\int_x^1 y(x+y)\,\mathrm{d}y$$
$$= \frac{3}{8} + \frac{3}{8} = \frac{3}{4}$$

(2) 由于

$$U=\max(X,Y)=\frac{X+Y+|X-Y|}{2},\quad V=\min(X,Y)=\frac{X+Y-|X-Y|}{2}$$

因此

$$UV=\frac{X+Y+|X-Y|}{2}\cdot\frac{X+Y-|X-Y|}{2}=XY$$

所以　$$E(UV) = E(XY) = \int_0^1 \mathrm{d}x\int_0^1 xy(x+y)\,\mathrm{d}y = \frac{1}{3}$$

**14.** 设二维随机变量$(X,Y)$在以点$(0,1)$、$(1,0)$、$(1,1)$为顶点的三角形区域上服从均匀分布,试求随机变量$U=X+Y$的方差.

**【解】** 三角形区域$G=\{(x,y)\mid 0\leqslant x\leqslant 1,0\leqslant y\leqslant 1,x+y\geqslant 1\}$,随机变量$(X,Y)$的联合概率密度为

$$f(x,y) = \begin{cases} 2 & (x,y)\in G \\ 0 & (x,y)\notin G \end{cases}$$

$$\begin{aligned} D(U) &= D(X+Y) = E[(X+Y)^2] - [E(X+Y)]^2 \\ &= \iint_G (x+y)^2\cdot 2\mathrm{d}x\mathrm{d}y - \left[\iint_G (x+y)\cdot 2\mathrm{d}x\mathrm{d}y\right]^2 \\ &= 2\int_0^1 \mathrm{d}x\int_{1-x}^1 (x+y)^2\mathrm{d}y - \left[2\int_0^1 \mathrm{d}x\int_{1-x}^1 (x+y)\mathrm{d}y\right]^2 \\ &= \frac{11}{6} - \frac{16}{9} = \frac{1}{18} \end{aligned}$$

**注**　此题另种解法可参见 4.3 典型例题分析的例 9.

**15.** 设$X_1,X_2,\cdots,X_n(n>2)$为来自总体$N(0,1)$的简单随机样本,$\overline{X}$为样本均值,记$Y_i=X_i-\overline{X},i=1,2,\cdots,n$.

求:(1) $Y_i$的方差$D(Y_i),i=1,2,\cdots,n$;

(2) $Y_1$与$Y_n$的协方差$\mathrm{cov}(Y_1,Y_n)$.

**【解】** 由题设,知$X_1,X_2,\cdots,X_n(n>2)$相互独立,且

$$E(X_i)=0,\quad D(X_i)=1(i=1,2,\cdots,n),\quad E(\overline{X})=0$$

(1)
$$\begin{aligned} D(Y_i) &= D(X_i-\overline{X}) = D\left[\left(1-\frac{1}{n}\right)X_i - \frac{1}{n}\sum_{j\neq i}^n X_j\right] \\ &= \left(1-\frac{1}{n}\right)^2 D(X_i) + \frac{1}{n^2}\sum_{j\neq i}^n D(X_j) \end{aligned}$$

$$= \frac{(n-1)^2}{n^2} + \frac{1}{n^2} \cdot (n-1) = \frac{n-1}{n}$$

(2) $\mathrm{cov}(Y_1, Y_n) = E\{[Y_1 - E(Y_1)][Y_n - E(Y_n)]\} = E(Y_1 Y_n)$

$$= E[(X_1 - \overline{X})(X_n - \overline{X})] = E(X_1 X_n - X_1\overline{X} - X_n\overline{X} + \overline{X}^2)$$

$$= E(X_1 X_n) - 2E(X_1\overline{X}) + E(\overline{X}^2)$$

$$= 0 - \frac{2}{n}E\left[X_1^2 + \sum_{j=2}^{n} X_1 X_j\right] + D(\overline{X}) + [E(\overline{X})]^2$$

$$= -\frac{2}{n} + \frac{1}{n} = -\frac{1}{n}$$

**16.** 设 $X \sim N(2\mu, \sigma^2)$，$Y \sim N(\mu, \sigma^2)$，且 $X$ 与 $Y$ 独立，$U = X + Y$，$V = X - Y$.

(1) 分别求 $U$ 和 $V$ 的概率密度 $f_U(u)$、$f_V(v)$.

(2) 求 $U$ 和 $V$ 的相关系数 $\rho_{UV}$.

(3) 求 $(U,V)$ 的联合概率密度 $f_{U,V}(u,v)$.

**【解】** (1) 由正态分布的性质：$U \sim N(3\mu, 2\sigma^2)$，$V \sim N(\mu, 2\sigma^2)$，所以

$$f_U(u) = \frac{1}{2\sqrt{\pi}\sigma} e^{-\frac{(u-3\mu)^2}{4\sigma^2}}, -\infty < u < +\infty$$

$$f_V(v) = \frac{1}{2\sqrt{\pi}\sigma} e^{-\frac{(v-\mu)^2}{4\sigma^2}}, -\infty < v < +\infty$$

(2) $\mathrm{cov}(U,V) = \mathrm{cov}(X+Y, X-Y) = D(X) - D(Y) = \sigma^2 - \sigma^2 = 0$

且 $D(U) \neq 0$，$D(V) \neq 0$，所以 $\rho_{UV} = 0$.

(3) 由于 $(U,V)$ 服从二维正态分布，且 $\rho_{UV} = 0$，故 $U$ 和 $V$ 相互独立，因此

$$f_{U,V}(u,v) = f_U(u) \cdot f_V(v) = \frac{1}{4\pi\sigma^2} e^{-\frac{(u-3\mu)^2 + (v-\mu)^2}{4\sigma^2}}, \quad (u,v) \in \mathbf{R}^2$$

## 4.5 考研真题选讲

**例 1**(2016.3) 设随机变量 $X$、$Y$ 相互独立，且 $X \sim N(1,2)$，$Y \sim (1,4)$，则 $D(XY)$ 为(    ).

A. 6　　B. 8　　C. 14　　D. 15

**【答案】** C.

**【解】** 因为 $X$、$Y$ 相互独立，所以

$$D(XY) = E(XY)^2 - [E(XY)]^2 = E(X^2)E(Y^2) - [E(X)E(Y)]^2$$

$$= \{D(X) + [E(X)]^2\}\{D(Y) + [E(Y)]^2\} - [E(X)E(Y)]^2 = 14$$

**例 2**(2016.1) 随机试验 $E$ 有三种两两不相容的结果 $A_1, A_2, A_3$，且三种结果发生的概率均为 $\frac{1}{3}$，将试验 $E$ 独立重复做 2 次，$X$ 表示 2 次试验中结果 $A_1$ 发生的次

数，$Y$ 表示 2 次试验中结果 $A_2$ 发生的次数，则 $X$ 与 $Y$ 的相关系数为(　　).

A. $-\frac{1}{2}$　　B. $\frac{1}{2}$　　C. $-\frac{1}{3}$　　D. $\frac{1}{3}$

**【答案】** A.

**【解】**
$$X\sim B\left(2,\frac{1}{3}\right),\quad Y\sim B\left(2,\frac{1}{3}\right)$$

$$E(X)=E(Y)=\frac{2}{3},\quad D(X)=D(Y)=\frac{4}{9},\quad E(XY)=1\cdot 1\cdot P(X=1,Y=1)=\frac{2}{9}$$

所以
$$\rho_{XY}=\frac{E(XY)-E(X)E(Y)}{\sqrt{D(X)}\sqrt{D(Y)}}=-\frac{1}{2}$$

**例 3**(2015.1)　设随机变量 $X$、$Y$ 不相关，且 $E(X)=2$，$E(Y)=1$，$D(X)=3$，则 $E[X(X+Y-2)]=$ (　　).

A. $-3$　　B. 3　　C. $-5$　　D. 5

**【答案】** D.

**【解】**
$$\begin{aligned}E[X(X+Y-2)]&=E(X^2+XY-2X)=E(X^2)+E(XY)-2E(X)\\&=D(X)+E^2(X)+E(X)\cdot E(Y)-2E(X)\\&=3+2^2+2\times 1-2\times 2=5\end{aligned}$$

故选 D.

**例 4**(2008.1)　随机变量 $X\sim N(0,1)$，$Y\sim N(1,4)$ 且相关系数 $\rho_{XY}=1$，则(　　).

A. $P(Y=-2X-1)=1$　　B. $P(Y=2X-1)=1$

C. $P(Y=-2X+1)=1$　　D. $P(Y=2X+1)=1$

**【答案】** D.

**【解】** 用排除法. 设 $Y=aX+b$. 由 $\rho_{XY}=1$，知 $X$、$Y$ 正相关，得 $a>0$. 排除 A 和 C. 由 $X\sim N(0,1)$，$Y\sim N(1,4)$，得

$$E(X)=0,\quad E(Y)=1,\quad E(aX+b)=aE(X)+b$$
$$1=a\times 0+b,b=1$$

从而排除 B. 故应选 D.

**例 5**(2004.1)　设随机变量 $X_1,X_2,\cdots,X_n(n>1)$ 独立同分布，且其方差为 $\sigma^2>0$. 令 $Y=\frac{1}{n}\sum_{i=1}^{n}X_i$，则(　　).

A. $\mathrm{cov}(X_1,Y)=\frac{\sigma^2}{n}$　　B. $\mathrm{cov}(X_1,Y)=\sigma^2$

C. $D(X_1+Y)=\frac{n+2}{n}\sigma^2$　　D. $D(X_1-Y)=\frac{n+1}{n}\sigma^2$

**【答案】** A.

【解】 $\operatorname{cov}(X_1,Y)=\operatorname{cov}\left(X_1,\frac{1}{n}\sum_{i=1}^{n}X_i\right)=\frac{1}{n}\operatorname{cov}(X_1,X_1)+\frac{1}{n}\sum_{i=2}^{n}\operatorname{cov}(X_i,X_1)$

$$=\frac{1}{n}D(X_1)=\frac{1}{n}\sigma^2$$

**例 6**(2011.3) 设二维随机变量$(X,Y)$服从$N(\mu,\mu;\sigma^2,\sigma^2;0)$,则$E(XY^2)=$______.

【答案】 $\mu(\mu^2+\sigma^2)$.

【解】 由题知,$X$与$Y$的相关系数$\rho_{XY}=0$,即$X$与$Y$不相关,在二维正态分布条件下,$X$与$Y$不相关与$X$与$Y$独立等价,所以$X$与$Y$独立,则有

$$E(X)=E(Y)=\mu,\quad D(X)=D(Y)=\sigma^2$$

$$E(Y^2)=D(Y)+[E(Y)]^2=\mu^2+\sigma^2$$

$$E(XY^2)=E(X)E(Y^2)=\mu(\mu^2+\sigma^2)$$

**例 7**(2008.3) 设随机变量$X$服从参数为 1 的泊松分布,则$P(X=E(X^2))$
$=$______.

【答案】 $\frac{1}{2}\mathrm{e}^{-1}$.

【解】 因为$D(X)=E(X^2)-[E(X)]^2$,所以$E(X^2)=2$,而$X$服从参数为 1 的泊松分布,所以

$$P(X=2)=\frac{1}{2}\mathrm{e}^{-1}$$

**例 8**(2004.3) 设随机变量$X$服从参数为$\lambda$的指数分布,则$P(X>\sqrt{D(X)})=$______.

【答案】 $\frac{1}{\mathrm{e}}$.

【解】 由于$D(X)=\frac{1}{\lambda^2}$,$X$的分布函数为

$$F(x)=\begin{cases}1-\mathrm{e}^{-\lambda x} & x>0\\ 0 & x\leqslant 0\end{cases}$$

故

$$P(X>\sqrt{D(X)})=1-P(X\leqslant\sqrt{D(X)})=1-P\left(X\leqslant\frac{1}{\lambda}\right)=1-F\left(\frac{1}{\lambda}\right)=\frac{1}{\mathrm{e}}$$

**例 9**(2015.1) 设随机变量$X$的概率密度为$f(x)=\begin{cases}2^{-x}\ln 2 & x>0\\ 0 & x\leqslant 0\end{cases}$,对$X$进行独立重复的观测,直到第 2 个大于 3 的观测值出现为止,记$Y$为观测次数.

(1) 求$Y$的概率分布.

(2) 求$E(Y)$.

【解】 (1)

$$f(x)=\begin{cases}2^{-x}\ln 2 & x>0\\ 0 & x\leqslant 0\end{cases}$$

$$p = P(X > 3) = \int_3^{+\infty} 2^{-x}\ln 2\,dx = \frac{1}{8}$$

所以 $Y$ 的概率分布为

$$P(Y=n)=C_{n-1}^1\frac{1}{8}\left(\frac{7}{8}\right)^{n-2}\cdot\frac{1}{8}=(n-1)\left(\frac{1}{8}\right)^2\left(\frac{7}{8}\right)^{n-2},n=2,3,\cdots$$

(2) $E(Y) = \sum\limits_{n=2}^{+\infty} n(n-1)\left(\frac{1}{8}\right)^2\left(\frac{7}{8}\right)^{n-2} = \frac{1}{64}\sum\limits_{n=2}^{+\infty} n(n-1)\cdot\left(\frac{7}{8}\right)^{n-2}$

令
$$S(x) = \sum_{n=2}^{+\infty} n(n-1)x^{n-2},\quad S_1(x) = \sum_{n=2}^{+\infty} nx^{n-1}$$

$$S_2(x) = \int_0^x S_1(t)\,dt = \sum_{n=2}^{+\infty} x^n = \frac{x^2}{1-x}$$

$$S_1(x) = \left(\frac{x^2}{1-x}\right)' = \frac{2x-x^2}{(1-x)^2},\quad S(x) = S_1'(x) = \frac{2(1-x)^2+2x(2-x)}{(1-x)^3}$$

$$E(Y) = \frac{1}{64}S\left(\frac{7}{8}\right) = 16$$

**例 10**(2014.3)　设随机变量 $X$ 的概率分布为 $P(X=1)=P(X=2)=\frac{1}{2}$，在给定 $X=i$ 的条件下，随机变量 $Y$ 服从均匀分布 $U(0,i)$，$i=1,2$.

(1) 求 $Y$ 的分布函数；

(2) 求期望 $E(Y)$.

**【解】** (1) 分布函数

$$\begin{aligned}F(y)&=P(Y\leqslant y)=P(Y\leqslant y,X=1)+P(Y\leqslant y,X=2)\\&=P(Y\leqslant y|X=1)P(X=1)+P(Y\leqslant y|X=2)P(X=2)\\&=\frac{1}{2}[P(Y\leqslant y|X=1)+P(Y\leqslant y|X=2)]\end{aligned}$$

当 $y<0$ 时，　$F(y)=0$

当 $0\leqslant y<1$ 时，　$F(y)=\frac{1}{2}y+\frac{1}{2}\frac{y}{2}=\frac{3}{4}y$

当 $1\leqslant y<2$ 时，　$F(y)=\frac{1}{2}+\frac{1}{2}\frac{y}{2}=\frac{1}{4}y+\frac{1}{2}$

当 $y\geqslant 2$ 时，　$F(y)=1$

所以分布函数为

$$F(y)=\begin{cases}0 & y<0\\ \frac{3}{4}y & 0\leqslant y<1\\ \frac{y}{4}+\frac{1}{2} & 1\leqslant y<2\\ 1 & y\geqslant 2\end{cases}$$

(2) 概率密度为

$$f(y)=F'(y)=\begin{cases}\dfrac{3}{4} & 0\leqslant y<1\\ \dfrac{1}{4} & 1\leqslant y<2\\ 0 & 其他\end{cases}$$

$$E(Y)=\int_0^1 \frac{3}{4}y\mathrm{d}y+\int_1^2 \frac{y}{4}\mathrm{d}y=\frac{3}{4}$$

**例 11**(2014.3)　设随机变量 $X$、$Y$ 的概率分布相同,$X$ 的概率分布为 $P(X=0)=\frac{1}{3}$,$P(X=1)=\frac{2}{3}$,且 $X$、$Y$ 的相关系数 $\rho_{XY}=\frac{1}{2}$.

(1) 求二维随机变量$(X,Y)$的联合分布;

(2) 求概率 $P(X+Y\leqslant 1)$.

**【解】** (1) 由于 $X$、$Y$ 的概率分布相同,故 $P(X=0)=\frac{1}{3}$,$P(X=1)=\frac{2}{3}$,$P(Y=0)=\frac{1}{3}$,$P(Y=1)=\frac{2}{3}$,显然

$$E(X)=E(Y)=\frac{2}{3},\quad D(X)=D(Y)=\frac{2}{9}$$

相关系数

$$\rho_{XY}=\frac{1}{2}=\frac{\operatorname{cov}(X,Y)}{\sqrt{D(X)}\sqrt{D(Y)}}=\frac{E(XY)-E(X)E(Y)}{\sqrt{D(X)}\sqrt{D(Y)}}=\frac{E(XY)-\dfrac{4}{9}}{\dfrac{2}{9}}$$

所以

$$E(XY)=\frac{5}{9}$$

而 $E(XY)=1\times 1\times P(X=1,Y=1)$,所以 $P(X=1,Y=1)=\frac{5}{9}$,从而得到$(X,Y)$的联合分布:

$$P(X=1,Y=1)=\frac{5}{9},\quad P(X=0,Y=1)=\frac{1}{9}$$

$$P(X=1,Y=0)=\frac{1}{9},\quad P(X=0,Y=0)=\frac{2}{9}$$

(2)　$$P(X+Y\leqslant 1)=1-P(X+Y>1)=1-P(X=1,Y=1)=\frac{4}{9}$$

**例 12**(2012.3)　设随机变量 $X$ 和 $Y$ 相互独立,且均服从参数为 1 的指数分布,$V=\min(X,Y)$,$U=\max(X,Y)$.

求:(1) 随机变量 $V$ 的概率密度;

(2) $E(U+V)$.

**【解】** (1)
$$X\sim E(1)\Rightarrow F_X(x)=\begin{cases}1-e^{-x} & x>0\\0 & x\leqslant 0\end{cases}$$

$$Y\sim E(1)\Rightarrow F_Y(y)=\begin{cases}1-e^{-y} & y>0\\0 & y\leqslant 0\end{cases}$$

$$\begin{aligned}F_V(x)&=P(\min(X,Y)\leqslant x)=1-P(\min(X,Y)>x)=1-P(X>x,Y>x)\\&=1-P(X>x)P(Y>x)=1-[1-F_X(x)][1-F_Y(x)]\\&=\begin{cases}1-e^{-2x} & x>0\\0 & x\leqslant 0\end{cases}\Rightarrow f_V(x)=\begin{cases}2e^{-2x} & x>0\\0 & x\leqslant 0\end{cases}\end{aligned}$$

(2)
$$\begin{aligned}F_U(x)&=P(\max(X,Y)\leqslant x)=P(X\leqslant x,Y\leqslant x)=P(X\leqslant x)P(Y\leqslant x)\\&=F_X^2(x)=\begin{cases}(1-e^{-x})^2 & x>0\\0 & x\leqslant 0\end{cases}\end{aligned}$$

$$f_U(x)=\begin{cases}2e^{-x}(1-e^{-x}) & x>0\\0 & x\leqslant 0\end{cases}$$

$$\begin{aligned}E(U)&=\int_0^{+\infty}2xe^{-x}(1-e^{-x})dx=2\int_0^{+\infty}xe^{-x}dx-2\int_0^{+\infty}xe^{-2x}dx\\&=2\Gamma(2)-\frac{1}{2}\int_0^{+\infty}(2x)e^{-2x}d(2x)\\&=2\times 1-\frac{1}{2}\Gamma(2)=2\times 1-\frac{1}{2}\times 1=\frac{3}{2}\end{aligned}$$

$$E(V)=\int_0^{+\infty}x\cdot 2e^{-2x}dx=\frac{1}{2}\int_0^{+\infty}(2x)e^{-2x}d(2x)=\frac{1}{2}\Gamma(2)=\frac{1}{2}$$

故
$$E(U+V)=2$$

**例 13**(2011.3)　已知 $X$、$Y$ 的分布律如下：

| $X$ | 0 | 1 |
|---|---|---|
| $P$ | 1/3 | 2/3 |

| $Y$ | −1 | 0 | 1 |
|---|---|---|---|
| $P$ | 1/3 | 1/3 | 1/3 |

且 $P(X^2=Y^2)=1$，求：

(1) $(X,Y)$ 的分布律；

(2) $Z=XY$ 的分布律；

(3) $\rho_{XY}$.

**【解】** (1) 由于 $P(X^2=Y^2)=1$，即
$$P(X=0,Y=0)+P(X=1,Y=-1)+P(X=1,Y=1)=1$$
则有
$$P(X=1,Y=0)=P(X=0,Y=-1)=P(X=0,Y=1)=0$$

$$P(X=0,Y=0)=P(Y=0)-P(X=1,Y=0)=\frac{1}{3}$$

$$P(X=1,Y=-1)=P(Y=-1)-P(X=0,Y=-1)=\frac{1}{3}$$

$$P(X=1,Y=1)=P(Y=1)-P(X=0,Y=1)=\frac{1}{3}$$

所以$(X,Y)$的分布律为

| $X$ \ $Y$ | $-1$ | $0$ | $1$ |
|---|---|---|---|
| $0$ | $0$ | $\frac{1}{3}$ | $0$ |
| $1$ | $\frac{1}{3}$ | $0$ | $\frac{1}{3}$ |

(2) 易知随机变量 $Z$ 的可能取值为$-1,0,1$,则有

$$P(Z=1)=P(X=1,Y=1)=\frac{1}{3}$$

$$P(Z=-1)=P(X=1,Y=-1)=\frac{1}{3}$$

$$P(Z=0)=1-P(Z=1)-P(Z=-1)=\frac{1}{3}$$

故 $Z=XY$ 的分布律为

| $Z$ | $-1$ | $0$ | $1$ |
|---|---|---|---|
| $P$ | $\frac{1}{3}$ | $\frac{1}{3}$ | $\frac{1}{3}$ |

(3) 由(1)和(2)知

$$E(XY)=E(Z)=(-1)\times\frac{1}{3}+1\times\frac{1}{3}=0$$

$$E(X)=\frac{2}{3}$$

$$E(Y)=(-1)\times\frac{1}{3}+1\times\frac{1}{3}=0$$

故有 $\mathrm{cov}(X,Y)=E(XY)-E(X)E(Y)=0$,所以 $\rho_{XY}=0$.

**例 14**(2010.3) 箱内有 6 个球,其中红球、白球、黑球的个数分别为 1、2、3,现在从箱中随机取出 2 个球,设 $X$ 为取出的红球个数,$Y$ 为取出的白球个数.

(1) 求随机变量$(X,Y)$的联合分布律;

(2) 求 $\mathrm{cov}(X,Y)$.

**【解】** (1) $X$ 所有可能取值为 $0,1$,$Y$ 的所有可能取值为 $0,1,2$.

$$P(X=0,Y=0)=\frac{C_3^2}{C_6^2}=\frac{3}{15}=\frac{1}{5}\quad(\text{取到的 2 个球都是黑球})$$

$$P(X=0,Y=1)=\frac{C_2^1C_3^1}{C_6^2}=\frac{6}{15}=\frac{2}{5}\quad（取到的一个是白球，一个是黑球）$$

$$P(X=0,Y=2)=\frac{C_2^2}{C_6^2}=\frac{1}{15}\quad（取到的 2 个球都是白球）$$

$$P(X=1,Y=0)=\frac{C_1^1C_3^1}{C_6^2}=\frac{3}{15}=\frac{1}{5}\quad（取到的一个是红球，一个是黑球）$$

$$P(X=1,Y=1)=\frac{C_1^1C_2^1}{C_6^2}=\frac{2}{15}\quad（取到的一个是红球，一个是白球）$$

$$P(X=1,Y=2)=\frac{0}{C_6^2}=0$$

$(X,Y)$的联合分布律为

| $X \backslash Y$ | 0 | 1 | 2 | |
|---|---|---|---|---|
| 0 | $\frac{1}{5}$ | $\frac{2}{5}$ | $\frac{1}{15}$ | $\frac{2}{3}$ |
| 1 | $\frac{1}{5}$ | $\frac{2}{15}$ | 0 | $\frac{1}{3}$ |
| | $\frac{2}{5}$ | $\frac{8}{15}$ | $\frac{1}{15}$ | |

(2)
$$\operatorname{cov}(X,Y)=E(XY)-E(X)E(Y)$$

$$E(XY)=1\times1\times\frac{2}{15}=\frac{2}{15},\quad E(X)=0\times\frac{2}{3}+1\times\frac{1}{3}=\frac{1}{3}$$

$$E(Y)=0\times\frac{2}{5}+1\times\frac{8}{15}+2\times\frac{1}{15}=\frac{2}{3}$$

$$\operatorname{cov}(X,Y)=E(XY)-E(X)E(Y)=\frac{2}{15}-\frac{1}{3}\times\frac{2}{3}=-\frac{4}{45}$$

**例 15**(2006.3)　设随机变量 $X$ 的概率密度为

$$f_X(x)=\begin{cases}\frac{1}{2} & -1<x<0\\ \frac{1}{4} & 0\leqslant x<2\\ 0 & 其他\end{cases}$$

令 $Y=X^2$，$F(x,y)$为二维随机变量$(X,Y)$的分布函数，求：

(1) $Y$ 的概率密度 $f_Y(y)$；

(2) $\operatorname{cov}(X,Y)$；

(3) $F\left(-\frac{1}{2},4\right)$.

**【解】**　(1) 设 $Y$ 的分布函数为 $F_Y(y)$，即 $F_Y(y)=P(Y\leqslant y)=P(X^2\leqslant y)$，则

① 当 $y<0$ 时，$F_Y(y)=0$

② 当 $0\leqslant y<1$ 时，
$$F_Y(y)=P(X^2<y)=P(-\sqrt{y}<X<\sqrt{y})=\int_{-\sqrt{y}}^{0}\frac{1}{2}\mathrm{d}x+\int_{0}^{\sqrt{y}}\frac{1}{4}\mathrm{d}x=\frac{3}{4}\sqrt{y}$$

③ 当 $1\leqslant y<4$ 时，
$$F_Y(y)=P(X^2<y)=P(-1<X<\sqrt{y})=\int_{-1}^{0}\frac{1}{2}\mathrm{d}x+\int_{0}^{\sqrt{y}}\frac{1}{4}\mathrm{d}x=\frac{1}{4}\sqrt{y}+\frac{1}{2}$$

④ 当 $y\geqslant 4$，$F_Y(y)=1$

所以
$$f_Y(y)=F'_Y(y)=\begin{cases}\dfrac{3}{8\sqrt{y}} & 0<y<1\\ \dfrac{1}{8\sqrt{y}} & 1\leqslant y<4\\ 0 & \text{其他}\end{cases}$$

(2)
$$\mathrm{cov}(X,Y)=\mathrm{cov}(X,X^2)=E[X-E(X)][X^2-E(X^2)]=E(X^3)-E(X)E(X^2)$$

而 $E(X)=\int_{-1}^{0}\frac{x}{2}\mathrm{d}x+\int_{0}^{2}\frac{x}{4}\mathrm{d}x=\frac{1}{4}$，$E(X^2)=\int_{-1}^{0}\frac{x^2}{2}\mathrm{d}x+\int_{0}^{2}\frac{x^2}{4}\mathrm{d}x=\frac{5}{6}$

$$E(X^3)=\int_{-1}^{0}\frac{x^3}{2}\mathrm{d}x+\int_{0}^{2}\frac{x^3}{4}\mathrm{d}x=\frac{7}{8}$$

所以
$$\mathrm{cov}(X,Y)=\frac{7}{8}-\frac{1}{4}\times\frac{5}{6}=\frac{2}{3}$$

(3)
$$F\left(-\frac{1}{2},4\right)=P\left(X\leqslant-\frac{1}{2},Y\leqslant 4\right)=P\left(X\leqslant-\frac{1}{2},X^2\leqslant 4\right)$$
$$=P\left(X\leqslant-\frac{1}{2},-2\leqslant X\leqslant 2\right)=P\left(-2\leqslant X\leqslant-\frac{1}{2}\right)$$
$$=\int_{-1}^{-\frac{1}{2}}\frac{1}{2}\mathrm{d}x=\frac{1}{4}$$

**例 16**(2004.3)　设 $A$、$B$ 为两个随机事件，且 $P(A)=\frac{1}{4}$，$P(B|A)=\frac{1}{3}$，$P(A|B)=\frac{1}{2}$，令

$$X=\begin{cases}1 & A\text{ 发生}\\ 0 & A\text{ 不发生}\end{cases},\quad Y=\begin{cases}1 & B\text{ 发生}\\ 0 & B\text{ 不发生}\end{cases}$$

求：(1) 二维随机变量 $(X,Y)$ 的分布律；

(2) $X$ 与 $Y$ 的相关系数 $\rho_{XY}$；

(3) $Z=X^2+Y^2$ 的分布律.

**【解】**（1）因为 $P(AB)=P(A)P(B|A)=\frac{1}{12}$，所以 $P(B)=\frac{P(AB)}{P(A|B)}=\frac{1}{6}$，则有

$$P(X=1,Y=1)=P(AB)=\frac{1}{12}$$

$$P(X=1,Y=0)=P(A\bar{B})=P(A)-P(AB)=\frac{1}{6}$$

$$P(X=0,Y=1)=P(\bar{A}B)=P(B)-P(AB)=\frac{1}{12}$$

$$P(X=0,Y=0)=P(\bar{A}\cdot\bar{B})=1-P(A\cup B)=1-[P(A)+P(B)-P(AB)]=\frac{2}{3}$$

或
$$P(X=0,Y=0)=1-\frac{1}{12}-\frac{1}{6}-\frac{1}{12}=\frac{2}{3}$$

即 $(X,Y)$ 的分布律为

| $X$ \ $Y$ | 0 | 1 |
|---|---|---|
| 0 | $\frac{2}{3}$ | $\frac{1}{12}$ |
| 1 | $\frac{1}{6}$ | $\frac{1}{12}$ |

（2）方法一：

因为　$E(X)=P(A)=\frac{1}{4}$，　$E(Y)=P(B)=\frac{1}{6}$，　$E(XY)=\frac{1}{12}$

$$E(X^2)=P(A)=\frac{1}{4},\quad E(Y^2)=P(B)=\frac{1}{6}$$

$$D(X)=E(X^2)-[E(X)]^2=\frac{3}{16},\quad D(Y)=E(Y^2)-[E(Y)]^2=\frac{5}{36}$$

$$\mathrm{cov}(X,Y)=E(XY)-E(X)E(Y)=\frac{1}{24}$$

所以，$X$ 与 $Y$ 的相关系数为

$$\rho_{XY}=\frac{\mathrm{cov}(X,Y)}{\sqrt{D(X)\cdot D(Y)}}=\frac{1}{\sqrt{15}}=\frac{\sqrt{15}}{15}$$

方法二：

$X$、$Y$ 的分布律分别为

| $X$ | 0 | 1 |
|---|---|---|
| $P$ | $\frac{3}{4}$ | $\frac{1}{4}$ |

| $Y$ | 0 | 1 |
|---|---|---|
| $P$ | $\frac{5}{6}$ | $\frac{1}{6}$ |

则 $E(X)=\frac{1}{4}$， $E(Y)=\frac{1}{6}$， $D(X)=\frac{3}{16}$， $D(Y)=\frac{5}{36}$， $E(XY)=\frac{1}{12}$

故
$$\mathrm{cov}(X,Y)=E(XY)-E(X)\cdot E(Y)=\frac{1}{24}$$

从而
$$\rho_{XY}=\frac{\mathrm{cov}(X,Y)}{\sqrt{D(X)}\cdot\sqrt{D(Y)}}=\frac{\sqrt{15}}{5}$$

(3) $Z$ 的可能取值为 0,1,2.

$$P(Z=0)=P(X=0,Y=0)=\frac{2}{3}$$

$$P(Z=1)=P(X=1,Y=0)+P(X=0,Y=1)=\frac{1}{4}$$

$$P(Z=2)=P(X=1,Y=1)=\frac{1}{12}$$

即 $Z$ 的分布律为

| $Z$ | 0 | 1 | 2 |
|---|---|---|---|
| $P$ | $\frac{2}{3}$ | $\frac{1}{4}$ | $\frac{1}{12}$ |

# 4.6 自 测 题

## 一、填空题

**1.** 设 $X$ 的概率密度为 $f(x)=\frac{1}{\sqrt{\pi}}e^{-x^2+2x-1}$ $(-\infty<x<+\infty)$，则 $E(X)=$ ______，$D(X)=$ ______.

**2.** 设随机变量 $X$ 的概率密度为 $f(x)=\begin{cases}1+x & -1\leqslant x\leqslant 0\\ A-x & 0<x\leqslant 1\\ 0 & \text{其他}\end{cases}$，则常数 $A=$ ______，$E(X)=$ ______，$D(X)=$ ______.

**3.** 若 $X$ 服从参数为 2 的指数分布，$Z=4X-1$，则 $E(Z)=$ ______，$D(Z)=$ ______.

**4.** 设随机变量 $X$ 服从参数为 $\lambda$ 的泊松分布，且已知 $E[(X-1)(X-2)]=1$，则 $\lambda=$ ______.

**5.** 设 $X$ 表示 10 次独立重复射击命中目标的次数，若每次命中目标的概率为 0.4，则 $X^2$ 的数学期望 $E(X^2)=$ ______.

**6.** 设随机变量 $X$ 的分布律为

| $X$ | $-1$ | $0$ | $1$ |
|---|---|---|---|
| $P$ | $p_1$ | $p_2$ | $p_3$ |

且已知 $E(X)=0.1$，$E(X^2)=0.9$，则 $p_1=$______，$p_2=$______，$p_3=$______.

**7.** 设 $X$ 与 $Y$ 独立同分布，记 $U=X-Y$，$V=X+Y$，则 $U$、$V$ 的相关系数 $\rho_{UV}=$______.

**8.** 设 $X$ 与 $Y$ 的方差分别为 4 和 1，协方差 $\mathrm{cov}(X,Y)=0.8$，则 $X$ 与 $Y$ 的相关系数 $\rho_{XY}=$______，$D(2X+3Y)=$______，$D(2X-3Y)=$______.

**9.** 设 $X\sim B(4,0.5)$，$Y$ 服从参数为 $\lambda$ 的泊松分布，且满足 $E[(X+1)(X-1)]=2E[(Y-1)(Y-2)]$，则 $\lambda=$______.

## 二、选择题

**1.** 对于随机变量 $X$、$Y$，若 $E(XY)=E(X)\cdot E(Y)$，则(　　).

A. $X$ 与 $Y$ 独立　　B. $D(XY)=D(X)\cdot D(Y)$

C. $D(X+Y)=D(X)+D(Y)$　　D. $X$ 与 $Y$ 不独立

**2.** 对于随机变量 $X$、$Y$，若 $\mathrm{cov}(X,Y)=0$，则(　　).

A. $D(X-Y)=D(X)-D(Y)$　　B. $D(X-Y)=D(X)+D(Y)$

C. $X$ 与 $Y$ 独立　　D. $X$ 与 $Y$ 不独立

**3.** 设 $D(X)=4$，$D(Y)=1$，$\rho_{XY}=0.6$，则 $D(3X-2Y)=$(　　).

A. 40　　B. 34　　C. 25.6　　D. 17.6

**4.** 设 $X\sim N(0,4)$，$Y\sim B\left(9,\dfrac{1}{3}\right)$，且相互独立，则 $D(2X-3Y)=$(　　).

A. 8　　B. 16　　C. 28　　D. 44

**5.** 设 $X$ 是一个随机变量，$E(X)=\mu$，$D(X)=\sigma^2$($\mu,\sigma>0$，为常数)，对任意常数 $C$($E(X)\neq C$)，则必有(　　).

A. $E[(X-C)^2]=E(X^2)-C$　　B. $E[(X-C)^2]=E[(X-\mu)^2]$

C. $E[(X-C)^2]<E[(X-\mu)^2]$　　D. $E[(X-C)^2]>E[(X-\mu)^2]$

**6.** 设 $X$ 与 $Y$ 独立同分布，记 $U=X-Y$，$V=X+Y$，则 $U$、$V$ 必然(　　).

A. 不独立　　B. 独立　　C. 相关系数为零　　D. 相关系数不为零

**7.** $E(XY)=E(X)E(Y)$ 是 $X$ 与 $Y$ 不相关的(　　).

A. 必要条件　　B. 充分条件

C. 充要条件　　D. 既不是必要条件，也不是充分条件

**8.** $E(XY)=E(X)E(Y)$ 是 $X$ 与 $Y$ 相互独立的(　　).

A. 必要条件　　B. 充分条件

C. 充要条件　　D. 既不是必要条件，也不是充分条件

## 三、解答题

**1.** 设随机变量 $X$ 的分布律为

| $X$ | $-1$ | $0$ | $1$ | $2$ |
|---|---|---|---|---|
| $P$ | 1/8 | 1/2 | 1/8 | 1/4 |

求 $E(X)$、$E(X^2)$、$E(2X+3)$.

**2.** 设随机变量 $X$、$Y$、$Z$ 相互独立，且 $E(X)=5$，$E(Y)=11$，$E(Z)=8$，求下列随机变量的数学期望.

(1) $U=2X+3Y+1$；

(2) $V=YZ-4X$.

**3.** 设随机变量$(X,Y)$的概率密度为

$$f(x,y)=\begin{cases} k & 0<x<1,0<y<x \\ 0 & \text{其他} \end{cases}$$

试确定常数 $k$，并求 $E(XY)$.

**4.** 设随机变量 $X$、$Y$ 的概率密度分别为

$$f_X(x)=\begin{cases} 2\mathrm{e}^{-2x} & x>0 \\ 0 & x\leqslant 0 \end{cases},\quad f_Y(y)=\begin{cases} 4\mathrm{e}^{-4y} & y>0 \\ 0 & y\leqslant 0 \end{cases}$$

求：(1) $E(X+Y)$；

(2) $E(2X-3Y^2)$.

**5.** 设两个随机变量 $X$、$Y$ 相互独立，且都服从均值为 0、方差为 1/2 的正态分布，求随机变量 $|X-Y|$ 的方差.

**6.** 设随机变量 $X$ 和 $Y$ 的联合分布律为

| $X$ \ $Y$ | $-1$ | $0$ | $1$ |
|---|---|---|---|
| 0 | 0.07 | 0.18 | 0.15 |
| 1 | 0.08 | 0.32 | 0.20 |

试求 $X$ 和 $Y$ 的相关系数 $\rho_{XY}$.

**7.** 设随机变量 $X$、$Y$ 独立同服从参数为 $\lambda$ 的泊松分布，$U=2X+Y$，$V=2X-Y$，求 $U$ 与 $V$ 的相关系数 $\rho_{UV}$.

**8.** 独立重复进行某项随机试验，设事件 $A$ 在第 $i$ 次试验中发生的概率为 $\frac{1}{2^i}$，$i=1,2,\cdots$，记 $X_n$ 为前 $n$ 次试验中事件 $A$ 发生的次数，求 $\lim\limits_{n\to+\infty} D(X_n)$.

# 参考答案

## 一、填空题

**1.** 1　1/2　　**2.** 1　0　1/6　　**3.** 1　4　　**4.** 2　　**5.** 18.4

**6.** 0.4　0.1　0.5　　**7.** 0　　**8.** 0.4　34.6　15.4　　**9.** 2

## 二、选择题

**1.** C　**2.** B　**3.** C　**4.** D　**5.** D　**6.** C　**7.** C　**8.** A

## 三、解答题

**1.【解】** (1) $E(X)=(-1)\times\frac{1}{8}+0\times\frac{1}{2}+1\times\frac{1}{8}+2\times\frac{1}{4}=\frac{1}{2}$

(2) $E(X^2)=(-1)^2\times\frac{1}{8}+0^2\times\frac{1}{2}+1^2\times\frac{1}{8}+2^2\times\frac{1}{4}=\frac{5}{4}$

(3) $E(2X+3)=2E(X)+3=2\times\frac{1}{2}+3=4$

**2.【解】** (1) $E(U)=E(2X+3Y+1)=2E(X)+3E(Y)+1$

$=2\times5+3\times11+1=44$

(2) $E(V)=E(YZ-4X)=E(YZ)-4E(X)$

$\xlongequal{\text{因 } Y、Z \text{ 相互独立}}E(Y)\cdot E(Z)-4E(X)$

$=11\times8-4\times5=68$

**3.【解】** 由于$\int_{-\infty}^{+\infty}\int_{-\infty}^{+\infty}f(x,y)\mathrm{d}x\mathrm{d}y=\int_0^1\mathrm{d}x\int_0^x k\mathrm{d}y=\frac{1}{2}k=1$，故 $k=2$.

$$E(XY)=\int_{-\infty}^{+\infty}\int_{-\infty}^{+\infty}xyf(x,y)\mathrm{d}x\mathrm{d}y=\int_0^1 x\mathrm{d}x\int_0^x 2y\mathrm{d}y=0.25$$

**4.【解】** 由于

$$E(X)=\int_{-\infty}^{+\infty}xf_X(x)\mathrm{d}x\int_0^{+\infty}x\cdot 2\mathrm{e}^{-2x}\mathrm{d}x$$

$$=[-x\mathrm{e}^{-2x}]_0^{+\infty}\int_0^{+\infty}\mathrm{e}^{-2x}\mathrm{d}x=\int_0^{+\infty}\mathrm{e}^{-2x}\mathrm{d}x=\frac{1}{2}$$

$$E(Y)=\int_{-\infty}^{+\infty}yf_Y(y)\mathrm{d}y\int_0^{+\infty}y\cdot 4\mathrm{e}^{-4y}\mathrm{d}y=\frac{1}{4}$$

$$E(Y^2)=\int_{-\infty}^{+\infty}y^2f_Y(y)\mathrm{d}y=\int_0^{+\infty}y^2\cdot 4\mathrm{e}^{-4y}\mathrm{d}y=\frac{2}{4^2}=\frac{1}{8}$$

从而

(1) $$E(X+Y)=E(X)+E(Y)=\frac{1}{2}+\frac{1}{4}=\frac{3}{4}$$

(2) $$E(2X-3Y^2)=2E(X)-3E(Y^2)=2\times\frac{1}{2}-3\times\frac{1}{8}=\frac{5}{8}$$

**5.【解】** 设 $Z=X-Y$，由于 $X\sim N\left(0,\left(\frac{1}{\sqrt{2}}\right)^2\right)$，$Y\sim N\left(0,\left(\frac{1}{\sqrt{2}}\right)^2\right)$，且 $X$ 和 $Y$ 相互独立，故 $Z\sim N(0,1)$. 因

$$D(|X-Y|)=D(|Z|)=E(|Z|^2)-[E(|Z|)]^2$$
$$=E(Z^2)-[E(Z)]^2$$

而 $$E(Z^2)=D(Z)=1, E(|Z|)=\int_{-\infty}^{+\infty}|z|\frac{1}{\sqrt{2\pi}}e^{-z^2/2}dz$$

$$=\frac{2}{\sqrt{2\pi}}\int_0^{+\infty}ze^{-z^2/2}dz=\sqrt{\frac{2}{\pi}}$$

所以 $$D(|X-Y|)=1-\frac{2}{\pi}$$

**6.【解】** 由已知知 $E(X)=0.6$，$E(Y)=0.2$，而 $XY$ 的分布律为

| $XY$ | $-1$ | 0 | 1 |
|---|---|---|---|
| $P$ | 0.08 | 0.72 | 0.2 |

所以 $$E(XY)=-0.08+0.2=0.12$$

$$\mathrm{cov}(X,Y)=E(XY)-E(X)\cdot E(Y)=0.12-0.6\times0.2=0$$

从而 $$\rho_{XY}=0$$

**7.【解】** 由条件 $X$、$Y$ 独立同服从参数为 $\lambda$ 泊松分布，得

$$E(X)=E(Y)=\lambda,\quad D(X)=D(Y)=\lambda$$

因此 $$E(Y^2)=E(X^2)=D(X)+[E(X)]^2=\lambda+\lambda^2$$

$$E(U)=2E(X)+E(Y)=3\lambda$$

$$E(V)=2E(X)-E(Y)=\lambda$$

$$D(U)=D(V)=4D(X)+D(Y)=4\lambda+\lambda=5\lambda$$

$$E(UV)=E(4X^2-Y^2)=4E(X^2)-E(Y^2)=3\lambda+3\lambda^2$$

$$\mathrm{cov}(U,V)=E(UV)-E(U)E(V)=3\lambda+3\lambda^2-3\lambda^2=3\lambda$$

于是 $U$ 与 $V$ 的相关系数

$$\rho_{UV}=\frac{\mathrm{cov}(U,V)}{\sqrt{D(U)}\sqrt{D(V)}}=\frac{3\lambda}{5\lambda}=\frac{3}{5}$$

**8.【解】** 设 $Y_i=\begin{cases}1 & \text{第 } i \text{ 次试验 } A \text{ 发生}\\ 0 & \text{第 } i \text{ 次试验 } A \text{ 不发生}\end{cases}$，$Y_i\sim\begin{pmatrix}0 & 1\\ 1-\frac{1}{2^i} & \frac{1}{2^i}\end{pmatrix}$，有 $D(Y_i)=\frac{1}{2^i}\left(1-\frac{1}{2^i}\right)$，$i=1,2,\cdots$，则 $X_n=\sum\limits_{i=1}^{n}Y_i$，且 $Y_1,Y_2,\cdots,Y_n$ 相互独立，故

$$D(X_n)=D\left(\sum_{i=1}^{n}Y_i\right)=\sum_{i=1}^{n}D(Y_i)=\sum_{i=1}^{n}\frac{1}{2^i}\left(1-\frac{1}{2^i}\right)$$

于是
$$\lim_{n\to+\infty}D(X_n)=\sum_{i=1}^{+\infty}\frac{1}{2^i}\left(1-\frac{1}{2^i}\right)=\sum_{i=1}^{+\infty}\left(\frac{1}{2^i}-\frac{1}{4^i}\right)=1-\frac{1}{3}=\frac{2}{3}$$

# 第5章 大数定律与中心极限定理

## 5.1 大纲基本要求

(1) 了解切比雪夫不等式.

(2) 了解切比雪夫大数定律、伯努利大数定律和辛钦大数定律(独立同分布随机变量序列的大数定律).

(3) 了解利莫夫-拉普拉斯定理(二项分布以正态分布为极限分布)和列维-林德伯格定理(独立同分布随机变量序列的中心极限定理).

## 5.2 内容提要

### 一、切比雪夫不等式

切比雪夫(Chebyshev)不等式:设随机变量 $X$ 的期望与方差分别为 $E(X)=\mu$,$D(X)=\sigma^2$,则对任意正数 $\varepsilon>0$,有

$$P(|X-E(X)|\geqslant\varepsilon)\leqslant\frac{D(X)}{\varepsilon^2}$$

即

$$P(|X-\mu|\geqslant\varepsilon)\leqslant\frac{\sigma^2}{\varepsilon^2}$$

进一步有

$$P(|X-E(X)|<\varepsilon)\geqslant 1-\frac{D(X)}{\varepsilon^2}$$

即

$$P(|X-\mu|<\varepsilon)\geqslant 1-\frac{\sigma^2}{\varepsilon^2}$$

切比雪夫不等式给出了随机变量 $X$ 的分布未知,只知道 $E(X)$ 和 $D(X)$ 的情况下,对事件 $\{|X-E(X)|\leqslant\varepsilon\}$ 概率的下限估计.

### 二、大数定律

**1) 切比雪夫大数定律**

设 $X_1,X_2,\cdots$ 是相互独立的随机变量序列,各有数学期望 $E(X_1),E(X_2),\cdots$ 及方差 $D(X_1),D(X_2),\cdots$,并且对于所有 $i=1,2,\cdots$ 都有 $D(X_i)<l$,其中 $l$ 是与 $i$ 无关

的常数，则对任给 $\varepsilon>0$，有

$$\lim_{n\to+\infty}P\left(\left|\frac{1}{n}\sum_{i=1}^{n}X_i-\frac{1}{n}\sum_{i=1}^{n}E(X_i)\right|<\varepsilon\right)=1$$

**2）伯努利大数定律**

设 $f_A$ 是 $n$ 次独立重复试验中事件 $A$ 发生的次数，$p$ 是事件 $A$ 在每次试验中发生的概率，则对于任意正数 $\varepsilon$，有 $\lim\limits_{n\to+\infty}P\left(\left|\frac{f_A}{n}-p\right|<\varepsilon\right)=1$.

**3）辛钦大数定律**

设随机变量 $X_1,X_2,\cdots,X_n,\cdots$ 相互独立同分布，且 $E(X_k)=\mu(k=1,2,\cdots)$ 存在，则对于任意正数 $\varepsilon$，有 $\lim\limits_{n\to+\infty}P\left(\left|\frac{1}{n}\sum_{k=1}^{n}X_k-\mu\right|<\varepsilon\right)=1$.

## 三、中心极限定理

**1）独立同分布的中心极限定理**

设随机变量 $X_1,X_2,\cdots,X_n$ 独立同分布，$E(X_i)=\mu$，$D(X_i)=\sigma^2$，则 $\sum\limits_{i=1}^{n}X_i\underset{\text{近似}}{\sim}N(n\mu,n\sigma^2)$，或 $\frac{1}{n}\sum\limits_{i=1}^{n}X_i\underset{\text{近似}}{\sim}N\left(\mu,\frac{\sigma^2}{n}\right)$，或 $\frac{\sum\limits_{i=1}^{n}X_i-n\mu}{\sqrt{n}\sigma}\underset{\text{近似}}{\sim}N(0,1)$.

**2）利莫夫-拉普拉斯定理**

设 $m$ 是 $n$ 次独立重复试验中 $A$ 发生的次数，$P(A)=p$，则对任意 $x$，有

$$\lim_{n\to+\infty}P\left(\frac{m-np}{\sqrt{npq}}\leqslant x\right)=\Phi(x).$$

# 5.3　典型例题分析

**例 1**　一枚骰子连续掷 4 次，点数总和记为 $X$. 估计 $P(10<X<18)$.

**【知识点】**　切比雪夫不等式、期望和方差的性质及计算、独立同分布.

**【解】**　设 $X_i$ 表示每次掷的点数，则 $X=\sum\limits_{i=1}^{4}X_i$.

$$E(X_i)=1\times\frac{1}{6}+2\times\frac{1}{6}+3\times\frac{1}{6}+4\times\frac{1}{6}+5\times\frac{1}{6}+6\times\frac{1}{6}=\frac{7}{2}$$

$$E(X_i^2)=1^2\times\frac{1}{6}+2^2\times\frac{1}{6}+3^2\times\frac{1}{6}+4^2\times\frac{1}{6}+5^2\times\frac{1}{6}+6^2\times\frac{1}{6}=\frac{91}{6}$$

从而

$$D(X_i)=E(X_i^2)-[E(X_i)]^2=\frac{91}{6}-\left(\frac{7}{2}\right)^2=\frac{35}{12}$$

又 $X_1, X_2, X_3, X_4$独立同分布，从而

$$E(X) = E\left(\sum_{i=1}^{4} X_i\right) = \sum_{i=1}^{4} E(X_i) = 4 \times \frac{7}{2} = 14$$

$$D(X) = D\left(\sum_{i=1}^{4} X_i\right) = \sum_{i=1}^{4} D(X_i) = 4 \times \frac{35}{12} = \frac{35}{3}$$

所以 $$P(10<X<18)=P(|X-14|<4)\geqslant 1-\frac{35/3}{4^2}\approx 0.271$$

**例 2** 有一批建筑房屋用的木柱，其中 80% 的长度不小于 3 m. 现从这批木柱中随机地取出 100 根，问其中至少有 30 根短于 3 m 的概率是多少？

**【知识点】** 二项分布、中心极限定理、正态分布.

**【解】** 设 100 根中有 $X$ 根短于 3 m，则 $X \sim B(100, 0.2)$，从而

$$P(X\geqslant 30)=1-P(X<30)\approx 1-\Phi\left(\frac{30-100\times 0.2}{\sqrt{100\times 0.2\times 0.8}}\right)$$
$$=1-\Phi(2.5)=1-0.9938=0.0062$$

**例 3** 某药厂断言，该厂生产的某种药品对于医治一种疑难的血液病的治愈率为 0.8. 医院检验员任意抽查 100 个服用此药品的病人，如果其中多于 75 人治愈，就接受这一断言，否则就拒绝这一断言.

(1) 若实际上此药品对这种疾病的治愈率是 0.8，问接受这一断言的概率是多少？

(2) 若实际上此药品对这种疾病的治愈率是 0.7，问接受这一断言的概率是多少？

**【知识点】** 二项分布、中心极限定理、正态分布.

**【解】** $$X_i=\begin{cases}1 & \text{第 } i \text{ 人治愈}\\ 0 & \text{其他}\end{cases}, i=1,2,\cdots,100$$

令 $X = \sum_{i=1}^{100} X_i$，则

(1) $$X \sim B(100, 0.8)$$

$$P\left(\sum_{i=1}^{100} X_i > 75\right) = 1 - P(X \leqslant 75) \approx 1 - \Phi\left(\frac{75 - 100 \times 0.8}{\sqrt{100 \times 0.8 \times 0.2}}\right)$$
$$= 1 - \Phi(-1.25) = \Phi(1.25) = 0.8944$$

(2) $$X \sim B(100, 0.7)$$

$$P\left(\sum_{i=1}^{100} X_i > 75\right) = 1 - P(X \leqslant 75) \approx 1 - \Phi\left(\frac{75 - 100 \times 0.7}{\sqrt{100 \times 0.7 \times 0.3}}\right)$$
$$= 1 - \Phi\left(\frac{5}{\sqrt{21}}\right) = 1 - \Phi(1.09) = 0.1379$$

**例 4** 对于一名学生而言，来参加家长会的家长人数是一个随机变量. 设一名学

生无家长、1 名家长、2 名家长来参加家长会的概率分别为 0.05、0.8、0.15. 若学校共有 400 名学生，设各学生参加家长会的家长数相互独立，且服从同一分布.

(1) 求参加家长会的家长数 $X$ 超过 450 的概率.

(2) 求有 1 名家长来参加会议的学生数不多于 340 的概率.

**【知识点】** 中心极限定理、正态分布.

**【解】** (1) 将 $X_i(i=1,2,\cdots,400)$ 记作第 $i$ 个学生来参加家长会的家长数，则 $X_i$ 的分布律为

| $X_i$ | 0 | 1 | 2 |
|---|---|---|---|
| $P$ | 0.05 | 0.8 | 0.15 |

易知 $E(X_i)=1.1, D(X_i)=0.19, i=1,2,\cdots,400$，而 $X=\sum_{i}^{400} X_i$，由中心极限定理得

$$\frac{\sum_{i}^{400} X_i - 400\times 1.1}{\sqrt{400\times 0.19}} = \frac{X-400\times 1.1}{\sqrt{4\times 19}} \overset{\text{近似地}}{\sim} N(0,1)$$

于是
$$P(X>450)=1-P(X\leqslant 450)\approx 1-\Phi\left(\frac{450-400\times 1.1}{\sqrt{4\times 19}}\right)$$
$$=1-\Phi(1.147)=0.1357$$

(2) 将 $Y$ 记作有 1 名家长来参加会议的学生数，则 $Y\sim B(400,0.8)$，由拉普拉斯中心极限定理得

$$P(Y\leqslant 340)\approx\Phi\left(\frac{340-400\times 0.8}{\sqrt{400\times 0.8\times 0.2}}\right)=\Phi(2.5)=0.9938$$

**例 5**　设有 1000 人独立行动，每个人能够按时进入掩蔽体的概率为 0.9. 以 95% 概率估计，在一次行动中：

(1) 至少有多少人能够进入?

(2) 至多有多少人能够进入?

**【知识点】** 中心极限定理、正态分布.

**【解】** 用 $X_i$ 表示第 $i$ 个人能够按时进入掩蔽体$(i=1,2,\cdots,1000)$.

令
$$S_n=X_1+X_2+\cdots+X_{1000}$$

(1) 设至少有 $m$ 人能够进入掩蔽体，要求 $P(m\leqslant S_n\leqslant 1000)\geqslant 0.95$，事件

$$\{m\leqslant S_n\}=\left(\frac{m-1000\times 0.9}{\sqrt{1000\times 0.9\times 0.1}}\leqslant\frac{S_n-900}{\sqrt{90}}\right)$$

由中心极限定理知

$$P(m\leqslant S_n)=1-P(S_n<m)\approx 1-\Phi\left(\frac{m-1000\times 0.9}{\sqrt{1000\times 0.9\times 0.1}}\right)\geqslant 0.95$$

从而
$$\Phi\left(\frac{m-900}{\sqrt{90}}\right)\leqslant 0.05$$
故
$$\frac{m-900}{\sqrt{90}}=-1.65$$
所以
$$m=900-15.65=884.35\approx 884$$

(2)设至多有 $M$ 人能进入掩蔽体，要求 $P(0\leqslant S_n\leqslant M)\geqslant 0.95$.
$$P(S_n\leqslant M)\approx\Phi\left(\frac{M-900}{\sqrt{90}}\right)=0.95$$
查表知
$$\frac{M-900}{\sqrt{90}}=1.65,\quad M=900+15.65=915.65\approx 916$$

**例 6** 一生产线生产的产品成箱包装，每箱的重量是随机的.假设每箱平均重 50 kg，标准差为 5 kg，若用最大载重量为 5 t 的汽车承运，试利用中心极限定理说明每辆车最多可以装多少箱，才能保障不超载的概率大于 0.977.

**【知识点】** 中心极限定理、正态分布.

**【解】** 设 $X_i(i=1,2,\cdots,n)$ 是装运第 $i$ 箱的重量(单位:kg)，$n$ 为所求的箱数，由条件知，可把 $X_1,X_2,\cdots,X_n$ 视为独立同分布的随机变量，而 $n$ 箱的总重量 $T_n=X_1+X_2+\cdots+X_n$ 是独立同分布随机变量之和，由条件知
$$E(X_i)=50,\quad \sqrt{D(X_i)}=5$$
$$E(T_n)=50n,\quad \sqrt{D(T_n)}=5\sqrt{n}$$
依中心极限定理，当 $n$ 较大时，$\dfrac{T_n-50n}{5\sqrt{n}}\overset{\text{近似地}}{\sim}N(0,1)$，故箱数 $n$ 取决于条件
$$P(T_n\leqslant 5000)=P\left(\frac{T_n-50n}{5\sqrt{n}}\leqslant\frac{5000-50n}{5\sqrt{n}}\right)$$
$$\approx\Phi\left(\frac{1000-10n}{\sqrt{n}}\right)>0.977=\Phi(2)$$
因此可从 $\dfrac{1000-10n}{\sqrt{n}}>2$ 解出 $n<98.0199$，即最多可装 98 箱.

## 5.4 课后习题全解

### 习 题 5.1

1. 设 $X$ 是随机变量，且 $E(X)=5,D(X)=0.04$，则 $P(|X-5|\geqslant 0.4)\leqslant$______.

**【答案】** 0.25.

**【解】** 由切比雪夫不等式，有 $P(|X-5|\geqslant 0.4)\leqslant\dfrac{0.04}{0.4^2}=0.25$.

**2.** 设随机变量 $X$ 的标准化随机变量为 $X^*=\dfrac{X-E(X)}{\sqrt{D(X)}}$，试根据切比雪夫不等式估计概率 $P(|X^*|<2)$.

**【解】** $E(X^*)=0, D(X^*)=1$，由切比雪夫不等式，有

$$P(|X^*|<2)\geqslant 1-\frac{1}{4}=\frac{3}{4}$$

**3.** 设 $X$ 是掷一枚骰子所出现的点数，若给定 $\varepsilon=1,2$，实际计算 $P(|X-E(X)|\geqslant\varepsilon)$，并验证切比雪夫不等式成立.

**【解】** 因为 $X$ 的分布律是 $P(X=k)=1/6(k=1,2,\cdots,6)$，所以

$$E(X)=7/2,\quad D(X)=35/12$$

$$P(|X-7/2|\geqslant 1)=P(X=1)+P(X=2)+P(X=5)+P(X=6)=2/3$$

$$P(|X-7/2|\geqslant 2)=P(X=1)+P(X=6)=1/3$$

$$\varepsilon=1:\ \frac{D(X)}{\varepsilon^2}=35/12>2/3$$

$$\varepsilon=2:\ \frac{D(X)}{\varepsilon^2}=1/4\times 35/12=35/48>1/3$$

可见切比雪夫不等式成立.

**4.** 设电站供电网有 10000 盏电灯，夜晚每一盏灯开灯的概率都是 0.7，而假定开、关时间彼此独立，估计夜晚同时开着的灯数在 6800 与 7200 之间的概率(用切比雪夫不等式估计).

**【解】** 设 $X$ 表示在夜晚同时开着的灯的数目，它服从参数为 $n=10000, p=0.7$ 的二项分布. 若要准确计算，应该用伯努利公式：

$$P(6800<X<7200)=\sum_{k=6801}^{7199}C_{10000}^{k}\times 0.7^{k}\times 0.3^{10000-k}$$

如果用切比雪夫不等式估计：

$$E(X)=np=10000\times 0.7=7000$$

$$D(X)=npq=10000\times 0.7\times 0.3=2100$$

$$P(6800<X<7200)=P(|X-7000|<200)\geqslant 1-\frac{2100}{200^2}\approx 0.95$$

## 习　题　5.2

**1.** 掷一枚均匀硬币时，需投掷多少次才能保证正面出现的频率在 0.4 到 0.6 之间的概率不小于 90%？

**【解】** 设 $X_i=\begin{cases}1 & \text{第 } i \text{ 次出现正面}\\ 0 & \text{第 } i \text{ 次出现反面}\end{cases}, i=1,2,\cdots,n$，则

$$X_i\sim B\left(1,\frac{1}{2}\right),\quad \sum_{i=1}^{n}X_i\sim B\left(n,\frac{1}{2}\right)$$

由题意可知所求问题为

$$P\left\{0.4\leqslant\frac{\sum_{i=1}^{n}X_i}{n}\leqslant 0.6\right\}\geqslant 0.9$$

即 $$P\left(0.4n\leqslant\sum_{i=1}^{n}X_i\leqslant 0.6n\right)\approx\Phi\left(\frac{0.6n-0.5n}{\sqrt{0.25n}}\right)-\Phi\left(\frac{0.4n-0.5n}{\sqrt{0.25n}}\right)$$

$$=2\Phi(0.2\sqrt{n})-1\geqslant 0.9$$

$$\Phi(0.2\sqrt{n})\geqslant 0.95=\Phi(1.645),\quad n\geqslant 67.65\approx 68$$

所以需投掷 68 次才能保证正面出现的频率在 0.4 到 0.6 之间的概率不小于 90%.

**2.** 某大型商场每天接待顾客 10000 人，设每位顾客的消费额（单位：元）服从(100,1000)上的均匀分布，且顾客的消费额是相互独立的. 试求该商场的消费额在平均销售额上下浮动不超过 20000 的概率.

**【解】** 设每位顾客的消费额为 $X_i, i=1,2,\cdots,10000$，则

$$E(X_i)=550,\quad D(X_i)=\frac{(1000-100)^2}{12}=67500$$

$$\sum_{i=1}^{10000}X_i\sim N(10000E(X_i),10000D(X_i))$$

所以

$$P\left(\left|\sum_{i=1}^{10000}X_i-10000E(X_i)\right|<20000\right)\approx\Phi\left(\frac{20000}{100\sqrt{67500}}\right)-\Phi\left(-\frac{20000}{100\sqrt{67500}}\right)$$

$$=2\Phi\left(\frac{20000}{100\sqrt{67500}}\right)-1$$

$$=2\Phi(0.7698)-1\approx 0.5585$$

**3.** 某工厂生产二极管，在正常情况下，废品率为 0.01，现取 500 个装成一盒，问每盒中废品不超过 5 个的概率为多少？

**【解】** 设 $X$ 表示 500 个二极管中的废品个数，则 $X\sim B(500,0.01)$.

由中心极限定理得

$$P(X\leqslant 5)\approx\Phi\left(\frac{5-500\times 0.01}{\sqrt{500\times 0.01\times 0.99}}\right)=\Phi(0)=0.5$$

**4.** 在一家保险公司有 10000 人参加保险，每人每年付 120 元保险费. 设 1 年内每一个人死亡的概率为 0.003，死亡时其家属可在保险公司领得 20000 元的赔款. 问保险公司亏本的概率以及保险公司 1 年利润不少于 40 万元的概率各为多少？

**【解】** 设 $X$ 表示 10000 个人中死亡的人数，则 $X\sim B(10000,0.003)$.

$$P(\text{保险公司亏本})=P(20000X-120\times 10000>0)=1-P(X<60)$$

$$=1-\Phi(5.49)\approx 0$$

$P$(保险公司 1 年利润不少于 40 万元) $=P(120\times10000-20000X>400000)$

$$=P(X<40)=\Phi\left(\frac{40-30}{\sqrt{30\times0.997}}\right)$$

$$=\Phi(1.828)\approx0.9664$$

**5.** 一个螺丝钉的重量是一个随机变量,期望值是 100 g,标准差是 10 g.求一盒(100 个)同型号螺丝钉的重量超过 10.2 公斤的概率.

**【解】** 设一盒螺丝钉重量为 $X$,盒中第 $i$ 个螺丝钉的重量为 $X_i(i=1,2,\cdots,100)$. $X_1,X_2,\cdots,X_{100}$ 相互独立,$E(X_i)=100$,$\sqrt{D(X_i)}=10$,则有 $X=\sum_{i=1}^{100}X_i$,且 $E(X)=100\cdot E(X_i)=10000(\mathrm{g})$,$\sqrt{D(X_i)}=100(\mathrm{g})$.

根据定理,有

$$P(X>10200)=P\left(\frac{X-10000}{1}>\frac{10200-10000}{1}\right)=1-P\left(X-\frac{X-10000}{100}\leqslant2\right)$$

$$\approx1-\Phi(2)=1-0.9772=0.0228$$

**6.** 对敌人的防御地进行 100 次轰炸,每次轰炸命中目标的炸弹数目是一个随机变量,其期望值是 2,方差是 1.69.求在 100 次轰炸中有 180 颗到 220 颗炸弹命中目标的概率.

**【解】** 令第 $i$ 次轰炸命中目标的炸弹数为 $X_i$,100 次轰炸中命中目标炸弹数 $X=\sum_{i=1}^{100}X_i$,应用定理,$X$ 渐近服从正态分布,期望值为 200,方差为 169,标准差为 13.所以

$$P(180\leqslant X\leqslant220)=P(|X-200|\leqslant20)=P\left(\left|\frac{X-200}{13}\right|\leqslant\frac{20}{13}\right)$$

$$\approx2\Phi(1.54)-1=0.8764$$

**7.** 产品为废品的概率为 $p=0.005$,求 10000 件产品中废品数不大于 70 的概率.

**【解】** 10000 件产品中的废品数 $X$ 服从二项分布,$n=10000$,$p=0.005$,$np=50$,$\sqrt{npq}\approx7.053$.

$$P(X\leqslant70)\approx\Phi\left(\frac{70-50}{7.053}\right)=\Phi(2.84)=0.9977$$

## 综合练习 5

**1.** 选择题.

(1) 设 $X\sim P(2)$,则根据切比雪夫不等式有(　　).

A. $P(|X-2|<2)\leqslant\frac{1}{2}$,$P(|X-2|\geqslant2)\leqslant\frac{1}{2}$

B. $P(|X-2|<2)\geqslant\frac{1}{2}$,$P(|X-2|\geqslant2)\geqslant\frac{1}{2}$

C. $P(|X-2|<2)\leqslant\frac{1}{2}, P(|X-2|\geqslant 2)\geqslant\frac{1}{2}$

D. $P(|X-2|<2)\geqslant\frac{1}{2}, P(|X-2|\geqslant 2)\leqslant\frac{1}{2}$

**【答案】** D.

**【解】** $E(X)=2=D(X)$，进而由切比雪夫不等式有

$$P(|X-2|<2)=P(|X-E(X)|<2)\geqslant 1-\frac{2}{4}=\frac{1}{2}$$

$$P(|X-2|\geqslant 2)=P(|X-E(X)|\geqslant 2)\leqslant\frac{2}{4}=\frac{1}{2}$$

(2) 设随机变量 $X_i\sim B(i,0.1)$，$i=1,2,\cdots,15$，且 $X_1,X_2,\cdots,X_{15}$ 相互独立，则由切比雪夫不等式可得 $P\left(8<\sum_{i=1}^{15}X_i<16\right)$（　　）.

A. $\geqslant 0.325$　　B. $\leqslant 0.325$　　C. $\geqslant 0.675$　　D. $\leqslant 0.675$

**【答案】** A.

**【解】** $E(X_i)=0.1i, D(X_i)=0.09i, i=1,2,\cdots,15$，故

$$E\left(\sum_{i=1}^{15}X_i\right)=\sum_{i=1}^{15}E(X_i)=\sum_{i=1}^{15}0.1i=12$$

$$D\left(\sum_{i=1}^{15}X_i\right)=\sum_{i=1}^{15}D(X_i)=\sum_{i=1}^{15}0.09i=10.8$$

所以，由切比雪夫不等式有

$$P\left(8<\sum_{i=1}^{15}X_i<16\right)=P\left(\left|\sum_{i=1}^{15}X_i-12\right|<4\right)=P\left(\left|\sum_{i=1}^{15}X_i-E\left(\sum_{i=1}^{15}X_i\right)\right|<4\right)$$

$$\geqslant 1-\frac{D\left(\sum_{i=1}^{15}X_i\right)}{4^2}=1-\frac{10.8}{16}=0.325$$

(3) 设随机变量 $X_1,X_2,\cdots,X_{32}$ 独立同分布，且 $X_i\sim E(2)$，$i=1,2,\cdots,32$，记 $X=\sum_{i=1}^{32}X_i$，$p_1=P(X<16)$，$p_2=P(X>12)$，则有（　　）.

A. $p_1=p_2$　　B. $p_1<p_2$　　C. $p_1>p_2$　　D. $p_1$、$p_2$ 的大小不能确定

**【答案】** B.

**【解】** 由于 $X_i\sim E(2)$，故

$$E(X_i)=\frac{1}{2},\quad D(X_i)=\frac{1}{4}$$

$$E(X)=\sum_{i=1}^{32}E(X_i)=16, D(X)=\sum_{i=1}^{32}D(X_i)=8$$

由中心极限定理

$$X = \sum_{i=1}^{32} X_i \overset{\text{近似}}{\sim} N(16,8), p_1 = P(X < 16) = \Phi(0) = 0.5$$

$$p_2 = P(X > 12) > P(X \geqslant 16) = 0.5 = p_1$$

所以选 B.

**2.** 填空题.

(1) 设随机变量序列 $\{X_n\}$ 相互独立，且都服从参数为 1 的泊松分布，则当 $n \to +\infty$ 时，$\frac{1}{n}\sum_{i=1}^{n} X_i(X_i - 1)$ 依概率收敛于______.

**【答案】** 1.

**【解】** $E[X_i(X_i-1)]=E(X_i^2-X_i)=E(X_i^2)-E(X_i1)=2-1=1$

所以，当 $n \to +\infty$ 时，$\frac{1}{n}\sum_{i=1}^{n} X_i(X_i - 1)$ 依概率收敛于 1.

(2) 设随机变量 $X$ 的概率密度为偶函数，$D(X)=1$，若已知用切比雪夫不等式估计得 $P(|X|<\varepsilon)\geqslant 0.96$，则常数 $\varepsilon=$______.

**【答案】** 5.

**【解】** 由题意知 $E(X)=0, P(|X|<\varepsilon)=P(|X-E(X)|<\varepsilon)\geqslant 1-\frac{1}{\varepsilon^2}=0.96$，得 $\varepsilon=5$.

(3) 设随机变量 $X\sim B(n,p)$，已知由切比雪夫不等式估计概率 $P(8<X<16)\geqslant 0.5$，则 $n=$______.

**【答案】** 36.

**【解】** 由条件 $P(8<X<16)\geqslant 0.5$，即 $P(|X-12|<4)\geqslant 1-\frac{8}{4^2}$ 及 $B(n,p)$ 的切比雪夫不等式 $P(|X-np|\leqslant\varepsilon)\geqslant 1-\frac{np(1-p)}{\varepsilon^2}$，对比可得 $\varepsilon=4, np=12, np(1-p)=8$.

解得

$$p=\frac{1}{3}, \quad n=36$$

(4) 设 $E(X)=-2, E(Y)=2, D(X)=1, D(Y)=4, \rho_{XY}=-0.5$，用切比雪夫不等式估计 $P(|X+Y|\geqslant 6)\leqslant$______.

**【答案】** $\frac{1}{12}$.

**【解】**

$$E(X+Y)=E(X)+E(Y)=0$$

$$D(X+Y)=D(X)+D(Y)+2\operatorname{cov}(X,Y)=D(X)+D(Y)+2\rho_{XY}\sqrt{D(X)}\sqrt{D(Y)}=3$$

由切比雪夫不等式，有

$$P(|X+Y|\geqslant 6)\leqslant\frac{D(X+Y)}{6^2}=\frac{1}{12}$$

**3.** 某复杂系统由 100 个独立工作的同型号电子元件组成. 在系统运行期间，每个电子元件损坏的概率为 0.10. 若使得系统正常运行，至少需要有 84 个电子元件工作，则利用中心极限定理计算系统正常的概率为多少(其中：$\Phi(2)=0.9772$)?

**【解】** 设 $X$ 表示系统正常运行时工作的电子元件个数，则 $X\sim B(100,0.9)$，由中心极限定理知，$X\overset{\text{近似}}{\sim}N(90,9)$，系统正常的概率为

$$P(X\geqslant 84)=P\left(\frac{X-90}{\sqrt{9}}\geqslant\frac{84-90}{\sqrt{9}}\right)=P\left(\frac{X-90}{\sqrt{9}}\geqslant -2\right)$$
$$=1-\Phi(-2)=\Phi(2)=0.9772$$

**4.** 设一批产品的次品率为 2%，现从中任意抽取 $n$ 件产品进行检验，试利用中心极限定理，确定 $n$ 至少要取多少时，才能使得次品数占总数比例不大于 4% 的概率不小于 97.72%(其中：$\Phi(2)=0.9772$)?

**【解】** 设 $X$ 表示 $n$ 件产品中次品的个数，则 $X\sim B(n,0.02)$，由中心极限定理知，$X\overset{\text{近似}}{\sim}N(0.02n,0.02\times 0.98n)$，即 $X\overset{\text{近似}}{\sim}N(0.02n,0.14^2 n)$.

由题意知

$$P\left(\frac{X}{n}\leqslant 0.04\right)\geqslant 0.9772$$

即

$$P(X\leqslant 0.04n)\geqslant 0.9772$$

$$P\left[\frac{X-0.02n}{0.14\sqrt{n}}\leqslant\frac{0.04n-0.02n}{0.14\sqrt{n}}=\frac{\sqrt{n}}{7}\right]=\Phi\left(\frac{\sqrt{n}}{7}\right)\geqslant 0.9772=\Phi(2)$$

故有 $\frac{\sqrt{n}}{7}\geqslant 2$，得 $n\geqslant 196$，所以 $n$ 至少要取 196 时，才能使得次品数占总数比例不大于 4% 的概率不小于 97.72%.

**5.** 某单位内部有 260 部电话分机，每个分机有 4% 的时间要与外线通话，可以认为每个电话分机用不同的外线是相互独立的，问总机需备多少条外线才能 95% 满足每个分机在用外线时不用等候?

**【解】** 令 $X_k=\begin{cases}1 & \text{第 } k \text{ 个分机要用外线}\\ 0 & \text{第 } k \text{ 个分机不要用外线}\end{cases}(k=1,2,\cdots,260)$，$X_1,X_2,\cdots,X_{260}$ 是 260 个相互独立的随机变量，且 $E(X_i)=0.04$，$m=X_1+X_2+\cdots+X_{260}$ 表示同时使用外线的分机数，根据题意应确定最小的 $x$ 使 $P(m<x)\geqslant 95\%$ 成立. 由定理，有

$$P(m<x)=P\left(\frac{m-260p}{\sqrt{260p(1-p)}}\leqslant\frac{x-260p}{\sqrt{260p(1-p)}}\right)\approx\int_{-\infty}^{b}\frac{1}{\sqrt{2\pi}}\mathrm{e}^{-\frac{t^2}{2}}\mathrm{d}t$$

查得 $\Phi(1.65)=0.9505>0.95$，故取 $b=1.65$，于是

$$x=b\sqrt{260p(1-p)}+260p=1.65\times\sqrt{260\times 0.04\times 0.96}+260\times 0.04$$
$$\approx 15.61$$

也就是说，至少需要 16 条外线才能 95% 满足每个分机在用外线时不用等候.

**6.** 设供电网中有 10000 盏灯，夜间每一盏灯开着的概率为 0.7，假设各灯的开关彼此独立，计算同时开着的灯数在 6800 与 7200 之间的概率（用正态分布近似计算）.

**【解】** 记同时开着的灯数为 $X$，它服从二项分布 $B(10000,0.7)$，于是

$$P(6800\leqslant X\leqslant 7200)\approx\Phi\left(\frac{7200-7000}{\sqrt{10000\times 0.7\times 0.3}}\right)-\Phi\left(\frac{6800-7000}{\sqrt{10000\times 0.7\times 0.3}}\right)$$

$$=2\Phi\left(\frac{200}{45.83}\right)-1=2\Phi(4.36)-1=0.99999\approx 1$$

## 5.5　考研真题选讲

**例 1**(2005.4)　设 $X_1,X_2,\cdots,X_n,\cdots$ 为独立同分布的随机变量列，且均服从参数为 $\lambda(\lambda>1)$ 的指数分布，记 $\Phi(x)$ 为标准正态分布函数，则(　　).

A. $\lim\limits_{n\to+\infty}P\left[\dfrac{\sum\limits_{i=1}^{n}X_i-n\lambda}{\lambda\sqrt{n}}\leqslant x\right]=\Phi(x)$　　B. $\lim\limits_{n\to+\infty}P\left[\dfrac{\sum\limits_{i=1}^{n}X_i-n\lambda}{\sqrt{n\lambda}}\leqslant x\right]=\Phi(x)$

C. $\lim\limits_{n\to+\infty}P\left[\dfrac{\lambda\sum\limits_{i=1}^{n}X_i-n}{\sqrt{n}}\leqslant x\right]=\Phi(x)$　　D. $\lim\limits_{n\to+\infty}P\left[\dfrac{\sum\limits_{i=1}^{n}X_i-\lambda}{\sqrt{n}\lambda}\leqslant x\right]=\Phi(x)$

**【答案】** C.

**【解】** 由题设，$E(X_i)=\dfrac{1}{\lambda}$，$D(X_i)=\dfrac{1}{\lambda^2}$，$i=1,2,\cdots,n,\cdots$，于是

$$E\left(\sum_{i=1}^{n}X_i\right)=\frac{n}{\lambda},\quad D\left(\sum_{i=1}^{n}X_i\right)=\frac{n}{\lambda^2}$$

根据中心极限定理，知 $\dfrac{\sum\limits_{i=1}^{n}X_i-\dfrac{n}{\lambda}}{\sqrt{\dfrac{n}{\lambda^2}}}=\dfrac{\lambda\sum\limits_{i=1}^{n}X_i-n}{\sqrt{n}}$，其极限分布服从标准正态分布，故应选 C.

**例 2**(2003.3)　设总体 $X$ 服从参数为 2 的指数分布，$X_1,X_2,\cdots,X_n$ 为来自总体 $X$ 的简单随机样本，则当 $n\to+\infty$ 时，$Y_n=\dfrac{1}{n}\sum\limits_{i=1}^{n}X_i^2$ 依概率收敛于______.

**【答案】** $\dfrac{1}{2}$.

**【解】** 这里 $X_1^2,X_2^2,\cdots,X_n^2$ 满足大数定律的条件，且 $E(X_i^2)=D(X_i)+[E(X_i)]^2=\dfrac{1}{4}+\left(\dfrac{1}{2}\right)^2=\dfrac{1}{2}$，因此根据大数定律有 $Y_n=\dfrac{1}{n}\sum\limits_{i=1}^{n}X_i^2$ 依概率收敛于

$\frac{1}{n}\sum_{i=1}^{n}E(X_i^2)=\frac{1}{2}$.

**例 3**(2001.4) 设随机变量 $X$、$Y$ 的数学期望都是 2,方差分别为 1 和 4,而相关系数为 0.5,则根据切比雪夫不等式,$P(|X-Y|\geqslant 6)\leqslant$______.

**【答案】** $\frac{1}{12}$.

**【解】** 把 $X-Y$ 看成是一个新的随机变量,则需要求出其期望和方差.故

$$E(X-Y)=E(X)-E(Y)=2-2=0$$

又由相关系数的定义 $\rho(X,Y)=\frac{\mathrm{cov}(X,Y)}{\sqrt{D(X)}\sqrt{D(Y)}}$,得

$$\mathrm{cov}(X,Y)=\rho(X,Y)\sqrt{D(X)}\sqrt{D(Y)}=0.5\times\sqrt{1}\times\sqrt{4}=1$$

$$D(X-Y)=D(X)-2\mathrm{cov}(X,Y)+D(Y)=1-2\times 1+4=3$$

所以由切比雪夫不等式有

$$P(|X-Y|\geqslant 6)=P(|X-Y-E(X-Y)|\geqslant 6)\leqslant\frac{D(X-Y)}{6^2}=\frac{3}{36}=\frac{1}{12}$$

**例 4**(2001.3) 生产线生产的产品成箱包装,每箱的重量是随机的,假设每箱平均重 50 kg,标准差为 5 kg.若用最大载重量为 5 t 的汽车承运,试利用中心极限定理说明每辆车最多可以装多少箱,才能保障不超载的概率大于 0.977($\Phi(2)=0.977$,其中 $\Phi(x)$ 是标准正态分布函数).

**【解】** 设 $X_i(i=1,2,\cdots,n)$是装运的第 $i$ 箱的重量(单位:kg),$n$ 是所求箱数.由题设可以将 $X_1,X_i,\cdots,X_n$ 视为独立同分布的随机变量,而 $n$ 箱的总重量 $S_n=X_1+X_2+\cdots+X_n$ 是独立同分布随机变量之和.

由题设,有

$$E(X_i)=50,\sqrt{D(X_i)}=5$$

所以

$$E(S_n)=E(X_1+X_2+\cdots+X_n)=E(X_1)+E(X_2)+\cdots+E(X_n)=50n$$

$$D(S_n)=D(X_1+X_2+\cdots+X_n)=D(X_1)+D(X_2)+\cdots+D(X_n)=25n$$

则根据列维-林德柏格中心极限定理知,$S_n$ 近似服从正态分布 $N(50n,25n)$,箱数 $n$ 根据下述条件确定

$$P(S_n\leqslant 5000)=P\left(\frac{S_n-50n}{5\sqrt{n}}\leqslant\frac{5000-50n}{5\sqrt{n}}\right)\quad(\text{将 } S_n \text{ 标准化})$$

$$\approx\Phi\left(\frac{1000-10n}{\sqrt{n}}\right)>0.977=\Phi(2)$$

由此得

$$\frac{1000-10n}{\sqrt{n}}>2$$

从而 $n<98.0199$，即最多可以装 98 箱.

## 5.6　自　测　题

### 一、填空题

**1.** 设随机变量 $X$ 的方差为 2，则由切比雪夫不等式得 $P(|X-E(X)|\geqslant 2)\leqslant$______.

**2.** 设随机变量 $X$ 和 $Y$ 的数学期望分别为 $-2$ 和 2，方差分别为 1 和 4，而相关系数为 $-0.5$，则根据切比雪夫不等式有 $P(|X+Y|\geqslant 6)\leqslant$______.

**3.** 设男孩出生率为 0.515，则在 10000 个新生婴儿中女孩不少于男孩的概率为______.

**4.** 设 $X_1,X_2,X_3,X_4$ 是独立同服从参数为 4 的泊松分布的随机变量，$\overline{X}$ 是其算术平均值，则 $P(\overline{X}\leqslant 4.392)\approx$______.

### 二、选择题

**1.** 设随机变量 $X_1,X_2,\cdots,X_n$ 相互独立，$S_n=X_1+X_2+\cdots+X_n$，则根据列维-林德伯格中心极限定理，当 $n$ 充分大时，$S_n$ 近似服从正态分布，只要 $X_1,X_2,\cdots,X_n$（　　）.

A. 有相同的数学期望　　　　B. 有相同的方差

C. 服从同一指数分布　　　　D. 服从同一离散型分布

**2.** 设随机变量 $X$ 的方差存在，并且满足不等式 $P(|X-E(X)|\geqslant 3)\leqslant\frac{2}{9}$，则一定有（　　）.

A. $D(X)=2$　　　　B. $P(|X-E(X)|<3)<\frac{7}{9}$

C. $D(X)\neq 2$　　　　D. $P(|X-E(X)|<3)\geqslant\frac{7}{9}$

### 三、解答题

**1.** 已知随机变量 $X$ 的分布律为

| $X$ | 1 | 2 | 3 |
|---|---|---|---|
| $P$ | 0.2 | 0.3 | 0.5 |

试利用切比雪夫不等式估计事件 $\{|X-E(X)|<1.5\}$ 的概率.

**2.** 假设一条生产线生产的产品合格率是 0.8. 要使一批产品的合格率达到在 76% 与 84% 之间的概率不小于 90%，问这批产品至少要生产多少件？

**3.** 一家保险公司有 10000 人参加保险,每人每年付 12 元保险费,在 1 年内每个人死亡的概率为 0.006,死亡者的家属可向保险公司领得 1000 元赔偿费.求保险公司 1 年的利润不少于 60000 元的概率为多大?

**4.** 某车间有同型号机床 200 部,每部机床开动的概率为 0.7,假定各机床开动与否互不影响,开动时每部机床消耗电能 15 个单位.问至少供应多少单位电能才可以 95%的概率保证不致因供电不足而影响生产.

# 参考答案

## 一、填空题

**1.** 1/2　　**2.** 1/12　　**3.** 0.00135　　**4.** 0.975

## 二、选择题

**1.** C　　**2.** D

## 三、解答题

**1.【解】** 依题意,$E(X)=2.3$,$D(X)=0.61$,故由切比雪夫不等式知,所求事件的概率为

$$P(|X-E(X)|<1.5)\geqslant 1-\frac{D(X)}{1.5^2}=1-\frac{0.61}{1.5^2}\approx 0.7289$$

**2.【解】** 令 $X_i=\begin{cases}1 & 第\ i\ 个产品是合格品\\ 0 & 其他情形\end{cases}$,而至少要生产 $n$ 件,则 $i=1,2,\cdots,n$,且 $X_1,X_2,\cdots,X_n$独立同分布,$p=P(X_i=1)=0.8$.

现要求 $n$,使得

$$P\left(0.76\leqslant\frac{\sum\limits_{i=1}^{n}X_i}{n}\leqslant 0.84\right)\geqslant 0.9$$

即

$$P\left(\frac{0.76n-0.8n}{\sqrt{n\times 0.8\times 0.2}}\leqslant\frac{\sum\limits_{i=1}^{n}X_i-0.8n}{\sqrt{n\times 0.8\times 0.2}}\leqslant\frac{0.84n-0.8n}{\sqrt{n\times 0.8\times 0.2}}\right)\geqslant 0.9$$

由中心极限定理得

$$\Phi\left(\frac{0.84n-0.8n}{\sqrt{0.16n}}\right)-\Phi\left(\frac{0.76n-0.8n}{\sqrt{0.16n}}\right)\geqslant 0.9$$

整理得 $\Phi\left(\frac{\sqrt{n}}{10}\right)\geqslant 0.95$,查表$\frac{\sqrt{n}}{10}\geqslant 1.64$,故 $n\geqslant 268.96$,取 $n=269$.

**3.【解】** 设 $X$ 为在 1 年中参加保险者的死亡人数，则 $X\sim B(10000,0.006)$.

因为“公司利润≥60000”当且仅当“$0\leqslant X\leqslant 60$”，所以，所求概率为

$$P(0\leqslant X\leqslant 60)\approx\Phi\left(\frac{60-10000\times 0.006}{\sqrt{10000\times 0.006\times 0.994}}\right)-\Phi\left(\frac{0-10000\times 0.006}{\sqrt{10000\times 0.006\times 0.994}}\right)$$

$$=\Phi(0)-\Phi\left(-\frac{60}{\sqrt{59.64}}\right)\approx 0.5$$

**4.【解】** 要确定最低的供应的电能，应先确定此车间同时开动的机床数目最大值 $m$，而 $m$ 要满足 200 部机床中同时开动的机床数目不超过 $m$ 的概率为 95%，于是只要供应 $15m$ 单位电能就可满足要求. 令 $X$ 表示同时开动的机床数目，则 $X\sim B(200,0.7)$.

$$E(X)=140,D(X)=42$$

$$0.95=P(0\leqslant X\leqslant m)=P(X\leqslant m)=\Phi\left(\frac{m-140}{\sqrt{42}}\right)$$

查表知

$$\frac{m-140}{\sqrt{42}}=1.64$$

即

$$m=151$$

所以至少应供应电能 2265(151×15)个单位.

# 第 6 章　样本及抽样分布

## 6.1　大纲基本要求

(1) 理解总体、简单随机样本、统计量、样本均值、样本方差及样本矩的概念.

(2) 了解 $\chi^2$ 分布、$t$ 分布和 $F$ 分布的概念及性质，了解上侧分位数的概念并会查表计算.

(3) 了解正态总体的常用抽样分布.

## 6.2　内 容 提 要

### 一、基本概念

(1) 在研究某一个问题时，通常把研究对象的全体称为总体，有时也把被研究对象的某项数量指标值的全体称为总体.

(2) 简单随机抽样满足以下基本要求：

① 随机性，即对每一次抽样，总体中的每一个个体都有相同的机会被抽取；

② 独立性，即每次抽取的结果既不影响到其他各次抽取的结果，也不受其他各次抽取结果的影响.

满足以上两个条件的抽样称为简单随机抽样，简称随机抽样或抽样.

(3) 若 $X_1, X_2, \cdots, X_n$ 是相互独立且与总体 $X$ 同分布的随机变量，则称 $X_1, X_2, \cdots, X_n$ 是总体 $X$ 的容量为 $n$ 的简单随机样本，简称样本；当 $X_1, X_2, \cdots, X_n$ 取定某组常数值 $x_1, x_2, \cdots, x_n$ 时，称这组常数值 $x_1, x_2, \cdots, x_n$ 为样本 $X_1, X_2, \cdots, X_n$ 的一组样本观测值.

(4) 统计量：不含任何未知参数的有关样本的连续函数.

常用统计量如下：

$$样本均值\ \overline{X} = \frac{1}{n}\sum_{i=1}^{n} X_i$$

$$样本方差\ S^2 = \frac{1}{n-1}\sum_{i=1}^{n} (X_i - \overline{X})^2$$

$$\text{样本标准差 } S=\sqrt{\frac{1}{n-1}\sum_{i=1}^{n}(X_i-\overline{X})^2}$$

$$\text{样本 } k \text{ 阶矩 } A_k=\frac{1}{n}\sum_{i=1}^{n}X_i^k(k=1,2,\cdots)$$

$$\text{样本 } k \text{ 阶中心矩 } B_k=\frac{1}{n}\sum_{i=1}^{n}(X_i-\overline{X})^k(k=1,2,\cdots)$$

## 二、抽样分布(统计量的分布)

**1) $\overline{X}$ 的分布**

不论总体 $X$ 服从什么分布,都有

$$E(\overline{X})=E(X),\quad D(\overline{X})=D(X)/n$$

**2) $\chi^2$ 分布**

(1) 定义.

设 $X_1,X_2,\cdots,X_n$ 为相互独立的随机变量,它们都服从标准正态分布,即 $X_i\sim N(0,1),i=1,2,\cdots,n$,则称随机变量

$$\chi^2=X_1{}^2+X_2{}^2+\cdots+X_n{}^2$$

服从自由度为 $n$ 的 $\chi^2$ 分布($\chi^2$-distribution),记作 $\chi^2\sim\chi^2(n)$,读作卡方分布.

(2) 性质.

① 若 $Y\sim\chi^2(n)$,则 $E(Y)=n$, $D(Y)=2n$.

② 若 $Y_1\sim\chi^2(n_1)$,$Y_2\sim\chi^2(n_2)$,$Y_1$、$Y_2$ 相互独立,则 $Y_1+Y_2\sim\chi^2(n_1+n_2)$.

(3) 分位点.若 $Y\sim\chi^2(n)$,$0<\alpha<1$,则满足

$$P(Y>\chi_\alpha^2(n))=P(Y<\chi_{1-\alpha}^2(n))=P((Y>\chi_{\alpha/2}^2(n))\cup(Y<\chi_{1-\alpha/2}^2(n)))=\alpha$$

的点 $\chi_\alpha^2(n)$、$\chi_{1-\alpha}^2(n)$、$\chi_{\alpha/2}^2(n)$和 $\chi_{1-\alpha/2}^2(n)$分别称为 $\chi^2$ 分布的上、下、双侧 $\alpha$ 分位点.

**3) $t$ 分布**

(1) 定义.设 $X\sim N(0,1)$,$Y\sim\chi^2(n)$,$X$ 与 $Y$ 独立,则称随机变量

$$T=\frac{X}{\sqrt{Y/n}}$$

服从自由度为 $n$ 的 $t$ 分布,又称学生氏分布,记作 $T\sim t(n)$.

(2) 性质.$n\to+\infty$时,$t$ 分布的极限为标准正态分布.$t$ 分布的概率密度关于 $y$ 轴对称.

(3) 分位点.若 $t\sim t(n)$,$0<\alpha<1$,则满足

$$P(t>t_\alpha(n))=P(t<-t_\alpha(n))=P(|t|>t_{\alpha/2}(n))=\alpha$$

的点 $t_\alpha(n)$、$-t_\alpha(n)$、$\pm t_{\alpha/2}(n)$分别称 $t$ 分布的上、下、双侧 $\alpha$ 分位点.

**4) $F$ 分布**

(1) 定义.设 $X\sim\chi^2(n_1)$,$Y\sim\chi^2(n_2)$,$X$ 与 $Y$ 相互独立,则称随机变量

$$F=\frac{X/n_1}{Y/n_2}$$

服从自由度为$(n_1,n_2)$的 $F$ 分布，记作 $F\sim F(n_1,n_2)$.

(2) 性质.

$$\frac{1}{F}\sim F(n_2,n_1),\quad F_{1-\alpha}(n_1,n_2)=\frac{1}{F_\alpha(n_2,n_1)}$$

(3) 分位点. 若 $F\sim F(n_1,n_2)$，$0<\alpha<1$，则满足

$$P(F>F_\alpha(n_1,n_2))=P(F<F_{1-\alpha}(n_1,n_2))$$
$$=P((F>F_{\alpha/2}(n_1,n_2))\cup(F<F_{1-\alpha/2}(n_1,n_2)))=\alpha$$

的点 $F_\alpha(n_1,n_2)$、$F_{1-\alpha}(n_1,n_2)$、$F_{\alpha/2}(n_1,n_2)$和 $F_{1-\alpha/2}(n_1,n_2)$分别称为 $F$ 分布的上、下、双侧 $\alpha$ 分位点.

**5) 正态总体的抽样分布**

(1) $\overline{X}\sim N(\mu,\sigma^2/n)$，且 $\overline{X}$ 与 $S^2$独立.

(2) $\dfrac{1}{\sigma^2}\sum\limits_{i=1}^{n}(X_i-\mu)^2\sim\chi^2(n)$.

(3) $\dfrac{(n-1)S^2}{\sigma^2}\sim\chi^2(n-1)$.

(4) $t=\dfrac{\overline{X}-\mu}{S/\sqrt{n}}\sim t(n-1)$.

(5) $F=\dfrac{S_1^2/\sigma_1^2}{S_2^2/\sigma_2^2}\sim F(n_1-1,n_2-1)$.

(6) 两个正态总体情形：设 $X_1,X_2,\cdots,X_{n_1}$ 是来自 $X\sim N(\mu_1,\sigma_1^2)$的样本，$Y_1,Y_2,\cdots,Y_{n_2}$ 是来自 $Y\sim N(\mu_2,\sigma_2^2)$的样本，且两个样本相互独立，$\overline{X}$、$\overline{Y}$ 为两个样本的均值，$S_1^2$、$S_2^2$ 为两个样本的方差，则有

① $\overline{X}\pm\overline{Y}\sim N\left(\mu_1\pm\mu_2,\dfrac{\sigma_1^2}{n_1}+\dfrac{\sigma_2^2}{n_2}\right)$.

② 当 $\sigma_1^2=\sigma_2^2=\sigma^2$ 时，$\dfrac{\overline{X}-\overline{Y}-(\mu_1-\mu_2)}{S_w\sqrt{\dfrac{1}{n_1}+\dfrac{1}{n_2}}}\sim t(n_1+n_2-2)$，则

$$S_w=\sqrt{\frac{(n_1-1)S_1^2+(n_2-1)S_2^2}{n_1+n_2-2}}$$

## 6.3 典型例题分析

**例 1** 设 $X=a(X_1-2X_2)^2+b(3X_3-4X_4)^2$，其中 $X_1,X_2,X_3,X_4$ 是来自总体 $N(0,2^2)$的简单随机样本. 试问当 $a$、$b$ 各为何值时，统计量 $X$ 服从 $\chi^2$ 分布，并指出其

自由度.

**【知识点】** $\chi^2$ 分布、相互独立的正态随机变量的性质.

**【解】** 依题意,要使统计量 $X$ 服从 $\chi^2$ 分布,则必须使 $a^{1/2}(X_1-2X_2)$ 及 $b^{1/2}(3X_3-4X_4)$ 服从标准正态分布.

由相互独立的正态随机变量的性质知

$$a^{1/2}(X_1-2X_2)\sim N(0,(4a+16a))$$

从而解得 $a=1/20$.

$$b^{1/2}(3X_3-4X_4)\sim N(0,(36b+64b))$$

从而解得 $b=1/100$.

**例 2** 设 $(X_1,X_2,X_3,X_4)$ 为来自总体 $X\sim N(0,\sigma^2)$ 的一个简单随机样本.

(1) $U=2(X_1^2+X_2^2)+X_3^2+X_4^2$,求 $E(U)$、$D(U)$.

(2) 问 $V=\dfrac{X_1-X_2}{\sqrt{X_3^2+X_4^2}}$ 服从什么分布?

**【知识点】** 正态分布、$t$ 分布、$\chi^2$ 分布的定义及计算.

**【解】** (1) $X\sim N(0,\sigma^2)$, $E(X)=0$, $D(X)=\sigma^2$, $E(X_i^2)=D(X_i)+[E(X_i)]^2=\sigma^2$, $\dfrac{X_i}{\sigma}\sim N(0,1)$, $\left(\dfrac{X_i}{\sigma}\right)^2\sim\chi^2(1)$, $D\left(\left(\dfrac{X_i}{\sigma}\right)^2\right)=2$,则

$$D(X_i^2)=2\sigma^4,\quad i=1,2,3,4$$

$$E(U)=2[E(X_1^2)+E(X_2^2)]+E(X_3^2)+E(X_4^2)=6E(X_1^2)=6\sigma^2$$

$$D(U)=4[D(X_1^2)+D(X_2^2)]+D(X_3^2)+D(X_4^2)=10D(X_1^2)=20\sigma^4$$

(2) 由于 $X_1-X_2\sim N(0,2\sigma^2)$, $\dfrac{X_3^2+X_4^2}{\sigma^2}\sim\chi^2(2)$,且 $X_1-X_2$ 与 $X_3^2+X_4^2$ 相互独立,故

$$\frac{\dfrac{X_1-X_2}{\sqrt{2}\sigma}}{\sqrt{\dfrac{X_3^2+X_4^2}{2\sigma^2}}}\sim t(2)$$

即

$$V=\frac{X_1-X_2}{\sqrt{X_3^2+X_4^2}}\sim t(2)$$

**例 3** 设总体 $X$ 服从标准正态分布, $X_1,X_2,\cdots,X_n$ 是来自总体 $X$ 的一个简单随机样本,试问统计量

$$Y=\frac{\left(\dfrac{n}{5}-1\right)\sum\limits_{i=1}^{5}X_i^2}{\sum\limits_{i=6}^{n}X_i^2},\quad n>5$$

服从何种分布?

【知识点】 $\chi^2$ 分布、$F$ 分布.

【解】 $\chi_1^2=\sum_{i=1}^{5}X_i^2\sim\chi^2(5)$，$\chi_2^2=\sum_{i=6}^{n}X_i^2\sim\chi^2(n-5)$，且 $\chi_1^2$ 与 $\chi_2^2$ 相互独立. 所以

$$Y=\frac{\sum_{i=1}^{5}X_i^2/5}{\sum_{i=6}^{n}X_i^2/(n-5)}=\frac{\left(\frac{n}{5}-1\right)\sum_{i=1}^{5}X_i^2}{\sum_{i=6}^{n}X_i^2}\sim F(5,n-5)$$

**例 4** 设 $(X_1,X_2,\cdots,X_5)$ 为来自总体 $X\sim N(0,\sigma^2)$ 的一个简单随机样本.

(1) 求常数 $a$ 的值，使得 $Z=a\dfrac{X_1^2+X_2^2}{X_3^2+X_4^2+X_5^2}$ 服从 $F$ 分布，并指出其自由度.

(2) 求常数 $b$ 的值，使得 $P\left(\dfrac{X_1^2+X_2^2+\cdots+X_5^2}{X_1^2+X_2^2}>b\right)=0.05$.

附表：设 $F\sim F(m,n)$，$P(F>F_\alpha(m,n))=\alpha$

$$F_{0.05}(2,3)=9.55,\quad F_{0.05}(3,2)=19.16$$

$$F_{0.025}(2,3)=16.04,\quad F_{0.025}(3,2)=39.17$$

【知识点】 $\chi^2$ 分布的性质、$F$ 分布的性质及计算.

【解】 (1) 由于 $\dfrac{X_1^2+X_2^2}{\sigma^2}\sim\chi^2(2)$，$\dfrac{X_3^2+X_4^2+X_5^2}{\sigma^2}\sim\chi^2(3)$，且两者相互独立，故

$$\frac{\frac{X_1^2+X_2^2}{\sigma^2}/2}{\frac{X_3^2+X_4^2+X_5^2}{\sigma^2}/3}=\frac{3}{2}\frac{X_1^2+X_2^2}{X_3^2+X_4^2+X_5^2}\sim F(2,3)，此时\ a=\frac{3}{2}，且\ Z\sim F(2,3).$$

(2) 由题意知 $b>1$，则

$$\begin{aligned}P\left(\frac{X_1^2+X_2^2+\cdots+X_5^2}{X_1^2+X_2^2}>b\right)&=P\left(1+\frac{X_3^2+X_4^2+X_5^2}{X_1^2+X_2^2}>b\right)=P\left(\frac{X_3^2+X_4^2+X_5^2}{X_1^2+X_2^2}>b-1\right)\\&=P\left(\frac{3}{2}\frac{X_1^2+X_2^2}{X_3^2+X_4^2+X_5^2}<\frac{3}{2}\frac{1}{b-1}\right)=P\left(Z<\frac{3}{2}\frac{1}{b-1}\right)\\&=0.05\end{aligned}$$

所以

$$\frac{3}{2}\frac{1}{b-1}=F_{0.95}(2,3)=\frac{1}{F_{0.05}(3,2)}$$

解得

$$b=\frac{3F_{0.05}(3,2)+2}{2}=\frac{3\times19.16+2}{2}=29.74$$

**例 5** 设总体 $X\sim N(\mu,\sigma^2)$，$X_1,X_2,\cdots,X_{2n}\ (n\geqslant2)$ 是总体 $X$ 的一个样本，$\overline{X}=\dfrac{1}{2n}\sum_{i=1}^{2n}X_i$，令 $Y=\sum_{i=1}^{n}(X_i+X_{n+i}-2\overline{X})^2$，求 $E(Y)$.

【知识点】 简单随机样本的性质、相互独立的正态随机变量间的性质、样本方差的性质.

【解】 令 $Z_i=X_i+X_{n+i}$，$i=1,2,\cdots,n$，则 $Z_i\sim N(2\mu,2\sigma^2)(1\leqslant i\leqslant n)$，且 $Z_1,Z_2,\cdots$，

$Z_n$ 相互独立.

令
$$\bar{Z}=\sum_{i=1}^{n}\frac{Z_i}{n},\quad S^2=\sum_{i=1}^{n}(Z_i-\bar{Z})^2/n-1$$
则
$$E(\bar{Z})=2\mu,\quad D(\bar{Z})=2\sigma^2$$
且
$$\bar{X}=\sum_{i=1}^{2n}\frac{X_i}{2n}=\frac{1}{2n}\sum_{i=1}^{n}Z_i=\frac{1}{2}\bar{Z}$$
故
$$\bar{Z}=2\bar{X}$$
那么
$$Y=\sum_{i=1}^{n}(X_i+X_{n+i}-2\bar{X})^2=\sum_{i=1}^{n}(Z_i-\bar{Z})^2=(n-1)S^2$$
所以
$$E(Y)=(n-1)E(S^2)=2(n-1)\sigma^2$$

**例 6**　设总体 $X\sim N(0,\sigma^2)$，$X_1,X_2,\cdots,X_n(n>1)$ 为来自总体 $X$ 的一个简单随机样本，$\bar{X}$、$S^2$ 分别为其样本均值和样本方差.

(1) 证明：对任意的常数 $c(0<c<1)$，$\hat{\sigma}^2=cn\bar{X}^2+(1-c)S^2$ 的期望为 $\sigma^2$.

(2) 求常数 $c$ 的值，使得 $D\hat{\sigma}^2$ 达到最小.

**【知识点】**　样本均值的性质、$\chi^2$ 分布的性质及计算.

**【解】**　(1) 由题意，得
$$E(\bar{X})=\mu=0,\quad D(\bar{X})=\frac{\sigma^2}{n},\quad E(\bar{X}^2)=D(\bar{X})+[E(\bar{X})]^2=\frac{\sigma^2}{n}+0=\frac{\sigma^2}{n}$$
$$E(S^2)=\sigma^2$$
所以
$$E(\hat{\sigma}^2)=cnE(\bar{X}^2)+(1-c)E(S^2)=cn\cdot\frac{\sigma^2}{n}+(1-c)\cdot\sigma^2=\sigma^2$$

(2) 由于总体 $X\sim N(0,\sigma^2)$，正态总体之下，$\bar{X}$、$S^2$ 相互独立，且
$$\frac{\bar{X}-0}{\sigma/\sqrt{n}}\sim N(0,1),\frac{n\bar{X}^2}{\sigma^2}\sim\chi^2(1),\quad D\left(\frac{n\bar{X}^2}{\sigma^2}\right)=2\Rightarrow D(\bar{X}^2)=\frac{2\sigma^4}{n^2}$$
$$\frac{(n-1)S^2}{\sigma^2}\sim\chi^2(n-1),\quad D\left(\frac{(n-1)S^2}{\sigma^2}\right)=2(n-1)\Rightarrow D(S^2)=\frac{2\sigma^4}{n-1}$$
$$D(\hat{\sigma}^2)=c^2n^2D(\bar{X}^2)+(1-c)^2D(S^2)=\frac{nc^2-2c+1}{n-1}2\sigma^4=\frac{n\left(c-\frac{1}{n}\right)^2+1-\frac{1}{n}}{n-1}2\sigma^4$$
所以，当 $c=\dfrac{1}{n}$ 时，$D\hat{\sigma}^2$ 达到最小.

# 6.4　课后习题全解

## 习　题　6.1

**1.** 填空题.

(1) 在数理统计中，______是指被研究对象的某项数量指标值的全体.

【答案】 总体.

(2) 满足①______和② ______两个条件的抽样,就称为简单随机抽样.

【答案】 ① 随机性 ② 独立性.

(3) 若 $n$ 个随机变量 $X_1, X_2, \cdots, X_n$ 满足①______和②______,就称其为来自总体 $X$ 的一个样本.

【答案】 ① 相互独立 ② 与总体同分布.

(4) 设 $f(X_1, X_2, \cdots, X_n)$ 为总体 $X$ 的一个样本的函数,当 $f$ 满足①______和②______时,$f(X_1, X_2, \cdots, X_n)$就是一个统计量.

【答案】 ① 连续 ② 不含任何未知参数.

(5) 对于容量为 5 的样本观测值 1,0,0,1,1,其样本均值为______,样本方差为______.

【答案】 0.6 0.3.

【解】 样本均值 $$\overline{X}=\frac{1+0+0+1+1}{5}=0.6$$

样本方差

$$S^2=\frac{(1-0.6)^2+(0-0.6)^2+(0-0.6)^2+(1-0.6)^2+(1-0.6)^2}{5-1}=0.3$$

**2.** 计算题.

为了了解 5～6 岁儿童的身高,现从某幼儿园随机选择了 10 名适龄儿童,测得身高(单位:cm)如下:115 114 116 117 120 122 119 118 117 122.试计算样本均值 $\overline{X}$ 和样本方差 $S^2$.

【解】 样本均值 $$\overline{X}=\frac{115+114+\cdots+117+122}{10}=118$$

样本方差

$$S^2=\frac{(115-118)^2+(114-118)^2+\cdots+(117-118)^2+(122-118)^2}{10-1}=7.5556$$

## 习 题 6.2

**1.** 设总体 $X\sim N(\mu,\sigma^2)$,有样本 $X_1, X_2, \cdots, X_n$,样本均值为 $\overline{X}$,样本方差为 $S^2$,则 $\dfrac{\overline{X}-\mu}{\sigma/\sqrt{n}}\sim$ ______,$\dfrac{\overline{X}-\mu}{S/\sqrt{n}}\sim$ ______,$\dfrac{1}{\sigma^2}\sum\limits_{i=1}^{n}(X_i-\overline{X})^2\sim$ ______,$\dfrac{1}{\sigma^2}\sum\limits_{i=1}^{n}(X_i-\mu)^2\sim$ ______.

【答案】 $N(0,1)$ $t(n-1)$ $\chi^2(n-1)$ $\chi^2(n)$.

【解】 显然由定理可知

$$\frac{\overline{X}-\mu}{\sigma/\sqrt{n}}\sim N(0,1),\quad \frac{\overline{X}-\mu}{S/\sqrt{n}}\sim t(n-1)$$

$$\frac{1}{\sigma^2}\sum_{i=1}^{n}(X_i-\overline{X})^2=\frac{(n-1)S^2}{\sigma^2}\sim\chi^2(n-1)$$

因为$\dfrac{X_i-u}{\sigma}\sim N(0,1)$，所以

$$\frac{1}{\sigma^2}\sum_{i=1}^{n}(X_i-\mu)^2=\sum_{i=1}^{n}\left(\frac{x_i-\mu}{\sigma}\right)^2\sim\chi^2(n)$$

**2.** 10 名学生对一直流电压(单位:V)进行独立测量，以往资料表明测量误差服从正态分布 $N(0,0.3^2)$，问 10 名学生的测量值的平均误差绝对值小于 0.1 的概率是多少?

**【解】** 设测量误差为 $X$，即有 $X\sim N(0,0.3^2)$，则 10 名学生的测量值的平均误差为 $\overline{X}\sim N\left(0,\dfrac{0.3^2}{10}\right)$或 $\overline{X}\sim N(0,0.095^2)$，因此

$$\begin{aligned}P(|\overline{X}|<0.1)&=P\left(-\frac{0.1}{0.095}<\frac{\overline{X}-0}{0.095}<\frac{0.1}{0.095}\right)\\&=\Phi(1.053)-\Phi(-1.053)=2\Phi(1.053)-1=0.708\end{aligned}$$

**3.** 在总体 $N(52,6.3^2)$中随机抽取容量为 36 的样本，求样本均值 $\overline{X}$ 落在 50.8 到 53.8 之间的概率.

**【解】** 由题意可知

$$\frac{\overline{X}-52}{6.3/\sqrt{36}}\sim N(0,1)$$

$$\begin{aligned}P(50.8<\overline{X}<53.8)&=P\left(\frac{50.8-52}{1.05}<\frac{\overline{X}-52}{1.05}<\frac{53.8-52}{1.05}\right)\\&=\Phi(1.71)-\Phi(-1.14)\\&=\Phi(1.71)+\Phi(1.14)-1=0.8293\end{aligned}$$

**4.** 设样本 $X_1,X_2,X_3,X_4$ 来自总体 $N(0,1)$，$Y=(X_1+X_2)^2+(X_3+X_4)^2$，试确定常数 $k$，使 $kY$ 服从 $\chi^2$ 分布.

**【解】** 因为 $X_i\sim N(0,1)$，$i=1,2,3,4$，$X_1,X_2,X_3,X_4$ 相互独立，所以

$$\frac{\sqrt{2}}{2}(X_1+X_2)\sim N(0,1),\quad \frac{\sqrt{2}}{2}(X_3+X_4)\sim N(0,1)$$

从而

$$\left[\frac{\sqrt{2}}{2}(X_1+X_2)\right]^2+\left[\frac{\sqrt{2}}{2}(X_3+X_4)\right]^2=\frac{1}{2}(X_1+X_2)^2+\frac{1}{2}(X_3+X_4)^2=\frac{1}{2}Y\sim\chi^2(2)$$

因此 $k=\dfrac{1}{2}$.

**5.** 设总体 $X\sim N(0,0.2^2)$，$X_1,X_2,\cdots,X_n$ 为来自 $X$ 的一个样本，求 $P(\sum\limits_{i=1}^{15}X_i^2>1)$.

【解】 因为 $$X_i \sim N(0,0.2^2),\quad i=1,2,\cdots,15$$

$$\frac{X_i}{0.2} \sim N(0,1), i=1,2,\cdots,15,\quad \sum_{i=1}^{15}\left(\frac{X_i}{0.2}\right)^2 \sim \chi^2(15)$$

所以
$$P\left(\sum_{i=1}^{15} X_i^2 > 1\right) = P\left(\sum_{i=1}^{15}\left(\frac{X_i}{0.2}\right)^2 > \frac{1}{0.2^2} = 25\right)$$
$$= P(\chi^2(15) > 25) \approx 0.05$$

**6.** 已知 $X \sim t(n)$，求证 $X^2 \sim F(1,n)$.

【证明】 $X \sim t(n)$，即有 $Y \sim N(0,1)$，$Z \sim \chi^2(n)$，且 $Y$、$Z$ 相互独立，$X=\frac{Y}{\sqrt{Z/n}} \sim t(n)$，$Y^2 \sim \chi^2(1)$，$Y^2$、$Z$ 相互独立，所以由 $F$ 分布的定义可知：$X^2=\frac{Y^2}{Z/n}=\frac{Y^2/1}{Z/n} \sim F(1,n)$.

**7.** 查表求下列各式中的 $k$ 值：

(1) 设 $X \sim \chi^2(25)$，$P(X>k)=0.99$；

(2) 设 $X \sim \chi^2(20)$，$P(X<k)=0.90$；

(3) 设 $X \sim t(15)$，$P(X<k)=0.95$；

(4) 设 $X \sim t(20)$，$P(X>k)=0.95$.

【解】 查相应分布表，可得

(1) $k=11.524$；

(2) $k=28.412$；

(3) $k=1.7531$；

(4) $k=-1.7247$.

**8.** 设总体 $X$ 服从正态分布 $N(62,100)$，为使样本均值大于 60 的概率不小于 0.95，问样本容量 $n$ 至少应取多大？

【解】 设需要样本容量为 $n$，则
$$\frac{\overline{X}-\mu}{\sigma/\sqrt{n}}=\frac{\overline{X}-\mu}{\sigma}\cdot\sqrt{n} \sim N(0,1)$$
$$P(\overline{X}>60)=P\left(\frac{\overline{X}-62}{10}\cdot\sqrt{n}>\frac{60-62}{10}\cdot\sqrt{n}\right)$$
查标准正态分布表，得 $\Phi(1.64)\approx 0.95$.

所以 $0.2\sqrt{n}\geqslant 1.64$，$n\geqslant 67.24$. 故样本容量至少应取 68.

## 综合练习 6

**1.** 填空题.

(1) 设 C. R. V. $X \sim N(\mu,\sigma^2)$，$X_i$ 为总体样本，$i=1,2,\cdots,n$，则

$D\left(\frac{1}{n}\sum_{i=1}^{n}X_i\right)=$______.

【答案】 $\frac{\sigma^2}{n}$.

【解】 $D\left(\frac{1}{n}\sum_{i=1}^{n}X_i\right)=\frac{1}{n^2}D\left(\sum_{i=1}^{n}X_i\right)=\frac{1}{n^2}\sum_{i=1}^{n}D(X_i)=\frac{1}{n^2}n\sigma^2=\frac{\sigma^2}{n}$

(2) 设总体 $X\sim N(0,1)$,则 $X^2\sim$______.

【答案】 $\chi^2(1)$.

【解】 由卡方分布的定义,很容易知道:$X^2\sim\chi^2(1)$.

(3) 设 $X_1,X_2,\cdots,X_n$ 为来自总体 $\chi^2(5)$ 的样本,则统计量 $Y=\sum_{i=1}^{n}X_i$ 服从______分布.

【答案】 $\chi^2(5n)$.

【解】 由于 $X_1,X_2,\cdots,X_n$ 为来自总体 $\chi^2(5)$ 的样本,因此 $X_1,X_2,\cdots,X_n$ 相互独立,由 $\chi$ 分布的可加性知:$Y=\sum_{i=1}^{n}X_i\sim\chi^2(5n)$.

(4) 若一个样本的观测值为 0,0,1,1,0,1,则总体均值的矩估计值为______,总体方差的矩估计值为______.

【答案】 0.5　0.25.

【解】 总体均值的矩估计值为

$$\overline{X}=\frac{0+0+1+1+0+1}{6}=0.5$$

总体方差的矩估计值为

$$B_2=\frac{1}{n}\sum_{i=1}^{n}(X_I-\overline{X})^2=\frac{1}{6}[(0-0.5)^2+\cdots+(1-0.5)^2]=0.25$$

(5) 设 $X_1,X_2,X_3$ 为来自总体的一个样本,若 $\hat{\mu}=\frac{1}{5}X_1+aX_2+\frac{1}{2}X_3$ 为总体均值 $\mu$ 的无偏估计,则 $a=$______.

【答案】 0.3.

【解】 由题意可知,$E(X_i)=\mu,i=1,2,3$,且

$$E(\hat{\mu})=E\left(\frac{1}{5}X_1+aX_2+\frac{1}{2}X_3\right)=\frac{1}{5}\mu+a\mu+\frac{1}{2}\mu=\mu$$

从而

$$a=0.3$$

(6) 设总体 $X\sim N(0,\sigma^2)$,$X_1,\cdots,X_{10},\cdots,X_{15}$ 为总体的一个样本,则 $Y=\frac{X_1^2+X_2^2+\cdots+X_{10}^2}{2(X_{11}^2+X_{12}^2+\cdots+X_{15}^2)}$ 服从______分布,参数为______.

【答案】 $Y\sim F\quad(10,5)$.

【解】 由题意可知，$\frac{X_i}{\sigma}\sim N(0,1)$，$i=1,2,\cdots,15$，$\frac{X_1{}^2+X_2{}^2+\cdots+X_{10}{}^2}{\sigma^2}\sim\chi^2(10)$，$\frac{X_{11}{}^2+X_{12}{}^2+\cdots+X_{15}{}^2}{\sigma^2}\sim\chi^2(5)$，且$\frac{X_1{}^2+X_2{}^2+\cdots+X_{10}{}^2}{\sigma^2}$与$\frac{X_{11}{}^2+X_{12}{}^2+\cdots+X_{15}{}^2}{\sigma^2}$相互独立，故

$$\frac{\frac{X_1{}^2+X_2{}^2+\cdots+X_{10}{}^2}{\sigma^2}/10}{\frac{X_{11}{}^2+X_{12}{}^2+\cdots+X_{15}{}^2}{\sigma^2}/5}=\frac{X_1{}^2+X_2{}^2+\cdots+X_{10}{}^2}{2(X_{11}{}^2+X_{12}{}^2+\cdots+X_{15}{}^2)}\sim F(10,5)$$

**2.** 选择题.

(1) 设 $X_1,X_2,\cdots,X_n$ 为来自正态总体 $N(\mu,\sigma^2)$ 的样本，其中 $\mu$ 和 $\sigma^2$ 都未知，则下列是统计量的是(　　).

A. $\sum\limits_{i=1}^{n}X_i-\mu$　　B. $2X_1-\overline{X}$　　C. $\sum\limits_{i=1}^{n}(X_i/\sigma)^2$　　D. $\sum\limits_{i=1}^{n}\left(\frac{X_i-\mu}{\sigma}\right)^2$

【答案】 B.

【解】 选项 A、C、D 中均含有未知参数 $\mu$ 或 $\sigma^2$，显然不正确.

(2) 设 $X_1,X_2,\cdots,X_n$ 为来自总体 $N(0,\sigma^2)$ 的样本，$\overline{X}$ 和 $S^2$ 分别为样本均值和样本方差，则统计量$\sqrt{n}\frac{\overline{X}}{S}$服从(　　)分布.

A. $N(0.1)$　　B. $\chi^2(n-1)$　　C. $t(n-1)$　　D. $F(n,n-1)$

【答案】 C.

【解】 由题意可知，$\overline{X}\sim N(0,\frac{\sigma^2}{n})$，$\frac{\overline{X}}{\sigma/\sqrt{n}}\sim N(0,1)$，$\frac{(n-1)S^2}{\sigma^2}\sim\chi^2(n-1)$，且$\frac{\overline{X}}{\sigma/\sqrt{n}}$与$\frac{(n-1)S^2}{\sigma^2}$相互独立，所以由 $t$ 分布的定义可知

$$\frac{\frac{\overline{X}}{\sigma/\sqrt{n}}}{\sqrt{\frac{(n-1)S^2}{\sigma^2}/(n-1)}}=\sqrt{n}\frac{\overline{X}}{S}\sim t(n-1)$$

(3) 设总体 $X\sim(\mu,\sigma^2)$，$\overline{X}$ 为该总体的样本均值，则 $P(\overline{X}<\mu)$(　　).

A. $<0.25$　　B. $=0.25$　　C. $>0.5$　　D. $=0.5$

【答案】 D.

【解】 由题意可知，$\overline{X}\sim N(\mu,\frac{\sigma^2}{n})$，所以 $P(\overline{X}<\mu)=\Phi(0)=0.5$，即选项 D 正确.

**3.** 设总体 $X\sim N(150,25^2)$，$\overline{X}$ 为容量为 25 的样本均值，求 $P(140<\overline{X}<147.5)$.

【解】 由题意可知，$\overline{X}\sim N\left(150,\frac{25^2}{25}\right)$，即 $\overline{X}\sim N(150,5^2)$，所以

$$P(140<\overline{X}<147.5)=\Phi\left(\frac{147.5-150}{5}\right)-\Phi\left(\frac{140-150}{5}\right)$$
$$=\Phi(-0.5)-\Phi(-2)=\Phi(2)-\Phi(0.5)$$
$$=0.2857$$

**4.** 设某厂生产的灯泡的使用寿命 $X\sim N(1000,\sigma^2)$(单位:h),随机抽取一个容量为 9 的样本,并测得样本均值及样本方差. 但是由于工作上的失误,事后失去了此试验的结果,只记得样本方差为 $S^2=100^2$,试求 $P(\overline{X}>1062)$.

**【解】**
$$\mu=1000,\quad n=9,\quad S^2=100^2$$
$$t=\frac{\overline{X}-\mu}{S/\sqrt{n}}=\frac{\overline{X}-1000}{100/3}\sim t(8)$$
$$P(\overline{X}>1062)=P\left(t>\frac{1062-1000}{100/3}\right)=P(t>1.86)=0.05$$

**5.** 设 $X_1,X_2,\cdots,X_n$ 为来自二项分布总体 $B(10,p)$ 的样本,$\overline{X}$ 和 $S^2$ 分别为样本均值和样本方差,试求 $D(\overline{X})$ 和 $E(S^2)$.

**【解】** 由题意可知
$$D(X)=D(X_i)=10p(1-p),\quad i=1,2,\cdots,n$$
又由相关结论可知
$$D(\overline{X})=\frac{D(X)}{n},\quad E(S^2)=D(X)$$
所以
$$D(\overline{X})=\frac{D(X)}{n}=\frac{10p(1-p)}{n},\quad E(S^2)=D(X)=10p(1-p)$$

**6.** 求总体 $X\sim N(20,3)$ 的容量分别为 10、15 的两个独立随机样本平均值差的绝对值大于 0.3 的概率.

**【解】** 令 $\overline{X}$ 的容量为 10 的样本均值,$\overline{Y}$ 为容量为 15 的样本均值,则 $\overline{X}\sim N(20,310)$,$\overline{Y}\sim N\left(20,\frac{3}{15}\right)$,且 $\overline{X}$ 与 $\overline{Y}$ 相互独立,则
$$\overline{X}-\overline{Y}\sim N\left(0,\frac{3}{10}+\frac{3}{15}\right)=N(0,0.5)$$
那么
$$Z=\frac{\overline{X}-\overline{Y}}{\sqrt{0.5}}\sim N(0,1)$$
所以
$$P(|\overline{X}-\overline{Y}|>0.3)=P\left(|Z|>\frac{0.3}{\sqrt{0.5}}\right)=2[1-\Phi(0.424)]$$
$$=2(1-0.6628)=0.6744$$

**7.** 设总体 $X$ 的概率密度为 $f(x)=\frac{1}{2}e^{-|x|}\ (-\infty<x<+\infty)$,$X_1,X_2,\cdots,X_n$ 为总体 $X$ 的简单随机样本,其样本方差为 $S^2$,求 $E(S^2)$.

**【解】** 由题意,得

$$f(x)=\begin{cases}\frac{1}{2}e^{x} & x<0\\ \frac{1}{2}e^{-x} & x\geqslant 0\end{cases}$$

于是
$$E(S^2)=D(X)=E(X^2)-[E(X)]^2$$
$$E(X)=\int_{-\infty}^{+\infty}xf(x)\mathrm{d}x=\frac{1}{2}\int_{-\infty}^{+\infty}xe^{-|x|}\mathrm{d}x=0$$
$$E(X^2)=\int_{-\infty}^{+\infty}x^2f(x)\mathrm{d}x=\frac{1}{2}\int_{-\infty}^{+\infty}x^2e^{-|x|}\mathrm{d}x=\int_{0}^{+\infty}x^2e^{-x}\mathrm{d}x=2$$
所以
$$E(S^2)=2$$

## 6.5 考研真题选讲

**例 1**(2015.3) 设总体 $X\sim B(m,\theta)$，$X_1,X_2,\cdots,X_n$ 为来自该总体的简单随机样本，$\overline{X}$ 为样本均值，则 $E\left[\sum_{i=1}^{n}(X_i-\overline{X})^2\right]=$ (　　).

A. $(m-1)n\theta(1-\theta)$　　B. $m(n-1)\theta(1-\theta)$

C. $(m-1)(n-1)\theta(1-\theta)$　　D. $mn\theta(1-\theta)$

**【答案】** B.

**【解】** $$E\left[\frac{1}{n-1}\sum_{i=1}^{n}(X_i-\overline{X})^2\right]=E(S^2)=D(X)=m\theta(1-\theta)$$
$$\Rightarrow E\left[\sum_{i=1}^{n}(X_i-\overline{X})^2\right]=m(n-1)\theta(1-\theta)$$

**例 2**(2014.3) 设 $X_1,X_2,X_3$ 为来自正态总体 $N(0,\sigma^2)$ 的简单随机样本，则统计量 $S=\frac{X_1-X_2}{\sqrt{2}|X_3|}$ 服从的分布是(　　).

A. $F(1,1)$　　B. $F(2,1)$　　C. $t(1)$　　D. $t(2)$

**【答案】** C.

**【解】** $S=\frac{X_1-X_2}{\sqrt{2}|X_3|}=\frac{X_1-X_2}{\sqrt{2}\sqrt{X_3^2}}$，显然 $\frac{X_1-X_2}{\sqrt{2}\sigma}\sim N(0,1)$，$\frac{X_3^2}{\sigma^2}\sim\chi^2(1)$，且 $\frac{X_1-X_2}{\sqrt{2}\sigma}\sim N(0,1)$ 与 $\frac{X_3^2}{\sigma^2}\sim\chi^2(1)$ 相互独立，从而

$$S=\frac{X_1-X_2}{\sqrt{2}|X_3|}=\frac{X_1-X_2}{\sqrt{2}\sqrt{X_3^2}}=\frac{\frac{X_1-X_2}{\sqrt{2}\sigma}}{\sqrt{\frac{X_3^2}{\sigma^2}}}\sim t(1)$$

故应该选择 C.

**例 3**(2013.1)　设随机变量 $X\sim t(n)$，$Y\sim F(1,n)$，给定 $\alpha(0<\alpha<0.5)$，常数 $c$ 满足 $P(X>c)=\alpha$，则 $P(Y>c^2)=(\quad)$.

A. $\alpha$　　B. $1-\alpha$　　C. $2\alpha$　　D. $1-2\alpha$

**【答案】** C.

**【解】** $X\sim t(n)$，则 $X^2\sim F(1,n)$，$P(Y>c^2)=P(X^2>c^2)=P(X>c)+P(X<-c)=2P(X>c)=2\alpha$，选 C.

**例 4**(2012.3)　设 $X_1,X_2,X_3,X_4$ 为来自总体 $N(1,\sigma^2)(\sigma>0)$ 的简单随机样本，则统计量 $\dfrac{X_1-X_2}{|X_3+X_4-2|}$ 服从分布(　　).

A. $N(0,1)$　　B. $t(1)$　　C. $\chi^2(1)$　　D. $F(1,1)$

**【答案】** B.

**【解】**

$$X_1-X_2\sim N(0,2\sigma^2)\Rightarrow\frac{X_1-X_2}{\sqrt{2}\sigma}\sim N(0,1)$$

$$X_3+X_4-2\sim N(0,2\sigma^2)\Rightarrow\frac{X_3+X_4-2}{\sqrt{2}\sigma}\sim N(0,1)$$

$$\frac{X_1-X_2}{\sqrt{2}\sigma}\Bigg/\sqrt{\left(\frac{X_3+X_4-2}{\sqrt{2}\sigma}\right)^2\Bigg/1}\sim t(1)$$

即 $\dfrac{X_1-X_2}{|X_3+X_4-2|}\sim t(1)$，选 B.

**例 5**(2011.3)　设总体 $X$ 服从参数 $\lambda(\lambda>0)$ 的泊松分布，$X_1,\cdots,X_n(n\geqslant 2)$ 为来自总体的简单随机样本，则对应的统计量 $T_1=\dfrac{1}{n}\sum\limits_{i=1}^{n}X_i$，$T_2=\dfrac{1}{n-1}\sum\limits_{i=1}^{n-1}X_i+\dfrac{1}{n}X_n$ 有(　　).

A. $E(T_1)>E(T_2),D(T_1)>D(T_2)$　　B. $E(T_1)>E(T_2),D(T_1)<D(T_2)$

C. $E(T_1)<E(T_2),D(T_1)>D(T_2)$　　D. $E(T_1)<E(T_2),D(T_1)<D(T_2)$

**【答案】** D.

**【解】** 由题知，$E(X_i)=\lambda$，$D(X_i)=\lambda(i=1,2,\cdots,n)$，故有

$$E(T_1)=\frac{1}{n}\sum_{i=1}^{n}E(X_i)=\lambda$$

$$E(T_2)=\frac{1}{n-1}\sum_{i=1}^{n-1}E(X_i)+\frac{1}{n}E(X_n)=\lambda+\frac{1}{n}\lambda$$

$$D(T_1)=\frac{1}{n^2}\sum_{i=1}^{n}D(X_i)=\frac{1}{n}\lambda$$

$$E(T_2)=\frac{1}{(n-1)^2}\sum_{i=1}^{n-1}D(X_i)+\frac{1}{n^2}D(X_n)=\frac{1}{n-1}\lambda+\frac{1}{n^2}\lambda$$

由于$\frac{1}{n}<\frac{1}{n-1}$,故有$E(T_1)<E(T_2)$,$D(T_1)<D(T_2)$,所以选择D.

**例6**(2005.1) 设$X_1,X_2,\cdots,X_n(n\geqslant 2)$为来自总体$N(0,1)$的简单随机样本,$\overline{X}$为样本均值,$S^2$为样本方差,则(　　).

A. $n\overline{X}\sim N(0,1)$　　　　B. $nS^2\sim\chi^2(n)$

C. $\frac{(n-1)\overline{X}}{S}\sim t(n-1)$　　　　D. $\frac{(n-1)X_1^2}{\sum\limits_{i=2}^{n}X_i^2}\sim F(1,n-1)$

**【答案】** D.

**【解】** 由正态总体抽样分布的性质知,$\frac{\overline{X}-0}{\frac{1}{\sqrt{n}}}=\sqrt{n}\overline{X}\sim N(0,1)$,可排除A.

又$\frac{\overline{X}-0}{\frac{S}{\sqrt{n}}}=\frac{\sqrt{n}\overline{X}}{S}\sim t(n-1)$,可排除C. 而$\frac{(n-1)S^2}{1^2}=(n-1)S^2\sim\chi^2(n-1)$,不能断定B是正确选项.

因为$X_1^2\sim\chi^2(1)$,$\sum\limits_{i=2}^{n}X_i^2\sim\chi^2(n-1)$,且$X_1^2\sim\chi^2(1)$与$\sum\limits_{i=2}^{n}X_i^2\sim\chi^2(n-1)$相互独立,于是$\frac{X_1^2/1}{\sum\limits_{i=2}^{n}X_i^2\Big/(n-1)}=\frac{(n-1)X_1^2}{\sum\limits_{i=2}^{n}X_i^2}\sim F(1,n-1)$. 故应选D.

**例7**(2010.3) 设$X_1,X_2,\cdots,X_n$为来自总体$N(\mu,\sigma^2)(\sigma>0)$的简单随机样本,记统计量$T=\frac{1}{n}\sum\limits_{i=1}^{n}X_i^2$,则$E(T)=$______.

**【答案】** $\sigma^2+\mu^2$.

**【解】**
$$E(T)=E\left(\frac{1}{n}\sum_{i=1}^{n}X_i^2\right)=\frac{1}{n}\sum_{i=1}^{n}E(X_i^2)=\frac{1}{n}\sum_{i=1}^{n}\{D(X_i)+[E(X_i)]^2\}$$
$$=\frac{1}{n}\sum_{i=1}^{n}(\sigma^2+\mu^2)=\sigma^2+\mu^2$$

**例8**(2009.3) 设$X_1,X_2,\cdots,X_m$为来自二项分布总体$B(n,p)$的简单随机样本,$\overline{X}$和$S^2$分别为样本均值和样本方差,记统计量$T=\overline{X}-S^2$,则$E(T)=$______.

**【答案】** $np^2$.

**【解】** $E(T)=E(\overline{X}-S^2)=E(\overline{X})-E(S^2)=np-np(1-p)=np^2$

**例9**(2006.3) 设总体$X$的概率密度为$f(x)=\frac{1}{2}e^{-|x|}(-\infty<x<+\infty)$,$X_1$,$X_2,\cdots,X_n$为总体$X$的简单随机样本,其样本方差为$S^2$,则$E(S^2)=$______.

**【答案】** 2.

【解】 因为

$$E(X)=\int_{-\infty}^{+\infty}xf(x)\mathrm{d}x=\int_{-\infty}^{+\infty}\frac{x}{2}\mathrm{e}^{-|x|}\mathrm{d}x=0$$

$$E(X^2)=\int_{-\infty}^{+\infty}x^2f(x)\mathrm{d}x=\int_{-\infty}^{+\infty}\frac{x^2}{2}\mathrm{e}^{-|x|}\mathrm{d}x=\int_0^{+\infty}x^2\mathrm{e}^{-x}\mathrm{d}x$$

$$=-x^2\mathrm{e}^{-x}\Big|_0^{+\infty}+2\int_0^{+\infty}x\mathrm{e}^{-x}\mathrm{d}x$$

$$=-2x\mathrm{e}^{-x}\Big|_0^{+\infty}+2\int_0^{+\infty}\mathrm{e}^{-x}\mathrm{d}x=\ \ 2\mathrm{e}^{-x}\Big|_0^{+\infty}-2$$

所以 $D(X)=E(X^2)-[E(X)]^2=2-0=2$,又因 $S^2$ 是 $D(X)$的无偏估计量,所以

$$E(S^2)=D(X)=2$$

**例 10**(2004.3) 设总体 $X$ 服从正态分布 $N(\mu_1,\sigma^2)$,总体 $Y$ 服从正态分布 $N(\mu_2,\sigma^2)$,$X_1,X_2,\cdots,X_{n_1}$ 和 $Y_1,Y_2,\cdots,Y_{n_2}$ 分别是来自总体 $X$ 和 $Y$ 的简单随机样本,则

$$E\left[\frac{\sum_{i=1}^{n_1}(X_i-\overline{X})^2+\sum_{j=1}^{n_2}(Y_j-\overline{Y})^2}{n_1+n_2-2}\right]=\_\_\_\_\_\_.$$

【答案】 $\sigma^2$.

【解】 令 $$S_1^2=\frac{1}{n_1-1}\sum_{i=1}^{n_1}(X_i-\overline{X})^2,\quad S_2^2=\frac{1}{n_2-1}\sum_{j=1}^{n_2}(Y_i-\overline{Y})$$

则 $$\sum_{i=1}^{n_1}(X_i-\overline{X})^2=(n_1-1)S_1^2,\quad \sum_{j=1}^{n_2}(Y_i-\overline{Y})^2=(n_2-1)S_2^2$$

又 $$\chi_1^2=\frac{(n_1-1)S_1^2}{\sigma^2}\sim\chi^2(n_1-1),\quad \chi_2^2=\frac{(n_2-1)S_2^2}{\sigma^2}\sim\chi^2(n_2-1)$$

那么

$$E\left[\frac{\sum_{i=1}^{n_1}(X_i-\overline{X})^2+\sum_{j=1}^{n_2}(Y_j-\overline{Y})^2}{n_1+n_2-2}\right]=\frac{1}{n_1+n_2-2}\cdot E(\sigma^2\chi_1^2+\sigma^2\chi_2^2)$$

$$=\frac{\sigma^2}{n_1+n_2-2}[E(\chi_1^2)+E(\chi_2^2)]$$

$$=\frac{\sigma^2}{n_1+n_2-2}[(n_1-1)+(n_2-1)]$$

$$=\sigma^2$$

**例 11**(2016.3) 设总体 $X$ 的概率密度为 $f(x;\theta)=\begin{cases}\dfrac{3x^2}{\theta^3} & 0<x<\theta\\ 0 & 其他\end{cases}$,其中 $\theta\in(0,+\infty)$为未知参数,$X_1,X_2,X_3$ 为来自总体 $X$ 的简单随机样本,令 $T=$

$\max(X_1,X_2,X_3)$.

(1) 求 $T$ 的概率密度.

(2) 当 $a$ 为何值时,$aT$ 的数学期望为 $\theta$.

**【解】** (1) 根据题意,$X_1,X_2,X_3$ 独立同分布,$T$ 的分布函数为

$$F_T(t)=P(\max(X_1,X_2,X_3)\leqslant t)=P(X_1\leqslant t,X_2\leqslant t,X_3\leqslant t)$$
$$=P(X_1\leqslant t)P(X_2\leqslant t)P(X_3\leqslant t)=(P(X_1\leqslant t))^3$$

当 $t<0$ 时, $F_T(t)=0$

当 $0\leqslant t<\theta$ 时, $F_T(t)=\left(\int_0^t \frac{3x^2}{\theta^3}\mathrm{d}\theta\right)^3=\frac{t^9}{\theta^9}$

当 $t\geqslant\theta$ 时, $F_T(t)=1$

所以

$$f_T(t)=\begin{cases}\frac{9t^8}{\theta^9} & 0<t<\theta\\ 0 & \text{其他}\end{cases}$$

(2)

$$E(aT)=aE(T)a\int_0^\theta t\,\frac{9t^8}{\theta^9}\mathrm{d}t=\frac{9}{10}a\theta$$

根据题意,$E(aT)=\frac{9}{10}a\theta=\theta$,即 $a=\frac{10}{9}$.

**例 12**(2005.1) 设 $X_1,X_2,\cdots,X_n(n>2)$为来自总体 $N(0,1)$的简单随机样本,$\overline{X}$ 为样本均值,记 $Y_i=X_i-\overline{X}$,$i=1,2,\cdots,n$.

求:(1) $Y_i$ 的方差 $D(Y_i)$,$i=1,2,\cdots,n$;

(2) $Y_1$ 与 $Y_n$ 的协方差 $\mathrm{cov}(Y_1,Y_n)$.

**【解】** 由题设,知 $X_1,X_2,\cdots,X_n(n>2)$相互独立,且

$$E(X_i)=0,\quad D(X_i)=1(i=1,2,\cdots,n),\quad E(\overline{X})=0$$

(1)
$$D(Y_i)=D(X_i-\overline{X})=D\left[\left(1-\frac{1}{n}\right)X_i-\frac{1}{n}\sum_{j\neq i}^n X_j\right]$$
$$=\left(1-\frac{1}{n}\right)^2 D(X_i)+\frac{1}{n^2}\sum_{j\neq i}^n D(X_j)$$
$$=\frac{(n-1)^2}{n^2}+\frac{1}{n^2}\cdot(n-1)=\frac{n-1}{n}$$

(2)
$$\mathrm{cov}(Y_1,Y_n)=E\{[Y_1-E(Y_1)][Y_n-E(Y_n)]\}=E(Y_1Y_n)$$
$$=E[(X_1-\overline{X})(X_n-\overline{X})]$$
$$=E(X_1X_n-X_1\overline{X}-X_n\overline{X}+\overline{X}^2)$$
$$=E(X_1X_n)-2E(X_1\overline{X})+E(\overline{X}^2)$$
$$=0-\frac{2}{n}E\left[X_1^2+\sum_{j=2}^n X_1X_j\right]+D(\overline{X})+[E(\overline{X})]^2$$
$$=-\frac{2}{n}+\frac{1}{n}=-\frac{1}{n}$$

# 6.6 自　测　题

## 一、填空题

**1.** 有 $n=10$ 的样本：1.2　1.4　1.9　2.0　1.5　1.5　1.6　1.4　1.8　1.4，则样本均值 $\overline{X}=$ ______，样本标准差 $S=$ ______，样本方差 $S^2=$ ______.

**2.** 设总体 $X\sim N(60,15^2)$，从总体 $X$ 中抽取一个容量为 100 的样本，则样本均值与总体均值之差的绝对值大于 3 的概率为______.

**3.** 设总体 $X\sim N(0,\sigma^2)$，$X_1,\cdots,X_{10},\cdots,X_{15}$ 为总体的一个样本，则 $Y=\dfrac{X_1{}^2+X_2{}^2+\cdots+X_{10}{}^2}{2(X_{11}{}^2+X_{12}{}^2+\cdots+X_{15}{}^2)}$ 服从______分布，参数为______.

**4.** 查有关的附表，填写下列分位点的值：$z_{0.9}=$ ______，$\chi^2_{0.1}(5)=$ ______，$t_{0.9}(10)=$ ______.

**5.** 已随机变量 $X_1,X_2,\cdots,X_n$ 相互独立且都服从标准正态分布，$Y_1=X_1$，$Y_2=X_2-\dfrac{1}{n}\sum\limits_{i=1}^{n}X_i$，则 $Y_1-Y_2$ 服从______，参数为______.

## 二、选择题

**1.** 设 $X_1,X_2,\cdots,X_n$ 为来自总体 $X\sim N(\mu,\sigma^2)$ 的一个样本，$\overline{X}$ 为样本均值，$\mu_0$ 已知，记 $S_1^2=\dfrac{1}{n-1}\sum\limits_{i=1}^{n}(X_i-\overline{X})^2$，$S_2^2=\dfrac{1}{n}\sum\limits_{i=1}^{n}(X_i-\overline{X})^2$，则服从自由度为 $n-1$ 的 $t$ 分布统计量是（　　）.

A. $T=\dfrac{\overline{X}-\mu_0}{S_1/\sqrt{n-1}}$　　B. $T=\dfrac{\overline{X}-\mu}{S_2/\sqrt{n-1}}$　　C. $T=\dfrac{\overline{X}-\mu_0}{S_2/\sqrt{n}}$　　D. $T=\dfrac{\overline{X}-\mu_0}{S_1/\sqrt{n}}$

**2.** 设 $X_1,X_2,\cdots,X_n$ 是来自标准正态总体的简单随机样本，$\overline{X}$ 和 $S^2$ 为样本均值和样本方差，则（　　）.

A. $\overline{X}$ 服从标准正态分布　　B. $\sum\limits_{i=1}^{n}X_i^2$ 服从自由度为 $n-1$ 的 $\chi^2$ 分布

C. $n\overline{X}$ 服从标准正态分布　　D. $(n-1)S^2$ 服从自由度为 $n-1$ 的 $\chi^2$ 分布

**3.** 设 $X_1,X_2,\cdots,X_n$ 是来自正态总体 $N(0,\sigma^2)$ 的简单随机样本，$\overline{X}$ 和 $S^2$ 为样本均值和样本方差，则（　　）.

A. $\dfrac{\overline{X}^2}{\sigma^2}\sim\chi^2(1)$　B. $\dfrac{S^2}{\sigma^2}\sim\chi^2(n-1)$　C. $\dfrac{\overline{X}}{S}\sim t(n-1)$　D. $\dfrac{S^2}{n\overline{X}^2}\sim F(n-1,1)$

**4.** 设随机变量 $X$ 服从自由度为 $n$ 的 $t$ 分布，定义 $t_\alpha$ 满足 $P(X\leqslant t_\alpha)=1-\alpha$，$0<\alpha<1$. 若已知 $P(|X|>x)=b$，$b>0$，则 $x$ 等于（　　）.

A. $t_{1-b}$　　B. $t_{1-\frac{b}{2}}$　　C. $t_b$　　D. $t_{\frac{b}{2}}$

## 三、解答题

**1.** 从正态总体 $N(4.2,5^2)$中抽取容量为 $n$ 的样本，若要求其样本均值位于区间(2.2,6.2)内的概率不小于 0.95，则样本容量 $n$ 至少取多大？

**2.** 从一正态总体中抽取容量为 10 的样本，假定有 2%的样本均值与总体均值之差的绝对值在 4 以上，求总体的标准差.

**3.** 求总体 $X\sim N(20,2)$的容量分别为 10、40 的两个独立随机样本平均值差的绝对值小于 0.3 的概率.

**4.** 设总体 $X\sim N(\mu,16)$，$X_1,X_2,\cdots,X_{10}$是来自总体 $X$ 的一个容量为 10 的简单随机样本，$S^2$ 为其样本方差，且 $P(S^2>a)=0.1$，求 $a$ 之值.

**5.** 设 $\overline{X}$ 与 $S^2$ 分别为正态总体 $N(3,100)$中当 $n=25$ 时的简单随机样本的样本均值和样本方差，试求概率 $P(0<\overline{X}<6,0<S^2<151.7)$（注：$\chi^2_{0.05}(24)=36.42$，$\Phi(1.5)=0.9332$）.

# 参考答案

## 一、填空题

**1.** 1.57　0.254　0.0646　　**2.** 0.0456　　**3.** $F$　(10,5)

**4.** −1.29　9.236　−1.3722　　**5.** 正态分布　$\left(0,\dfrac{2n+1}{n}\right)$

## 二、选择题

**1.** D　**2.** D　**3.** D　**4.** D

## 三、解答题

**1.【解】**

$$Z=\frac{\overline{X}-4.2}{5/\sqrt{n}}\sim N(0,1)$$

$$P(2.2<\overline{X}<6.2)=P\left(\frac{2.2-4.2}{5}\sqrt{n}<Z<\frac{6.2-4.2}{5}\sqrt{n}\right)$$

$$=2\Phi(0.4\sqrt{n})-1=0.95$$

则 $F(0.4\sqrt{n})=0.975$，故 $0.4\sqrt{n}>1.96$，即 $n>24.01$，所以 $n$ 至少应取 25.

**2.【解】** $Z=\dfrac{\overline{X}-\mu}{\sigma/\sqrt{n}}\sim N(0,1)$，由 $P(|\overline{X}-\mu|>4)=0.02$ 得

$$P\left(|Z|>\frac{4}{\sigma/\sqrt{n}}\right)=0.02$$

故
$$2\left[1-\Phi\left(\frac{4\sqrt{10}}{\sigma}\right)\right]=0.02$$
即
$$\Phi\left(\frac{4\sqrt{10}}{\sigma}\right)=0.99$$
查表得
$$\frac{4\sqrt{10}}{\sigma}=2.33$$
所以
$$\sigma=\frac{4\sqrt{10}}{2.33}=5.43$$

**3.【解】** 令 $\overline{X}$ 为容量为 10 的样本均值，$\overline{Y}$ 为容量为 40 的样本均值，则 $\overline{X}\sim N(20,2/10)$，$\overline{Y}\sim N\left(20,\frac{2}{40}\right)$，且 $\overline{X}$ 与 $\overline{Y}$ 相互独立，有
$$\overline{X}-\overline{Y}\sim N\left(0,\frac{2}{10}+\frac{2}{40}\right)=N(0,0.25)$$
那么
$$Z=\frac{\overline{X}-\overline{Y}}{0.5}\sim N(0,1)$$
所以
$$P(|\overline{X}-\overline{Y}|<0.3)=P\left(|Z|<\frac{0.3}{0.5}=0.6\right)=\Phi(0.6)-\Phi(-0.6)$$
$$=2\Phi(0.6)-1=2\times0.7257-1=0.4514$$

**4.【解】** $\chi^2=\frac{9S^2}{16}\sim\chi^2(9)$，$P(S^2>a)=P\left(\chi^2>\frac{9a}{16}\right)=0.1$

查表得
$$\frac{9a}{16}=14.684$$
所以
$$a=\frac{14.684\times16}{9}=26.105$$

**5.【解】** $\overline{X}\sim N\left(3,\frac{100}{25}\right)$，即 $\overline{X}\sim N(3,4)$，$\frac{24S^2}{100}\sim\chi^2(24)$，且 $\overline{X}$ 与 $S^2$ 相互独立，所以
$$P(0<\overline{X}<6,0<S^2<151.7)=P\left(\frac{0-3}{2}<\frac{\overline{X}-3}{2}<\frac{6-3}{2},0<\frac{24S^2}{100}<\frac{24\times151.7}{100}\right)$$
$$=[2\Phi(1.5)-1]\left[1-P\left(\frac{24S^2}{100}>36.4\right)\right]$$
$$=(2\times0.9332-1)(1-0.05)=0.8231$$

# 第 7 章　参数估计

## 7.1　大纲基本要求

(1) 理解参数的点估计、估计量与估计值的概念.

(2) 掌握矩估计法(一阶矩、二阶矩)和极大似然估计法.

(3) 了解估计量的无偏性、有效性(最小方差性)和一致性(相合性)的概念,并会验证估计量的无偏性.

(4) 理解区间估计的概念,会求单个正态总体的均值和方差的置信区间,会求两个正态总体的均值差和方差比的置信区间.

## 7.2　内容提要

### 一、点估计

设总体 $X$ 的分布中有 $l$ 个待估参数 $\theta_1, \theta_2, \cdots, \theta_l$, $X_1, X_2, \cdots, X_n$ 是 $X$ 的一个样本, $x_1, x_2, \cdots, x_n$ 是样本值.

**1) 矩估计法**

先求总体矩 $\begin{cases} \mu_1 = \mu_1(\theta_1, \theta_2, \cdots, \theta_l) \\ \mu_2 = \mu_2(\theta_1, \theta_2, \cdots, \theta_l) \\ \vdots \\ \mu_l = \mu_l(\theta_1, \theta_2, \cdots, \theta_l) \end{cases}$,解此方程组,得到 $\begin{cases} \theta_1 = \theta_1(\mu_1, \mu_2, \cdots, \mu_l) \\ \theta_2 = \theta_2(\mu_1, \mu_2, \cdots, \mu_l) \\ \vdots \\ \theta_l = \theta_l(\mu_1, \mu_2, \cdots, \mu_l) \end{cases}$,以样本矩 $A_i$ 取代总体矩 $\mu_i$($i=1,2,\cdots,l$),得到矩估计量 $\begin{cases} \hat{\theta}_1 = \theta_1(A_1, A_2, \cdots, A_l) \\ \hat{\theta}_2 = \theta_2(A_1, A_2, \cdots, A_l) \\ \vdots \\ \hat{\theta}_l = \theta_l(A_1, A_2, \cdots, A_l) \end{cases}$,若代入样本值则得到矩估计值.

**2) 极大似然估计法**

极大似然估计法的思想是若已观察到样本值为$(x_1, x_2, \cdots, x_n)$,而取到这一样本值的概率为 $P=P(\theta_1, \theta_2, \cdots, \theta_l)$,就取 $\theta_k(1 \leqslant k \leqslant l)$的估计值使概率 $P$ 达到最大,若总体分布形式(可以是分布律或概率密度)为 $p(x, \theta_1, \theta_2, \cdots, \theta_l)$,称样本 $X_1, X_2, \cdots,$

$X_n$ 的联合分布 $L(\theta_1,\theta_2,\cdots,\theta_l)=\prod_{i=1}^{n}p(x_i,\theta_1,\theta_2,\cdots,\theta_l)$ 为似然函数. 取使似然函数达到最大值的 $\hat{\theta}_1,\hat{\theta}_2,\cdots,\hat{\theta}_l$,称为参数 $\theta_1,\theta_2,\cdots,\theta_l$ 的极大似然估计值,代入样本得到极大似然估计量. 具体可如下:

(1) 写出似然函数 $L=L(\theta_1,\theta_2,\cdots,\theta_l)$.

当总体 $X$ 是离散型随机变量时,

$$L=\prod_{i=1}^{n}P(x_i;\theta_1,\theta_2,\cdots,\theta_l)$$

当总体 $X$ 是连续型随机变量时,

$$L=\prod_{i=1}^{n}f(x_i;\theta_1,\theta_2,\cdots,\theta_l)$$

(2) 对 $L$ 取对数:

$$\ln L=\sum_{i=1}^{n}\ln P(x_i;\theta_1,\theta_2,\cdots,\theta_l)$$

$$\ln L=\sum_{i=1}^{n}\ln f(x_i;\theta_1,\theta_2,\cdots,\theta_l)$$

(3) 求出方程组

$$\frac{\partial \ln L}{\partial \theta_k}=0,\quad k=1,2,\cdots,l$$

的一组解 $\hat{\theta}_k=\hat{\theta}_k(x_1,\cdots,x_n)$ $(1\leqslant k\leqslant l)$ 即为未知参数 $\theta_k$ 的极大似然估计值,$\hat{\theta}_k=\hat{\theta}_k(X_1,X_2,\cdots,X_n)$ 为 $\theta_k$ 的极大似然估计量.

**3) 估计量的标准**

(1) 无偏性:若 $E(\hat{\theta})=\theta$,则估计量 $\hat{\theta}$ 称为参数 $\theta$ 的无偏估计量.

不论总体 $X$ 服从什么分布,$E(\overline{X})=E(X)$,$E(S^2)=D(X)$,$E(A_k)=\mu_k=E(X^k)$,即样本均值 $\overline{X}$、样本方差 $S^2$、样本 $k$ 阶矩 $A_k$ 分别是总体均值 $E(X)$、方差 $D(X)$、总体 $k$ 阶矩 $\mu_k$ 的无偏估计.

(2) 有效性:若 $E(\hat{\theta}_1)=E(\hat{\theta}_2)=\theta$,而 $D(\hat{\theta}_1)<D(\hat{\theta}_2)$,则称估计量 $\hat{\theta}_1$ 比 $\hat{\theta}_2$ 有效.

(3) 一致性(相合性):若 $n\to\infty$ 时,$\hat{\theta}\xrightarrow{P}\theta$,则称估计量 $\hat{\theta}$ 是参数 $\theta$ 的相合估计量.

## 二、区间估计

**1) 求参数 $\theta$ 的置信水平为 $1-\alpha$ 的双侧置信区间的步骤**

(1) 寻找样本函数 $W=W(X_1,X_2,\cdots,X_n,\theta)$,其中只有一个待估参数 $\theta$ 未知,且其分布完全确定.

(2) 利用双侧 $\alpha$ 分位点找出 $W$ 的区间 $(a,b)$,使 $P(a<W<b)=1-\alpha$.

(3) 由不等式 $a<W<b$ 解出 $\underline{\theta}<\theta<\bar{\theta}$,则区间 $(\underline{\theta},\bar{\theta})$ 为所求.

**2) 单个正态总体的区间估计**

单个正态总体的区间估计如表 7.1 所示.

**表 7.1**

| 待估参数 | 其他参数 | 统计量 | 置信区间 |
|---|---|---|---|
| $\mu$ | $\sigma^2$ 已知 | $Z=\dfrac{\overline{X}-\mu}{\sigma/\sqrt{n}}\sim N(0,1)$ | $\left(\overline{X}\pm\dfrac{\sigma}{\sqrt{n}}z_{\frac{\alpha}{2}}\right)$ |
| $\mu$ | $\sigma^2$ 未知 | $T=\dfrac{\overline{X}-\mu}{S/\sqrt{n}}\sim t(n-1)$ | $\left(\overline{X}\pm\dfrac{S}{\sqrt{n}}t_{\frac{\alpha}{2}}(n-1)\right)$ |
| $\sigma^2$ | $\mu$ 未知 | $\chi^2=\dfrac{(n-1)}{\sigma^2}S^2\sim\chi^2(n-1)$ | $\left(\dfrac{(n-1)S^2}{\chi^2_{\frac{\alpha}{2}}(n-1)},\dfrac{(n-1)S^2}{\chi^2_{1-\frac{\alpha}{2}}(n-1)}\right)$ |

**3) 两个正态总体的区间估计**

两个正态总体的区间估计如表 7.2 所示.

**表 7.2**

| 待估参数 | 其他参数 | 统计量 | 置信区间 |
|---|---|---|---|
| $\mu_1-\mu_2$ | $\sigma_1^2$、$\sigma_2^2$ 已知 | $\dfrac{\overline{X}-\overline{Y}-(\mu_1-\mu_2)}{\sqrt{\dfrac{\sigma_1^2}{n_1}+\dfrac{\sigma_2^2}{n_2}}}\sim N(0,1)$ | $\left(\overline{X}-\overline{Y}\pm z_{\frac{\alpha}{2}}\sqrt{\dfrac{\sigma_1^2}{n_1}+\dfrac{\sigma_2^2}{n_2}}\right)$ |
| $\mu_1-\mu_2$ | $\sigma_1^2=\sigma_2^2$ $=\sigma^2$ 未知 | $\dfrac{\overline{X}-\overline{Y}-(\mu_1-\mu_2)}{S_w\sqrt{\dfrac{1}{n_1}+\dfrac{1}{n_2}}}\sim t(n_1+n_2-2)$ | $\left(\overline{X}-\overline{Y}\pm t_{\frac{\alpha}{2}}(n_1+n_2-2)S_w\sqrt{\dfrac{1}{n_1}+\dfrac{1}{n_2}}\right)$ |
| $\sigma_1{}^2/\sigma_2{}^2$ | $\mu_1$、$\mu_2$ 未知 | $\dfrac{S_1^2/S_2^2}{\sigma_1^2/\sigma_2^2}\sim F(n_1-1,n_2-1)$ | $\left(\dfrac{S_1^2}{S_2^2}\cdot\dfrac{1}{F_{\alpha/2}(n_1-1,n_2-1)},\ \dfrac{S_1^2}{S_2^2}\dfrac{1}{F_{1-\alpha/2}(n_1-1,n_2-1)}\right)$ |

其中:$S_w=\sqrt{\dfrac{(n_1-1)S_1^2+(n_2-1)S_2^2}{n_1+n_2-2}}$.

注意:对于单侧置信区间,只需将以上所列的双侧置信区间中的上(下)限中的下标 $\alpha/2$ 改为 $\alpha$,另外的下(上)限取为 $-\infty$ $(+\infty)$ 即可.

## 7.3 典型例题分析

**例 1** 设总体 $X$ 的概率密度

$$f(x;\theta)=\begin{cases}\dfrac{2}{\theta^2}(\theta-x) & 0<x<\theta\\ 0 & 其他\end{cases}$$

$X_1,X_2,\cdots,X_n$为其样本，试求参数 $\theta$ 的矩估计.

**【知识点】** 参数估计的矩估计、期望的计算.

**【解】**
$$E(X)=\frac{2}{\theta^2}\int_0^\theta x(\theta-x)\mathrm{d}x=\frac{2}{\theta^2}\left(\theta\frac{x^2}{2}-\frac{x^3}{3}\right)\Big|_0^\theta=\frac{\theta}{3}$$

令 $E(X)=A_1=\overline{X}$，因此　$\dfrac{\theta}{3}=\overline{X}$

所以 $\theta$ 的矩估计量为　$\hat{\theta}=3\overline{X}$

**例 2**　设总体 $X$ 的概率密度为 $f(x;\theta)$，$X_1,X_2,\cdots,X_n$为其样本，求 $\theta$ 的极大似然估计.

(1) $f(x;\theta)=\begin{cases}\theta e^{-\theta x} & x\geqslant 0\\ 0 & x<0\end{cases}$；

(2) $f(x;\theta)=\begin{cases}\theta x^{\theta-1} & 0<x<1\\ 0 & 其他\end{cases}$.

**【知识点】** 参数估计的极大似然估计.

**【解】** (1) 似然函数 $L=\prod\limits_{i=1}^n f(x_i;\theta)=\theta^n\prod\limits_{i=1}^n e^{-\theta x_i}=\theta^n e^{-\theta\sum\limits_{i=1}^n x_i}$

$$g=\ln L=n\ln\theta-\theta\sum_{i=1}^n x_i$$

由 $\dfrac{\mathrm{d}g}{\mathrm{d}\theta}=\dfrac{\mathrm{d}\ln L}{\mathrm{d}\theta}=\dfrac{n}{\theta}-\sum\limits_{i=1}^n x_i=0$ 知

$$\hat{\theta}=\frac{n}{\sum\limits_{i=1}^n x_i}$$

所以 $\theta$ 的极大似然估计量为 $\hat{\theta}=\dfrac{1}{\overline{X}}$.

(2) 似然函数　$L=\theta^n\cdot\prod\limits_{i=1}^n x_i^{\theta-1}$，　$0<x_i<1$，　$i=1,2,\cdots,n$

$$\ln L=n\ln\theta+(\theta-1)\ln\prod_{i=1}^n x_i$$

由 $\dfrac{\mathrm{d}\ln L}{\mathrm{d}\theta}=\dfrac{n}{\theta}+\ln\prod\limits_{i=1}^n x_i=0$ 知

$$\hat{\theta}=-\frac{n}{\ln\prod\limits_{i=1}^n x_i}=-\frac{n}{\sum\limits_{i=1}^n \ln x_i}$$

所以 $\theta$ 的极大似然估计量为 $\hat{\theta}=-\dfrac{n}{\sum\limits_{i=1}^{n}\ln x_i}$

**例 3** 从一批炒股票的股民 1 年收益率的数据中随机抽取 10 人的收益率数据，结果如表 7.3 所示.

**表 7.3**

| 序号 | 1 | 2 | 3 | 4 | 5 | 6 | 7 | 8 | 9 | 10 |
|---|---|---|---|---|---|---|---|---|---|---|
| 收益率 | 0.01 | −0.11 | −0.12 | −0.09 | −0.13 | −0.3 | 0.1 | −0.09 | −0.1 | −0.11 |

求这批股民的收益率的平均收益率及标准差的矩估计值.

**【知识点】** 矩估计、样本均值及样本方差的计算.

**【解】** 由题设可算出

$$\bar{x}=-0.094,\quad s=0.101893,\quad n=10$$

因为

$$a_1=E(X)=\mu$$

$$a_2=E(X^2)=D(X)+[E(X)]^2=\sigma^2+\mu^2$$

所以

$$\mu=a_1,\quad \sigma^2=a_2-a_1^2$$

令 $A_1=a_1, A_2=a_2$，则得 $\mu$ 和 $\sigma^2$ 的矩估计为

$$\hat{\mu}=A_1=\bar{X}$$

$$\hat{\sigma}_2=A_2-A_1^2=\frac{1}{n}\sum_{i=1}^{n}X_i^2-\bar{X}^2=\frac{1}{n}\sum_{i=1}^{n}(X_i-\bar{X})^2=B_2$$

$$=\frac{n-1}{n}\frac{1}{n-1}\sum_{i=1}^{n}(X_i-\bar{X})^2=\frac{n-1}{n}S^2$$

则

$$\hat{\sigma}=\sqrt{\frac{n-1}{n}}S$$

于是

$$\hat{u}=\bar{x}=-0.094$$

$$\hat{\sigma}=\sqrt{\frac{9}{10}}s=\sqrt{0.9}\times 0.101893=0.0967$$

即这批股民的平均收益率的矩估计值及标准差的矩估计值分别为 −0.094 和 0.0967.

**例 4** 随机变量 $X$ 服从 $[0,\theta]$ 上的均匀分布，今得 $X$ 的样本观测值：0.9 0.8 0.2 0.8 0.4 0.4 0.7 0.6，求 $\theta$ 的矩估计和极大似然估计，它们是否为 $\theta$ 的无偏估计？

**【知识点】** 矩估计、极大似然估计、无偏估计.

**【解】** (1) $E(X)=\dfrac{\theta}{2}$，令 $E(X)=\bar{X}$，则

$$\hat{\theta}=2\bar{X}\quad 且\quad E(\hat{\theta})=2E(\bar{X})=2E(X)=\theta$$

所以 $\theta$ 的矩估计值为 $\hat{\theta}=2\overline{X}=2\times 0.6=1.2$，且 $\hat{\theta}=2\overline{X}$ 是一个无偏估计.

(2) 似然函数

$$L=\prod_{i=1}^{8}f(x_i;\theta)=\left(\frac{1}{\theta}\right)^8, i=1,2,\cdots,8$$

显然 $L=L(\theta)\downarrow(\theta>0)$，那么 $\theta=\max\limits_{1\leqslant i\leqslant 8}(x_i)$ 时，$L=L(\theta)$ 最大，所以 $\theta$ 的极大似然估计值 $\hat{\theta}=0.9$.

因为 $E(\hat{\theta})=E(\max\limits_{1\leqslant i\leqslant 8}(x_i))\neq\theta$，所以 $\hat{\theta}=\max\limits_{1\leqslant i\leqslant 8}(x_i)$ 不是 $\theta$ 的无偏估计.

**例 5**　设总体 $X\sim f(x)=\begin{cases}(\theta+1)x^{\theta} & 0<x<1\\ 0 & \text{其他}\end{cases}$，其中 $\theta>-1$. $X_1,X_2,\cdots,X_n$ 是 $X$ 的一个样本，求 $\theta$ 的矩估计量及极大似然估计量.

**【知识点】**　矩估计、极大似然估计.

**【解】**　(1) $E(X)=\int_{-\infty}^{+\infty}xf(x)\mathrm{d}x=\int_0^1(\theta+1)x^{\theta+1}\mathrm{d}x=\dfrac{\theta+1}{\theta+2}$

又
$$\overline{X}=E(X)=\frac{\theta+1}{\theta+2}$$

故
$$\hat{\theta}=\frac{2\overline{X}-1}{1-\overline{X}}$$

所以 $\theta$ 的矩估计量
$$\hat{\theta}=\frac{2\overline{X}-1}{1-\overline{X}}$$

(2) 似然函数

$$L=L(\theta)=\prod_{i=1}^{n}f(x_i)=\begin{cases}(\theta+1)^n\prod\limits_{i=1}^{n}x_i^{\theta} & 0<x_i<1\\ 0 & \text{其他}\end{cases}\quad(i=1,2,\cdots,n)$$

取对数

$$\ln L=n\ln(\theta+1)+\theta\sum_{i=1}^{n}\ln x_i\quad(0<x_i<1,1\leqslant i\leqslant n)$$

$$\frac{\mathrm{d}\ln L}{\mathrm{d}\theta}=\frac{n}{\theta+1}+\sum_{i=1}^{n}\ln x_i=0$$

所以 $\theta$ 的极大似然估计量为 $\hat{\theta}=-1-\dfrac{n}{\sum\limits_{i=1}^{n}\ln X_i}$.

**例 6**　设总体 $X\sim f(x)=\begin{cases}\dfrac{6x}{\theta^3}(\theta-x) & 0<x<\theta\\ 0 & \text{其他}\end{cases}$，$X_1,X_2,\cdots,X_n$ 为总体 $X$ 的一个样本.

(1) 求 $\theta$ 的矩估计量；

(2) 求 $D(\hat{\theta})$.

【知识点】 矩估计、方差的性质和计算.

【解】 (1) $E(X)=\int_{-\infty}^{+\infty}xf(x)\mathrm{d}x=\int_0^{\theta}\frac{6x^2}{\theta^3}(\theta-x)\mathrm{d}x=\frac{\theta}{2}$

令
$$E(X)=\overline{X}=\frac{\theta}{2}$$

所以 $\theta$ 的矩估计量
$$\hat{\theta}=2\overline{X}$$

(2)
$$D(\hat{\theta})=D(2\overline{X})=4D(\overline{X})=\frac{4}{n}D(X)$$

又
$$E(X^2)=\int_0^{\theta}\frac{6x^3(\theta-x)}{\theta^3}\mathrm{d}x=\frac{6\theta^2}{20}=\frac{3\theta^2}{10}$$

于是
$$D(X)=E(X^2)-[E(X)]^2=\frac{3\theta^2}{10}-\frac{\theta^2}{4}=\frac{\theta^2}{20}$$

所以
$$D(\hat{\theta})=\frac{\theta^2}{5n}$$

**例 7** 设某种电子元件的使用寿命 $X$ 的概率密度为

$$f(x;\theta)=\begin{cases}2\mathrm{e}^{-2(x-\theta)} & x>\theta\\ 0 & x\leqslant\theta\end{cases}$$

其中 $\theta(\theta>0)$ 为未知参数,又设 $x_1,x_2,\cdots,x_n$ 是总体 $X$ 的一组样本观测值,求 $\theta$ 的极大似然估计值.

【知识点】 极大似然估计.

【解】 似然函数

$$L=L(\theta)=\begin{cases}2^n\cdot\mathrm{e}^{-2\sum\limits_{i=1}^{n}(x_i-\theta)} & x_i\geqslant\theta,i=1,2,\cdots,n\\ 0 & \text{其他}\end{cases}$$

$$\ln L=n\ln 2-2\sum_{i=1}^{n}(x_i-\theta),\quad x_i\geqslant\theta,i=1,2,\cdots,n$$

由 $\frac{\mathrm{d}\ln L}{\mathrm{d}\theta}=2n>0$ 知 $\ln L(\theta)\uparrow$,那么当 $\hat{\theta}=\min\limits_{1\leqslant i\leqslant n}(x_i)$ 时,$\ln L(\hat{\theta})=\max\limits_{\theta>0}\ln L(\theta)$,所以 $\theta$ 的极大似然估计值

$$\hat{\theta}=\min_{1\leqslant i\leqslant n}\{x_i\}$$

**例 8** 设总体 $X$ 的分布律为

| $X$ | 0 | 1 | 2 | 3 |
|---|---|---|---|---|
| $P$ | $\theta^2$ | $2\theta(1-\theta)$ | $\theta^2$ | $1-2\theta$ |

其中 $\theta\left(0<\theta<\frac{1}{2}\right)$ 是未知参数,利用总体的样本值 3 1 3 0 3 1 2 3,求 $\theta$ 的

矩估计值和极大似然估计值.

**【知识点】** 矩估计、极大似然估计.

**【解】** (1) $E(X)=3-4\theta$，令 $E(X)=\overline{X}$ 得

$$\hat{\theta}=\frac{3-\overline{X}}{4}$$

又

$$\overline{X}=\sum_{i=1}^{8}\frac{x_i}{8}=2$$

所以 $\theta$ 的矩估计值

$$\hat{\theta}=\frac{3-\overline{X}}{4}=\frac{1}{4}$$

(2) 似然函数

$$L=\prod_{i=1}^{8}P(x_i;\theta)=4\theta^6(1-\theta^2)(1-2\theta)^4$$

$$\ln L=\ln 4+6\ln\theta+2\ln(1-\theta)+4\ln(1-\theta)$$

$$\frac{\mathrm{d}\ln L}{\mathrm{d}\theta}=\frac{6}{\theta}-\frac{2}{1-\theta}-\frac{8}{1-2\theta}=\frac{6-28\theta+24\theta^2}{\theta(1-\theta)(1-2\theta)}=0$$

解 $6-28\theta+24\theta^2=0$，得

$$\theta_{1,2}=\frac{7\pm\sqrt{13}}{12}$$

由于

$$\frac{7+\sqrt{13}}{12}>\frac{1}{2}$$

所以 $\theta$ 的极大似然估计值为

$$\hat{\theta}=\frac{7-\sqrt{13}}{2}$$

**例 9** 设 $X_1,X_2,\cdots,X_n$ 是来自正态总体 $X\sim N(0,\sigma^2)$ 的一个简单随机样本.

(1) 求 $\sigma^2$ 的极大似然估计量 $\hat{\sigma}^2$，并求出 $E(\hat{\sigma}^2)$、$D(\hat{\sigma}^2)$.

(2) 比较 $D(\hat{\sigma}^2)$ 与 $D(S^2)$ 的大小.

(3) 问 $\hat{\sigma}^2$ 是否为 $\sigma^2$ 的一致估计量？

**【知识点】** 极大似然估计、$\chi^2$ 分布的性质、方差的计算及性质、一致估计的概念.

**【解】** (1) $L(\sigma^2)=\prod_{i=1}^{n}\frac{1}{\sqrt{2\pi}\sigma}\mathrm{e}^{-\frac{X_i^2}{2\sigma^2}}$，　$\ln L=-\frac{n}{2}\ln(2\pi\sigma^2)-\frac{1}{2\sigma^2}\sum_{i=1}^{n}X_i^2$

$$\frac{\mathrm{d}\ln L}{\mathrm{d}\sigma^2}=-\frac{n}{2\sigma^2}+\frac{1}{2\sigma^4}\sum_{i=1}^{n}X_i^2=0\Rightarrow\hat{\sigma}^2=\frac{1}{n}\sum_{i=1}^{n}X_i^2$$

$$E(\hat{\sigma}^2)=\frac{1}{n}E\left(\sum_{i=1}^{n}X_i^2\right)=E(X^2)=D(X)+[E(X)]^2=\sigma^2$$

$$D(\hat{\sigma}^2)=\frac{1}{n^2}D\left(\sum_{i=1}^{n}X_i^2\right)=\frac{1}{n^2}D\left(\sum_{i=1}^{n}X^2\right)=\frac{1}{n}D(X^2)=\frac{\sigma^4}{n}D\left[\left(\frac{X}{\sigma}\right)^2\right]=\frac{2\sigma^4}{n}$$

(2) 由于$\frac{(n-1)S^2}{\sigma^2}\sim\chi^2(n-1)$，$D\left[\frac{(n-1)S^2}{\sigma^2}\right]=2(n-1)$，$D(S^2)=\frac{2\sigma^4}{n-1}$，因此

$$D(\hat{\sigma}^2)<D(S^2)$$

(3) 由于

$$1\geqslant P(|\hat{\sigma}^2-\sigma^2|<\varepsilon)=P(|\hat{\sigma}^2-E(\hat{\sigma}^2)|<\varepsilon)\geqslant 1-\frac{D(\hat{\sigma}^2)}{\varepsilon^2}=1-\frac{2\sigma^4}{n\varepsilon^2}$$

$$\lim_{n\to+\infty}1=\lim_{n\to+\infty}\left(1-\frac{2\sigma^4}{n\varepsilon^2}\right)=1$$

所以有$\lim\limits_{n\to+\infty}P(|\hat{\sigma}^2-\sigma^2|<\varepsilon)=1$，故$\hat{\sigma}^2$是$\sigma^2$的一致估计量.

**例 10** 设某种砖头的抗压强度$X\sim N(\mu,\sigma^2)$（单位：kg · cm$^{-2}$），今随机抽取 20 块砖头，测得数据如下：

| | | | | | | | | | |
|---|---|---|---|---|---|---|---|---|---|
| 64 | 69 | 49 | 92 | 55 | 97 | 41 | 84 | 88 | 99 |
| 84 | 66 | 100 | 98 | 72 | 74 | 87 | 84 | 48 | 81 |

(1) 求$\mu$的置信水平为 0.95 的置信区间.

(2) 求$\sigma^2$的置信水平为 0.95 的置信区间.

**【知识点】** 单个正态总体的均值和方差的区间估计、$t$分布.

**【解】** $\bar{x}=76.6$，$s=18.14$，$\alpha=1-0.95=0.05$，$n=20$

$$t_{\alpha/2}(n-1)=t_{0.025}(19)=2.093$$

$$\chi^2_{\alpha/2}(n-1)=\chi^2_{0.025}(19)=32.852,\chi^2_{0.975}(19)=8.907$$

(1) $\mu$的置信水平为 0.95 的置信区间

$$\left(\bar{x}\pm\frac{s}{\sqrt{n}}t_{\alpha/2}(n-1)\right)=\left(76.6\pm\frac{18.14}{\sqrt{20}}\times 2.093\right)=(68.11,85.09)$$

(2) $\sigma^2$的置信水平为 0.95 的置信区间

$$\left(\frac{(n-1)s^2}{\chi^2_{\alpha/2}(n-1)},\frac{(n-1)s^2}{\chi^2_{1-\alpha/2}(n-1)}\right)=\left(\frac{19}{32.852}\times 18.14^2,\frac{19}{8.907}\times 18.14^2\right)$$
$$=(190.31,702.93)$$

**例 11** 假设 0.50，1.25，0.80，2.00 是来自总体$X$的简单随机样本值.已知$Y=\ln X$服从正态分布$N(\mu,1)$.

(1) 求$X$的数学期望$E(X)$（记$E(X)$为$b$）；

(2) 求$\mu$的置信水平为 0.95 的置信区间；

(3) 利用上述结果求$b$的置信水平为 0.95 的置信区间.

**【知识点】** 随机变量函数的期望、正态总体的区间估计.

**【解】** (1) $Y$的概率密度为$f(y)=\frac{1}{\sqrt{2\pi}}\mathrm{e}^{-\frac{(y-\mu)^2}{2}}$.依题意，$X=\mathrm{e}^Y$，应用随机变量函数的期望公式，有

$$b=E(X)=E(e^Y)=\int_{-\infty}^{+\infty}\frac{1}{\sqrt{2\pi}}e^y e^{-\frac{(y-\mu)^2}{2}}dy=e^{\mu+\frac{1}{2}}\int_{-\infty}^{+\infty}\frac{1}{\sqrt{2\pi}}e^{-\frac{[y-(\mu+1)]^2}{2}}dy=e^{\mu+\frac{1}{2}}$$

(2) $Y=\ln X$ 服从正态分布 $N(\mu,1)$，求 $\mu$ 的置信区间属于一个正态总体方差已知的类型，因此，其置信区间公式为

$$I=\left(\overline{Y}-z_{\alpha/2}\frac{\sigma}{\sqrt{n}},\overline{Y}+z_{\alpha/2}\frac{\sigma}{\sqrt{n}}\right)$$

将 $n=4,\sigma=1,z_{0.025}-1.96,\overline{Y}=\frac{1}{4}(\ln 0.5+\ln 1.25+\ln 0.8+\ln 2)=0$ 代入，可得 $\mu$ 的置信水平为 0.95 的置信区间为 $(-0.98,0.98)$.

(3) 函数 $y=e^x$ 严格单调递增，可见对于 $e^{\mu+\frac{1}{2}}$，其置信水平为 0.95 的置信区间应是 $(e^{-0.48},e^{1.48})$.

## 7.4 课后习题全解

### 习　题　7.1

**1.** 随机取 8 个圆环，测得它们的直径(单位:mm)为

74.001　74.005　74.003　74.001　74.000　73.998　74.006　74.002

试计算总体均值 $\mu$ 和方差 $\sigma^2$ 的矩估计值，并求样本方差 $S^2$.

**【解】** 总体均值 $\mu$ 矩估计值为

$$\overline{x}=\frac{\sum_{i=1}^{8}x_i}{8}=74.002$$

总体方差 $\sigma^2$ 的矩估计值为

$$b_2=\frac{1}{8}\sum_{i=1}^{8}(x_i-\overline{x})^2=6\times 10^{-6}$$

样本方差

$$S^2=\frac{1}{8-1}\sum_{i=1}^{8}(x_i-\overline{x})^2=6.86\times 10^{-6}$$

**2.** 设 $X_1,X_2,\cdots,X_n$ 为来自均匀分布总体 $U(0,\theta)$ 的样本，试求未知参数 $\theta$ 的矩估计量.

**【解】** 因为 $a_1=E(X)=\frac{\theta}{2},\theta=2a_1$，所以参数 $\theta$ 的矩估计量为 $\hat{\theta}=2\overline{X}$.

**3.** 设总体的概率密度为 $f(x)=\begin{cases}\theta c^\theta x^{-(\theta+1)} & x>c\\ 0 & \text{其他}\end{cases}$，其中 $c>0$ 为已知，$\theta>1$，$\theta$ 为未知参数，试求该总体未知参数 $\theta$ 的矩估计量.

【解】$a_1=\int_{-\infty}^{+\infty}xf(x)\mathrm{d}x=\int_{c}^{+\infty}x\theta c^{\theta}x^{-(\theta+1)}\mathrm{d}x=\theta c^{\theta}\int_{c}^{+\infty}x^{-\theta}\mathrm{d}x=\frac{c\theta}{\theta-1}$

由此得
$$\theta=\frac{a_1}{a_1-c}$$
在上式中以 $\overline{X}$ 代替 $a_1$，得 $\theta$ 的矩估计量
$$\hat{\theta}=\frac{\overline{X}}{\overline{X}-c}$$

**4.** 设总体的概率密度为 $f(x)=\begin{cases}\frac{1}{\theta}\mathrm{e}^{-\frac{x}{\theta}} & x>0\\ 0 & 其他\end{cases}$，其中 $\theta>0$，试求该总体未知参数 $\theta$ 的矩估计量和极大似然估计量.

【解】 先求矩估计量：
$$a_1=\int_{-\infty}^{+\infty}xf(x)\mathrm{d}x=\int_{0}^{+\infty}x\cdot\frac{1}{\theta}\mathrm{e}^{-\frac{x}{\theta}}\mathrm{d}x=-\int_{0}^{+\infty}x\mathrm{d}\mathrm{e}^{-\frac{x}{\theta}}$$
$$=-x\mathrm{e}^{-\frac{x}{\theta}}\Big|_{0}^{+\infty}+\int_{0}^{+\infty}\mathrm{e}^{-\frac{x}{\theta}}\mathrm{d}x=-\theta\mathrm{e}^{-\frac{x}{\theta}}\Big|_{0}^{+\infty}=\theta$$
即得 $\theta=a_1$，在上式中以 $\overline{X}$ 代替 $a_1$，得 $\theta$ 的矩估计量
$$\hat{\theta}_1=\overline{X}$$
再求极大似然估计量：

似然函数 $L=\theta^{-n}\mathrm{e}^{-\frac{1}{\theta}\sum\limits_{i=1}^{n}x_i}$，取对数得
$$\ln L=\ln(\theta^{-n}\mathrm{e}^{-\frac{1}{\theta}\sum\limits_{i=1}^{n}x_i})=-n\ln\theta-\frac{1}{\theta}\sum_{i=1}^{n}x_i$$
于是得对数似然方程：
$$\frac{\mathrm{d}\ln L}{\mathrm{d}\theta}=-\frac{n}{\theta}+\frac{1}{\theta^2}\sum_{i=1}^{n}x_i=0$$
可得
$$\theta=\frac{\sum\limits_{i=1}^{n}x_i}{n}$$
从而可得参数 $\theta$ 的极大似然估计量 $\hat{\theta}_2=\overline{X}$.

**5.** 设总体 $X\sim N(\mu,1)$，求 $\mu$ 矩估计量和极大似然估计量.

【解】 先求矩估计量：

由于 $a_1=E(X)=\mu$，在上式中以 $\overline{X}$ 代替 $a_1$，得 $\mu$ 的矩估计量 $\hat{\mu}_1=\overline{X}$.

再求极大似然估计量：

似然函数 $L=(2\pi)^{-\frac{n}{2}}\mathrm{e}^{-\frac{1}{2}\sum\limits_{i=1}^{n}(x_i-\mu)^2}$，取对数得
$$\ln L=-\frac{n}{2}\ln 2\pi-\frac{1}{2}\sum_{i=1}^{n}(x_i-\mu)^2$$

于是得对数似然方程：

$$\frac{\mathrm{d}\ln L}{\mathrm{d}\mu}=\sum_{i=1}^{n}(x_i-\mu)=0$$

可得

$$\mu=\frac{\sum_{i=1}^{n}x_i}{n}$$

从而可得参数 $\mu$ 的极大似然估计量

$$\hat{\mu}_2=\frac{\sum_{i=1}^{n}X_i}{n}=\overline{X}$$

**6.** 设总体的均值 $\mu$ 和方差 $\sigma^2$ 都存在，$X_1,X_2,X_3$ 为来自该总体的一个样本，试计算指出哪些估计量为 $\mu$ 的无偏估计量，并指出无偏估计量中哪个更为有效.

$$\hat{\mu}_1=\frac{1}{5}X_1+\frac{3}{10}X_2+\frac{1}{2}X_3$$

$$\hat{\mu}_2=\frac{1}{3}X_1+\frac{1}{4}X_2+\frac{5}{12}X_3$$

$$\hat{\mu}_3=\frac{1}{3}X_1+\frac{1}{6}X_2+\frac{1}{2}X_3$$

**【解】** 由题意可知，$E(X_i)=\mu,i=1,2,3,D(X_i)=\sigma^2,i=1,2,3$，有

$$E(\hat{\mu}_1)=E\left(\frac{1}{5}X_1+\frac{3}{10}X_2+\frac{1}{2}X_3\right)=\frac{1}{5}\mu+\frac{3}{10}\mu+\frac{1}{2}\mu=\mu$$

$$E(\hat{\mu}_2)=E\left(\frac{1}{3}X_1+\frac{1}{4}X_2+\frac{5}{12}X_3\right)=\frac{1}{3}\mu+\frac{1}{4}\mu+\frac{5}{12}\mu=\mu$$

$$E(\hat{\mu}_3)=E\left(\frac{1}{3}X_1+\frac{1}{6}X_2+\frac{1}{2}X_3\right)=\frac{1}{3}\mu+\frac{1}{6}\mu+\frac{1}{2}\mu=\mu$$

所以，3 个估计量都为无偏估计量.

$$D(\hat{\mu}_1)=D\left(\frac{1}{5}X_1+\frac{3}{10}X_2+\frac{1}{2}X_3\right)=\frac{1}{25}\sigma^2+\frac{9}{100}\sigma^2+\frac{1}{4}\sigma^2=0.38\sigma^2$$

$$D(\hat{\mu}_2)=D\left(\frac{1}{3}X_1+\frac{1}{4}X_2+\frac{5}{12}X_3\right)=\frac{1}{9}\sigma^2+\frac{1}{16}\sigma^2+\frac{25}{144}\sigma^2=0.34722\sigma^2$$

$$D(\hat{\mu}_3)=D\left(\frac{1}{3}X_1+\frac{1}{6}X_2+\frac{1}{2}X_3\right)=\frac{1}{9}\sigma^2+\frac{1}{36}\sigma^2+\frac{1}{4}\sigma^2=0.389\sigma^2$$

因为 $D(\hat{\mu}_2)$ 最小，所以估计量 $\hat{\mu}_2$ 更有效.

**7.** 设一批产品含有次品，今从中随机抽出 100 件，发现其中有 8 件次品，试求次品率 $\theta$ 的极大似然估计值.

**【解】** 用极大似然估计法时必须明确总体的分布，现在题目没有说明这一点，故应先来确定总体的分布.

设 $X_i=\begin{cases}1 & 第\ i\ 次取次品\\ 0 & 第\ i\ 次取正品\end{cases}$，$i=1,2,\cdots,100$，则 $X_i$ 服从 0-1 分布，如下所示．

| $X_i$ | 1 | 0 |
|---|---|---|
| $P$ | $\theta$ | $1-\theta$ |

设 $x_1,x_2,\cdots,x_{100}$ 为样本观测值，则

$$p(x_i;\theta)=P(X_i=x_i)=\theta^{x_i}(1-\theta)^{1-x_i}$$

$$x_i=0,1$$

故似然函数为

$$L(\theta)=\prod_{i=1}^{100}\theta^{x_i}(1-\theta)^{1-x_i}=\theta^{\sum_{i=1}^{100}x_i}(1-\theta)^{100-\sum_{i=1}^{100}x_i}$$

由题知

$$\sum_{i=1}^{100}x_i=8$$

所以

$$L(\theta)=\theta^8(1-\theta)^{92}$$

两边取对数得

$$\ln L(\theta)=8\ln\theta+92\ln(1-\theta)$$

对数似然方程为

$$\frac{\mathrm{d}\ln L(\theta)}{\mathrm{d}\theta}=\frac{8}{\theta}-\frac{92}{1-\theta}=0$$

解之得 $\theta=8/100=0.08$．所以 $\hat{\theta}_L=0.08$．

## 习　题　7.2

**1.** 一家食品生产企业以生产袋装食品为主，按规定每袋的标准重量（单位：g）应为 100．为检查每袋重量是否符合要求，企业质检部门从某天生产的一批食品中随机抽取了 25 袋，测得样本均值为 $\overline{X}=105.36$．假定食品重量服从正态分布，且总体标准差为 10．试估计该天生产的食品平均重量的置信区间，置信水平为 95%．

**【解】** 由于食品重量服从正态分布，且总体标准差为已知，因此 $\mu$ 的置信水平为 $1-\alpha$ 的置信区间为

$$(\overline{X}-z_{\frac{\alpha}{2}}\sigma/\sqrt{n},\overline{X}+z_{\frac{\alpha}{2}}\sigma/\sqrt{n})$$

其中 $1-\alpha=0.95$，$n=25$，$z_{0.025}=1.96$，$\overline{X}=105.36$，代入公式可得食品平均重量在置信水平为 95%下的置信区间为(101.44，109.28)．

**2.** 已知某种灯泡的使用寿命（单位：h）服从正态分布，现从该批灯泡中随机抽取 16 只，测得其使用寿命如下：

1510　1450　1480　1460　1520　1480　1490　1460

1480　1510　1530　1470　1500　1520　1510　1470

试建立该批灯泡平均使用寿命在95%置信水平下的置信区间.

**【解】** 由于灯泡的使用寿命服从正态分布,总体方差未知,且为小样本,所以 $\mu$ 的置信水平为 $1-\alpha$ 的置信区间为

$$(\overline{X}-t_{\frac{\alpha}{2}}(n-1)S/\sqrt{n},\overline{X}+t_{\frac{\alpha}{2}}(n-1)S/\sqrt{n})$$

其中:$1-\alpha=0.95$,$n=16$,$t_{0.025}(15)=2.1315$,$\overline{X}=1490$,$S=24.7656$,代入公式可得置信区间为(1476.8,1503.2),即该批灯泡平均使用寿命在95%置信水平下的置信区间为(1476.8,1503.2).

**3.** 随机从一批钉子中抽取16枚,测得其长度(单位:cm)分别为

2.14　2.13　2.10　2.15　2.13　2.12　2.13　2.10

2.15　2.12　2.14　2.10　2.13　2.11　2.14　2.11

假定钉长服从正态分布,试对如下情况:① 已知 $\sigma=0.01$,② $\sigma$ 未知,分别求出总体期望 $\mu$ 的置信水平为0.9的置信区间.

**【解】** 根据数据,可得

$$\overline{X}=2.125,\quad s=0.017127,\quad t_{0.05}(15)=1.7531,\quad z_{0.05}=1.645$$

(1) 由于钉长服从正态分布,$\sigma=0.01$ 为已知,所以总体期望 $\mu$ 的置信水平为 $1-\alpha$ 的置信区间为$(\overline{X}-z_{\frac{\alpha}{2}}\sigma/\sqrt{n},\overline{X}+z_{\frac{\alpha}{2}}\sigma/\sqrt{n})$,代入数据得总体期望 $\mu$ 的置信水平为0.9的置信区间为(2.121,2.129).

(2) $\sigma$ 未知,小样本,所以 $\mu$ 的置信水平为 $1-\alpha$ 的置信区间为

$$(\overline{X}-t_{\frac{\alpha}{2}}(n-1)S/\sqrt{n},\overline{X}+t_{\frac{\alpha}{2}}(n-1)S/\sqrt{n})$$

代入数据得总体期望 $\mu$ 的置信水平为0.9的置信区间为(2.117,2.133).

**4.** 从自动机床加工的同类零件中抽取16件,测得长度(单位:mm)为

12.15　12.12　12.01　12.28　12.09　12.16　12.03　12.03

12.06　12.01　12.13　12.13　12.07　12.11　12.08　12.01

假定该零件的长度服从正态分布,试分别求总体方差 $\sigma^2$ 和标准差 $\sigma$ 的置信水平为0.99的置信区间.

**【解】** 由于零件的长度服从正态分布,于是,方差 $\sigma^2$ 的置信水平为 $1-\alpha$ 的置信区间为$\left(\frac{(n-1)S^2}{\chi^2_{\frac{\alpha}{2}}(n-1)},\frac{(n-1)S^2}{\chi^2_{1-\frac{\alpha}{2}}(n-1)}\right)$,标准差 $\sigma$ 的置信水平为 $1-\alpha$ 的置信区间为$\left(\frac{\sqrt{(n-1)}S}{\sqrt{\chi^2_{\frac{\alpha}{2}}(n-1)}},\frac{\sqrt{(n-1)}S}{\sqrt{\chi^2_{1-\frac{\alpha}{2}}(n-1)}}\right)$,其中 $n=16$,$S^2=0.005123$,$\chi^2_{0.005}(15)=32.801$,$\chi^2_{0.995}(15)=4.601$,代入数据,可得总体方差 $\sigma^2$ 和标准差 $\sigma$ 在置信水平为0.99下的置信区间分别为(0.0023,0.0167)、(0.0484,0.1292).

**5.** 设某地区110 kV电网电压在正常情况下服从正态分布,某日内测得10个电

压数据(单位:kV)如下:

108.1 108.9 109.8 109.2 109.9 110.1 110.2 110.5 110.8 111.2

试以95%的置信水平估计电压均值和标准差的范围.

**【解】** 根据数据,可得

$$\overline{X}=109.87,\quad S=0.926223,\quad n=10,\quad \alpha=0.05,\quad t_{0.025}(9)=2.2622$$

$$\chi^2_{0.025}(9)=19.023,\quad \chi^2_{0.975}(9)=2.7$$

由于电压服从正态分布,总体方差未知,且为小样本,因此 $\mu$ 的置信水平为 $1-\alpha$ 的置信区间为

$$(\overline{X}-t_{\frac{\alpha}{2}}(n-1)S/\sqrt{n},\overline{X}+t_{\frac{\alpha}{2}}(n-1)S/\sqrt{n})$$

代入数据可得电压均值在95%的置信水平下的置信区间为(109.21,110.53).

标准差 $\sigma$ 的置信水平为 $1-\alpha$ 的置信区间为

$$\left(\frac{\sqrt{(n-1)}S}{\sqrt{\chi^2_{\frac{\alpha}{2}}(n-1)}},\frac{\sqrt{(n-1)}S}{\sqrt{\chi^2_{1-\frac{\alpha}{2}}(n-1)}}\right)$$

代入数据可得电压标准差在95%的置信水平下的置信区间为(0.64,1.69).

## 习 题 7.3

**1.** 随机从甲批导线中抽取4根,并从乙批导线中抽取5根,测得其电阻(单位:Ω)如下:甲批,0.143,0.142,0.143,0.137;乙批,0.140,0.142,0.136,0.138,0.140.设测试数据分别服从正态分布 $N(\mu_1,\sigma^2)$ 和 $N(\mu_2,\sigma^2)$,并且它们相互独立.试求参数 $\mu_1-\mu_2$ 的置信水平为0.95的置信区间.

**【解】** 由于测试数据服从正态分布,两方差未知但相等,因此 $\mu_1-\mu_2$ 的置信水平为 $1-\alpha$ 的置信区间为 $(\overline{X}-\overline{Y}-t_{\alpha/2}(n_1+n_2-2)S_w,\overline{X}-\overline{Y}+t_{\alpha/2}(n_1+n_2-2)S_w)$,其中:

$$S_w=\sqrt{\frac{(n_1-1)S_1^2+(n_2-1)S_2^2}{n_1+n_2-2}\left(\frac{1}{n_1}+\frac{1}{n_2}\right)}.$$

经计算可得

$$\overline{X}=0.14125,\quad \overline{Y}=0.1392,\quad S_1^2=8.25\times10^{-6},\quad S_2^2=5.2\times10^{-6}$$

$$n_1=4,\quad n_2=5,\quad t_{0.025}(7)=2.3646,\quad S_w=0.001711$$

所以数 $\mu_1-\mu_2$ 的置信水平为0.95的置信区间为(−0.0019958,0.00609583).

**2.** 有两位化验员A、B独立地对某种化合物的含氮量用同样的方法分别做10次和11次测定,测定的方差分别为:$S_1^2=0.5419$,$S_2^2=0.6065$.设A、B两位化验员的测定值服从正态分布,其总体方差分别为 $\sigma_1^2$、$\sigma_2^2$,求方差比 $\sigma_1^2/\sigma_2^2$ 的置信水平为0.90的置信区间.

**【解】** 由题意可知,$\frac{\sigma_1^2}{\sigma_2^2}$ 在置信水平为 $1-\alpha$ 下的置信区间为

$$\left(\frac{S_1^2/S_2^2}{F_{\alpha/2}(n_1-1,n_2-1)},\frac{S_1^2/S_2^2}{F_{1-\alpha/2}(n_1-1,n_2-1)}\right)$$

经查表可得　$F_{0.05}(9,10)=3.14$，　$F_{0.95}(9,10)=\dfrac{1}{F_{0.05}(10,9)}=\dfrac{1}{3.02}$

所以可得方差比 $\sigma_1^2/\sigma_2^2$ 的置信水平为 0.90 的置信区间为(0.28455,2.698331).

**3.** 从汽车轮胎厂生产的某种轮胎中抽取 10 个样品进行磨损实验，直到轮胎磨坏为止，测得它们的行驶路程(单位：km)如下：

41250　41010　42650　38970　40200　42550　43500　40400　41870　39800

设汽车轮胎行驶路程服从正态分布 $N(\mu,\sigma^2)$，求：

(1) $\mu$ 的置信水平为 0.95 的单侧置信下限；

(2) $\sigma$ 的置信水平为 0.95 的单侧置信上限.

**【解】** 由题中数据可得

$$\overline{X}=41220,\quad S=1424.835,\quad t_{0.05}(9)=1.8331,\quad \chi_{0.95}^2(9)=3.325$$

(1) 由于均值 $\mu$ 和方差 $\sigma^2$ 均未知，因此 $\mu$ 的置信水平为 $1-\alpha$ 的单侧置信下限为

$$\underline{\mu}=\overline{X}-\frac{S}{\sqrt{n}}t_\alpha(n-1)=41220-\frac{1424.835}{\sqrt{10}}\times1.8331=40394.06$$

(2) 由题意可知，$\sigma$ 的置信水平为 $1-\alpha$ 的单侧置信上限为

$$\bar{\sigma}=\sqrt{\frac{(n-1)S^2}{\chi_{1-\alpha}^2(n-1)}}=2344.175$$

## 综合练习 7

**1.** 填空题.

(1) 设总体 $X\sim N(\mu,\sigma^2)$，$X_1,X_2,\cdots,X_n$ 为来自总体 $X$ 的样本.

① 如果 $\sigma^2$ 已知，$\mu$ 未知，则 $\mu$ 的矩估计量 $\hat{\mu}=$______.

② 如果 $\mu$ 已知，$\sigma^2$ 未知，则 $\sigma^2$ 的矩估计量 $\hat{\sigma}^2=$______.

③ 如果 $\mu$、$\sigma^2$ 都已知，则 $\mu$ 的矩估计量 $\hat{\mu}=$______，$\sigma^2$ 的矩估计量 $\hat{\sigma}^2=$______.

**【答案】** ① $\overline{X}$　② $\dfrac{1}{n}\sum_{i=1}^{n}X_i^2-\mu^2$　③ $\overline{X}$　$\dfrac{1}{n}\sum_{i=1}^{n}(X_i-\overline{X})^2$.

**【解】** ① 由 $\overline{X}=E(X)=\mu$，解得　$\hat{\mu}=\overline{X}$

② 由于 $E(X)$ 中不含有 $\sigma^2$，故根据低阶矩优先原则，改用二阶原点矩建立方程

$$\frac{1}{n}\sum_{i=1}^{n}X_i^2=E(X^2)=\sigma^2+\mu^2$$

解得

$$\hat{\sigma}^2=\frac{1}{n}\sum_{i=1}^{n}X_i^2-\mu^2$$

③ 由 $\begin{cases}\overline{X}=E(X)=\mu\\ \dfrac{1}{n}\sum_{i=1}^{n}(X_i-\overline{X})^2=D(X)=\sigma^2\end{cases}$，解得

$$\hat{\mu}=\overline{X},\quad \hat{\sigma}^2=\frac{1}{n}\sum_{i=1}^{n}(X_i-\overline{X})^2$$

(2) 设总体 $X\sim B(1,p)$,1,1,1,0 为来自总体 $X$ 的一个样本观测值,则 $D(X^2)$ 的矩估计值为______.

**【答案】** $\frac{3}{16}$.

**【解】**
$$E(X)=p$$
$$D(X^2)=E(X^4)-[E(X^2)]^2=p(1-p)=E(X)[1-E(X)]$$
用 $\overline{X}$ 替换 $E(X)$,得 $D(X^2)$ 的矩估计量为 $\overline{X}(1-\overline{X})$,其估计值为
$$\frac{3}{4}\left(1-\frac{3}{4}\right)=\frac{3}{16}.$$

(3) 设轴承内环锻压零件的长度 $X\sim N(\mu,0.4^2)$(单位:mm),现抽了 20 只环,测得其长度的算术平均值 $\overline{X}=32.3$,则内环长度的置信水平为 95% 的置信区间为______.

**【答案】** (32.13,32.48).

**【解】** 因为零件长度服从正态分布,且方差已知,所以 $\mu$ 的置信水平为 $1-\alpha$ 的置信区间为
$$(\overline{X}-z_{\frac{\alpha}{2}}\sigma/\sqrt{n},\overline{X}+z_{\frac{\alpha}{2}}\sigma/\sqrt{n})$$
其中:$\overline{X}=32.3$,$z_{0.025}=1.96$,$\sigma=0.4$,$n=20$,代入公式可得内环长度的置信水平为 95% 的置信区间为(32.12,32.48).

**2.** 选择题.

(1) 无论 $\sigma^2$ 是否已知,正态总体均值 $\mu$ 的置信区间的中心都是(　　).

A. $\mu$　　B. $\sigma^2$　　C. $\overline{X}$　　D. $S^2$

**【答案】** C.

**【解】** 当方差已知时,置信区间为 $(\overline{X}-z_{\frac{\alpha}{2}}\sigma/\sqrt{n},\overline{X}+z_{\frac{\alpha}{2}}\sigma/\sqrt{n})$. 当方差未知时,置信区间为 $(\overline{X}-t_{\frac{\alpha}{2}}(n-1)S/\sqrt{n},\overline{X}+t_{\frac{\alpha}{2}}(n-1)S/\sqrt{n})$,由此可知选项 C 正确.

(2) 当 $\sigma^2$ 未知时,正态总体均值 $\mu$ 的置信水平为 $1-\alpha$ 的置信区间的长度是 $S$ 的(　　)倍.

A. $2t_\alpha(n)$　　B. $\frac{2}{\sqrt{n}}t_{\alpha/2}(n-1)$　　C. $\frac{S}{\sqrt{n}}t_{\alpha/2}(n-1)$　　D. $\frac{S}{\sqrt{n-1}}$

**【答案】** B.

**【解】** 当方差未知时,置信区间为 $(\overline{X}-t_{\frac{\alpha}{2}}(n-1)S/\sqrt{n},\overline{X}+t_{\frac{\alpha}{2}}(n-1)S/\sqrt{n})$,由此可知选项 B 正确.

(3) 设总体 $X\sim N(\mu,\sigma^2)$,其中 $\sigma^2$ 已知,则对于给定的样本,总体平均值的置信区间的长度 $L$ 与置信度 $1-\alpha$ 的关系是(　　).

A. 当 $1-\alpha$ 变小时,$L$ 变长　　　　B. 当 $1-\alpha$ 变小时,$L$ 变短

C. 当 $1-\alpha$ 变小时,$L$ 不长　　　　D. 以上说法都不对

**【答案】** B.

**【解】** 当方差已知时,置信区间的长度 $L=2z_{\frac{\alpha}{2}}\sigma/\sqrt{n}$,当 $1-\alpha$ 变小时,$z_{\frac{\alpha}{2}}$ 变小,从而 $L$ 变短,所以选项 B 正确.

(4) 设总体 $X$ 的数学期望为 $\mu$,方差为 $\sigma^2$,其中 $\mu\neq 0,\sigma>0$. $X_1,X_2,X_3$ 为样本,则下列统计量中,(　　)为 $\mu$ 的无偏估计,且方差最小.

A. $\frac{1}{2}X_1+\frac{1}{3}X_2+\frac{1}{6}X_3$　　　　B. $\frac{1}{3}X_1+\frac{1}{3}X_2+\frac{1}{3}X_3$

C. $\frac{1}{5}X_1+\frac{2}{5}X_2+\frac{2}{5}X_3$　　　　D. $\frac{1}{7}X_1+\frac{2}{7}X_2+\frac{3}{7}X_3$

**【答案】** B.

**【解】** 对于选项 D,$E\left(\frac{1}{7}X_1+\frac{2}{7}X_2+\frac{3}{7}X_3\right)=\frac{6}{7}\mu\neq\mu$,因此选项 D 不是无偏估计,显然其他选项都是,又由于 $D\left(\frac{1}{2}X_1+\frac{1}{3}X_2+\frac{1}{6}X_3\right)=\frac{7}{18}\sigma^2$,$D\left(\frac{1}{3}X_1+\frac{1}{3}X_2+\frac{1}{3}X_3\right)=\frac{1}{3}\sigma^2$,$D\left(\frac{1}{5}X_1+\frac{2}{5}X_2+\frac{2}{5}X_3\right)=\frac{9}{25}\sigma^2$,显然选项 B 的方差最小,因此应选 B.

**3.** 设总体 $X$ 服从二项分布 $B(n,p)$,$n$ 已知,$X_1,X_2,\cdots,X_n$ 为来自 $X$ 的样本,求参数 $p$ 的矩估计量.

**【解】** $E(X)=np$,$E(X)=A_1=\overline{X}$,因此 $np=\overline{X}$. 所以 $p$ 的矩估计量

$$\hat{p}=\frac{\overline{X}}{n}$$

**4.** 设总体 $X$ 的概率密度

$$f(x;\theta)=\begin{cases}\frac{2}{\theta^2}(\theta-x) & 0<x<\theta\\ 0 & \text{其他}\end{cases}$$

$X_1,X_2,\cdots,X_n$ 为其样本,试求参数 $\theta$ 的矩估计量.

**【解】** $E(X)=\frac{2}{\theta^2}\int_0^\theta x(\theta-x)\mathrm{d}x=\frac{2}{\theta^2}\left(\theta\frac{x^2}{2}-\frac{x^3}{3}\right)\Big|_0^\theta=\frac{\theta}{3}$

令 $E(X)=A_1=\overline{X}$,因此　　$\frac{\theta}{3}=\overline{X}$

所以 $\theta$ 的矩估计量为

$$\hat{\theta}=3\overline{X}$$

**5.** 设总体 $X$ 的概率密度为 $f(x;\theta)=\begin{cases}(\theta+1)x^\theta & 0<x<1\\ 0 & \text{其他}\end{cases}$ $(\theta>-1)$,试由样本

$X_1, X_2, \cdots, X_n$ 来求 $\theta$ 的矩估计量和极大似然估计量.

**【解】** 由 $E(X)=\int_0^1 x(\theta+1)x^\theta \mathrm{d}x=\dfrac{\theta+1}{\theta+2}$，用 $\overline{X}$ 代替 $E(X)$，得 $\theta$ 的矩估计量为 $\dfrac{1}{1-\overline{X}}-2$.

由题意可得其似然函数为

$$L=(\theta+1)^n\left(\prod_{i=1}^n x_i\right)^\theta$$

取对数可得对数似然函数为

$$\ln L=n\ln(\theta+1)+\theta\ln\left(\prod_{i=1}^n x_i\right)$$

于是得到对数似然方程为

$$\frac{\mathrm{d}\ln L}{\mathrm{d}\theta}=\frac{n}{\theta+1}+\ln\left(\prod_{i=1}^n x_i\right)=0$$

由此解得 $\theta$ 的极大似然估计量为 $-\dfrac{n}{\sum\limits_{i=1}^n \ln X_i}-1$.

**6.** 设总体 $X$ 的概率密度为

$$f(x)=\begin{cases}(\alpha+1)x^\alpha & 0<x<1,\alpha>-1\\ 0 & \text{其他}\end{cases}$$

其中 $\alpha$ 未知，样本为 $X_1, X_2, \cdots, X_n$，求参数 $\alpha$ 的矩估计.

**【解】** $A_1=\overline{X}$. 由 $\mu_1=A_1$ 及 $\mu_1=E(X)=\int_{-\infty}^{+\infty} xf(x)\mathrm{d}x=\int_0^1 x(\alpha+1)x^\alpha \mathrm{d}x=\dfrac{\alpha+1}{\alpha+2}$，有 $\overline{X}=\dfrac{\alpha+1}{\alpha+2}$，得 $\hat{\alpha}=\dfrac{1-2\overline{X}}{\overline{X}-1}$.

**7.** 设 $X_1, X_2, \cdots, X_n$ 是取自总体 $X$ 的样本，$E(X)=\mu$，$D(X)=\sigma^2$，$\hat{\sigma}^2=k\sum\limits_{i=1}^{n-1}(X_{i+1}-X_i)^2$，问 $k$ 为何值时 $\hat{\sigma}^2$ 为 $\sigma^2$ 的无偏估计.

**【解】** 令 $\qquad Y_i=X_{i+1}-X_i, \quad i=1,2,\cdots,n-1$

则 $\qquad E(Y_i)=E(X_{i+1})-E(X_i)=\mu-\mu=0, \quad D(Y_i)=2\sigma^2$

于是 $\qquad E(\hat{\sigma}^2)=E\left[k\left(\sum\limits_{i=1}^{n-1}Y_i^2\right)\right]=k(n-1)E(Y_1^2)=2\sigma^2(n-1)k$

那么当 $E(\hat{\sigma}^2)=\sigma^2$，即 $2\sigma^2(n-1)k=\sigma^2$ 时，有

$$k=\frac{1}{2(n-1)}$$

**8.** 设 $X_1$、$X_2$ 是从正态总体 $N(\mu,\sigma^2)$ 中抽取的样本

$$\hat{\mu}_1=\frac{2}{3}X_1+\frac{1}{3}X_2, \quad \hat{\mu}_2=\frac{1}{4}X_1+\frac{3}{4}X_2, \quad \hat{\mu}_3=\frac{1}{2}X_1+\frac{1}{2}X_2$$

试证 $\hat{\mu}_1$、$\hat{\mu}_2$、$\hat{\mu}_3$ 都是 $\mu$ 的无偏估计量，并求出每一估计量的方差.

**【证明】** (1) $E(\hat{\mu}_1)=E\left(\frac{2}{3}X_1+\frac{1}{3}X_2\right)=\frac{2}{3}E(X_1)+\frac{1}{3}E(X_2)=\frac{2}{3}\mu+\frac{1}{3}\mu=\mu$

$$E(\hat{\mu}_2)=\frac{1}{4}E(X_1)+\frac{3}{4}E(X_2)=\mu$$

$$E(\hat{\mu}_3)=\frac{1}{2}E(X_1)+\frac{1}{2}E(X_2)=\mu$$

所以 $\hat{\mu}_1$、$\hat{\mu}_2$、$\hat{\mu}_3$ 均是 $\mu$ 的无偏估计量.

(2)
$$D(\hat{\mu}_1)=\left(\frac{2}{3}\right)^2D(X_1)+\left(\frac{1}{3}\right)^2D(X_2)=\frac{5\sigma^2}{9}$$

$$D(\hat{\mu}_2)=\left(\frac{1}{4}\right)^2D(X_1)+\left(\frac{3}{4}\right)^2D(X_2)=\frac{5\sigma^2}{8}$$

$$D(\hat{\mu}_3)=\left(\frac{1}{2}\right)^2[D(X_1)+D(X_2)]=\frac{\sigma^2}{2}$$

**9.** 设总体 $X$ 的概率密度为

$$f(x;\theta)=\begin{cases}\theta & 0<x<1\\ 1-\theta & 1\leqslant x<2\\ 0 & \text{其他}\end{cases}$$

其中 $\theta$ 是未知参数$(0<\theta<1)$，$X_1,X_2,\cdots,X_n$ 为来自总体 $X$ 的简单随机样本，记 $N$ 为样本值 $x_1,x_2,\cdots,x_n$ 中小于1的个数，求 $\theta$ 的极大似然估计.

**【解】** 记似然函数为 $L(\theta)$，则

$$L(\theta)=\underbrace{\theta\cdot\theta\cdot\cdots\cdot\theta}_{N个}\underbrace{(1-\theta)\cdot(1-\theta)\cdot\cdots\cdot(1-\theta)}_{(n-N)个}=\theta^N(1-\theta)^{n-N}$$

两边取对数得

$$\ln L(\theta)=N\ln\theta+(n-N)\ln(1-\theta)$$

令 $\frac{\mathrm{d}\ln L(\theta)}{\mathrm{d}\theta}=\frac{N}{\theta}-\frac{n-N}{1-\theta}=0$，解得 $\hat{\theta}=\frac{N}{n}$ 为 $\theta$ 的极大似然估计.

**10.** 设 $X_1,X_2,\cdots,X_n$ 是来自总体 $N(\mu,\sigma^2)$ 的简单随机样本，记 $\overline{X}=\frac{1}{n}\sum_{i=1}^{n}X_i$，$S^2=\frac{1}{n-1}\sum_{i=1}^{n}(X_i-\overline{X})^2$，$T=\overline{X}^2-\frac{1}{n}S^2$.

(1) 证明 $T$ 是 $\mu^2$ 的无偏估计量；

(2) 当 $\mu=0,\sigma=1$ 时，求 $D(T)$.

**【证明】** (1) 方法一：首先 $T$ 是统计量. 其次

$$E(T)=E(\overline{X}^2)-\frac{1}{n}E(S^2)=D(\overline{X}^2)+[E(\overline{X})]^2-\frac{1}{n}E(S^2)=\frac{1}{n}\sigma^2+\mu^2-\frac{1}{n}\sigma^2=\mu^2$$

对一切 $\mu$、$\sigma$ 成立. 因此 $T$ 是 $\mu^2$ 的无偏估计量.

方法二：首先 $T$ 是统计量. 其次

$$T=\frac{n}{n-1}\overline{X}^2-\frac{1}{n(n-1)}\sum_{i=1}^{n}X_i^2=\frac{1}{n(n-1)}\sum_{j\neq k}^{n}X_jX_k$$

$$E(T)=\frac{n}{n-1}\sum_{j\neq k}^{n}E(X_j)[E(X_k)]=\mu^2$$

对一切 $\mu$、$\sigma$ 成立. 因此 $T$ 是 $\mu^2$ 的无偏估计量.

(2) 根据题意，有$\sqrt{n}\overline{X}\sim N(0,1)$，$n\overline{X}^2\sim\chi^2(1)$，$(n-1)S^2\sim\chi^2(n-1)$，于是 $D(n\overline{X}^2)=2$，$D[(n-1)S^2]=2(n-1)$，所以

$$D(T)=D\left(\overline{X}^2-\frac{1}{n}S^2\right)=\frac{1}{n^2}D(n\overline{X}^2)+\frac{1}{n^2(n-1)^2}D[(n-1)S^2]=\frac{2}{n(n-1)}$$

**11.** 为了得到某种新型材料的抗压力的资料，对 10 个实验品做压力实验，得到数据(单位：1000 N/cm$^2$)如下：

49.3　48.6　47.5　48.0　51.2　45.6　47.7　49.5　46.0　50.6

若实验数据服从正态分布，试以 95%的置信水平估计：

(1) 该材料平均抗压力的区间；

(2) 该材料抗压力方差的区间.

**【解】** 由数据可得

$$\overline{X}=48.4,\quad S^2=3.3111,\quad S=1.819646$$

$$t_{0.025}(9)=2.2622,\quad \chi^2_{0.025}(9)=19.023,\quad \chi^2_{0.975}(9)=2.7$$

(1) 由公式$(\overline{X}-t_{\frac{\alpha}{2}}(n-1)S/\sqrt{n},\overline{X}+t_{\frac{\alpha}{2}}(n-1)S/\sqrt{n})$，代入数据可得该材料平均抗压力的区间为(47.1,49.7).

(2) 由公式$\left(\frac{(n-1)S^2}{\chi^2_{\frac{\alpha}{2}}(n-1)},\frac{(n-1)S^2}{\chi^2_{1-\frac{\alpha}{2}}(n-1)}\right)$，代入数据可得该材料抗压力方差的区间为(1.567,11.037).

**12.** 某车间生产滚珠，已知其直径 $X\sim N(\mu,\sigma^2)$(单位：mm)，现从某一天生产的产品中随机地抽出 6 个，测得直径如下：

14.6　15.1　14.9　14.8　15.2　15.1

试求滚珠直径 $X$ 的均值 $\mu$ 的置信水平为 95%的置信区间.

**【解】** $\bar{x}=\frac{1}{n}\sum_{i=1}^{n}x_i=\frac{1}{6}(14.6+15.1+14.9+14.8+15.2+15.1)$
$=14.95$

$$s_0=\sqrt{\frac{1}{n}\sum_{i=1}^{n}(x_i-\bar{x})^2}=0.2062$$

$$t_{\alpha/2}(n-1)=t_{0.025}(5)=2.571$$

所以
$$t_{\frac{\alpha}{2}}(n-1)\frac{s_0}{\sqrt{n-1}}=2.571\times\frac{0.2062}{\sqrt{6-1}}=0.24$$
置信区间为(14.95−0.24,14.95+0.24),即(14.71,15.19),置信水平为95%.

**13.** 某种钢丝的折断力服从正态分布,今从一批钢丝中任取10根,试验其折断力,得数据如下:

572　570　578　568　596

576　584　572　580　566

试求方差 $\sigma^2$ 的置信水平为0.9的置信区间.

**【解】**
$$\bar{x}=\frac{1}{n}\sum_{i=1}^{n}x_i=\frac{1}{10}(572+570+\cdots+566)=576.2$$
$$s_0^2=\frac{1}{n}\sum_{i=1}^{n}(x_i^2-\bar{x}^2)=71.56$$
$\alpha=0.10$,$n-1=9$,查表得
$$\chi^2_{\frac{\alpha}{2}}(n-1)=\chi^2_{0.05}(9)=16.919$$
$$\chi^2_{1-\frac{\alpha}{2}}(n-1)=\chi^2_{0.95}(9)=3.325$$
$$\frac{ns_0^2}{\chi^2_{\frac{\alpha}{2}}(n-1)}=\frac{10\times 71.56}{16.919}=42.30$$
$$\frac{ns_0^2}{\chi^2_{1-\frac{\alpha}{2}}(n-1)}=\frac{10\times 71.56}{3.325}=215.22$$
所以,$\sigma^2$ 的置信水平为0.9的置信区间为(42.30,215.22).

**14.** 总体 $X\sim N(\mu,\sigma^2)$,$\sigma^2$ 已知,问需抽取容量 $n$ 为多大的样本,才能使 $\mu$ 的置信水平为 $1-\alpha$,且置信区间的长度不大于 $L$?

**【解】** 由 $\sigma^2$ 已知可知 $\mu$ 的置信水平为 $1-\alpha$ 的置信区间为 $\left(\bar{x}\pm z_{\alpha/2}\frac{\sigma}{\sqrt{n}}\right)$,于是置信区间长度为 $\frac{2\sigma}{\sqrt{n}}\cdot z_{\alpha/2}$,那么由 $\frac{2\sigma}{\sqrt{n}}\cdot z_{\alpha/2}\leqslant L$,得
$$n\geqslant\frac{4\sigma^2(z_{\alpha/2})^2}{L^2}$$

## 7.5　考研真题选讲

**例1**(2005.3)　设一批零件的长度服从正态分布 $N(\mu,\sigma^2)$,其中 $\mu$、$\sigma^2$ 均未知.现从中随机抽取16个零件,测得样本均值 $\bar{x}=20$(cm),样本标准差 $s=1$(cm),则 $\mu$ 的置信水平为0.90的置信区间是(　　).

A. $\left(20-\frac{1}{4}t_{0.05}(16),20+\frac{1}{4}t_{0.05}(16)\right)$　　B. $\left(20-\frac{1}{4}t_{0.1}(16),20+\frac{1}{4}t_{0.1}(16)\right)$

C. $\left(20-\frac{1}{4}t_{0.05}(15),20+\frac{1}{4}t_{0.05}(15)\right)$ D. $\left(20-\frac{1}{4}t_{0.1}(15),20+\frac{1}{4}t_{0.1}(15)\right)$

【答案】 C.

【解】 由正态总体抽样分布的性质知，$\frac{\bar{x}-\mu}{s/\sqrt{n}}\sim t(n-1)$，故 $\mu$ 的置信水平为 0.90 的置信区间是 $\left(20-\frac{1}{4}t_{0.05}(15),20+\frac{1}{4}t_{0.05}(15)\right)$. 故应选 C.

**例 2**(2016.1) 设 $x_1,x_2,\cdots,x_n$ 为来自总体 $N(\mu,\sigma^2)$ 的简单随机样本，样本均值 $\bar{x}=9.5$，参数 $\mu$ 的置信水平为 0.95 的双侧置信区间的置信上限为 10.8，则 $\mu$ 的置信水平为 0.95 的双侧置信区间为______.

【答案】 (8.2,10.8).

【解】 $P\left(-z_{0.025}<\frac{\bar{x}-u}{\frac{\sigma}{\sqrt{n}}}<z_{0.025}\right)=P\left(\bar{x}-z_{0.025}\frac{\sigma}{\sqrt{n}}<u<\bar{x}+\frac{\sigma}{\sqrt{n}}z_{0.025}\right)=0.95$

因为 $\bar{x}+\frac{\sigma}{\sqrt{n}}z_{0.025}=10.8$，所以 $\frac{\sigma}{\sqrt{n}}z_{0.025}=1.3$，所以置信下限 $\underline{x}=z_{0.025}\frac{\sigma}{\sqrt{n}}=8.2$.

**例 3**(2014.3) 设总体 $X$ 的概率密度为 $f(x;\theta)=\begin{cases}\frac{2x}{3\theta^2} & \theta<x<2\theta\\ 0 & \text{其他}\end{cases}$，其中 $\theta$ 是未知参数，$X_1,X_2,\cdots,X_n$ 是来自总体的简单随机样本，若 $C\sum_{i=1}^{n}X_i^2$ 是 $\theta^2$ 的无偏估计，则常数 $C=$______.

【答案】 $C=\frac{2}{5n}$.

【解】 因为 $E(X^2)=\int_{\theta}^{2\theta}x^2\ \frac{2x}{3\theta^2}\mathrm{d}x=\frac{5}{2}\theta^2$，所以 $E\left(C\sum_{i=1}^{n}X_i^2\right)=Cn\ \frac{5}{2}\theta^2$. 由于 $C\sum_{i=1}^{n}X_i^2$ 是 $\theta^2$ 的无偏估计，故 $Cn\ \frac{5}{2}=1,C=\frac{2}{5n}$.

**例 4**(2009.1) 设 $X_1,X_2,\cdots,X_m$ 为来自二项分布总体 $B(n,p)$ 的简单随机样本，$\overline{X}$ 和 $S^2$ 分别为样本均值和样本方差. 若 $\overline{X}+kS^2$ 为 $np^2$ 的无偏估计量，则 $k=$______.

【答案】 $-1$.

【解】 因为 $\overline{X}+kS^2$ 为 $np^2$ 的无偏估计，所以

$$E(\overline{X}+kS^2)=np^2$$

$$np+knp(1-p)=np^2$$

$$1+k(1-p)=p$$

$$k(1-p)=p-1$$

即
$$k=-1$$

**例 5**(2015.1)　设总体 $X$ 的概率密度为 $f(x;\theta)=\begin{cases}\dfrac{1}{1-\theta} & \theta\leqslant x\leqslant 1\\ 0 & \text{其他}\end{cases}$,其中 $\theta$ 为未知参数,$X_1,X_2,\cdots,X_n$ 为随机样本.

(1) 求 $\theta$ 的矩估计量.

(2) 求 $\theta$ 的极大似然估计量.

**【解】**　(1) $E(X)=\int_{-\infty}^{+\infty}xf(x;\theta)\mathrm{d}x=\int_0^1 x\dfrac{1}{1-\theta}\mathrm{d}x=\dfrac{1}{1-\theta}\cdot\dfrac{x^2}{2}\Big|_0^1=\dfrac{1+\theta}{2}$

$$\Rightarrow\theta=2E(X)-1\Rightarrow\hat{\theta}=2\overline{X}-1$$

(2) 设 $x_1,x_2,\cdots,x_n$ 为观测值,则

$$L(\theta)=\prod_{i=1}^{n}f(x_i;\theta)=\begin{cases}\prod\limits_{i=1}^{n}\dfrac{1}{1-\theta}=\dfrac{1}{(1-\theta)^n} & \theta\leqslant x_i<1,i=1,2,\cdots,n\\ 0 & \text{其他}\end{cases}$$

$\ln L(\theta)=-n\ln(1-\theta),\theta\leqslant x_i<1,i=1,2,\cdots,n,\dfrac{\mathrm{d}\ln L(\theta)}{\mathrm{d}\theta}=-n\dfrac{-1}{1-\theta}=\dfrac{n}{1-\theta}>0$

取
$$\hat{\theta}=\min(X_i)$$

**例 6**(2014.1)　设总体 $X$ 的分布函数为 $F(x,\theta)=\begin{cases}1-\mathrm{e}^{-\frac{x^2}{\theta}} & x\geqslant 0\\ 0 & x<0\end{cases}$,其中 $\theta$ 为未知的大于零的参数,$X_1,X_2,\cdots,X_n$ 是来自总体的简单随机样本.

(1) 求 $E(X)$、$E(X^2)$.

(2) 求 $\theta$ 的极大似然估计量 $\hat{\theta}_n$.

(3) 是否存在常数 $a$,使得对任意的 $\varepsilon>0$,都有 $\lim\limits_{n\to+\infty}P(|\hat{\theta}_n-a|\geqslant\varepsilon)=0$.

**【解】**　(1) 先求出总体 $X$ 的概率密度

$$f(x,\theta)=\begin{cases}\dfrac{2x}{\theta}\mathrm{e}^{-\frac{x^2}{\theta}} & x\geqslant 0\\ 0 & x<0\end{cases}$$

$$E(X)=\int_0^{+\infty}\frac{2x^2}{\theta}\mathrm{e}^{-\frac{x^2}{\theta}}\mathrm{d}x=-\int_0^{+\infty}x\mathrm{d}\mathrm{e}^{-\frac{x^2}{\theta}}=-x\mathrm{e}^{-\frac{x^2}{\theta}}\Big|_0^{+\infty}+\int_0^{+\infty}\mathrm{e}^{-\frac{x^2}{\theta}}\mathrm{d}x=\frac{\sqrt{\pi\theta}}{2}$$

$$E(X^2)=\int_0^{+\infty}\frac{2x^3}{\theta}\mathrm{e}^{-\frac{x^2}{\theta}}\mathrm{d}x=\frac{1}{\theta}\int_0^{+\infty}x^2\mathrm{e}^{-\frac{x^2}{\theta}}\mathrm{d}x^2=\frac{1}{\theta}\int_0^{+\infty}t\mathrm{e}^{-\frac{t}{\theta}}\mathrm{d}t=\theta$$

(2) 似然函数为

$$L(\theta)=\prod_{i=1}^{n}f(x_i;\theta)=\begin{cases}\dfrac{2^n}{\theta^n}\prod\limits_{i=1}^{n}x_i\mathrm{e}^{-\frac{\sum_{i=1}^{n}x_i^2}{\theta}} & x_i\geqslant 0\\ 0 & \text{其他}\end{cases}$$

当所有的观测值都大于零时

$$\ln L(\theta)=n\ln 2+\sum_{i=1}^{n}\ln x_i-n\ln\theta-\frac{1}{\theta}\sum_{i=1}^{n}x_i^2$$

令$\frac{\mathrm{d}\ln L(\theta)}{\mathrm{d}\theta}=0$，得$\theta$的极大似然估计量为$\hat{\theta}_n=\frac{\sum_{i=1}^{n}X_i^2}{n}$.

(3) 因为$X_1,X_2,\cdots,X_n$独立同分布，显然对应的$X_1^2,X_2^2,\cdots,X_n^2$也独立同分布，又由(1)可知$E(X_i^2)=\theta$，由辛钦大数定律，可得$\lim\limits_{n\to+\infty}P\left(\left|\frac{1}{n}\sum_{i=1}^{n}X_i^2-E(X_i^2)\right|\geqslant\varepsilon\right)=0$. 由前两问可知，$\hat{\theta}_n=\frac{\sum_{i=1}^{n}X_i^2}{n}$，$E(X_i^2)=\theta$，所以存在常数$a=\theta$，使得对任意的$\varepsilon>0$，都有$\lim\limits_{n\to+\infty}P(|\hat{\theta}_n-a|\geqslant\varepsilon)=0$.

**例 7**(2013.1) 设总体$X$的概率密度为$f(x,\theta)=\begin{cases}\frac{\theta^2}{x^3}\mathrm{e}^{-\frac{\theta}{x}} & x>0,\\ 0 & \text{其他}\end{cases}$其中$\theta$为未知参数且大于零，$X_1,X_2,\cdots,X_n$为来自总体$X$的简单随机样本.

(1) 求$\theta$的矩估计量；

(2) 求$\theta$的极大似然估计量.

**【解】** (1) $E(X)=\int_{-\infty}^{+\infty}xf(x;\theta)\mathrm{d}x=\int_{0}^{+\infty}x\cdot\frac{\theta^2}{x^3}\cdot\mathrm{e}^{-\frac{\theta}{x}}\mathrm{d}x=\int_{0}^{+\infty}\frac{\theta^2}{x^2}\cdot\mathrm{e}^{-\frac{\theta}{x}}\mathrm{d}x$

$$=\theta\int_{0}^{+\infty}\mathrm{e}^{-\frac{\theta}{x}}\mathrm{d}\left(-\frac{\theta}{x}\right)=\theta$$

令$\overline{X}=E(X)$，则$\overline{X}=\theta$，即$\theta$的矩估计量为$\hat{\theta}=\overline{X}$，其中$\overline{X}=\frac{1}{n}\sum_{i=1}^{n}X_i$.

(2) $$L(\theta)=\prod_{i=1}^{n}f(x_i;\theta)=\begin{cases}\prod_{i=1}^{n}\left(\frac{\theta^2}{x_i^3}\mathrm{e}^{-\frac{\theta}{x_i}}\right) & x_i>0(i=1,2,\cdots,n)\\ 0 & \text{其他}\end{cases}$$

当$x_i>0(i=1,2,\cdots,n)$时，

$$L(\theta)=\prod_{i=1}^{n}\left(\frac{\theta^2}{x_i^3}\cdot\mathrm{e}^{-\frac{\theta}{x_i}}\right)$$

$$\ln L(\theta)=\sum_{i=1}^{n}\left(2\ln\theta-\ln x_i^3-\frac{\theta}{x_i}\right)$$

$$\frac{\mathrm{d}\ln L(\theta)}{\mathrm{d}\theta}=\sum_{i=1}^{n}\left(\frac{2}{\theta}-\frac{1}{x_i}\right)=\frac{2n}{\theta}-\sum_{i=1}^{n}\frac{1}{x_i}=0$$

解得 $\theta=\dfrac{2n}{\sum_{i=1}^{n}\frac{1}{x_i}}$，所以 $\theta$ 的极大似然估计量 $\hat{\theta}=\dfrac{2n}{\sum_{i=1}^{n}\frac{1}{X_i}}$.

**例 8**(2010.1)　设总体 $X$ 的分布律为

| $X$ | 1 | 2 | 3 |
|---|---|---|---|
| $P$ | $1-\theta$ | $\theta-\theta^2$ | $\theta^2$ |

其中 $\theta\in(0,1)$，未知，以 $N_i$ 来表示来自总体 $X$ 的简单随机样本(样本容量为 $n$)中等于 $i$ 的个数($i=1,2,3$). 试求常数 $a_1$、$a_2$、$a_3$，使 $T=\sum_{i=1}^{3}a_iN_i$ 为 $\theta$ 的无偏估计量，并求 $T$ 的方差.

**【解】**　$N_1\sim B(n,1-\theta)$，$N_2\sim B(n,\theta-\theta^2)$，$N_3\sim B(n,\theta^2)$

$$\begin{aligned}E(T)&=E\left(\sum_{i=1}^{3}a_iN_i\right)=a_1E(N_1)+a_2E(N_2)+a_3E(N_3)\\&=a_1n(1-\theta)+a_2n(\theta-\theta^2)+a_3n\theta^2\\&=na_1+n(a_2-a_1)\theta+n(a_3-a_2)\theta^2\end{aligned}$$

因为 $T$ 是 $\theta$ 的无偏估计量，所以 $E(T)=\theta$，即得 $\begin{cases}na_1=0\\n(a_2-a_1)=1\\n(a_3-a_2)=0\end{cases}$，整理得

$$\begin{cases}a_1=0\\a_2=\dfrac{1}{n}\\a_3=\dfrac{1}{n}\end{cases}$$

因为 $N_1+N_2+N_3=n$，$N_2+N_3=n-N_1$，所以

$$D(T)=D(a_1N_1+a_2N_2+a_3N_3)=D\left(\frac{1}{n}N_2+\frac{1}{n}N_3\right)=\frac{1}{n^2}D(N_2+N_3)$$

$$=\frac{1}{n^2}D(n-N_1)=\frac{1}{n^2}D(N_1)=\frac{1}{n^2}n(1-\theta)\theta=\frac{1}{n}\theta(1-\theta)$$

**例 9**(2009.1)　设总体 $X$ 的概率密度为 $f(x)=\begin{cases}\lambda^2xe^{-\lambda x} & x>0\\0 & \text{其他}\end{cases}$，其中参数 $\lambda(\lambda>0)$ 未知，$X_1,X_2,\cdots,X_n$ 是来自总体 $X$ 的简单随机样本.

(1) 求参数 $\lambda$ 的矩估计量；

(2) 求参数 $\lambda$ 的极大似然估计量.

**【解】**　(1) $E(X)=\overline{X}$，而 $E(X)=\int_0^{+\infty}\lambda^2x^2e^{-\lambda x}\,dx=\dfrac{2}{\lambda}=\overline{X}\Rightarrow\hat{\lambda}=\dfrac{2}{\overline{X}}$ 为总体的矩估计量.

(2) 构造似然函数

$$L(x_1,\cdots,x_n;\lambda)=\prod_{i=1}^{n}f(x_i;\lambda)=\lambda^{2n}\cdot\prod_{i=1}^{n}x_i\cdot e^{-\lambda\sum\limits_{i=1}^{n}x_i}$$

取对数得

$$\ln L=2n\ln\lambda+\sum_{i=1}^{n}\ln x_i-\lambda\sum_{i=1}^{n}x_i$$

令 $\dfrac{d\ln L}{d\lambda}=0\Rightarrow\dfrac{2n}{\lambda}-\sum\limits_{i=1}^{n}x_i=0\Rightarrow\lambda=\dfrac{2n}{\sum\limits_{i=1}^{n}x_i}=\dfrac{2}{\frac{1}{n}\sum\limits_{i=1}^{n}x_i}$,故其极大似然估计量为 $\hat{\lambda}=\dfrac{2}{\overline{X}}$.

**例 10**(2007.3) 设总体 $X$ 的概率密度为

$$f(x;\theta)=\begin{cases}\dfrac{1}{2\theta} & 0<x<\theta\\ \dfrac{1}{2(1-\theta)} & \theta\leqslant x<1\\ 0 & \text{其他}\end{cases}$$

其中参数 $\theta(0<\theta<1)$未知,$X_1,X_2,\cdots,X_n$ 是来自总体 $X$ 的简单随机样本,$\overline{X}$ 是样本均值.

(1) 求参数 $\theta$ 的矩估计量 $\hat{\theta}$;

(2) 判断 $4\overline{X}^2$ 是否为 $\theta^2$ 的无偏估计量,并说明理由.

【解】 (1) 记 $E(X)=\mu$,则

$$\mu=E(X)=\int_0^\theta\frac{x}{2\theta}dx+\int_\theta^1\frac{x}{2(1-\theta)}dx=\frac{1}{4}+\frac{1}{2}\theta$$

解出 $\theta=2\mu-\dfrac{1}{2}$,因此参数 $\theta$ 的矩估计量为 $\hat{\theta}=2\overline{X}-\dfrac{1}{2}$.

(2) 只需验证 $E(4\overline{X}^2)$是否为 $\theta^2$ 即可,而

$$E(4\overline{X}^2)=4E(\overline{X}^2)=4\{D(\overline{X})+[E(\overline{X})]^2\}=4\left\{\frac{1}{n}D(X)+[E(X)]^2\right\}$$

而
$$E(X)=\frac{1}{4}+\frac{1}{2}\theta,\quad E(X^2)=\frac{1}{6}(1+\theta+2\theta^2)$$

$$D(X)=E(X^2)-[E(X)]^2=\frac{5}{48}-\frac{\theta}{12}+\frac{1}{12}\theta^2$$

于是
$$E(4\overline{X}^2)=\frac{5+3n}{12n}+\frac{3n-1}{3n}\theta+\frac{3n+1}{3n}\theta^2\neq\theta^2$$

因此 $4\overline{X}^2$ 不是 $\theta^2$ 的无偏估计量.

**例 11**(2006.3) 设总体 $X$ 的概率密度为

$$f(x;\theta)=\begin{cases}\theta & 0<x<1\\ 1-\theta & 1\leqslant x<2\\ 0 & \text{其他}\end{cases}$$

其中 $\theta$ 是未知参数 $(0<\theta<1)$，$X_1,X_2,\cdots,X_n$ 为来自总体 $X$ 的简单随机样本，记 $N$ 为样本值 $x_1,x_2,\cdots,x_n$ 中小于1的个数.

(1) 求 $\theta$ 的矩估计；

(2) 求 $\theta$ 的极大似然估计.

**【解】** (1) 因为 $E(X)=\int_{-\infty}^{+\infty}xf(x;\theta)\mathrm{d}x=\int_0^1 x\theta\mathrm{d}x+\int_1^2 x(1-\theta)\mathrm{d}x=\frac{3}{2}-\theta$，令 $\frac{3}{2}-\theta=\overline{X}$，可得 $\theta$ 的矩估计为 $\hat{\theta}=\frac{3}{2}-\overline{X}$.

(2) 记似然函数为 $L(\theta)$，则

$$L(\theta)=\underbrace{\theta\cdot\theta\cdot\cdots\cdot\theta}_{N\text{个}}\underbrace{(1-\theta)\cdot(1-\theta)\cdot\cdots\cdot(1-\theta)}_{(n-N)\text{个}}=\theta^N(1-\theta)^{n-N}$$

两边取对数得

$$\ln L(\theta)=N\ln\theta+(n-N)\ln(1-\theta)$$

令 $\frac{\mathrm{d}\ln L(\theta)}{\mathrm{d}\theta}=\frac{N}{\theta}-\frac{n-N}{1-\theta}=0$，解得 $\hat{\theta}=\frac{N}{n}$ 为 $\theta$ 的极大似然估计.

**例 12**(2005.3)　设 $X_1,X_2,\cdots,X_n\ (n>2)$ 为来自总体 $N(0,\sigma^2)$ 的简单随机样本，其样本均值为 $\overline{X}$，记 $Y_i=X_i-\overline{X},i=1,2,\cdots,n$.

(1) 求 $Y_i$ 的方差 $D(Y_i),i=1,2,\cdots,n$；

(2) 求 $Y_1$ 与 $Y_n$ 的协方差 $\mathrm{cov}(Y_1,Y_n)$；

(3) 若 $c(Y_1+Y_n)^2$ 是 $\sigma^2$ 的无偏估计量，求常数 $c$.

**【解】** 由题设，知 $X_1,X_2,\cdots,X_n(n>2)$ 相互独立，且

$$E(X_i)=0,\quad D(X_i)=\sigma^2(i=1,2,\cdots,n),\quad E(\overline{X})=0$$

$$\begin{aligned}(1)\ D(Y_i)&=D(X_i-\overline{X})=D\left[\left(1-\frac{1}{n}\right)X_i-\frac{1}{n}\sum_{j\neq i}^{n}X_j\right]\\&=\left(1-\frac{1}{n}\right)^2D(X_i)+\frac{1}{n^2}\sum_{j\neq i}^{n}D(X_j)\\&=\frac{(n-1)^2}{n^2}\sigma^2+\frac{1}{n^2}\cdot(n-1)\sigma^2=\frac{n-1}{n}\sigma^2\end{aligned}$$

$$\begin{aligned}(2)\ \mathrm{cov}(Y_1,Y_n)&=E\{[Y_1-E(Y_1)][Y_n-E(Y_n)]\}\\&=E(Y_1Y_n)=E[(X_1-\overline{X})(X_n-\overline{X})]\\&=E(X_1X_n-X_1\overline{X}-X_n\overline{X}+\overline{X}^2)\\&=E(X_1X_n)-2E(X_1\overline{X})+E(\overline{X}^2)\\&=0-\frac{2}{n}E(X_1^2+\sum_{j=2}^{n}X_1X_j)+D(\overline{X})+[E(\overline{X})]^2\\&=-\frac{2}{n}\sigma^2+\frac{1}{n}\sigma^2=-\frac{1}{n}\sigma^2\end{aligned}$$

(3) $E[c(Y_1+Y_n)^2]=cD(Y_1+Y_n)=c[D(Y_1)+D(Y_n)+2\mathrm{cov}(Y_1,Y_n)]$

$$=c\left[\frac{n-1}{n}+\frac{n-1}{n}-\frac{2}{n}\right]\sigma^2=\frac{2(n-2)}{n}c\sigma^2=\sigma^2$$

故
$$c=\frac{n}{2(n-2)}$$

**例 13**(2004.3) 设随机变量 $X$ 的分布函数为

$$F(x;\alpha,\beta)=\begin{cases}1-\left(\dfrac{\alpha}{x}\right)^{\beta} & x>\alpha\\ 0 & x\leqslant\alpha\end{cases}$$

其中参数 $\alpha>0,\beta>1$. 设 $X_1,X_2,\cdots,X_n$ 为来自总体 $X$ 的简单随机样本.

(1) 当 $\alpha=1$ 时,求未知参数 $\beta$ 的矩估计量;

(2) 当 $\alpha=1$ 时,求未知参数 $\beta$ 的极大似然估计量;

(3) 当 $\beta=2$ 时,求未知参数 $\alpha$ 的极大似然估计量.

**【解】** 当 $\alpha=1$ 时,$X$ 的概率密度为

$$f(x;\beta)=\begin{cases}\dfrac{\beta}{x^{\beta+1}} & x>1\\ 0 & x\leqslant 1\end{cases}$$

(1) 由于

$$E(X)=\int_{-\infty}^{+\infty}xf(x;\beta)\mathrm{d}x=\int_{1}^{+\infty}x\cdot\frac{\beta}{x^{\beta+1}}\mathrm{d}x=\frac{\beta}{\beta-1}$$

令 $\dfrac{\beta}{\beta-1}=\overline{X}$,解得
$$\beta=\frac{\overline{X}}{\overline{X}-1}$$

所以,参数 $\beta$ 的矩估计量为
$$\hat{\beta}=\frac{\overline{X}}{\overline{X}-1}$$

(2) 对于总体 $X$ 的样本值 $x_1,x_2,\cdots,x_n$,似然函数为

$$L(\beta)=\prod_{i=1}^{n}f(x_i;\beta)=\begin{cases}\dfrac{\beta^n}{(x_1\cdot x_2\cdot\cdots\cdot x_n)^{\beta+1}} & x_i>1\ (i=1,2,\cdots,n)\\ 0 & \text{其他}\end{cases}$$

当 $x_i>1(i=1,2,\cdots,n)$时,$L(\beta)>0$,取对数得

$$\ln L(\beta)=n\ln\beta-(\beta+1)\sum_{i=1}^{n}\ln x_i$$

对 $\beta$ 求导数,得

$$\frac{\mathrm{d}[\ln L(\beta)]}{\mathrm{d}\beta}=\frac{n}{\beta}-\sum_{i=1}^{n}\ln x_i$$

令 $\dfrac{\mathrm{d}[\ln L(\beta)]}{\mathrm{d}\beta}=\dfrac{n}{\beta}-\sum\limits_{i=1}^{n}\ln x_i=0$,解得

$$\beta=\frac{n}{\sum\limits_{i=1}^{n}\ln x_i}$$

于是 $\beta$ 的极大似然估计量为

$$\hat{\beta}=\frac{n}{\sum_{i=1}^{n}\ln X_i}$$

(3) 当 $\beta=2$ 时，$X$ 的概率密度为

$$f(x;\alpha)=\begin{cases}\frac{2\alpha^2}{x^3} & x>\alpha\\ 0 & x\leqslant\alpha\end{cases}$$

对于总体 $X$ 的样本值 $x_1,x_2,\cdots,x_n$，似然函数为

$$L(\beta)=\prod_{i=1}^{n}f(x_i;\alpha)=\begin{cases}\frac{2^n\alpha^{2n}}{(x_1\cdot x_2\cdot\cdots\cdot x_n)^3} & x_i>\alpha(i=1,2,\cdots,n)\\ 0 & \text{其他}\end{cases}$$

当 $x_i>\alpha(i=1,2,\cdots,n)$ 时，$\alpha$ 越大，$L(\alpha)$ 越大，即 $\alpha$ 的极大似然估计量为

$$\hat{\alpha}=\min(x_1,x_2,\cdots,x_n)$$

于是 $\alpha$ 的极大似然估计量为

$$\hat{\alpha}=\min(X_1,X_2,\cdots,X_n)$$

**例 14**(2004.1)　设总体 $X$ 的分布函数为

$$F(x;\beta)=\begin{cases}1-\frac{1}{x^\beta} & x>1\\ 0 & x\leqslant 1\end{cases}$$

其中未知参数 $\beta>1$，$X_1,X_2,\cdots,X_n$ 为来自总体 $X$ 的简单随机样本，求：

(1) $\beta$ 的矩估计量；

(2) $\beta$ 的极大似然估计量.

**【解】**　$X$ 的概率密度为

$$f(x;\beta)=\begin{cases}\frac{\beta}{x^{\beta+1}} & x>1\\ 0 & x\leqslant 1\end{cases}$$

(1)
$$E(X)=\int_{-\infty}^{+\infty}xf(x;\beta)\mathrm{d}x=\int_{1}^{+\infty}x\cdot\frac{\beta}{x^{\beta+1}}\mathrm{d}x=\frac{\beta}{\beta-1}$$

令 $\frac{\beta}{\beta-1}=\overline{X}$，解得 $\beta=\frac{\overline{X}}{\overline{X}-1}$，所以参数 $\beta$ 的矩估计量为

$$\hat{\beta}=\frac{\overline{X}}{\overline{X}-1}$$

(2) 似然函数为

$$L(\beta)=\prod_{i=1}^{n}f(x_i;\beta)=\begin{cases}\frac{\beta^{2n}}{(x_1\cdot x_2\cdot\cdots\cdot x_n)^{\beta+1}} & x_1>1(i=1,2,\cdots,n)\\ 0 & \text{其他}\end{cases}$$

当 $x_i > 1(i=1,2,\cdots,n)$ 时，$L(\beta)>0$，取对数得

$$\ln L(\beta) = n\ln\beta - (\beta+1)\sum_{i=1}^{n}\ln x_i$$

两边对 $\beta$ 求导，得

$$\frac{\mathrm{d}\ln L(\beta)}{\mathrm{d}\beta} = \frac{n}{\beta} - \sum_{i=1}^{n}\ln x_i$$

令 $\frac{\mathrm{d}\ln L(\beta)}{\mathrm{d}\beta}=0$，可得

$$\beta = \frac{n}{\sum_{i=1}^{n}\ln x_i}$$

故 $\beta$ 的极大似然估计量为

$$\hat{\beta} = \frac{n}{\sum_{i=1}^{n}\ln X_i}$$

**例 15**(2003.1)　设总体 $X$ 的概率密度为

$$f(x)=\begin{cases}2\mathrm{e}^{-2(x-\theta)} & x>\theta \\ 0 & x\leqslant\theta\end{cases}$$

其中 $\theta>0$ 是未知参数. 从总体 $X$ 中抽取简单随机样本 $X_1,X_2,\cdots,X_n$，记 $\hat{\theta}=\min(X_1,X_2,\cdots,X_n)$.

(1) 求总体 $X$ 的分布函数 $F(x)$；

(2) 求统计量 $\hat{\theta}$ 的分布函数 $F_{\hat{\theta}}(x)$；

(3) 如果用 $\hat{\theta}$ 作为 $\theta$ 的估计量，讨论它是否具有无偏性.

**【解】**　(1)

$$F(x) = \int_{-\infty}^{x} f(t)\mathrm{d}t = \begin{cases}1-\mathrm{e}^{-2(x-\theta)} & x>\theta \\ 0 & x\leqslant\theta\end{cases}$$

(2)

$$\begin{aligned}F_{\hat{\theta}}(x) &= P(\hat{\theta}\leqslant x) = P(\min(X_1,X_2,\cdots,X_n)\leqslant x) \\ &= 1-P(\min(X_1,X_2,\cdots,X_n)>x) \\ &= 1-P(X_1>x,X_2>x,\cdots,X_n>x) \\ &= 1-[1-F(x)]^n \\ &= \begin{cases}1-\mathrm{e}^{-2n(x-\theta)} & x>\theta \\ 0 & x\leqslant\theta\end{cases}\end{aligned}$$

(3) $\hat{\theta}$ 的概率密度为

$$f_{\hat{\theta}}(x) = \frac{\mathrm{d}F_{\hat{\theta}}(x)}{\mathrm{d}x} = \begin{cases}2n\mathrm{e}^{-2n(x-\theta)} & x>\theta \\ 0 & x\leqslant\theta\end{cases}$$

因为　$E(\hat{\theta}) = \int_{-\infty}^{+\infty} xf_{\hat{\theta}}(x)\mathrm{d}x = \int_{\theta}^{+\infty} 2nx\mathrm{e}^{-2n(x-\theta)}\mathrm{d}x = \theta + \frac{1}{2n} \neq \theta$

所以 $\hat{\theta}$ 作为 $\theta$ 的估计量不具有无偏性.

## 7.6　自　测　题

### 一、填空题

**1.** 设总体 $X$ 服从二项分布 $B(n,p)$,$n$ 已知,$X_1,X_2,\cdots,X_n$ 为来自 $X$ 的样本,则参数 $p$ 的矩估计量为______.

**2.** 设由来自总体 $X\sim N(\mu,0.9^2)$的容量为 9 的样本均值 $\overline{X}=5$,则未知参数 $\mu$ 的置信水平为 0.95 的置信区间是______.

**3.** 设由来自总体 $X\sim N(\mu,1)$的容量为 100 的样本测得的样本均值 $\overline{X}=5$,则 $\mu$ 的置信水平近似等于 0.90 的置信区间为______.

**4.** 设总体 $X\sim N(\mu,\sigma^2)$,$X_1,X_2,\cdots,X_n$ 为 $X$ 的一个样本,当 $\sigma^2$ 未知时,$\mu$ 的区间估计所构造的样本函数为______,对给定的 $\alpha(0<\alpha<1)$,$\mu$ 的置信水平为 $1-\alpha$ 的置信区间为______.

### 二、选择题

**1.** 设 $X_1,X_2,\cdots,X_n$ 为来自总体 $X$ 的一个样本,$\overline{X}$ 为样本均值,$E(X)$未知,则总体方差 $D(X)$的无偏估计量为(　　).

A. $\dfrac{1}{n-1}\sum\limits_{i=1}^{n}(X_i-\overline{X})^2$　　B. $\dfrac{1}{n}\sum\limits_{i=1}^{n}(X_i-\overline{X})^2$

C. $\dfrac{1}{n}\sum\limits_{i=1}^{n}[X_i-E(X)]^2$　　D. $\dfrac{1}{n-1}\sum\limits_{i=1}^{n}[X_i-E(X)]^2$

**2.** 假设总体 $X$ 的方差 $D(X)$存在,$X_1,X_2,\cdots,X_n$ 是取自总体 $X$ 的简单随机样本,其均值和方差分别为 $\overline{X}$、$S^2$,则 $E(X^2)$的矩估计量为(　　).

A. $S^2+\overline{X}^2$　　B. $(n-1)S^2+\overline{X}^2$　　C. $nS^2+\overline{X}^2$　　D. $\dfrac{n-1}{n}S^2+\overline{X}^2$

**3.** 设总体 $X\sim f(x;\theta)$,$\theta$ 为未知参数,$X_1,X_2,\cdots,X_n$ 为 $X$ 的一个样本,$\theta_1(X_1,X_2,\cdots,X_n)$、$\theta_2(X_1,X_2,\cdots,X_n)$为两个统计量,$(\theta_1,\theta_2)$为 $\theta$ 的置信水平为 $1-\alpha$ 的置信区间,则应有(　　).

A. $P(\theta_1<\theta<\theta_2)=\alpha$　　B. $P(\theta<\theta_2)=1-\alpha$

C. $P(\theta_1<\theta<\theta_2)=1-\alpha$　　D. $P(\theta<\theta_1)=\alpha$

**4.** 总体均值 $\mu$ 的置信水平为 95%的置信区间为$(\hat{\theta}_1,\hat{\theta}_2)$的含义是(　　).

A. 总体均值 $\mu$ 的真值以 95%的概率落入区间$(\hat{\theta}_1,\hat{\theta}_2)$

B. 样本均值 $\overline{X}$ 以 95%的概率落入区间$(\hat{\theta}_1,\hat{\theta}_2)$

C. 区间$(\hat{\theta}_1,\hat{\theta}_2)$包含总体均值$\mu$的真值的概率为95%

D. 区间$(\hat{\theta}_1,\hat{\theta}_2)$包含样本均值$\overline{X}$的概率为95%

## 三、解答题

**1.** 设$X_1,X_2,\cdots,X_n$为总体$X$的一个样本,且$X$的概率分布为$P(X=k)=(1-p)^{k-1}p,k=1,2,3,\cdots$. $x_1,x_2,\cdots,x_n$为来自总体$X$的一个样本观测值,求$P$的极大似然估计值.

**2.** 设$X_1,X_2,\cdots,X_n$为来自总体$X$的样本,$\overline{X}$为样本均值,试问$Q=\frac{1}{n}\sum_{i=1}^{n}(X_i-\overline{X})^2$是否为总体方差$D(X)$的无偏估计量?为什么?

**3.** 设$X_1,X_2,X_3$为来自总体$X\sim N(\mu,\sigma^2)$的一个简单随机样本,且$E(X)=\mu$存在,验证如下统计量都是$\mu$的无偏估计,并指出哪一个较好.

(1) $\hat{\mu}_1=\frac{1}{5}X_1+\frac{3}{10}X_2+\frac{1}{2}X_3$;

(2) $\hat{\mu}_2=\frac{1}{3}X_1+\frac{1}{6}X_2+\frac{1}{2}X_3$.

**4.** 设总体$X\sim B(m,p),m>1,X_1,X_2,\cdots,X_n$为来自总体$X$的一个简单随机样本,若$Y=c\sum_{i=1}^{n}X_i(X_i-1)$为$p^2$的无偏估计,求常数$c$.

**5.** 某车间生产的螺钉,其直径$X\sim N(\mu,\sigma^2)$(单位:mm).由过去的经验知道$\sigma^2=0.06$,今随机抽取6枚,测得其直径如下:

14.7　15.0　14.8　14.9　15.1　15.2

试求$\mu$的置信水平为0.95的置信区间.

**6.** 总体$X\sim N(\mu,\sigma^2)$,$\sigma^2$已知,问需抽取容量$n$多大的样本,才能使$\mu$的置信水平为$1-\alpha$,且置信区间的长度不大于$L$?

**7.** 设两个总体$X$、$Y$相互独立,$X\sim N(\mu_1,60)$,$Y\sim N(\mu_2,36)$,从$X$、$Y$中分别抽取容量为$n_1=75,n_2=50$的样本,且算得$\overline{X}=82,\overline{Y}=76$,求$\mu_1-\mu_2$的置信水平为95%的置信区间.

# 参考答案

## 一、填空题

**1.** $\hat{p}=\frac{\overline{X}}{n}$　**2.** (4.412,5.588)　**3.** (4.8355,5.1645)

**4.** $T=\frac{\overline{X}-\mu}{S/\sqrt{n}}$　$\left(\overline{X}-t_{\alpha/2}(n-1)\frac{S}{\sqrt{n}}\quad \overline{X}+t_{\alpha/2}(n-1)\frac{S}{\sqrt{n}}\right)$

## 二、选择题

**1.** A　　**2.** D　　**3.** C　　**4.** C

## 三、解答题

**1.【解】** 构造似然函数

$$L(p)=\prod_{i=1}^{n}p(x_i;p)=\prod_{i=1}^{n}p(1-p)^{x_i-1}=p^n(1-p)^{\sum\limits_{i=1}^{n}x_i-n}$$

$$\ln L=n\ln p+\left(\sum_{i=1}^{n}x_i-n\right)\ln(1-p)$$

$$\frac{\mathrm{d}\ln L}{\mathrm{d}p}=\frac{n}{p}-\frac{\sum\limits_{i=1}^{n}x_i-n}{1-p}$$

令$\dfrac{\mathrm{d}\ln L}{\mathrm{d}p}=0$,解得 $p=n\Big/\sum\limits_{i=1}^{n}x_i$，因此 $p$ 的极大似然估计值为

$$\hat{p}=n\Big/\sum_{i=1}^{n}x_i$$

**2.【解】** $Q=\dfrac{1}{n}\sum\limits_{i=1}^{n}(X_i-\overline{X})^2$ 不是总体方差 $D(X)$的无偏估计量.

设 $E(X)=\mu,D(X)=\sigma^2$,因为

$$E(\overline{X})=E\left(\frac{1}{n}\sum_{i=1}^{n}X_i\right)=\frac{1}{n}\sum_{i=1}^{n}E(X_i)=\mu$$

$$D(\overline{X})=D\left(\frac{1}{n}\sum_{i=1}^{n}X_i\right)=\frac{1}{n^2}\sum_{i=1}^{n}D(X_i)=\frac{\sigma^2}{n}$$

$$\begin{aligned}E(Q)&=E\left[\frac{1}{n}\sum_{i=1}^{n}(X_i-\overline{X})^2\right]=E\left[\frac{1}{n}\sum_{i=1}^{n}(X_i^2-2\overline{X}X_i+\overline{X}^2)\right]\\&=\frac{1}{n}E\left(\sum_{i=1}^{n}X_i^2-n\overline{X}^2\right)\\&=\frac{\sum\limits_{i=1}^{n}\{D(X_i)+[E(X_i)]^2\}-n\{D(\overline{X})+[E(\overline{X})]^2\}}{n}\\&=\frac{1}{n}\left[\sum_{i=1}^{n}(\sigma^2+\mu^2)-n\left(\frac{\sigma^2}{n}+\mu^2\right)\right]=\frac{n-1}{n}\sigma^2\end{aligned}$$

**3.【解】** (1) 因为

$$E(\hat{\mu}_1)=E\left(\frac{1}{5}X_1+\frac{3}{10}X_2+\frac{1}{2}X_3\right)=\mu$$

所以 $\hat{\mu}_1=\frac{1}{5}X_1+\frac{3}{10}X_2+\frac{1}{2}X_3$ 是 $\mu$ 的无偏估计.

（2）因为 $E(\hat{\mu}_2)=E\left(\frac{1}{3}X_1+\frac{1}{6}X_2+\frac{1}{2}X_3\right)=\mu$，所以 $\hat{\mu}_2=\frac{1}{3}X_1+\frac{1}{6}X_2+\frac{1}{2}X_3$ 是 $\mu$ 的无偏估计，而

$$D(\hat{\mu}_1)=D\left(\frac{1}{5}X_1+\frac{3}{10}X_2+\frac{1}{2}X_3\right)=\frac{19}{50}\sigma^2$$

$$D(\hat{\mu}_2)=D\left(\frac{1}{3}X_1+\frac{1}{6}X_2+\frac{1}{2}X_3\right)=\frac{7}{18}\sigma^2$$

显然 $\frac{19}{50}\sigma^2<\frac{7}{18}\sigma^2$，故 $\hat{\mu}_1=\frac{1}{5}X_1+\frac{3}{10}X_2+\frac{1}{2}X_3$ 较好.

**4.【解】** $E(Y)=cE\sum_{i=1}^{n}X_i(X_i-1)=c\sum_{i=1}^{n}E(X_i^2-X_i)$

$$=cn[mp(1-p)+m^2p^2-mp]=p^2$$

解得
$$c=\frac{1}{mn(m-1)}$$

**5.【解】**
$$n=6,\quad \sigma^2=0.06,\quad \alpha=1-0.95=0.05$$
$$\bar{x}=14.95,\quad z_{\alpha/2}=z_{0.25}=1.96$$

$\mu$ 的置信水平为 0.95 的置信区间为

$$\left(\bar{x}\pm z_{\alpha/2}\frac{\sigma}{\sqrt{n}}\right)=(14.95\pm0.1\times1.96)=(14.754,15.146)$$

**6.【解】** 由 $\sigma^2$ 已知可知 $\mu$ 的置信水平为 $1-\alpha$ 的置信区间为 $\left(\bar{x}\pm u_{\alpha/2}\frac{\sigma}{\sqrt{n}}\right)$，于是置信区间长度为 $\frac{2\sigma}{\sqrt{n}}\cdot z_{\alpha/2}$，那么由 $\frac{2\sigma}{\sqrt{n}}\cdot z_{\alpha/2}\leqslant L$，得

$$n\geqslant\frac{4\sigma^2\ (z_{\alpha/2})^2}{L^2}$$

**7.【解】** 由题意可知，这是在两个正态总体方差已知的条件下，求均值差的置信区间，应用公式

$$I=\left(\overline{X}-\overline{Y}-z_{\frac{\alpha}{2}}\sqrt{\frac{\sigma_1^2}{n_1}+\frac{\sigma_2^2}{n_2}},\overline{X}-\overline{Y}+z_{\frac{\alpha}{2}}\sqrt{\frac{\sigma_1^2}{n_1}+\frac{\sigma_2^2}{n_2}}\right)$$

由 $z_{\frac{\alpha}{2}}=z_{0.025}=1.96$，代入各组数据，可以得到置信区间为(3.58,8.42).

# 第8章 假设检验

## 8.1 大纲基本要求

(1) 理解显著性检验的基本思想,掌握假设检验的基本步骤,了解假设检验可能产生的两类错误.

(2) 掌握单个及两个正态总体的均值和方差的假设检验.

## 8.2 内容提要

### 一、假设检验的基本概念

**1) 基本思想**

假设检验的基本思想是,概率很小的事件在一次试验中可以认为基本上是不会发生的,即小概率原理.

为了检验一个假设 $H_0$ 是否成立,先假定 $H_0$ 是成立的.如果这个假定导致了一个不合理的事件发生,那就表明原来的假定 $H_0$ 是不正确的,拒绝接受 $H_0$.如果由此没有导出不合理的现象,则不能拒绝接受 $H_0$,称 $H_0$ 是相容的.与 $H_0$ 相对的假设称为备择假设,用 $H_1$ 表示.

**2) 基本步骤**

假设检验的基本步骤如下:

(1) 根据实际问题提出原假设 $H_0$ 和备择假设 $H_1$.

(2) 根据检验对象,构造检验统计量 $T(X_1,X_2,\cdots,X_n)$,使当 $H_0$ 为真时,检验统计量 $T(X_1,X_2,\cdots,X_n)$ 有确定的分布.

(3) 由给定的显著性水平 $\alpha$,确定 $H_0$ 的拒绝域 $W$,使

$$P(T\in W)=\alpha$$

(4) 由样本观测值计算统计量观测值 $t$.

(5) 作出判断:当 $t\in W$ 时,拒绝 $H_0$,否则不拒绝 $H_0$,即认为在显著性水平 $\alpha$ 下,$H_0$ 与实际情况差异不显著.

其中(3)中的拒绝域常表现为临界值的形式,如 $W=\{T>\lambda\}$,$W=\{T<\lambda\}$,$W=\{|T|>\lambda\}$等.

**3）两类错误**

第一类错误：当 $H_0$ 为真时，而样本值却落入了拒绝域，按照规定的检验法则，应当否定 $H_0$. 这时，把客观上 $H_0$ 成立判为 $H_0$ 不成立（即否定了真实的假设），称这种错误为"以真当假"的错误或第一类错误，记 $\alpha$ 为犯此类错误的概率，即 $P$(否定 $H_0|H_0$ 为真)$=\alpha$. 此处的 $\alpha$ 恰好为检验水平.

第二类错误：当 $H_1$ 为真时，而样本值却落入了相容域，按照规定的检验法则，应当接受 $H_0$. 这时，把客观上 $H_0$ 不成立判为 $H_0$ 成立（即接受了不真实的假设），称这种错误为"以假当真"的错误或第二类错误，记 $\beta$ 为犯此类错误的概率，即 $P$(接受 $H_0|H_1$ 为真)$=\beta$.

假设检验的两类错误如表 8.1 所示.

**表 8.1**

| 真实情况（未知） | 所做决策 | |
|---|---|---|
| | 接受 $H_0$ | 拒绝 $H_0$ |
| $H_0$ 为真 | 正确 | 犯第一类错误 |
| $H_0$ 不真 | 犯第二类错误 | 正确 |

**4）两类错误的关系**

人们当然希望犯两类错误的概率同时都很小，但是，当容量 $n$ 一定时，$\alpha$ 变小，则 $\beta$ 变大. 相反地，$\beta$ 变小，则 $\alpha$ 变大. 若取定 $\alpha$，要想使 $\beta$ 变小，则必须增加样本容量.

当样本容量 $n$ 固定时，无法同时控制犯两类错误，即减小犯第一类错误的概率，就会增大犯第二类错误的概率，反之亦然. 在假设检验中，主要控制（减小）犯第一类错误的概率. 使 $P$(拒绝 $H_0|H_0$ 为真)$\leqslant\alpha$，其中 $\alpha(0<\alpha<1)$ 很小，$\alpha$ 称为检验的显著性水平，这种只对犯第一类错误的概率加以控制而不考虑犯第二类错误的概率的检验称为显著性假设检验. $\alpha$ 大小的选取应根据实际情况而定. 当宁可"以假为真"，而不愿"以真当假"时，则应把 $\alpha$ 取得很小，如 0.01，甚至 0.001，反之，则应把 $\alpha$ 取得大些.

## 二、单个正态总体的假设检验

单正态总体均值和方差的假设检验如表 8.2 所示.

**表 8.2**

| 条件 | 原假设 | 统计量 | 对应样本函数分布 | 否定域（拒绝域） |
|---|---|---|---|---|
| 已知 $\sigma^2$ | $H_0:\mu=\mu_0$ | $Z=\dfrac{\overline{X}-\mu_0}{\sigma_0/\sqrt{n}}$ | $N(0,1)$ | $\lvert z\rvert\geqslant z_{\alpha/2}$ |
| | $H_0:\mu\leqslant\mu_0$ | | | $z\geqslant z_\alpha$ |
| | $H_0:\mu\geqslant\mu_0$ | | | $z\leqslant -z_\alpha$ |

续表

| 条件 | 原假设 | 统计量 | 对应样本函数分布 | 否定域(拒绝域) |
|---|---|---|---|---|
| 未知 $\sigma^2$ | $H_0:\mu=\mu_0$ | $T=\dfrac{\overline{X}-\mu_0}{S/\sqrt{n}}$ | $t(n-1)$ | $\lvert t\rvert\geqslant t_{\alpha/2}(n-1)$ |
| | $H_0:\mu\leqslant\mu_0$ | | | $t\geqslant t_\alpha(n-1)$ |
| | $H_0:\mu\geqslant\mu_0$ | | | $t\leqslant -t_\alpha(n-1)$ |
| 未知 $\mu$ | $H_0:\sigma^2=\sigma_0^2$ | $\chi^2=\dfrac{(n-1)S^2}{\sigma_0^2}$ | $\chi^2(n-1)$ | $\chi^2\leqslant\chi^2_{1-\alpha/2}(n-1)$ 或 $\chi^2\geqslant\chi^2_{\alpha/2}(n-1)$ |
| | $H_0:\sigma^2\leqslant\sigma_0^2$ | | | $\chi^2\geqslant\chi^2_\alpha(n-1)$ |
| | $H_0:\sigma^2\geqslant\sigma_0^2$ | | | $\chi^2\leqslant\chi^2_{1-\alpha}(n-1)$ |

## 三、两个正态总体的假设检验

两个正态总体均值和方差的假设检验如表 8.3 所示.

**表 8.3**

| 条件 | 原假设 | 统计量 | 对应样本函数分布 | 否定域(拒绝域) |
|---|---|---|---|---|
| $\sigma_1^2$、$\sigma_2^2$ 已知 | $H_0:\mu_1=\mu_2$ | $Z=\dfrac{\overline{X}-\overline{Y}}{\sqrt{\dfrac{\sigma_1^2}{n_1}+\dfrac{\sigma_2^2}{n_2}}}$ | $N(0,1)$ | $\lvert z\rvert\geqslant z_{\alpha/2}$ |
| | $H_0:\mu_1\leqslant\mu_2$ | | | $z\geqslant z_\alpha$ |
| | $H_0:\mu_1\geqslant\mu_2$ | | | $z\leqslant -z_\alpha$ |
| $\sigma_1^2=\sigma_2^2$ 未知 | $H_0:\mu_1=\mu_2$ | $T=\dfrac{(\overline{X}-\overline{Y})-(\mu_1-\mu_2)}{\sqrt{(n_1-1)S_1^2+(n_2-1)S_2^2}}\cdot\sqrt{\dfrac{n_1n_2(n_1+n_2-2)}{n_1+n_2}}$ | $t(n_1+n_2-2)$ | $\lvert t\rvert\geqslant t_{\alpha/2}(n_1+n_2-2)$ |
| | $H_0:\mu_1\leqslant\mu_2$ | | | $t\geqslant t_\alpha(n_1+n_2-2)$ |
| | $H_0:\mu_1\geqslant\mu_2$ | | | $t\leqslant -t_\alpha(n_1+n_2-2)$ |
| $\mu_1$、$\mu_2$ 未知 | $H_0:\sigma_1^2=\sigma_2^2$ | $\dfrac{\dfrac{n_1-1}{\sigma_1^2}S_1^2/(n_1-1)}{\dfrac{n_2-1}{\sigma_2^2}S_2^2/(n_2-1)}=\dfrac{\sigma_2^2S_1^2}{\sigma_1^2S_2^2}$ | $F(n_1-1,n_2-1)$ | $F\leqslant F_{1-\alpha/2}(n_1-1,n_2-1)$ 或 $F\geqslant F_{\alpha/2}(n_1-1,n_2-1)$ |
| | $H_0:\sigma_1^2\leqslant\sigma_2^2$ | | | $F\geqslant F_\alpha(n_1-1,n_2-1)$ |
| | $H_0:\sigma_1^2\geqslant\sigma_2^2$ | | | $F\leqslant F_{1-\alpha}(n_1-1,n_2-1)$ |

# 8.3　典型例题分析

**例 1**　已知某炼铁厂的铁水含碳量(单位:%)在正常情况下服从正态分布 $N(4.55,0.108^2)$. 现在测了 5 炉铁水,其含碳量分别为

$$4.28 \quad 4.40 \quad 4.42 \quad 4.35 \quad 4.37$$

问若标准差不改变，总体平均值有无显著性变化($\alpha=0.05$)？

**【知识点】** 单个正态总体的均值的假设检验、$Z$分布.

**【解】**
$$H_0:\mu=\mu_0=4.55; \quad H_1:\mu\neq\mu_0=4.55$$
$$n=5, \quad \alpha=0.05, \quad z_{\alpha/2}=z_{0.025}=1.96, \quad \sigma=0.108$$
$$\bar{x}=4.364, \quad z=\frac{\bar{x}-\mu_0}{\sigma/\sqrt{n}}=\frac{4.364-4.55}{0.108}\times\sqrt{5}=-3.851$$
$$|z|>z_{0.025}$$

所以拒绝$H_0$，认为总体平均值有显著性变化.

**例 2** 已知香烟的重量(单位:g)近似服从正态分布.在正常状态下，某种牌子的香烟一支平均重量为1.1.若从这种香烟堆中任取16支作为样本，测得样本均值为1.008，样本方差$s^2=0.1$.问这堆香烟是否处于正常状态？(取$\alpha=0.05$)

**【知识点】** 单个正态总体的均值的假设检验、$t$分布.

**【解】** 设
$$H_0:\mu=\mu_0=1.1; \quad H_1:\mu\neq\mu_0=1.1$$
$$n=16, \quad \alpha=0.05, \quad t_{\alpha/2}(n-1)=t_{0.025}(15)=1.7531$$
$$\bar{x}=1.008, \quad s^2=0.1$$
$$t=\frac{\bar{x}-\mu_0}{s/\sqrt{n}}=\frac{1.008-1.1}{\sqrt{0.1}}\times 4=-1.16372$$
$$|t|=1.16372<t_{0.025}(15)=1.7531$$

所以接受$H_0$，认为这堆香烟的重量正常.

**例 3** 测量某种溶液中的水分含量(单位:%)，从它的10个测定值得出$\bar{x}=0.452$，$s=0.037$.设测定值总体为正态分布，$\mu$为总体均值，$s$为总体标准差，试在水平$\alpha=0.05$下检验.

(1) $H_0:\mu=0.5$；$H_1:\mu<0.5$.

(2) $H'_0:\sigma=0.04$；$H'_1:\sigma<0.04$.

**【知识点】** 单个正态总体的均值和方差的假设检验、$t$分布、$\chi^2$分布.

**【解】** (1) $\mu_0=0.5, \quad n=10, \quad \alpha=0.05, \quad t_\alpha(n-1)=t_{0.05}(9)=1.8331$
$$\bar{x}=0.452, \quad s=0.037$$
$$t=\frac{\bar{x}-\mu_0}{s/\sqrt{n}}=\frac{0.452-0.5}{0.037}\times\sqrt{10}=-4.10241$$
$$t<-t_{0.05}(9)=-1.8331$$

所以拒绝$H_0$，接受$H_1$.

(2) $\sigma_0^2=0.04^2, \quad n=10, \quad \alpha=0.05, \quad \chi^2_{1-\alpha}=\chi^2_{0.95}(9)=3.325$
$$\bar{x}=0.452, \quad s=0.037$$

$$\chi^2=\frac{(n-1)s^2}{\sigma_0^2}=\frac{9\times 0.037^2}{0.04^2}=7.7006$$

$$\chi^2>\chi^2_{0.95}(9)$$

所以接受 $H_0$，拒绝 $H_1$.

**例 4**　两种小麦品种从播种到抽穗所需的天数如表 8.4 所示.

**表 8.4**

| | | | | | | | | | | |
|---|---|---|---|---|---|---|---|---|---|---|
| $x_1$ | 101 | 100 | 99 | 99 | 98 | 100 | 98 | 99 | 99 | 99 |
| $x_2$ | 100 | 98 | 100 | 99 | 98 | 99 | 98 | 98 | 99 | 100 |

设两个样本依次来自正态总体 $N(\mu_1,\sigma_1^2)$、$N(\mu_2,\sigma_2^2)$，$\mu_i$、$\sigma_i$ $(i=1,2)$ 都未知，两个样本相互独立.

(1) 试检验假设 $H_0:\sigma_1^2=\sigma_2^2$；$H_1:\sigma_1^2\neq\sigma_2^2$ $(\alpha=0.05)$.

(2) 若能够接受 $H_0$，接着检验假设 $H'_0:\mu_1=\mu_2$；$H'_1:\mu_1\neq\mu_2$ $(\alpha=0.05)$.

**【知识点】**　双正态总体的方差比的假设检验、$F$ 分布、双正态总体的均值差的假设检验、$t$ 分布.

**【解】**　(1)

$$H_0:\sigma_1^2=\sigma_2^2;\quad H_1:\sigma_1^2\neq\sigma_2^2$$

$$n_1=n_2=10,\quad \alpha=0.05,\quad s_1^2=0.84,\quad s_2^2=0.77$$

$$F_{\alpha/2}(n_1-1,n_2-1)=F_{0.025}(9,9)=4.03$$

$$F_{0.975}(9,9)=\frac{1}{F_{0.025}(9.9)}=\frac{1}{4.03}=0.2481$$

$$F=\frac{s_1^2}{s_2^2}=\frac{0.84}{0.77}=1.09$$

因为 $F_{0.975}(9,9)<F<F_{0.025}(9,9)$，所以接受 $H_0$，拒绝 $H_1$，认为两方差相等.

(2)

$$H'_0:\mu_1=\mu_2;\quad H'_1:\mu_1\neq\mu_2$$

$$n_1=n_2=10,\quad \alpha=0.05,\quad \overline{x_1}=99.2,\quad \overline{x_2}=98.9$$

$$t_{\alpha/2}(n_1+n_2-2)=t_{0.025}(18)=2.1009$$

$$s_w=\sqrt{\frac{(n_1-1)s_1^2+(n_2-1)s_2^2}{n_1+n_2-2}}=\sqrt{\frac{9\times(0.84+0.77)}{18}}=\sqrt{0.805}$$

$$t=\frac{\overline{x_1}-\overline{x_2}}{s_w\sqrt{\frac{1}{n_1}+\frac{1}{n_2}}}=\frac{99.2-98.9}{\sqrt{0.805}\times\sqrt{\frac{1}{10}+\frac{1}{10}}}=0.748$$

$$|t|<t_{0.025}(18)$$

所以接受 $H'_0$，认为所需天数相同.

**例 5**　设总体 $X\sim N(\mu,100)$，假设检验问题为

$$H_0:\mu\geqslant 10;\quad H_1:\mu<10$$

(1) 现从总体中抽取容量为 25 的样本，测得 $\overline{x}=9$，问在显著性水平 $\alpha=0.05$ 下，

可否接收 $H_1$？

(2) 从总体中抽取样本为 $X_1,X_2,\cdots,X_n$，若拒绝域 $W=\{\overline{X}\leqslant 8\}$，求犯第一类错误概率的最大值. 若使该最大值不超过 0.023，问 $n$ 至少应该取多少？($\Phi(2)=0.977$)

**【知识点】** 第一类错误的概念、正态分布的性质及计算.

**【解】** (1) 检验问题可转化为

$$H_0:\mu=10;\quad H_1:\mu<10$$

$$Z=\frac{\overline{X}-\mu}{\sigma/\sqrt{n}}\xlongequal{\text{当 }H_0\text{ 为真}}\frac{\overline{X}-10}{10/\sqrt{n}}\sim N(0,1)$$

其 $H_0$ 的拒绝域为 $$W=\{Z\leqslant -z_{0.05}\}=-1.645$$

当 $n=25,\bar{x}=9$ 时，$z=\dfrac{9-10}{10/\sqrt{25}}=-0.5\notin W$，所以不拒绝 $H_0$，即拒绝 $H_1$.

(2) 当 $H_0$ 为真，即 $\mu\geqslant 10$ 时，若有 $z\in W$，则犯第一类错误，此时犯第一类错误的概率为

$$P(\overline{X}\leqslant 8)=P\left(\frac{\overline{X}-\mu}{10/\sqrt{n}}\leqslant\frac{8-\mu}{10/\sqrt{n}}\right)=\Phi\left(\frac{8-\mu}{10/\sqrt{n}}\right)$$

由于 $\Phi\left(\dfrac{8-\mu}{10/\sqrt{n}}\right)$ 为 $\mu$ 的减函数，故当 $\mu=10$ 时，犯第一类错误的概率最大，且犯第一类错误概率的最大值为 $\Phi\left(\dfrac{8-10}{10/\sqrt{n}}\right)=\Phi\left(-\dfrac{\sqrt{n}}{5}\right)$.

为使 $\Phi\left(-\dfrac{\sqrt{n}}{5}\right)\leqslant 0.023$，即 $\Phi\left(\dfrac{\sqrt{n}}{5}\right)\geqslant 0.977=\Phi(2)$，即有 $\dfrac{\sqrt{n}}{5}\geqslant 2$，解得 $n\geqslant 100$，所以 $n$ 至少取 100.

## 8.4 课后习题全解

### 习 题 8.1

**1.** 填空题.

(1) 假设检验所依据的原则是______在一次试验中是不应该发生的.

(2) 任何检验方法都免不了犯错误，显著性水平 $\alpha$ 就是犯______错误的概率(上界).

**【答案】** (1) 小概率事件 (2) 弃真或第一类.

**2.** 选择题.

(1) 设 $\alpha$ 和 $\beta$ 分别为假设检验中犯第一类错误和犯第二类错误的概率，那么增

大样本容量 $n$ 可以(  ).

A. 减小 $\alpha$,但增大 $\beta$　　B. 减小 $\beta$,但增大 $\alpha$

C. 同时减小 $\alpha$ 和 $\beta$　　D. 同时使 $\alpha$ 和 $\beta$ 增大

**【答案】** C.

**【解】** 一般来说,当样本容量固定时,若减小犯一类错误的概率,则犯另一类错误的概率往往增大,若要使犯两类错误的概率都减小,除非增加样本容量.因此,可知选项C正确.

(2) 对显著性水平 $\alpha$ 的检验结果而言,犯第一类错误的概率 $P$(拒绝 $H_0|H_0$ 为真)(  ).

A. $\neq\alpha$　　B. $=1-\alpha$　　C. $>\alpha$　　D. $\leqslant\alpha$

**【答案】** D.

**【解】** 由于显著性水平 $\alpha$ 是指犯第一类错误的最大概率,即 $P$(拒绝 $H_0|H_0$ 为真)$\leqslant\alpha$,因此选项D正确.

(3) 在假设检验中,原假设为 $H_0$,备择假设为 $H_1$,则(  ).

A. 检验结果为接受 $H_0$ 时,只可能犯第一类错误

B. 检验结果为接受 $H_0$ 时,既可能犯第一类错误也可能犯第二类错误

C. 检验结果为拒绝 $H_0$ 时,只可能犯第一类错误

D. 检验结果为拒绝 $H_0$ 时,既可能犯第一类错误也可能犯第二类错误

**【答案】** C.

**【解】** 由两类错误的概念可知,检验结果为接受 $H_0$ 时,只可能犯第二类错误;故排除选项A和B,检验结果为拒绝 $H_0$ 时,接受 $H_1$,故只可能犯第一类错误,所以选C.

(4) 假设检验时,如果在显著性水平0.05下接受原假设 $H_0$,那么在显著性水平0.01下,下列结论中正确的是(  ).

A. 必接受 $H_0$　　B. 可能接受,也可能拒绝 $H_0$

C. 必拒绝 $H_0$　　D. 不接受,也不拒绝 $H_0$

**【答案】** A.

**【解】** 显著性水平0.05下的接受域包含显著性水平0.01下的接受域,故在显著性水平0.05下接受原假设 $H_0$,也即观测值落入了显著性水平0.01下的接受域,因此在显著性水平0.01下仍接受 $H_0$.

## 习 题 8.2

**1.** 一种罐装饮料采用自动生产线生产,每罐的容量(单位:mL)为255,标准差为5.为检验每罐容量是否符合要求,质检人员在某天生产的饮料中随机抽取了40罐进行检验,测得每罐平均容量为255.8.取显著性水平 $\alpha=0.05$,检验该天生产的饮料容

量是否符合标准要求.

**【解】** (1) 提出假设:

$$H_0:\mu=255;\quad H_1:\mu\neq 255$$

(2) 构造统计量.

用统计量

$$Z=\frac{\overline{X}-\mu_0}{\sigma_0/\sqrt{n}}$$

并计算其具体值:

$$z=\frac{255.8-255}{5/\sqrt{40}}=1.011929$$

(3) 确定拒绝域.

当给定显著性水平 $\alpha=0.05$ 时,查出临界值 $-z_{\frac{\alpha}{2}}=-1.96$,$z_{\frac{\alpha}{2}}=1.96$,即得拒绝域为

$$W=\{|z|>z_{\frac{\alpha}{2}}=1.96\}$$

(4) 得出结论.

由于已算出的 $z=1.011929$,其绝对值小于 1.96,样本点在拒绝域 $W$ 之外,即小概率事件未发生,故接受 $H_0$,亦即认为该天生产的饮料容量符合标准要求.

**2.** 根据长期经验和资料的分析,某砖厂生产的砖的抗断强度 $X$(单位:$kg/cm^2$)服从正态分布,方差 $\sigma^2=1.21$. 从该厂产品中随机抽取 6 块,测得抗断强度如下:

32.56　29.66　31.64　30.00　31.87　31.03

检验这批砖的平均抗断强度为 32.50 是否成立(取 $\alpha=0.05$,并假设砖的抗断强度的方差不会有什么变化).

**【解】** (1) 提出假设:

$$H_0:\mu=\mu_0=32.50;\quad H_1:\mu\neq\mu_0$$

(2) 选取统计量

$$Z=\frac{\overline{X}-\mu_0}{\sigma/\sqrt{n}}$$

若 $H_0$ 为真,则 $Z\sim N(0,1)$.

(3) 对给定的显著性水平 $\alpha=0.05$,求 $z_{\alpha/2}$ 使

$$P(|Z|>z_{\alpha/2})=\alpha$$

这里 $z_{\alpha/2}=z_{0.025}=1.96$.

(4) 计算统计量 $Z$ 的观测值:

$$|z_0|=\left|\frac{\overline{x}-\mu_0}{\sigma/\sqrt{n}}\right|=\left|\frac{31.13-32.50}{1.1/\sqrt{6}}\right|\approx 3.05$$

(5) 判断:由于 $|z_0|=3.05>z_{0.025}=1.96$,因此在显著性水平 $\alpha=0.05$ 下否定

$H_0$,即不能认为这批产品的平均抗断强度是 32.50.

**3.** 某一小麦品种的平均产量(单位:$\mathrm{kg/hm^2}$)为 5200,一家研究机构对小麦品种进行了改良以期提高产量.为检验改良后的新品种产量是否有显著提高,随机抽取了 36 块田地进行试种,得到的样本平均产量为 5275,假设新品种的产量服从正态分布,标准差为 120.试以 0.05 的显著性水平检验改良后的新品种产量是否有显著的提高.

**【解】** (1) 提出假设:

$$H_0:\mu\leqslant\mu_0=5200;\quad H_1:\mu>\mu_0$$

(2) 选取统计量

$$Z=\frac{\overline{X}-\mu_0}{\sigma/\sqrt{n}}$$

若 $H_0$ 为真,则 $Z\sim N(0,1)$.

(3) 对给定的显著性水平 $\alpha=0.05$,求 $z_\alpha$,使

$$P(Z>z_\alpha)=\alpha$$

这里 $z_\alpha=z_{0.05}=1.645$.

(4) 计算统计量 $Z$ 的观测值:

$$z_0=\frac{\overline{X}-\mu_0}{\sigma/\sqrt{n}}=\frac{5275-5200}{120/\sqrt{36}}=3.75$$

(5) 判断:由于 $z_0=3.75>z_{0.05}=1.645$,因此在显著性水平 $\alpha=0.05$ 下否定 $H_0$,即改良后的新品种产量有显著的提高.

**4.** 一种汽车配件的平均长度(单位:cm)要求为 12,高于或低于该标准都被认为是不合格.汽车生产企业在购进配件时,通常是经过招标,然后对中标的配件提供商提供的样品进行检验,以决定是否购进.现对一个配件提供商提供的 10 个样本进行了检验,结果如下:

12.2　10.8　12.0　11.8　11.9　12.4　11.3　12.2　12.0　12.3

假定该供货商生产的配件长度服从正态分布,在 0.05 的显著性水平下,检验该供货商提供的配件是否符合要求.

**【解】** 设汽车配件的平均长度为 $\mu$,则问题可表示为

$$H_0:\mu=12;\quad H_1:\mu\neq12$$

经计算可知:$\bar{x}=11.89$,$s=0.49317565$,查表得 $t_{\alpha/2}(n-1)=t_{0.025}(9)=2.2622$,又

$$|T|=\left|\frac{\overline{X}-\mu_0}{S/\sqrt{n}}\right|=\frac{|11.89-12|}{0.49317565/\sqrt{10}}=0.70533<2.2622$$

故接受 $H_0$,即认为该供货商提供的配件符合要求.

**5.** 设甲乙两厂生产同样的灯泡,其寿命(单位:h)分别服从 $N(\mu_1,80^2)$和 $N(\mu_2,$

$90^2$).现从两厂生产的灯泡中各取 50 只,测得平均寿命,甲厂的为 1300,乙厂的为 1250.问在显著性水平 $\alpha=0.05$ 下,能否认为两厂的灯泡寿命无显著差异?

【解】 $X\sim N(\mu_1,\sigma_1^2)$, $Y\sim N(\mu_2,\sigma_2^2)$, $\sigma_1^2=6400$, $\sigma_2^2=8100$

$$\overline{X}=1300,\quad \overline{Y}=1250,\quad n_1=n_2=50$$

(1) 对 $\mu_1$ 和 $\mu_2$ 提出假设:

$$H_0:\mu_1=\mu_2;\quad H_1:\mu_1\neq\mu_2$$

(2) 当 $H_0$ 为真时,有

$$Z=\frac{\overline{X}-\overline{Y}}{\sqrt{\frac{\sigma_1^2}{n_1}+\frac{\sigma_2^2}{n_2}}}\sim N(0,1)$$

并计算其具体值

$$z=\frac{1300-1250}{\sqrt{\frac{6400}{50}+\frac{8100}{50}}}=2.936101$$

(3) 给定显著性水平 $\alpha=0.05$,查出临界值 $-z_{\frac{\alpha}{2}}=-1.96$,$z_{\frac{\alpha}{2}}=1.96$.

(4) 由于已算出的 $z=2.936101$,其绝对值大于 1.96,样本点落在拒绝域 $W$ 之内,即否定 $H_0$,即认为两厂生产的灯泡寿命有显著差异.

**6.** 为比较新旧两种肥料对产量的影响,以便决定是否采用新肥料.研究者选择了面积相等、土壤等条件相同的 40 块田地,分别施用新旧两种肥料,得到的产量数据如下:

使用旧肥料时的产量平均值 $\overline{x_1}=100.7$,样本方差 $s_1^2=24.1158$;

使用新肥料时的产量平均值 $\overline{x_2}=109.9$,样本方差 $s_2^2=33.3579$.

假定使用两种肥料时的产量的总体方差相等但未知,试考虑在 0.05 的显著性水平下,使用新肥料获得的平均产量是否显著高于使用旧肥料的.

【解】 根据样本数据计算得

$$\overline{x_1}=100.7,\quad \overline{x_2}=109.9,\quad s_1^2=24.1158,\quad s_2^2=33.3579,\quad n_1=40,\quad n_2=40$$

(1) 提出假设:

$$H_0:\mu_2\leqslant\mu_1;\quad H_1:\mu_2>\mu_1$$

(2) 当 $H_0$ 为真时,有

$$T=\frac{\overline{X_2}-\overline{X_1}}{\sqrt{(n_1-1)s_1^2+(n_2-1)s_2^2}}\sqrt{\frac{n_1n_2(n_1+n_2-2)}{n_1+n_2}}\sim t(n_1+n_2-2)$$

将样本数据代入并计算具体值,得 $t=7.67509$.

(3) 在 $H_0$ 成立的条件下,$T\sim t(78)$,给定显著性水平 $\alpha=0.05$,查表可得 $t_{0.05}(78)=1.6646$.因此拒绝域为 $W=\{T>1.6646\}$.

(4) 由于 $t=7.67509\in W$,故拒绝原假设 $H_0$,即在显著性水平 $\alpha=0.05$ 下,使用

新肥料获得的平均产量显著高于使用旧肥料的.

## 习　题　8.3

**1.** 啤酒生产企业采用自动生产线灌装啤酒,每瓶的装瓶量(单位:mL)为 640,但由于受某些不可控制的因素影响,每瓶的装瓶量会有差异.此时,不仅每瓶的平均装瓶量很重要,而且装瓶量的方差 $\sigma^2$ 同样很重要.如果 $\sigma^2$ 很大,会出现装瓶量太多或太少的情况,这样要么生产企业不划算,要么消费者不满意.假定生产标准规定每瓶装瓶量的标准差不应超过或不应低于 4.企业质检部门抽取了 10 瓶啤酒进行检验,得到的样本标准差为 3.8.试以 0.10 的显著性水平检验装瓶量的标准差是否符合要求.

**【解】** (1) 提出假设:

$$H_0:\sigma^2=\sigma_0^2=4^2;\quad H_1:\sigma^2\neq\sigma_0^2$$

(2) 构造统计量.

用统计量

$$\chi^2=\frac{(n-1)S^2}{\sigma_0^2}\sim\chi^2(n-1)$$

由于 $n=10,S=3.8$,可计算得

$$\chi^2=\frac{(n-1)S^2}{\sigma_0^2}=8.1225$$

(3) 确定拒绝域.

由于显著性水平 $\alpha=0.10$,拒绝域在两边,又查表可得临界值 $\chi^2_{0.05}(9)=16.919$,$\chi^2_{0.95}(9)=3.325$,即可得拒绝域

$$W=\{\chi^2>\chi^2_{\alpha/2}(n-1)=16.919\text{ 或 }\chi^2<\chi^2_{1-\alpha/2}(n-1)=3.325\}$$

(4) 得出结论.

由于 $\chi^2=\dfrac{(n-1)S^2}{\sigma_0^2}=8.1225\notin W$,故不拒绝 $H_0$,即生产线灌装啤酒的装瓶量的标准差符合要求.

**2.** 某厂生产的某种型号的电池,其寿命(单位:h)长期以来服从方差 $\sigma^2=5000$ 的正态分布.现有一批这种电池,从它的生产情况来看,寿命的波动性有所改变,现随机抽取 26 只电池,测得其寿命的样本方差 $s^2=9200$.问根据这一数据能否推断这批电池的寿命的波动性较以往有显著的变化(取 $\alpha=0.02$)?

**【解】**　本题要求在 $\alpha=0.02$ 下检验假设

$$H_0:\sigma^2=5000;\quad H_1:\sigma^2\neq5000$$

现在 $n=26$,则

$$\chi^2_{\alpha/2}(n-1)=\chi^2_{0.01}(25)=44.314$$

$$\chi^2_{1-\alpha/2}(n-1)=\chi^2_{0.99}(25)=11.524$$
$$\sigma_0^2=5000$$

因此拒绝域为

$$\frac{(n-1)s^2}{\sigma_0^2}>44.314$$

或

$$\frac{(n-1)s^2}{\sigma_0^2}<11.524$$

由观测值 $s^2=9200$ 得 $\frac{(n-1)s^2}{\sigma_0^2}=46>44.314$，所以拒绝 $H_0$，认为这批电池寿命的波动性较以往有显著的变化.

**3.** 某车间生产铜丝，其折断力(单位：N)服从正态分布，现从产品中随机抽取 10 根检查其折断力如下：

290　288　286　285　286　287　291　286　284　285

试问在 0.05 的显著性水平下，是否可以认为该车间生产的铜丝折断力的方差为 15?

**【解】** (1) 提出假设：

$$H_0:\sigma^2=\sigma_0^2=15;\quad H_1:\sigma^2\neq\sigma_0^2$$

(2) 构造统计量.

用统计量

$$\chi^2=\frac{(n-1)S^2}{\sigma_0^2}\sim\chi^2(n-1)$$

由于 $n=10$，经计算可得 $S^2=5.067$，可计算得

$$\chi^2=\frac{(n-1)S^2}{\sigma_0^2}=3.04$$

(3) 确定拒绝域.

由于显著性水平 $\alpha=0.05$，拒绝域在两边，又查表可得临界值 $\chi^2_{0.025}(9)=19.022$，$\chi^2_{0.975}(9)=2.7$，即可得拒绝域

$$W=\{\chi^2>\chi^2_{\alpha/2}(n-1)=19.022\ \text{或}\ \chi^2<\chi^2_{1-\alpha/2}(n-1)=2.7\}$$

(4) 得出结论.

由于 $\chi^2=\frac{(n-1)S^2}{\sigma_0^2}=3.04\notin W$，故不拒绝 $H_0$，即可以认为该车间生产的铜丝折断力的方差为 15.

**4.** 今进行某项工艺革新，从革新后的产品中抽取 25 个零件，测量其直径，计算得样本方差为 $s^2=0.00066$，已知革新前零件直径的方差 $\sigma^2=0.0012$，设零件直径服从正态分布，问革新后生产的零件直径的方差是否显著减小？($\alpha=0.05$)

**【解】** (1) 提出假设：

$$H_0:\sigma^2 \geqslant \sigma_0^2 = 0.0012;\quad H_1:\sigma^2 < \sigma_0^2$$

(2) 选取统计量

$$\chi^2 = \frac{(n-1)S^2}{\sigma_0^2}$$

$\chi^{*2} = \frac{(n-1)S^2}{\sigma^2} \sim \chi^2(n-1)$，且当 $H_0$ 为真时，$\chi^{*2} \leqslant \chi^2$.

(3) 对于显著性水平 $\alpha = 0.05$，查 $\chi^2$ 分布表得

$$\chi^2_{1-\alpha}(n-1) = \chi^2_{0.95}(24) = 13.848$$

当 $H_0$ 为真时，

$$P(\chi^2 < \chi^2_{1-\alpha}(n-1)) \leqslant P\left(\frac{(n-1)S^2}{\sigma^2} < \chi^2_{1-\alpha}(n-1)\right) = \alpha$$

故拒绝域为

$$\chi^2 < \chi^2_{1-\alpha}(n-1) = 13.848$$

(4) 根据样本观测值计算 $\chi^2$ 的观测值

$$\chi^2 = \frac{(n-1)S^2}{\sigma_0^2} = \frac{24 \times 0.00066}{0.0012} = 13.2$$

(5) 作判断：由于 $\chi^2 = 13.2 < \chi^2_{1-\alpha}(n-1) = 13.848$，即 $\chi^2$ 落入拒绝域中，因此拒绝 $H_0:\sigma^2 \geqslant \sigma_0^2$，即认为革新后生产的零件直径的方差小于革新前生产的零件直径的方差.

**5.** 某卷烟厂生产两种香烟. 现分别对两种烟的尼古丁含量做 6 次测量，结果如下：

甲：25　28　23　26　29　22

乙：28　23　30　35　21　27

假设香烟中的尼古丁含量服从正态分布，试问在 0.05 的显著性水平下，两种香烟中尼古丁含量的方差是否有显著差异？

**【解】** (1) 对 $\sigma_1^2$、$\sigma_2^2$ 提出假设：

$$H_0:\sigma_1^2 = \sigma_2^2;\quad H_1:\sigma_1^2 \neq \sigma_2^2$$

(2) $H_0$ 为真时，

$$F = \frac{S_1^2}{S_2^2} \sim F(n_1 - 1, n_2 - 1)$$

由数据可得，$S_1^2 = 7.5$，$S_2^2 = 25.067$，代入并计算其具体值 $f = 0.299198$.

(3) 查表可得临界值

$$F_{\alpha/2}(n_1-1, n_2-1) = F_{0.025}(5,5) = 7.15$$

$$F_{1-\alpha/2}(n_1-1, n_2-1) = 1/F_{\alpha/2}(n_2-1, n_1-1) = 1/F_{0.025}(5,5) = 1/7.15 = 0.13986$$

所以拒绝域为

$$W = \{F < 0.13986 \text{ 或 } F > 7.15\}$$

(4) 由于 $f = 0.299198 \notin W$，因此不拒绝原假设，即认为两种香烟中尼古丁含量的方差没有显著差异.

## 综合练习 8

**1.** 填空题.

(1) 对正态总体 $N(\mu,\sigma^2)$($\mu$ 未知)中的 $\sigma^2$ 进行检验时,检验统计量服从______分布.

【答案】 $\chi^2(n-1)$.

【解】 对正态总体 $N(\mu,\sigma^2)$($\mu$ 未知)中的 $\sigma^2$ 进行检验时,检验统计量 $\frac{(n-1)S^2}{\sigma^2}\sim\chi^2(n-1)$,所以应服从 $\chi^2(n-1)$分布.

(2) 设总体 $X\sim N(\mu,\sigma^2)$,当 $\sigma^2$ 未知时,$H_0:\mu=0$ 的拒绝域为______.

【答案】 $\left|\frac{\overline{X}}{S/\sqrt{n}}\right|>t_{\alpha/2}(n-1)$.

【解】 当总体 $X\sim N(\mu,\sigma^2)$,$\sigma^2$ 未知时,$\frac{\overline{X}-\mu}{S/\sqrt{n}}\sim t(n-1)$,所以 $H_0:\mu=0$ 的拒绝域为 $\left|\frac{\overline{X}}{S/\sqrt{n}}\right|>t_{\alpha/2}(n-1)$.

(3) 设总体 $X\sim N(\mu,\sigma^2)$,由来自总体 $X$ 的容量为 10 的简单随机样本,测得样本方差 $S^2=0.10$,则检验假设 $H_0:\sigma^2\leqslant 0.06$ 使用的统计量 $\chi^2$ 的值等于______,在显著性水平 $\alpha=0.025$ 下______ $H_0$(拒绝或接受).(附:$\chi^2_{0.05}(9)=16.919$,$\chi^2_{0.05}(10)=18.307$,$\chi^2_{0.025}(9)=19.023$,$\chi^2_{0.025}(10)=20.483$)

【答案】 15　接受.

【解】 提出假设:

$$H_0:\sigma^2\leqslant 0.06;\quad H_1:\sigma^2>0.06$$

构造统计量 $\chi^2=\frac{(n-1)S^2}{\sigma_0^2}\sim\chi^2(n-1)$,代入数据可得统计量 $\chi^2$ 的值等于 15,拒绝域为 $W=\{\chi^2>\chi^2_{0.025}(9)=19.023\}$,由于统计量的值没有落入拒绝域,因此不拒绝 $H_0$,即接受 $H_0$.

**2.** 选择题.

(1) 设 $\overline{X}$ 和 $S^2$ 是来自正态总体 $N(\mu,\sigma^2)$的样本均值和样本方差,样本容量为 $n$,$|\overline{X}-\mu_0|>t_{0.05}(n-1)\frac{S}{\sqrt{n}}$(　　).

A. 为 $H_0:\mu=\mu_0$ 的拒绝域　　B. 为 $H_0:\mu=\mu_0$ 的接受域

C. 表示 $\mu$ 的一个置信区间　　D. 表示 $\sigma^2$ 的一个置信区间

【答案】 A.

【解】　当总体 $X\sim N(\mu,\sigma^2)$，$\sigma^2$ 未知时，$\dfrac{\overline{X}-\mu}{S/\sqrt{n}}\sim t(n-1)$，若原假设为 $H_0:\mu=\mu_0$，则为双侧检验，$|\overline{X}-\mu_0|>t_{0.05}(n-1)\dfrac{S}{\sqrt{n}}$则表示在 $H_0:\mu=\mu_0$ 下 $\alpha=0.1$ 的拒绝域，因此选项 A 正确.

(2) 对正态总体 $N(\mu,\sigma^2)$的假设检验问题($\sigma^2$ 未知)：$H_0:\mu\leqslant 1$；$H_1:\mu>1$，若取显著性水平 $\alpha=0.05$，则其拒绝域为(　　).

A. $|\overline{X}-1|>z_{0.05}$　　B. $\overline{X}>1+t_{0.05}(n-1)\dfrac{S}{\sqrt{n}}$

C. $|\overline{X}-1|>t_{0.05}\dfrac{S}{\sqrt{n-1}}$　　D. $\overline{X}<1-t_{0.05}(n-1)\dfrac{S}{\sqrt{n}}$

【答案】　B.

【解】　当总体 $X\sim N(\mu,\sigma^2)$，$\sigma^2$ 未知时，$\dfrac{\overline{X}-\mu}{S/\sqrt{n}}\sim t(n-1)$，又备择假设为 $H_1:\mu>1$，所以为右侧检验，因此拒绝域为 $W=\left\{\dfrac{\overline{X}-1}{S/\sqrt{n}}>t_{0.05}(n-1)\right\}$，即 $W=\{\overline{X}>1+t_{0.05}(n-1)S/\sqrt{n}\}$，因此选项 B 正确.

(3) 已知总体 $X\sim N(\mu_1,\sigma_1^2)$，$Y\sim N(\mu_2,\sigma_2^2)$，为检验总体 $X$ 的均值是否大于 $Y$ 的均值，则应检验(　　).

A. $H_0:\mu_1>\mu_2$，$H_1:\mu_1\leqslant\mu_2$　　B. $H_0:\mu_1\geqslant\mu_2$，$H_1:\mu_1<\mu_2$

C. $H_0:\mu_1<\mu_2$，$H_1:\mu_1\geqslant\mu_2$　　D. $H_0:\mu_1\leqslant\mu_2$，$H_1:\mu_1>\mu_2$

【答案】　D.

【解】　检验的目的是考察总体 $X$ 的均值是否大于 $Y$ 的均值，即 $\mu_1$ 是否大于 $\mu_2$，又由于等号总是放在原假设之上，因此可知应选 D.

**3.** 已知某电子器材厂生产一种云母带的厚度(单位:mm)服从正态分布，其均值 $\mu=0.13$，标准差 $\sigma=0.015$. 某日开工后检查 10 处厚度，算出其平均值 $\bar{x}=0.146$，若厚度的方差不变，试问该日云母带厚度的平均值与 0.13 有无显著差异?(取$\alpha=0.05$)

【解】　(1) 提出假设:

$$H_0:\mu=0.13;\quad H_1:\mu\neq 0.13$$

(2) 构造统计量.

用统计量

$$Z=\frac{\overline{X}-\mu_0}{\sigma_0/\sqrt{n}}$$

并计算其具体值：

$$z=\frac{0.146-0.13}{0.015/\sqrt{10}}=3.373096$$

(3) 确定拒绝域.

给定显著性水平 $\alpha=0.05$，查出临界值 $-z_{\frac{\alpha}{2}}=-1.96$，$z_{\frac{\alpha}{2}}=1.96$，即得拒绝域为

$$W=\{|z|>z_{\frac{\alpha}{2}}=1.96\}$$

(4) 得出结论.

由于已算出的 $z=3.373096$，其绝对值大于 1.96，样本点在拒绝域 $W$ 之内，即小概率事件发生，故拒绝 $H_0$，亦即认为该日云母带厚度的平均值与 0.13 有显著差异.

**4.** 用某仪器间接测量温度(单位:℃)，重复 5 次，所得的数据是 1250，1265，1245，1260，1275，而用别的精确办法测得温度为 1277(可看作是温度的真值)，试问此仪器间接测量有无系统偏差？这里假设测量值 $X$ 服从 $N(\mu,\sigma^2)$ 分布.

**【解】** 问题是要检验

$$H_0:\mu=\mu_0=1277;\quad H_1:\mu\neq\mu_0$$

由于 $\sigma^2$ 未知(即仪器的精度不知道)，选取统计量

$$t=\frac{\overline{X}-\mu_0}{S/\sqrt{n}}$$

当 $H_0$ 为真时，$t\sim t(n-1)$，$t$ 的观测值为

$$|t_0|=\left|\frac{\overline{x}-\mu_0}{s/\sqrt{n}}\right|=\left|\frac{1259-1277}{\sqrt{142.5/5}}\right|=\left|\frac{-18}{5.339}\right|>3$$

对于给定的检验水平 $\alpha=0.05$，由

$$P(|t|>t_{\alpha/2}(n-1))=\alpha$$

$$P(t>t_{\alpha/2}(n-1))=\alpha/2$$

$$P(t>t_{0.025}(4))=0.025$$

查 $t$ 分布表得双侧 $\alpha$ 分位点

$$t_{\alpha/2}(n-1)=t_{0.025}(4)=2.776$$

因为 $|t_0|>3>t_{0.025}(4)=2.776$，故应拒绝 $H_0$，认为该仪器间接测量有系统偏差.

**5.** 有两批棉纱，为比较其断裂强度，从中各取一个样本，测试得到：

第一批棉纱样本　$n_1=200$，$\overline{x}=0.532$，$s_1=0.218$

第二批棉纱样本　$n_2=200$，$\overline{y}=0.57$，$s_2=0.176$

设两批强度总体服从正态分布，方差未知但相等，两批强度均值有无显著差异？($\alpha=0.05$)

**【解】**

$$H_0:\mu_1=\mu_2;\quad H_1:\mu_1\neq\mu_2$$

$$n_1=n_2=200,\quad \alpha=0.05$$

$$t_{\alpha/2}(n_1+n_2-2)=t_{0.025}(398)\approx z_{0.025}=1.96$$

$$s_w=\sqrt{\frac{(n_1-1)s_1^2+(n_2-1)s_2^2}{n_1+n_2-2}}=\sqrt{\frac{199\times(0.218^2+0.176^2)}{398}}=0.1981$$

$$t=\frac{\bar{x}-\bar{y}}{s_w\sqrt{\frac{1}{n_1}+\frac{1}{n_2}}}=\frac{0.532-0.57}{0.1981\times\sqrt{\frac{1}{200}+\frac{1}{200}}}=-1.918$$

$$|t|<t_{0.025}(398)$$

所以接受 $H_0$,认为两批强度均值无显著差别.

**6.** 某印刷厂旧机器每台每周的开工成本服从正态分布 $N(100,25^2)$,现新安装了一台机器,观测到它在 9 周里平均每周的开工成本 $\overline{X}=75$,假定成本的标准差不变,试问在 $\alpha=0.01$ 的水平上该厂机器的平均开工成本是否有所下降?

**【解】** (1) 提出假设:

$$H_0:\mu\geqslant 100;\quad H_1:\mu<100$$

(2) 构造统计量.

用统计量

$$Z=\frac{\overline{X}-\mu_0}{\sigma_0/\sqrt{n}}$$

并计算其具体值:

$$z=\frac{75-100}{25/\sqrt{9}}=-3$$

(3) 确定拒绝域.

由于是左侧检验,给定显著性水平 $\alpha=0.01$,查出临界值 $-z_{0.01}=-2.33$,即得拒绝域为

$$W=\{z<-2.33\}$$

(4) 得出结论.

由于已算出的 $z=-3$,样本点在拒绝域 $W$ 之内,即小概率事件发生,故拒绝 $H_0$,亦即认为该厂机器的平均开工成本有所下降.

**7.** 从某种煤中取出 20 个样品,测量其发热量(单位:kJ/kg),经计算得平均发热量 $\bar{x}=2450$,样本标准差 $S=42$.假设发热量服从正态分布,问在显著性水平 $\alpha=0.05$ 下,能否认为发热量的均值是 2480?

**【解】** 设发热量的均值为 $\mu$,则问题可表示为

$$H_0:\mu=2480;\quad H_1:\mu\neq 2480$$

已知 $\bar{x}=2450$,$S=42$,查表得 $t_{\alpha/2}(n-1)=t_{0.025}(19)=2.093$,又

$$T=\frac{\overline{X}-\mu_0}{S/\sqrt{n}}=\frac{|2450-2480|}{42/\sqrt{20}}=3.194383>2.093$$

故拒绝 $H_0$，即不能认为发热量的均值是 2480.

**8.** 从一批保险丝中抽取 10 根试验其熔化时间(单位：ms)，结果为

43　65　75　78　71　59　57　69　55　57

若熔化时间服从正态分布，问在显著性水平 $\alpha=0.05$ 下，可否认为熔化时间的标准差为 9?

**【解】** (1) 提出假设：

$$H_0:\sigma^2=\sigma_0^2=9^2;\quad H_1:\sigma^2\neq\sigma_0^2$$

(2) 构造统计量.

用统计量

$$\chi^2=\frac{(n-1)S^2}{\sigma_0^2}\sim\chi^2(n-1)$$

$n=10, S^2=113.8778$，可计算得

$$\chi^2=\frac{(n-1)S^2}{\sigma_0^2}=12.65309$$

(3) 确定拒绝域.

由于显著性水平 $\alpha=0.05$，拒绝域在两边，又查表可得临界值 $\chi^2_{0.025}(9)=19.022$，$\chi^2_{0.975}(9)=2.7$，即可得拒绝域

$$W=\{\chi^2>19.022 \text{ 或 } \chi^2<2.7\}$$

(4) 得出结论.

由于 $\chi^2=\dfrac{(n-1)S^2}{\sigma_0^2}=12.65309\notin W$，故不拒绝 $H_0$，即可以认为熔化时间的标准差为 9.

**9.** 两位化验员 A、B 对一种矿砂的含铁量(单位：%)各自独立地用同一方法做了 5 次分析，得到样本方差分别为 0.4322 与 0.5006. 若 A、B 所得的测定值的总体都是正态分布，其方差分别为 $\sigma_A^2$、$\sigma_B^2$，试在水平 $\alpha=0.05$ 下检验方差齐性的假设

$$H_0:\sigma_A^2=\sigma_B^2;\quad H_1:\sigma_A^2\neq\sigma_B^2$$

**【解】** $n_1=n_2=5,\quad \alpha=0.05,\quad s_1^2=0.4322,\quad s_2^2=0.5006$

$$F_{\alpha/2}(n_1-1,n_2-1)=F_{0.025}(4,4)=9.6$$

$$F_{0.975}(4,4)=\frac{1}{F_{0.025}(4,4)}=\frac{1}{9.6}=0.1042$$

$$F=\frac{S_1^2}{S_2^2}=\frac{0.4322}{0.5006}=0.8634$$

那么 $F_{0.975}(4,4)<F<F_{0.025}(4,4)$. 所以接受 $H_0$，拒绝 $H_1$.

## 8.5　考研真题选讲

**例 1**(1995.4)　设 $X_1,X_2,\cdots,X_n$ 是来自正态总体 $N(\mu,\sigma^2)$ 的简单随机样本，其中参数 $\mu$ 和 $\sigma^2$ 未知. 记 $\overline{X}=\frac{1}{n}\sum_{i=1}^{n}x_i$，$Q^2=\sum_{i=1}^{n}(X_i-\overline{X})^2$，则假设 $H_0:\mu=0$ 的 $t$ 检验使用统计量 $t=$______.

**【答案】**　$\frac{\sqrt{n(n-1)}\cdot\overline{X}}{Q}$.

**【解】**　样本标准差

$$S=\sqrt{\frac{1}{n-1}\sum_{i=1}^{n}(X_i-\overline{X})^2}=\frac{Q}{\sqrt{n-1}}$$

检验假设 $H_0:\mu=0$ 的 $t$ 检验使用统计量

$$t=\frac{\overline{X}-0}{S/\sqrt{n}}=\frac{\overline{X}}{Q/\sqrt{n(n-1)}}=\frac{\sqrt{n(n-1)}\cdot\overline{X}}{Q}$$

**例 2**(1998.1)　设某次考试的考生成绩服从正态分布，从中随机地抽取 36 位考生的成绩，算得平均成绩(单位:分)为 66.5，标准差为 15. 问在显著性水平 0.05 下，是否可以认为这次考试全体考生的平均成绩为 70？并给出检验过程.

$t$ 分布表如表 8.5 所示.

$$P(t(n)\leqslant t_p(n))=p$$

**表 8.5**

| $t_p(n)$　$p$ / $n$ | 0.95 | 0.975 |
|---|---|---|
| 35 | 1.6896 | 2.0301 |
| 36 | 1.6883 | 2.0281 |

**【解】**　设这次考试的考生成绩为 $X$，则 $X\sim N(\mu,\sigma^2)$，把从 $X$ 中抽取的容量为 $n$ 的样本均值记为 $\overline{X}$，样本标准差记为 $S$，本题是在显著性水平 $\alpha=0.05$ 下检验假设

$$H_0:\mu=70;\quad H_1:\mu\neq 70$$

拒绝域为

$$|t|=\frac{|\bar{x}-70|}{S}\sqrt{n}\geqslant t_{1-\frac{\alpha}{2}}(n-1)$$

由 $n=36$，$\bar{x}=66.5$，$S=15$，$t_{0.975}(36-1)=2.0301$，算得

$$|t|=\frac{|66.5-70|\sqrt{36}}{15}=1.4<2.0301$$

所以接受假设 $H_0:\mu=70$,即在显著性水平 0.05 下,可以认为这次考试全体考生的平均成绩为 70.

## 8.6 自 测 题

### 一、填空题

**1.** 设 $X\sim N(\mu,\sigma^2)$,$X_1,X_2,\cdots,X_n$ 为一个样本,其中 $\mu_0$ 已知, 则方差 $\sigma^2$ 未知时,检验假设 $H_0:\mu=\mu_0$ 应选统计量______,在 $H_0:\mu=\mu_0$ 条件下,统计量服从______分布.

**2.** 设 $X\sim N(\mu,2^2)$,$X_1,X_2,\cdots,X_n$ 为一个样本,其中 $\mu_0$ 已知,检验假设 $H_0:\mu=\mu_0$ 应选统计量______,在 $H_0$ 成立条件下,统计量服从______分布.

**3.** 已知总体 $X$ 的概率密度只有两种可能,设

$$H_0:f(x)=\begin{cases}1/2 & 0\leqslant x\leqslant 2\\ 0 & \text{其他}\end{cases};\quad H_1:f(x)=\begin{cases}x/2 & 0\leqslant x\leqslant 2\\ 0 & \text{其他}\end{cases}$$

对 $X$ 进行一次观测,得样本 $X_1$,规定当 $X_1\geqslant\frac{3}{2}$时,拒绝 $H_0$,否则接受 $H_0$,则此检验的第一类错误 $\alpha=$______,第二类错误 $\beta=$______.

### 二、选择题

**1.** 记 $H_0$ 为待检验假设,则犯第一类错误指的是(　　).

A. $H_0$ 为真时,接受 $H_0$　　B. $H_0$ 不真时,接受 $H_0$

C. $H_0$ 不真时,拒绝 $H_0$　　D. $H_0$ 为真时,拒绝 $H_0$

**2.** 记 $H_0$ 为待检验假设,则犯第二类错误指的是(　　).

A. $H_0$ 为真时,接受 $H_0$　　B. $H_0$ 为真时,拒绝 $H_0$

C. $H_0$ 不真时,拒绝 $H_0$　　D. $H_0$ 不真时,接受 $H_0$

**3.** 在假设检验中,显著性水平 $\alpha$ 的意义是(　　).

A. 原假设 $H_0$ 成立,经检验被拒绝的概率

B. 原假设 $H_0$ 成立,经检验被接受的概率

C. 原假设 $H_0$ 不成立,经检验被拒绝的概率

D. 原假设 $H_0$ 不成立,经检验被接受的概率

**4.** 已知正态总体 $X\sim N(a,\sigma_x^2)$和 $Y\sim N(b,\sigma_y^2)$相互独立,其中 4 个分布参数都未知.设 $X_1,X_2,\cdots,X_m$ 和 $Y_1,Y_2,\cdots,Y_n$ 是分别来自 $X$ 和 $Y$ 的简单随机样本,样本均值分别为 $\overline{X}$、$\overline{Y}$,样本方差分别为 $S_x^2$、$S_y^2$,则检验假设 $H_0:a\leqslant b$ 使用 $t$ 检验的前提条件是(　　).

A. $\sigma_x^2 \leqslant \sigma_y^2$　　B. $S_x^2 \leqslant S_y^2$　　C. $\sigma_x^2 = \sigma_y^2$　　D. $S_x^2 = S_y^2$

## 三、解答题

**1.** 某种矿砂的 5 个样品中的含镍量(单位:%)经测定为

$$3.24 \quad 3.26 \quad 3.24 \quad 3.27 \quad 3.25$$

设含镍量服从正态分布,问在 $\alpha=0.01$ 下能否接收假设:这批矿砂的含镍量为 3.25.

**2.** 某公司宣称由其生产的某种型号的电池其平均寿命(单位:h)为 21.5,标准差为 2.9.在实验室测试了该公司生产的 6 只电池,得到它们的寿命为 19,18,20,22,16,25,问这些结果是否表明这种电池的平均寿命比该公司宣称的平均寿命要短?设电池寿命近似地服从正态分布(取 $\alpha=0.05$).

**3.** 某种导线的电阻服从正态分布 $N(\mu,0.005^2)$.今从新生产的一批导线中抽取 9 根,测其电阻(单位:Ω),得 $S=0.008$.对于 $\alpha=0.05$,能否认为这批导线电阻的标准差仍为 0.005?

# 参 考 答 案

## 一、填空题

**1.** $T=\dfrac{\overline{X}-\mu_0}{S/\sqrt{n}}$　$t(n-1)$　　**2.** $U=\dfrac{\overline{X}-\mu_0}{2/\sqrt{n}}$　$N(0,1)$　　**3.** $\dfrac{1}{4}$　$\dfrac{9}{16}$

## 二、选择题

**1.** D　**2.** D　**3.** A　**4.** C

## 三、解答题

**1.【解】** 设　$H_0:\mu=\mu_0=3.25$;　$H_1:\mu\neq\mu_0=3.25$

$$n=5,\quad \alpha=0.01,\quad t_{\alpha/2}(n-1)=t_{0.005}(4)=4.6041$$

$$\overline{x}=3.252,\quad S=0.013$$

$$t=\frac{\overline{x}-\mu_0}{\sigma/\sqrt{n}}=\frac{3.252-3.25}{0.013}\times\sqrt{5}=0.344$$

$$|t|<t_{0.005}(4)$$

所以接受 $H_0$,认为这批矿砂的含镍量为 3.25.

**2.【解】**　$H_0:\mu\geqslant 21.5$;　$H_1:\mu<21.5$

$$\mu_0=21.5,\quad n=6,\quad \alpha=0.05,\quad z_{0.05}=1.65,\quad \sigma=2.9,\quad \overline{x}=20$$

$$z=\frac{\overline{x}-\mu_0}{\sigma/\sqrt{n}}=\frac{20-21.5}{2.9}\times\sqrt{6}=-1.267$$

$$z > -z_{0.05} = -1.65$$

所以接受 $H_0$,认为电池的寿命不比该公司宣称的短.

**3.【解】**

$$H_0: \sigma = \sigma_0 = 0.005; \quad H_1: \sigma \neq \sigma_0 = 0.005$$

$$n = 9, \quad \alpha = 0.05, \quad s = 0.008$$

$$\chi^2_{\alpha/2}(8) = \chi^2_{0.025}(8) = 17.535, \quad \chi^2_{1-\alpha/2}(8) = \chi^2_{0.975}(8) = 2.088$$

$$\chi^2 = \frac{(n-1)S^2}{\sigma_0^2} = \frac{8 \times 0.008^2}{(0.005)^2} = 20.48, \quad \chi^2 > \chi^2_{0.025}(8)$$

故应拒绝 $H_0$,不能认为这批导线的电阻标准差仍为 0.005.

# 第9章　方差分析和回归分析

## 9.1　大纲基本要求

（1）了解单因素试验的方差分析，了解离差平方和的分解及其意义，理解检验用统计量以及进行假设检验的一般步骤.

（2）理解回归分析的基本概念，掌握一元线性回归方程及其求法，掌握线性相关显著性检验，会利用线性回归方程进行预测和分析.

## 9.2　内 容 提 要

方差分析与回归分析是数理统计中极具应用价值的统计分析方法：前者定性研究当试验条件发生变化时，对试验结果影响的显著性；后者则定量地建立一个随机变量与一个或多个变量的依赖关系.

### 一、单因素方差分析

在生产实践中，试验结果往往要受到一种或多种因素的影响. 方差分析就是通过对试验数据进行分析，检验方差相同的多个正态总体的均值是否相等，用以判断各因素对试验结果的影响是否显著. 方差分析按影响试验结果的因素的个数分为单因素方差分析、双因素方差分析和多因素方差分析.

**1）单因素方差分析的基本思想**

试验数据总是参差不齐，用总偏差平方和 $S_T = \sum_{j=1}^{s}\sum_{i=1}^{n_j}(x_{ij}-\bar{x})^2$ 来度量数据间的离散程度. 将 $S_T$ 分解为试验随机误差的平方和（$S_E$）与因素 A 的偏差平方和（$S_A$）之和. 若 $S_A$ 比 $S_E$ 大得较多，则有理由认为因素的各个水平对应的试验结果有显著差异，从而拒绝因素各水平对应的正态总体的均值相等这一原假设. 这就是单因素方差分析法的基本思想.

**2）单因素方差分析的方差分析**

单因素方差分析的方差分析如表 9.1 所示.

表 9.1

| 方差来源 | 平方和 | 自由度 | 均方和 | F 比 |
| --- | --- | --- | --- | --- |
| 因素 A | $S_A$ | $s-1$ | $\bar{S}_A=\dfrac{S_A}{s-1}$ | $F=\bar{S}_A/\bar{S}_E$ |
| 误差 | $S_E$ | $n-s$ | $\bar{S}_E=\dfrac{S_E}{n-s}$ | — |
| 总和 | $S_T$ | $n-1$ | — | — |

在实际中，可以按以下较简便的公式来计算 $S_T$、$S_A$ 和 $S_E$. 记

$$T_{\cdot j}=\sum_{i=1}^{n_j}x_{ij},\quad j=1,2,\cdots,s$$

$$T_{\cdot\cdot}=\sum_{j=1}^{s}\sum_{i=1}^{n_j}x_{ij}$$

即有

$$\begin{cases}S_T=\sum\limits_{j=1}^{s}\sum\limits_{i=1}^{n_j}x_{ij}^2-n\bar{x}^2=\sum\limits_{j=1}^{s}\sum\limits_{i=1}^{n_j}x_{ij}^2-\dfrac{T_{\cdot\cdot}^2}{n}\\ S_A=\sum\limits_{j=1}^{s}n_j\bar{x}_{\cdot j}^2-n\bar{x}^2=\sum\limits_{j=1}^{s}\dfrac{T_{\cdot j}^2}{n_j}-\dfrac{T_{\cdot\cdot}^2}{n}\\ S_E=S_T-S_A\end{cases}$$

**3) 方差分析的假设检验**

当 $H_0$ 成立时，设 $x_{ij}\sim N(\mu,\sigma^2)(i=1,2,\cdots,n_j;j=1,2,\cdots,s)$，且相互独立，则有

(1) $\dfrac{S_A}{\sigma^2}\sim\chi^2(s-1)$；

(2) $\dfrac{S_E}{\sigma^2}\sim\chi^2(n-s)$；

(3) $F=\dfrac{(n-s)S_A}{(s-1)S_E}\sim F(s-1,n-s)$.

于是，对于给定的显著性水平 $\alpha(0<\alpha<1)$，有

$$P(F\geqslant F_\alpha(s-1,n-s))=\alpha$$

由此得检验问题，即检验下式成立与否：

$$F\geqslant F_\alpha(s-1,n-s)$$

## 二、一元线性回归分析

**1) 一元线性回归模型**

$$y=a+bx+\varepsilon$$

其中，假设 $\varepsilon \sim N(0,\sigma^2)$，且未知数 $a$、$b$、$\sigma^2$ 不依赖于 $x$.

**2）一元线性回归方程**

$$\hat{y}=\hat{a}+\hat{b}x$$

其中：$\hat{a}$ 和 $\hat{b}$ 是未知数 $a$、$b$ 估计值.

**3）一元线性回归的参数估计(最小二乘估计)**

最小二乘法的基本思想是：对一组观测值 $(x_1,y_1),(x_2,y_2),\cdots,(x_n,y_n)$，使误差 $\varepsilon_i=y_i-(a+bx_i)$ 的平方和

$$Q(a,\ b)\ =\ \sum_{i=1}^{n}\varepsilon_i^2\ =\ \sum_{i=1}^{n}\ [y_i-(a+bx_i)]^2$$

达到最小的 $\hat{a}$ 和 $\hat{b}$ 作为 $a$ 和 $b$ 的估计.最小二乘法下的参数估计为

$$\hat{b}=\frac{S_{xy}}{S_{xx}},\quad \hat{a}=\bar{y}-\bar{x}\hat{b}$$

其中

$$\bar{x}=\frac{1}{n}\sum_{i=1}^{n}x_i,\quad \bar{y}=\frac{1}{n}\sum_{i=1}^{n}y_i,\quad S_{xx}=\sum_{i=1}^{n}x_i^2-n\bar{x}^2$$

$$S_{xy}=\sum_{i=1}^{n}x_iy_i-n\bar{x}\bar{y},\quad S_{yy}=\sum_{i=1}^{n}y_i^2-n\bar{y}^2$$

**4）变量 $y$ 与 $x$ 的线性相关性假设检验**

(1) 方差分析法($F$ 检验法).

$$H_0:\ b=0;\quad H_1:\ b\neq 0$$

$$F=Q_{回}\bigg/\frac{Q_{剩}}{n-2}\overset{H_0真}{\sim}F_\alpha(1,n-2)$$

式中：

$$Q_{回}=S_{xy}{}^2/S_{xx},\quad Q_{剩}=Q_{总}-Q_{回}=S_{yy}-S_{xy}{}^2/S_{xx}$$

给定显著性水平 $\alpha$，若 $F\geqslant F_\alpha$，则拒绝 $H_0$，即认为 $y$ 对 $x$ 具有线性相关关系.

(2) 相关系数法($t$ 检验法).

$$H_0:\ r=0;\quad H_1:r\neq 0$$

其中：

$$r=\frac{S_{xy}}{\sqrt{S_{xx}S_{yy}}},\quad t=\frac{r}{\sqrt{1-r^2}}\sqrt{n-2}\overset{H_0真}{\sim}t_{\frac{\alpha}{2}}(n-2)$$

若 $t\geqslant t_{\frac{\alpha}{2}}(n-2)$，则拒绝 $H_0$，即认为两个变量的线性相关性显著.

**5）给定 $x=x_0$ 时，$y$ 的置信水平为 $1-\alpha$ 的预测区间为**

$$\left(\hat{a}+\hat{b}x_0\pm t_{\frac{\alpha}{2}}(n-2)\hat{\sigma}\sqrt{1+\frac{1}{n}+\frac{(x_0-\bar{x})^2}{S_{xx}}}\right)$$

其中：$\hat{\sigma}=\sqrt{\dfrac{1}{n-2}(S_{yy}-\hat{b}S_{xy})}$.

## 9.3 典型例题分析

**例 1** 灯泡厂用 4 种不同的材料制成灯丝，检验灯线材料这一因素对灯泡寿命的影响. 若灯泡寿命服从正态分布，不同材料的灯丝制成的灯泡寿命的方差相同，试根据表 9.2 所示试验结果记录，在显著性水平 0.05 下检验灯泡寿命是否因灯丝材料不同而有显著差异.

**表 9.2**

| | | 试验批号 | | | | | | | |
|---|---|---|---|---|---|---|---|---|---|
| | | 1 | 2 | 3 | 4 | 5 | 6 | 7 | 8 |
| 灯丝 | $A_1$ | 1600 | 1610 | 1650 | 1680 | 1700 | 1720 | 1800 | |
| 材料 | $A_2$ | 1580 | 1640 | 1640 | 1700 | 1750 | | | |
| 水平 | $A_3$ | 1460 | 1550 | 1600 | 1620 | 1640 | 1660 | 1740 | 1820 |
| | $A_4$ | 1510 | 1520 | 1530 | 1570 | 1600 | 1680 | | |

**【知识点】** 单因素的方差分析、$F$ 检验.

**【解】**

$$r = 4, \quad n = \sum_{i=1}^{r} n_i = 26$$

$$S_T = \sum_{i=1}^{4}\sum_{j=1}^{4} x_{ij}^2 - \frac{T_{..}^2}{n} = 69895900 - 69700188.46 = 195711.54$$

$$S_A = \sum_{i=1}^{4} \frac{1}{n_i} T_{i.}^2 - \frac{T_{..}^2}{n} = 69744549.2 - 69700188.46 = 44360.7$$

$$S_E = S_T - S_A = 151350.8$$

$$F = \frac{S_A/(r-1)}{S_E/(n-r)} = \frac{44360.7/3}{151350.8/22} = 2.15$$

方差分析如表 9.3 所示.

$$F_{0.05}(3,22) = 3.05 > F$$

故灯丝材料对灯泡寿命无显著影响.

**表 9.3**

| 方差来源 | 平方和 $S$ | 自由度 | 均方和 $\bar{S}$ | $F$ |
|---|---|---|---|---|
| 因素影响 | 44360.7 | 3 | 14786.9 | 2.15 |
| 误差 | 151350.8 | 22 | 6879.59 | |
| 总和 | 195711.54 | 25 | | |

**例 2** 某实验室对钢锭模进行选材试验. 其方法是将试件加热到 700 ℃后，投入 20 ℃的水中急冷，这样反复进行到试件断裂为止，试验次数越多，试件质量越好. 试

验结果如表 9.4 所示.

**表 9.4**

| 试验号 | 材质分类 | | | |
|---|---|---|---|---|
| | $A_1$ | $A_2$ | $A_3$ | $A_4$ |
| 1 | 160 | 158 | 146 | 151 |
| 2 | 161 | 164 | 155 | 152 |
| 3 | 165 | 164 | 160 | 153 |
| 4 | 168 | 170 | 162 | 157 |
| 5 | 170 | 175 | 164 | 160 |
| 6 | 172 | | 166 | 168 |
| 7 | 180 | | 174 | |
| 8 | | | 182 | |

试问四种钢锭模的抗热疲劳性能是否有显著差异？($\alpha=0.05$)

**【知识点】** 单因素的方差分析、$F$ 检验.

**【解】** $s=4,\quad n_1=7,\quad n_2=5,\quad n_3=8,\quad n_4=6,\quad n=26$

$$S_T=\sum_{j=1}^{s}\sum_{i=1}^{n_j}x_{ij}^2-\frac{T_{\cdot\cdot}^2}{n}=698959-\frac{(4257)^2}{26}=1957.12$$

$$S_A=\sum_{j=1}^{s}\frac{T_{\cdot j}^2}{n_j}-\frac{T_{\cdot\cdot}^2}{n}=697445.49-\frac{(4257)^2}{26}=443.61$$

$$S_E=S_T-S_A=1513.51$$

方差分析如表 9.5 所示.

**表 9.5**

| 方差来源 | 平方和 | 自由度 | 均方和 | $F$ |
|---|---|---|---|---|
| 因素影响 | 443.61 | 3 | 147.87 | 2.15 |
| 误差 | 1513.51 | 22 | 68.80 | |
| 总和 | 1957.12 | 25 | | |

$$F(3,22)=2.15<F_{0.05}(3,22)=3.05$$

则接受 $H_0$，即认为四种钢锭模的热疲劳性能无显著差异.

**例 3** 某种合金的抗拉强度 $y$(单位：kg/mm$^2$)与其中的含碳量 $x$(单位：%)有关，现测 12 对数据如表 9.6 所示.

**表 9.6**

| | | | | | | | | | | | | |
|---|---|---|---|---|---|---|---|---|---|---|---|---|
| $x$ | 0.10 | 0.11 | 0.12 | 0.13 | 0.14 | 0.15 | 0.16 | 0.17 | 0.18 | 0.20 | 0.21 | 0.23 |
| $y$ | 42.0 | 43.5 | 45.0 | 45.5 | 45.0 | 47.5 | 49.0 | 53.0 | 50.0 | 55.0 | 55.0 | 60.0 |

试建立合金的抗拉强度 $y$ 与含碳量 $x$ 的回归方程.

**【知识点】** 一元线性回归.

**【解】** 根据原始数据计算如表 9.7 所示.

表 9.7

| 序号 | $x$ | $y$ | $x^2$ | $xy$ | $y^2$ |
|---|---|---|---|---|---|
| 1 | 0.10 | 42.0 | 0.0100 | 4.200 | 1764.00 |
| 2 | 0.11 | 43.5 | 0.0121 | 4.785 | 1892.25 |
| 3 | 0.12 | 45.0 | 0.0144 | 5.400 | 2025.00 |
| 4 | 0.13 | 45.5 | 0.0169 | 5.915 | 2070.25 |
| 5 | 0.14 | 45.0 | 0.0196 | 6.300 | 2025.00 |
| 6 | 0.15 | 47.5 | 0.0225 | 7.125 | 2256.25 |
| 7 | 0.16 | 49.0 | 0.0256 | 7.840 | 2401.00 |
| 8 | 0.17 | 53.0 | 0.0289 | 9.010 | 2809.00 |
| 9 | 0.18 | 50.0 | 0.0324 | 9.000 | 2500.00 |
| 10 | 0.20 | 55.0 | 0.0400 | 11.000 | 3025.00 |
| 11 | 0.21 | 55.0 | 0.0441 | 11.550 | 3025.00 |
| 12 | 0.23 | 60.0 | 0.0529 | 13.800 | 3600.00 |
| $\sum$ | 1.90 | 590.5 | 0.3194 | 95.925 | 29392.75 |

根据表 9.7 可得

$$\sum x_i = 1.90, \quad \sum y_i = 590.5, \quad n = 12$$

$$\bar{x} = 0.1583, \quad \bar{y} = 49.2083$$

$$\sum x_i^2 = 0.3194, \quad \sum x_i y_i = 95.925, \quad \sum y_i^2 = 29392.75$$

$$\frac{1}{n}\left(\sum x_i\right)^2 = 0.3008, \quad \frac{1}{n}\left(\sum x_i\right)\left(\sum y_i\right) = 93.4958$$

$$\frac{1}{n}\left(\sum y_i\right)^2 = 29057.5208$$

$$L_{xx} = 0.0186, \quad L_{xy} = 2.4292, \quad L_{yy} = 335.2292$$

$$\hat{\beta}_0 = \bar{y} - \hat{\beta}_1 \bar{x} = 28.5340, \quad \hat{\beta}_1 = \frac{L_{xy}}{L_{xx}} = 130.6022$$

故

$$\hat{y} = 28.5340 + 130.6022x$$

此即抗拉强度 $y$ 与含碳量 $x$ 的线性回归方程.

**注**　该题中的符号 $L_{xx}$、$L_{xy}$、$L_{yy}$ 的意义等同于 $S_{xx}$、$S_{xy}$、$S_{yy}$ 的，下题也一样.

**例 4**　对四块面积都是 1 亩的土地施用化肥 $x$(公斤)，得到的水稻产量 $y$(公斤)的试验结果如表 9.8 所示. 请按表 9.8 求 $x$(化肥量)与 $y$(水稻产量)的线性回归方程，并用方差分析法进行检验.

**表 9.8**

| 序号 | $x_i$ | $y_i$ | $x_i^2$ | $y_i^2$ | $x_iy_i$ |
|---|---|---|---|---|---|
| 1 | 10 | 300 | 100 | 90000 | 3000 |
| 2 | 20 | 400 | 400 | 160000 | 8000 |
| 3 | 30 | 600 | 900 | 360000 | 18000 |
| 4 | 40 | 700 | 1600 | 490000 | 28000 |
| $\sum$ | 100 | 2000 | 3000 | 1100000 | 57000 |

**【知识点】**　一元线性回归、$F$ 检验.

**【解】**　(1) 求回归方程.

$$\bar{x}=\frac{1}{4}\sum x_i=\frac{100}{4}=25,\quad \bar{y}=\frac{1}{4}\sum y_i=\frac{2000}{4}=500$$

① $$L_{xx}=\sum x_i^2-n\bar{x}^2=3000-4\times 25^2=500$$

② $$L_{xy}=\sum x_iy_i-n\bar{x}\bar{y}=57000-4\times 25\times 500=7000$$

③ $$L_{yy}=\sum y_i^2-n\bar{y}^2=1100000-4\times 500^2=100000$$

所以
$$\hat{\beta}_1=\frac{L_{xy}}{L_{xx}}=\frac{7000}{500}=14$$

因为
$$\bar{x}=25,\quad \bar{y}=500$$

所以
$$\hat{\beta}_0=\bar{y}-\hat{\beta}_1\bar{x}=500-14\times 25=150$$

故线性回归方程为 $\hat{y}=150+14x$.

(2) 对 $\beta_1$ 进行显著性检验.

① $$H_0:\beta_1=0;\quad H_1:\beta_1\neq 0$$

② 引进统计量：

$$F=\frac{(n-2)U}{Q}\sim F(1,n-2)=F(1,2)$$

③ 查 $F(1,n-2)$表，给定 $\alpha=0.05$，$F_\alpha(1,2)=18.5$.

所以，拒绝域 $W$ 为

$$(F_\alpha(1,n-2),+\infty)=(18.5,+\infty)$$

$$U=\sum(y_i-y)^2=\hat{\beta}_1^2L_{xx}=14^2\times 500=98000$$

$$Q=L_{yy}-U=100000-98000=2000$$

④ 计算 $F$：

$$F=\frac{(4-2)\times 98000}{2000}=98$$

⑤ 判定：因为 $F$ 落在拒绝域 $W$ 内，所以拒绝 $H_0$，接受 $H_1$，即线性关系明显.

# 9.4 课后习题全解

## 习　题　9.1

**1.** 从 4 个总体中各抽取容量不同的样本数据，得到如表 9.9 所示资料. 检验 4 个总体的均值之间是否有显著差异. ($\alpha=0.05$)

**表 9.9**

| 样本 1 | 样本 2 | 样本 3 | 样本 4 |
|---|---|---|---|
| 159 | 157 | 170 | 132 |
| 149 | 143 | 160 | 152 |
| 160 | 155 | 181 | 142 |
| 153 | 150 | 185 | 130 |
| 169 | 155 | 183 | 134 |
| 174 | 150 | 165 | |
| 170 | | | |

**【解】**　　$s=4$，　$n_1=7$，　$n_2=6$，　$n_3=6$，　$n_4=5$，　$n=24$

$$S_{\mathrm{T}}=\sum_{j=1}^{s}\sum_{i=1}^{n_j}x_{ij}^2-n\bar{x}^2=5403.833$$

$$S_{\mathrm{A}}=\sum_{j=1}^{s}n_j\bar{x}_{\cdot j}^2-n\bar{x}^2=3880.5$$

$$S_{\mathrm{E}}=S_T-S_{\mathrm{A}}=1523.333$$

具体分析如表 9.10 所示.

**表 9.10**

| 差异源 | 平方和 | 自由度 | 均方误 | $F$ | $P$ | $F$ 临界值 |
|---|---|---|---|---|---|---|
| 因素 A | 3880.5 | 3 | 1293.5 | 16.98249 | $1.01\times10^{-5}$ | 3.098391 |
| 误差 | 1523.333 | 20 | 76.16667 | | | |
| 总计 | 5403.833 | 23 | | | | |

$$F(3,20)=16.98249>F_{0.05}(3,20)=3.098391$$

则拒绝 $H_0$，即认为4个总体的均值之间有显著差异.

**2.** 某灯泡厂用4种不同配料方案制成的灯丝，生产了4批灯泡，在每批灯泡中随机抽取若干灯泡测得其使用寿命(单位:h)，数据如表9.11所示. 试问用这4种灯丝生产的灯泡使用寿命有无显著差异？($\alpha=0.05$)

**表 9.11**

| 方案1 | 方案2 | 方案3 | 方案4 |
|---|---|---|---|
| 1615 | 1580 | 1460 | 1510 |
| 1610 | 1650 | 1555 | 1520 |
| 1649 | 1640 | 1600 | 1535 |
| 1680 | 1710 | 1660 | 1570 |
| 1710 | 1760 | 1660 | 1605 |
| 1715 | | 1730 | 1675 |
| 1800 | | 1820 | |
| | | 1815 | |

**【解】**　　$s=4,\quad n_1=7,\quad n_2=5,\quad n_3=8,\quad n_4=6,\quad n=26$

$$S_T=\sum_{j=1}^{s}\sum_{i=1}^{n_j}x_{ij}^2-n\bar{x}^2=223708.5$$

$$S_A=\sum_{j=1}^{s}n_j\bar{x}_{\cdot j}^2-n\bar{x}^2=49398.2$$

$$S_E=S_T-S_A=174310.3$$

具体分析如表9.12所示.

**表 9.12**

| 差异源 | 平方和 | 自由度 | 均方误 | $F$ | $P$ | $F$临界值 |
|---|---|---|---|---|---|---|
| 因素A | 49398.2 | 3 | 16466.07 | 2.078211 | 0.132262 | 3.049125 |
| 误差 | 174310.3 | 22 | 7923.194 | | | |
| 总计 | 223708.5 | 25 | | | | |

$$F(3,22)=2.078211<F_{0.05}(3,22)=3.049125$$

则不拒绝 $H_0$，即认为用这4种灯丝生产的灯泡使用寿命无显著差异.

**3.** 某家电制造公司准备购进一批7号电池，现有A、B、C 3个电池生产企业愿意供货，为比较它们生产的电池质量，从每个企业各随机抽取6个电池，经试验得其寿命(单位:h)，数据如表9.13所示.

表 9.13

| A | B | C |
|---|---|---|
| 51 | 33 | 46 |
| 52 | 29 | 43 |
| 44 | 31 | 39 |
| 41 | 35 | 48 |
| 40 | 25 | 41 |
| 39 | 26 | 42 |

试问这 3 类电池的寿命是否有显著差异？($\alpha=0.05$)

**【解】** $s=3,\quad n_1=6,\quad n_2=6,\quad n_3=6,\quad n=18$

$$S_T=\sum_{j=1}^{s}\sum_{i=1}^{n_j}x_{ij}^2-n\overline{x}^2=1082.5$$

$$S_A=\sum_{j=1}^{s}n_j\overline{x}_{\cdot j}^2-n\overline{x}^2=789.3333$$

$$S_E=S_T-S_A=293.1667$$

具体分析如表 9.14 所示.

表 9.14

| 差异源 | 平方和 | 自由度 | 均方误 | $F$ | $P$ | $F$ 临界值 |
|---|---|---|---|---|---|---|
| 因素 A | 789.3333 | 2 | 394.6667 | 20.19329 | $5.56\times10^{-5}$ | 3.68232 |
| 误差 | 293.1667 | 15 | 19.54444 | | | |
| 总计 | 1082.5 | 17 | | | | |

$$F(2,15)=20.19329>F_{0.05}(2,15)=3.68232$$

则拒绝 $H_0$,即认为这 3 类电池的寿命有显著差异.

## 习　题　9.2

**1.** 从一行业中随机抽取 14 家企业,所得产量与生产费用的数据如表 9.15 所示.

(1) 利用最小二乘法计算估计的回归方程.

(2) 检验回归方程线性关系的显著性.($\alpha=0.05$)

**【解】** (1) 由原始数据可得数据如表 9.16 所示.

表 9.15

| 企业编号 | 产量 $x$/台 | 生产费用 $y$/万元 | 企业编号 | 产量 $x$/台 | 生产费用 $y$/万元 |
|---|---|---|---|---|---|
| 1 | 40 | 130 | 8 | 100 | 170 |
| 2 | 42 | 150 | 9 | 116 | 167 |
| 3 | 50 | 155 | 10 | 125 | 180 |
| 4 | 55 | 140 | 11 | 130 | 175 |
| 5 | 65 | 150 | 12 | 140 | 185 |
| 6 | 78 | 154 | 13 | 150 | 190 |
| 7 | 84 | 165 | 14 | 155 | 196 |

表 9.16

| 企业编号 | $x$ | $y$ | $x^2$ | $y^2$ | $xy$ |
|---|---|---|---|---|---|
| 1 | 40 | 130 | 1600 | 16900 | 5200 |
| 2 | 42 | 150 | 1764 | 22500 | 6300 |
| 3 | 50 | 155 | 2500 | 24025 | 7750 |
| 4 | 55 | 140 | 3025 | 19600 | 7700 |
| 5 | 65 | 150 | 4225 | 22500 | 9750 |
| 6 | 78 | 154 | 6084 | 23716 | 12012 |
| 7 | 84 | 165 | 7056 | 27225 | 13860 |
| 8 | 100 | 170 | 10000 | 28900 | 17000 |
| 9 | 116 | 167 | 13456 | 27889 | 19372 |
| 10 | 125 | 180 | 15625 | 32400 | 22500 |
| 11 | 130 | 175 | 16900 | 30625 | 22750 |
| 12 | 140 | 185 | 19600 | 34225 | 25900 |
| 13 | 150 | 190 | 22500 | 36100 | 28500 |
| 14 | 155 | 196 | 24025 | 38416 | 30380 |
| 求和 | 1330 | 2307 | 148360 | 385021 | 228974 |

由于

$$\begin{cases} S_{xx} = \sum_{i=1}^{n} (x_i - \bar{x})^2 = \sum_{i=1}^{n} x_i^2 - \frac{1}{n}\left(\sum_{i=1}^{n} x_i\right)^2 \\ S_{yy} = \sum_{i=1}^{n} (y_i - \bar{y})^2 = \sum_{i=1}^{n} y_i^2 - \frac{1}{n}\left(\sum_{i=1}^{n} y_i\right)^2 \\ S_{xy} = \sum_{i=1}^{n} (x_i - \bar{x})(y_i - \bar{y}) = \sum_{i=1}^{n} x_i y_i - \frac{1}{n}\left(\sum_{i=1}^{n} x_i\right)\left(\sum_{i=1}^{n} y_i\right) \end{cases}$$

及
$$\begin{cases}\hat{b} = \dfrac{S_{xy}}{S_{xx}} \\ \hat{a} = \dfrac{1}{n}\sum_{i=1}^{n} y_i - \left(\dfrac{1}{n}\sum_{i=1}^{n} x_i\right)\hat{b}\end{cases}$$

得
$$S_{xx}=148360-\frac{1}{14}\times 1330^2=22010$$

$$S_{xy}=228974-\frac{1}{14}\times 1330\times 2307=9809$$

$$\hat{b}=\frac{9809}{22010}\approx 0.4457,\quad \hat{a}=122.4479$$

即回归方程为
$$y=0.4457x+122.4479$$

(2) 经计算可得方差分析表(见表 9.17).

**表 9.17**

| | 自由度 | 平方和 | 均方误 | $F$ | $F$ 显著性水平 |
|---|---|---|---|---|---|
| 回归 | 1 | 4371.489 | 4371.489 | 107.3048 | $2.44376\times 10^{-7}$ |
| 残差 | 12 | 488.8678 | 40.73898 | | |
| 总计 | 13 | 4860.357 | | | |

由于 $F=107.3048>F_{0.05}(1,12)=4.75$,因此回归方程线性关系显著.

**2.** 随机抽取 12 家航空公司,对其最近 1 年的航班正点率和顾客投诉次数进行了调查,所得数据如表 9.18 所示.

**表 9.18**

| 航空公司编号 | 航班正点率/(%) | 投诉次数/次 |
|---|---|---|
| 1 | 81.8 | 21 |
| 2 | 76.6 | 58 |
| 3 | 76.6 | 85 |
| 4 | 75.7 | 68 |
| 5 | 73.8 | 74 |
| 6 | 72.2 | 93 |
| 7 | 71.2 | 72 |
| 8 | 70.8 | 122 |
| 9 | 91.4 | 18 |
| 10 | 68.5 | 125 |
| 11 | 90 | 20 |
| 12 | 70 | 120 |

(1) 用航班正点率做自变量,顾客投诉次数做因变量,求估计的回归方程.

(2) 检验回归方程线性关系的显著性.($\alpha=0.05$)

**【解】** (1) 由原始数据可得数据如表 9.19 所示.

**表 9.19**

| 编号 | $x$ | $y$ | $x^2$ | $y^2$ | $xy$ |
|---|---|---|---|---|---|
| 1 | 81.8 | 21 | 6691.24 | 441 | 1717.8 |
| 2 | 76.6 | 58 | 5867.56 | 3364 | 4442.8 |
| 3 | 76.6 | 85 | 5867.56 | 7225 | 6511 |
| 4 | 75.7 | 68 | 5730.49 | 4624 | 5147.6 |
| 5 | 73.8 | 74 | 5446.44 | 5476 | 5461.2 |
| 6 | 72.2 | 93 | 5212.84 | 8649 | 6714.6 |
| 7 | 71.2 | 72 | 5069.44 | 5184 | 5126.4 |
| 8 | 70.8 | 122 | 5012.64 | 14884 | 8637.6 |
| 9 | 91.4 | 18 | 8353.96 | 324 | 1645.2 |
| 10 | 68.5 | 125 | 4692.25 | 15625 | 8562.5 |
| 11 | 90 | 20 | 8100 | 400 | 1800 |
| 12 | 70 | 120 | 4900 | 14400 | 8400 |
| 求和 | 918.6 | 876 | 70944.42 | 80596 | 64166.7 |

由于
$$\begin{cases} S_{xx}=\sum_{i=1}^{n}(x_i-\bar{x})^2=\sum_{i=1}^{n}x_i^2-\frac{1}{n}\left(\sum_{i=1}^{n}x_i\right)^2 \\ S_{yy}=\sum_{i=1}^{n}(y_i-\bar{y})^2=\sum_{i=1}^{n}y_i^2-\frac{1}{n}\left(\sum_{i=1}^{n}y_i\right)^2 \\ S_{xy}=\sum_{i=1}^{n}(x_i-\bar{x})(y_i-\bar{y})=\sum_{i=1}^{n}x_iy_i-\frac{1}{n}\left(\sum_{i=1}^{n}x_i\right)\left(\sum_{i=1}^{n}y_i\right) \end{cases}$$

及
$$\begin{cases} \hat{b}=\dfrac{S_{xy}}{S_{xx}} \\ \hat{a}=\dfrac{1}{n}\sum_{i=1}^{n}y_i-\left(\dfrac{1}{n}\sum_{i=1}^{n}x_i\right)\hat{b} \end{cases}$$

得
$$S_{xx}=70944.42-\frac{1}{12}\times 918.6^2=625.59$$

$$S_{xy}=64166.7-\frac{1}{12}\times 918.6\times 876=-2891.1$$

$$\hat{b}=\frac{-2891.1}{625.59}=-4.6214,\quad \hat{a}\approx 426.768$$

即回归方程为

$$y=-4.6214x+426.768$$

(2) 经计算可得方差分析表(见表 9.20).

**表 9.20**

| | 自由度 | 平方和 | 均方误 | $F$ | $F$ 显著性水平 |
|---|---|---|---|---|---|
| 回归 | 1 | 13360.92 | 13360.92 | 40.64681 | $8.08\times10^{-5}$ |
| 残差 | 10 | 3287.078 | 328.7078 | | |
| 总计 | 11 | 16648 | | | |

由于 $F=40.64681>F_{0.05}(1,10)=4.96$,因此回归方程线性关系显著.

**3.** 在硝酸钠($NaNO_3$)的溶解度试验中,测得在不同温度 $x$(℃)下,溶解于 100 份水中的硝酸钠份数 $y$ 的数据如表 9.21 所示,试求 $y$ 关于 $x$ 的线性回归方程.

**表 9.21**

| $x$ | 0 | 3 | 9 | 14 | 20 | 30 | 37 | 50 | 65 |
|---|---|---|---|---|---|---|---|---|---|
| $y$ | 65.3 | 68 | 72.3 | 79.2 | 84.5 | 93.1 | 101.4 | 114.6 | 120.4 |

**【解】** 由原始数据可得数据如表 9.22 所示.

**表 9.22**

| 编号 | $x$ | $y$ | $x^2$ | $y^2$ | $xy$ |
|---|---|---|---|---|---|
| 1 | 0 | 65.3 | 0 | 4264.09 | 0 |
| 2 | 3 | 68 | 9 | 4624 | 204 |
| 3 | 9 | 72.3 | 81 | 5227.29 | 650.7 |
| 4 | 14 | 79.2 | 196 | 6272.64 | 1108.8 |
| 5 | 20 | 84.5 | 400 | 7140.25 | 1690 |
| 6 | 30 | 93.1 | 900 | 8667.61 | 2793 |
| 7 | 37 | 101.4 | 1369 | 10281.96 | 3751.8 |
| 8 | 50 | 114.6 | 2500 | 13133.16 | 5730 |
| 9 | 65 | 120.4 | 4225 | 14496.16 | 7826 |
| 求和 | 228 | 798.8 | 9680 | 74107.16 | 23754.3 |

由于 $$\begin{cases} S_{xx} = \sum_{i=1}^{n}(x_i - \bar{x})^2 = \sum_{i=1}^{n}x_i^2 - \frac{1}{n}\left(\sum_{i=1}^{n}x_i\right)^2 \\ S_{yy} = \sum_{i=1}^{n}(y_i - \bar{y})^2 = \sum_{i=1}^{n}y_i^2 - \frac{1}{n}\left(\sum_{i=1}^{n}y_i\right)^2 \\ S_{xy} = \sum_{i=1}^{n}(x_i - \bar{x})(y_i - \bar{y}) = \sum_{i=1}^{n}x_iy_i - \frac{1}{n}\left(\sum_{i=1}^{n}x_i\right)\left(\sum_{i=1}^{n}y_i\right) \end{cases}$$

及 $$\begin{cases} \hat{b} = \dfrac{S_{xy}}{S_{xx}} \\ \hat{a} = \dfrac{1}{n}\sum_{i=1}^{n}y_i - \left(\dfrac{1}{n}\sum_{i=1}^{n}x_i\right)\hat{b} \end{cases}$$

得 $$S_{xx} = 9680 - \frac{1}{9}\times 228^2 = 3904$$

$$S_{xy} = 23754.3 - \frac{1}{9}\times 228\times 798.8 = 3518.033$$

$$\hat{b} = \frac{3518.033}{3904} \approx 0.9011,\quad \hat{a} \approx 65.9268$$

即回归方程为 $$y = 65.9268 + 0.9011x$$

## 综合练习 9

**1.** 灯泡厂用 4 种不同的材料制成灯丝，检验灯线材料这一因素对灯泡寿命的影响. 若灯泡寿命服从正态分布，不同材料的灯丝制成的灯泡寿命的方差相同，试根据表 9.23 中试验结果记录，在显著性水平 0.05 下检验灯泡寿命是否因灯丝材料不同而有显著差异.

**表 9.23**

| | | 试验批号 | | | | | | | |
|---|---|---|---|---|---|---|---|---|---|
| | | 1 | 2 | 3 | 4 | 5 | 6 | 7 | 8 |
| 灯丝材料水平 | $A_1$ | 1615 | 1609 | 1649 | 1688 | 1705 | 1710 | 1815 | 1800 |
| | $A_2$ | 1570 | 1650 | 1648 | 1705 | 1745 | 1700 | | |
| | $A_3$ | 1455 | 1545 | 1605 | 1615 | 1645 | 1665 | 1750 | |
| | $A_4$ | 1515 | 1522 | 1533 | 1574 | 1602 | 1678 | 1600 | |

**【解】** $s=4,\quad n_1=8,\quad n_2=6,\quad n_3=7,\quad n_4=7,\quad n=28$

$$S_T = \sum_{j=1}^{s}\sum_{i=1}^{n_j}x_{ij}^2 - n\bar{x}^2 = 200925.3$$

$$S_A = \sum_{j=1}^{s}n_j\bar{x}_{\cdot j}^2 - n\bar{x}^2 = 68428.47$$

$$S_E = S_T - S_A = 132496.8$$

具体分析如表 9.24 所示.

**表 9.24**

| 差异源 | 平方和 | 自由度 | 均方误 | $F$ | $P$ | $F$ 临界值 |
|---|---|---|---|---|---|---|
| 因素 A | 68428.47 | 3 | 22809.49 | 4.131631 | 0.017015 | 3.008787 |
| 误差 | 132496.8 | 24 | 5520.699 | | | |
| 总计 | 200925.3 | 27 | | | | |

$$F(3,24) = 4.131631 > F_{0.05}(3,22) = 3.008787$$

则拒绝 $H_0$，即认为灯泡寿命因灯丝材料不同而有显著差异.

**2.** 一个年级有三个小班，他们进行了一次数学考试，现从各个班级随机地抽取了一些学生，记录其成绩如表 9.25 所示.

**表 9.25**

| | | | | | | | | | | | | | |
|---|---|---|---|---|---|---|---|---|---|---|---|---|---|
| A 班 | 75 | 88 | 83 | 42 | 81 | 74 | 65 | 61 | 48 | 94 | 37 | 79 | |
| B 班 | 89 | 79 | 50 | 92 | 50 | 86 | 78 | 55 | 76 | 30 | 77 | 65 | 73 |
| C 班 | 69 | 80 | 57 | 92 | 70 | 72 | 85 | 42 | 60 | 67 | 54 | 80 | 18 |

试在显著性水平 0.05 下检验各班级的平均分数有无显著差异. 设各个总体服从正态分布，且方差相等.

**【解】** $s=3,\quad n_1=12,\quad n_2=13,\quad n_3=13,\quad n=38$

$$S_T = \sum_{j=1}^{s}\sum_{i=1}^{n_j} x_{ij}^2 - n\bar{x}^2 = 12501.82$$

$$S_A = \sum_{j=1}^{s} n_j \bar{x}_{\cdot j}^2 - n\bar{x}^2 = 137.6684$$

$$S_E = S_T - S_A = 12364.15$$

具体分析如表 9.26 所示.

**表 9.26**

| 差异源 | 平方和 | 自由度 | 均方误 | $F$ | $P$ | $F$ 临界值 |
|---|---|---|---|---|---|---|
| 因素 A | 137.6684 | 2 | 68.83418 | 0.194853 | 0.823842 | 3.267424 |
| 误差 | 12364.15 | 35 | 353.2614 | | | |
| 总计 | 12501.82 | 37 | | | | |

$$F(2,35) = 0.194853 < F_{0.05}(3,35) = 3.267424$$

则不拒绝 $H_0$，即各班级的平均分数无显著差异.

**3.** 测量了 10 对父子的身高(单位：英寸)，所得数据如表 9.27 所示.

表 9.27

| $x$ | 61 | 62 | 64 | 65 | 67 | 68 | 69 | 71 | 72 | 73 |
|---|---|---|---|---|---|---|---|---|---|---|
| $y$ | 63.8 | 65.3 | 66 | 66.5 | 67.2 | 68.1 | 69.4 | 70.2 | 73.1 | 74.2 |

求:(1) 儿子身高 $y$ 关于父亲身高 $x$ 的回归方程.

(2) 取 $\alpha=0.05$,检验儿子的身高 $y$ 与父亲的身高 $x$ 之间的线性相关关系是否显著.

**【解】** (1) 由原始数据可得数据如表 9.28 所示.

表 9.28

| 编号 | $x$ | $y$ | $x^2$ | $y^2$ | $xy$ |
|---|---|---|---|---|---|
| 1 | 61 | 63.8 | 3721 | 4070.44 | 3891.8 |
| 2 | 62 | 65.3 | 3844 | 4264.09 | 4048.6 |
| 3 | 64 | 66 | 4096 | 4356 | 4224 |
| 4 | 65 | 66.5 | 4225 | 4422.25 | 4322.5 |
| 5 | 67 | 67.2 | 4489 | 4515.84 | 4502.4 |
| 6 | 68 | 68.1 | 4624 | 4637.61 | 4630.8 |
| 7 | 69 | 69.4 | 4761 | 4816.36 | 4788.6 |
| 8 | 71 | 70.2 | 5041 | 4928.04 | 4984.2 |
| 9 | 72 | 73.1 | 5184 | 5343.61 | 5263.2 |
| 10 | 73 | 74.2 | 5329 | 5505.64 | 5416.6 |
| 求和 | 672 | 683.8 | 45314 | 46859.88 | 46072.7 |

由于

$$\begin{cases} S_{xx}=\sum_{i=1}^{n}(x_i-\bar{x})^2=\sum_{i=1}^{n}x_i^2-\frac{1}{n}\left(\sum_{i=1}^{n}x_i\right)^2 \\ S_{yy}=\sum_{i=1}^{n}(y_i-\bar{y})^2=\sum_{i=1}^{n}y_i^2-\frac{1}{n}\left(\sum_{i=1}^{n}y_i\right)^2 \\ S_{xy}=\sum_{i=1}^{n}(x_i-\bar{x})(y_i-\bar{y})=\sum_{i=1}^{n}x_iy_i-\frac{1}{n}\left(\sum_{i=1}^{n}x_i\right)\left(\sum_{i=1}^{n}y_i\right) \end{cases}$$

及

$$\begin{cases} \hat{b}=\frac{S_{xy}}{S_{xx}} \\ \hat{a}=\frac{1}{n}\sum_{i=1}^{n}y_i-\left(\frac{1}{n}\sum_{i=1}^{n}x_i\right)\hat{b} \end{cases}$$

得

$$S_{xx}=45314-\frac{1}{10}\times 672^2=155.6$$

$$S_{xy}=46072.7-\frac{1}{10}\times 672\times 683.8=121.34$$

$$\hat{b}=\frac{121.34}{155.6}\approx 0.7798,\quad \hat{a}\approx 15.9761$$

即回归方程为 $y=15.9761+0.7798x$

(2) 经计算可得方差分析表(见表 9.29).

**表 9.29**

| | 自由度 | 平方和 | 均方误 | $F$ | $F$ 显著性水平 |
|---|---|---|---|---|---|
| 回归 | 1 | 94.62337 | 94.62337 | 107.9461 | $6.37596\times 10^{-6}$ |
| 残差 | 8 | 7.012635 | 0.876579 | | |
| 总计 | 9 | 101.636 | | | |

由于 $F=107.9461>F_{0.05}(1,8)=5.32$,因此线性相关关系显著.

**4.** 随机抽取 12 个家庭,调查他们的家庭月收入 $x$(单位:百元)和月支出 $y$(单位:百元),记录于表 9.30 中.

**表 9.30**

| $x$ | 19 | 16 | 19 | 24 | 14 | 21 | 18 | 20 | 15 | 17 | 22 | 26 |
|---|---|---|---|---|---|---|---|---|---|---|---|---|
| $y$ | 18.5 | 14.5 | 17.5 | 19.8 | 12.1 | 18.8 | 16.8 | 18.8 | 20.5 | 14.2 | 18.9 | 22.3 |

求:(1) 求 $y$ 与 $x$ 的一元线性回归方程.

(2) 对所得的回归方程做显著性检验.($\alpha=0.05$)

**【解】** (1) 由原始数据可得数据如表 9.31 所示.

**表 9.31**

| 编号 | $x$ | $y$ | $x^2$ | $y^2$ | $xy$ |
|---|---|---|---|---|---|
| 1 | 19 | 18.5 | 361 | 342.25 | 351.5 |
| 2 | 16 | 14.5 | 256 | 210.25 | 232 |
| 3 | 19 | 17.5 | 361 | 306.25 | 332.5 |
| 4 | 24 | 19.8 | 576 | 392.04 | 475.2 |
| 5 | 14 | 12.1 | 196 | 146.41 | 169.4 |
| 6 | 21 | 18.8 | 441 | 353.44 | 394.8 |
| 7 | 18 | 16.8 | 324 | 282.24 | 302.4 |
| 8 | 20 | 18.8 | 400 | 353.44 | 376 |
| 9 | 15 | 20.5 | 225 | 420.25 | 307.5 |
| 10 | 17 | 14.2 | 289 | 201.64 | 241.4 |
| 11 | 22 | 18.9 | 484 | 357.21 | 415.8 |
| 12 | 26 | 22.3 | 676 | 497.29 | 579.8 |
| 求和 | 231 | 212.7 | 4589 | 3862.71 | 4178.3 |

由于
$$\begin{cases} S_{xx} = \sum_{i=1}^{n}(x_i - \bar{x})^2 = \sum_{i=1}^{n} x_i^2 - \frac{1}{n}\left(\sum_{i=1}^{n} x_i\right)^2 \\ S_{yy} = \sum_{i=1}^{n}(y_i - \bar{y})^2 = \sum_{i=1}^{n} y_i^2 - \frac{1}{n}\left(\sum_{i=1}^{n} y_i\right)^2 \\ S_{xy} = \sum_{i=1}^{n}(x_i - \bar{x})(y_i - \bar{y}) = \sum_{i=1}^{n} x_i y_i - \frac{1}{n}\left(\sum_{i=1}^{n} x_i\right)\left(\sum_{i=1}^{n} y_i\right) \end{cases}$$

及
$$\begin{cases} \hat{b} = \dfrac{S_{xy}}{S_{xx}} \\ \hat{a} = \dfrac{1}{n}\sum_{i=1}^{n} y_i - \left(\dfrac{1}{n}\sum_{i=1}^{n} x_i\right)\hat{b} \end{cases}$$

得
$$S_{xx} = 4589 - \frac{1}{12} \times 231^2 = 142.25$$

$$S_{xy} = 4178.3 - \frac{1}{12} \times 231 \times 212.7 = 83.825$$

$$\hat{b} = \frac{83.825}{142.25} \approx 0.5893, \quad \hat{a} \approx 6.3814$$

即回归方程为

$$y = 6.3814 + 0.5893x$$

(2) 经计算可得方差分析表(见表 9.32).

**表 9.32**

| | 自由度 | 平方和 | 均方误 | $F$ | $F$ 显著性水平 |
|---|---|---|---|---|---|
| 回归 | 1 | 49.39635 | 49.39635 | 11.43271 | 0.006988 |
| 残差 | 10 | 43.20615 | 4.320615 | | |
| 总计 | 11 | 92.6025 | | | |

由于 $F = 11.4327 > F_{0.05}(1,10) = 4.96$,因此线性相关关系显著.

**5.** 某种产品在生产时产生的有害物质的质量 $y$(单位:g)与它的燃烧消耗量 $x$(单位:kg)之间存在某种相关关系.由以往的生产记录得到如表 9.33 所示数据.

**表 9.33**

| $x$ | 288 | 297 | 315 | 325 | 329 | 330 | 332 | 355 | 358 | 360 |
|---|---|---|---|---|---|---|---|---|---|---|
| $y$ | 43.2 | 42.5 | 41.9 | 38.9 | 38.4 | 38.6 | 38.5 | 37.6 | 38.1 | 39.2 |

(1) 求 $y$ 与 $x$ 的一元线性回归方程.

(2) 对所得的回归方程做显著性检验.($\alpha = 0.05$)

**【解】** (1) 由原始数据可得数据如表 9.34 所示.

表 9.34

| 编号 | $x$ | $y$ | $x^2$ | $y^2$ | $xy$ |
|---|---|---|---|---|---|
| 1 | 288 | 43.2 | 82944 | 1866.24 | 12441.6 |
| 2 | 297 | 42.5 | 88209 | 1806.25 | 12622.5 |
| 3 | 315 | 41.9 | 99225 | 1755.61 | 13198.5 |
| 4 | 325 | 38.9 | 105625 | 1513.21 | 12642.5 |
| 5 | 329 | 38.4 | 108241 | 1474.56 | 12633.6 |
| 6 | 330 | 38.6 | 108900 | 1489.96 | 12738 |
| 7 | 332 | 38.5 | 110224 | 1482.25 | 12782 |
| 8 | 355 | 37.6 | 126025 | 1413.76 | 13348 |
| 9 | 358 | 38.1 | 128164 | 1451.61 | 13639.8 |
| 10 | 360 | 39.2 | 129600 | 1536.64 | 14112 |
| 求和 | 3289 | 396.9 | 1087157 | 15790.09 | 130158.5 |

由于

$$\begin{cases} S_{xx}=\sum_{i=1}^{n}(x_i-\bar{x})^2=\sum_{i=1}^{n}x_i^2-\frac{1}{n}\left(\sum_{i=1}^{n}x_i\right)^2 \\ S_{yy}=\sum_{i=1}^{n}(y_i-\bar{y})^2=\sum_{i=1}^{n}y_i^2-\frac{1}{n}\left(\sum_{i=1}^{n}y_i\right)^2 \\ S_{xy}=\sum_{i=1}^{n}(x_i-\bar{x})(y_i-\bar{y})=\sum_{i=1}^{n}x_iy_i-\frac{1}{n}\left(\sum_{i=1}^{n}x_i\right)\left(\sum_{i=1}^{n}y_i\right) \end{cases}$$

及

$$\begin{cases} \hat{b}=\dfrac{S_{xy}}{S_{xx}} \\ \hat{a}=\dfrac{1}{n}\sum_{i=1}^{n}y_i-\left(\dfrac{1}{n}\sum_{i=1}^{n}x_i\right)\hat{b} \end{cases}$$

得

$$S_{xx}=1087157-\frac{1}{10}\times3289^2=5404.9$$

$$S_{xy}=130158.5-\frac{1}{10}\times3289\times396.9=-381.91$$

$$\hat{b}=\frac{-381.91}{5404.9}\approx-0.0707,\quad \hat{a}\approx62.9301$$

即回归方程为

$$y=62.9301-0.0707x$$

(2) 经计算可得方差分析表(见表 9.35).

表 9.35

| | 自由度 | 平方和 | 均方误 | $F$ | $F$ 显著性水平 |
|---|---|---|---|---|---|
| 回归 | 1 | 26.98574 | 26.98574 | 21.28369 | 0.001725 |
| 残差 | 8 | 10.14326 | 1.267907 | | |
| 总计 | 9 | 37.129 | | | |

由于 $F=21.28369>F_{0.05}(1,8)=5.32$,因此线性相关关系显著.

## 9.5 自测题

**1.** 一个年级有三个小班,他们进行了一次数学考试,现从各个班级随机地抽取了一些学生,记录其成绩如表 9.36 所示.

**表 9.36**

| Ⅰ | Ⅱ | Ⅲ |
|---|---|---|
| 73　66 | 88　77 | 68　41 |
| 89　60 | 78　31 | 79　59 |
| 82　45 | 48　78 | 56　68 |
| 43　93 | 91　62 | 91　53 |
| 80　36 | 51　76 | 71　79 |
| 73　77 | 85　96 | 71　15 |
| | 74　80 | 87 |
| | 56 | |

试在显著性水平 0.05 下检验各班级的平均分数有无显著差异.设各个总体服从正态分布,且方差相等.

**2.** 某企业生产一种毛毯,1—10 月份的产量 $x$(单位:$\times 10^3$ 条)与生产费用支出 $y$(单位:万元)的统计资料如表 9.37 所示,求 $y$ 关于 $x$ 的线性回归方程,并在显著性水平 $\alpha=0.05$ 下,检验回归效果是否显著.

**表 9.37**

| 月份 | 1 | 2 | 3 | 4 | 5 | 6 | 7 | 8 | 9 | 10 |
|---|---|---|---|---|---|---|---|---|---|---|
| $x$ | 12.0 | 8.0 | 11.5 | 13.0 | 15.0 | 14.0 | 8.5 | 10.5 | 11.5 | 13.3 |
| $y$ | 11.6 | 8.5 | 11.4 | 12.2 | 13.0 | 13.2 | 8.9 | 10.5 | 11.3 | 12.0 |

## 参考答案

**1.【解】**

$$r=3,\quad n=\sum_{i=1}^{r}n_i=40$$

$$S_T=\sum_{i=1}^{3}\sum_{j=1}^{n_i}x_{ij}^2-\frac{T_2}{n}=199462-185776.9=13685.1$$

$$S_A = \sum_{i=1}^{3} \frac{1}{n_i} T_{i\cdot}^2 - \frac{T_2}{n} = 186112.25 - 185776.9 = 335.35$$

$$S_E = S_T - S_A = 13349.65$$

$$F = \frac{S_A/(r-1)}{S_E/(n-r)} = \frac{167.7}{360.8} = 0.465$$

方差分析如表 9.38 所示.

$$F_{0.05}(2,37) = 3.23 > F$$

故各班平均分数无显著差异.

**表 9.38**

| 方差来源 | 平方和 $S$ | 自由度 | 均方和 $\bar{S}$ | $F$ |
|---|---|---|---|---|
| 因素影响 | 335.35 | 2 | 167.68 | 0.465 |
| 误差 | 13349.65 | 37 | 360.80 | |
| 总和 | 13685.1 | 39 | | |

**2.【解】** 为求线性回归方程,将有关计算结果列于表 9.39 中.

**表 9.39**

| | 产量 $x$ | 费用支出 $y$ | $x^2$ | $xy$ | $y^2$ |
|---|---|---|---|---|---|
| | 12.0 | 11.6 | 144 | 139.2 | 134.56 |
| | 8.0 | 8.5 | 64 | 68 | 72.25 |
| | 11.5 | 11.4 | 132.25 | 131.1 | 129.96 |
| | 13.0 | 12.2 | 169 | 158.6 | 148.84 |
| | 15.0 | 13.0 | 225 | 195 | 169 |
| | 14.0 | 13.2 | 196 | 184.8 | 174.24 |
| | 8.5 | 8.9 | 72.25 | 75.65 | 79.21 |
| | 10.5 | 10.5 | 110.25 | 110.25 | 110.25 |
| | 11.5 | 11.3 | 132.25 | 129.95 | 127.69 |
| | 13.3 | 12.0 | 176.89 | 159.6 | 144 |
| $\sum$ | 117.3 | 112.6 | 1421.89 | 1352.15 | 1290 |

$$S_{xx} = 1421.89 - \frac{1}{10}(117.3)^2 = 45.961$$

$$S_{xy} = 1352.15 - \frac{1}{10} \times 117.3 \times 112.6 = 31.352$$

$$\hat{b} = \frac{S_{xy}}{S_{xx}} = 0.6821, \quad \hat{a} = \frac{112.6}{10} - 0.6821 \times \frac{117.3}{10} = 3.2590$$

故回归方程为　$\hat{y}=3.2590+0.6821x$

由以上数据可知

$$n=10,\quad S_{xx}=45.961,\quad S_{xy}=31.352$$

$$S_{yy}=22.124,\quad Q_{回}=S_{xy}{}^2/S_{xx}=21.3866$$

$$Q_{剩}=Q_{总}-Q_{回}=22.124-21.3866=0.7374$$

$$F=Q_{回}\bigg/\frac{Q_{剩}}{n-2}=232.0217>F_{0.05}(1,8)=5.32$$

故拒绝 $H_0$,即回归效果是显著的.

# 参考文献


[1] 吴传生. 概率论与数理统计[M]. 北京:高等教育出版社,2009.

[2] 涂平,汪昌瑞. 概率论与数理统计[M]. 武汉:华中科技大学出版社,2008.

[3] 盛骤,谢式千,潘承毅. 概率论与数理统计(简明本)[M]. 4 版. 北京:高等教育出版社,2009.

[4] 林益,赵一男,叶年斌. 线性代数与概率统计[M]. 武汉:华中科技大学出版社,2012.

[5] 贾俊平. 统计学[M]. 北京:清华大学出版社,2004.

[6] 朱喜安. 统计学[M]. 武汉:湖北科学技术出版社,2013.

[7] 易正俊. 数理统计及其工程应用[M]. 北京:清华大学出版社,2014.

[8] 杨虎,钟波,刘琼荪. 应用数理统计[M]. 北京:清华大学出版社,2006.

[9] 文都考研命题研究中心组. 全国硕士研究生入学统一考试概率论与数理统计辅导讲义[M]. 北京:中国原子能出版社,2014.

[10] 李永乐. 2016 年全国硕士研究生入学统一考试数学基础过关 660 题[M]. 西安:西安交通大学出版社,2010.

[11] 苏志平,黄淑森. 概率论与数理统计(第四版)同步辅导及习题全解[M]. 北京:中国水利水电出版社,2009.

[12] 陈希孺. 概率论与数理统计[M]. 合肥:中国科学技术大学出版社,2002.

[13] 杨虎,刘琼荪,钟波. 数理统计[M]. 北京:高等教育出版社,2004.

[14] 陆璇. 数理统计基础[M]. 北京:清华大学出版社,1998.

[15] 凌明雁,柳秀春. 统计学[M]. 2 版. 北京:高等教育出版社. 2008.

[16] 黄良文,朱建平. 统计学[M]. 北京:中国统计出版社,2008.

[17] 曾五一. 统计学[M]. 北京:北京大学出版社,2006.

[18] 孙炎. 应用统计学[M]. 北京:机械工业出版社,2007.

[19] 陈晓龙,施庆生,邓晓卫. 概率论与数理统计学习指导[M]. 2 版. 北京:化学工业出版社,2011.

[20] 梅长林,王宁,周家良. 概率论和数理统计学习与提高[M]. 西安:西安交通大学出版社,2001.

[21] 西北工业大学《概率论与数理统计》编写组. 概率论与数理统计[M]. 2 版. 西安:西北工业大学出版社,2003.

[22] 贺兴时,杨文鹏,杨选良. 概率论与数理统计解题指导[M]. 西安:陕西科学

技术出版社,2005.
[23] 金义明.概率论与数理统计辅导[M].杭州:浙江工商大学出版社,2004.
[24] 陈文灯.概率论与数理统计解题方法和技巧[M].北京:中国财政经济出版社,2004.
[25] 苏德矿,章迪平.概率论与数理统计学习释义解难[M].杭州:浙江大学出版社,2007.
[26] 高旅端.概率论与数理统计学习辅导与解题方法[M].北京:高等教育出版社,2003.
[27] 上海交通大学数学系.概率论与数理统计试卷剖析[M].上海:上海交通大学出版社,2005.